眞空技術

蘇青森

東華書局

國家圖書館出版品預行編目資料

真空技術／蘇青森著. -- 五版. -- 臺北市：臺灣東華，
民 88
　　面；　　公分
含索引
ISBN　957-636-991-6（平裝）

1. 真空技術

446.735　　　　　　　　　　　　　　88003876

版權所有・翻印必究

中華民國八十八年四月五版
中華民國九十三年三月五版(五刷)

大學用書 真空技術

定價　新臺幣參佰元整
（外埠酌加運費匯費）

著　者　蘇　青　森
發行人　卓　鑫　淼
出版者　臺灣東華書局股份有限公司
　　　　臺北市重慶南路一段一四七號三樓
　　　　電話：（02）2311-4027
　　　　傳真：（02）2311-6615
　　　　郵撥：0 0 0 6 4 8 1 3
　　　　網址：http://www.bookcake.com.tw
印刷者　昶　順　印　刷　廠

行政院新聞局登記證　局版臺業字第零柒貳伍號

再版序言

　　真空技術一書係於民國六十七年完成出版至今已二十餘年，多年來承蒙各界人士愛用。近日有多位讀者向東華書局建議要求原著配合新科技的需要作修訂再版，東華書局楊總經理乃於去年九月向著者提出本書修訂再版的洽商。

　　雖然筆者當年倡導真空科技時，國內各界對真空的應用尚在萌芽階段，但二十多年來我國的真空科技已隨科技與工業的發展成為從高科技到民生科技應用最廣的科技。因為科技的進步，而且原書中有若干內容有待修正的地方，故著者遂考慮東華書局的建議對本書進行修訂，並增加一些必要的新資料。

　　原則上本書原文的主要內容不變，書中大部分英制單位及真空的托爾單位仍照舊（註），以免太大幅度的修改，但內容已與現實有差異或有新的技術可以取代者則補充或修改。此外第五章改為真空用材料及零組件，增加零組件部分，並將材料部分內容更新。

　　在此即將進入二十一世紀的時代，著者深信真空科技將持續在科技工業上佔有重要的地位。著者希望本書再版後能提供讀者必要的資訊，在未來的世紀裡從事真空有關的研究與應用。

　　（註）目前毫巴在歐洲及亞洲大多數國家已逐漸取代托爾成為實用真空單位，國際間共同採用的標準單位則為國際壓力單位帕斯卡（帕）。

蘇青森於台北
1999. 2. 20

序　言

　　眞空技術隨科學的進步而迅速發展，高眞空在三十年前被認爲是很難達到情況，現在已普遍的被應用到實驗室及工廠。超高眞空也不再是少數科學家的專門領域，而被廣泛地應用到工業研究、製造生產。不論是從事工業、農業、礦業，或者是從事科學研究、國防科技、交通航運、太空科學等的人員，眞空技術對他們已經是習用的學識而不再被認爲高深困難。眞空的應用以及應用眞空的產物不再限於實驗室的範圍，而成爲人類日常生活的必需。從事高深科學研究的人員固然需要對眞空技術有所熟悉，從事精密工業的從業員也應該有相當的眞空知識。我國的科技人士雖然還沒有覺察出眞空技術的重要性，然而眞空技術已逐漸在我國的工業生產中日趨重要。配合科學的發展，配合世界技術密集工業的趨勢，我國目前在電子工業、鍍膜工業、光學工業、醫藥工業、以及食品工業諸方面均已積極提高技術水準，迎頭趕上，以求使我國的工業產品能擠身於經濟大國市場之間。此些高級技術的基本就是眞空技術。

　　我國在眞空技術方面的書籍尙甚少見，眞空方面的知識也只片斷的見於少數相關的書刊中。因爲眞空技術的需要，一些著名的大學已開始有此方面的課程，工廠及研究機構也在積極攬延及培育眞空技術人才以應其需要。著者在三年前應聘於美國航空及太空總署，在馬歇爾太空中心參與太空實驗工作時即著手收集眞空技術資料，其後在西德馬克斯勃朗克研究院任客座教授時又繼續收集資料編寫此書。綜合著者十五年來在眞空儀器方面的實際經驗，以及在大學中實際教授本課程時所感的需要，乃於最近將本書整理編寫完成。書初稿完成後著者曾赴歐美各國訪問眞空儀器的製造廠商，實際參觀其生產工場討論技術問題，而將最新資料納入本書內容中並作最後的修訂。

　　本書適合作大學及理工專科的教科書，工廠工作人員及研究人員的參考書。本書的名詞盡量採用教育部頒佈有關理化機械等方面的名詞，有些未作定案的外

文翻譯名詞，著者則按照其意義權作翻譯。為求便於讀者查閱，本書並附有漢英及英漢名詞索引。為使讀者對常用的真空器材熟悉起見，另於附錄中編印常見真空儀器及附件照片以供參考。此外並於附錄中編列各章習題以供深入研究。

著者非常感謝F.A. White博士在十四年前鼓勵和指導著者從事真空方面的研究工作。著者要特別感謝行政院國家科學委員會主任委員徐賢修博士對我國發展真空技術的提倡、支援和鼓勵。本書承東華書局徐萬善先生的協助，以及國立清華大學駱榮富同學作校對的工作及本書封面設計，在此也一併感謝。

蘇 青 森
識於清華園

目　錄

第一章　導　言 ··· 1～9

 一、眞空的定義 ··· 1
 二、氣態與氣壓 ··· 1
  ㈠　氣體、蒸氣與大氣 ··· 1
  ㈡　氣壓單位 ·· 2
 三、氣體在眞空中的性質 ·· 5
  ㈠　眞空度與剩餘氣體 ··· 5
  ㈡　氣體的平均自由動徑 ·· 5
  ㈢　眞空儀器中氣流的形態 ··· 7
 摘　要 ··· 9

第二章　眞空系統計算 ··· 11～29

 一、眞空系統 ·· 11
  ㈠　閉合系統 (或靜態系統) ··· 11
  ㈡　可開閉系統 (或動態系統) ······································ 11
 二、氣　導 ·· 13
  ㈠　定義及計算公式 ·· 13
  ㈡　複合管路——串聯及並聯管路與電路及水路的比喻 ········ 18
 三、抽氣速率 ·· 24
  ㈠　定義及計算公式 ·· 24
  ㈡　抽眞空時間 ··· 26
 摘　要 ··· 28

— vii —

第三章　真空幫浦 ……………………………………… 31～88

一、真空幫浦的分類以及選擇幫浦的要點……………………………31
　　㈠　分　類………………………………………………………31
　　㈡　選擇真空幫浦的要點………………………………………35
二、機械幫浦……………………………………………………………37
　　㈠　迴轉油墊幫浦………………………………………………37
　　㈡　迴轉吹送幫浦、路持幫浦…………………………………39
　　㈢　乾式幫浦……………………………………………………41
　　㈣　機械分子幫浦………………………………………………43
三、蒸氣噴流幫浦──擴散幫浦及噴射幫浦…………………………47
　　㈠　基本原理及幫浦特性………………………………………47
　　㈡　蒸氣幫浦應有的輔助機具…………………………………56
四、吸附及冷凍幫浦……………………………………………………62
　　㈠　吸附幫浦……………………………………………………62
　　㈡　冷凍幫浦……………………………………………………65
　　㈢　冷凍機式冷凍幫浦…………………………………………70
五、化學吸附幫浦………………………………………………………72
　　㈠　結拖幫浦……………………………………………………72
　　㈡　離子幫浦……………………………………………………77
六、其　他………………………………………………………………85
　　㈠　水噴射幫浦…………………………………………………86
　　㈡　水銀活塞幫浦………………………………………………87
　　㈢　水墊幫浦……………………………………………………87
摘　要……………………………………………………………………87

第四章　真空氣壓計 …………………………………… 89～130

一、真空氣壓計及其分類………………………………………………89
　　㈠　真空氣壓計與氣體壓力計的區別…………………………89
　　㈡　真空計分類…………………………………………………89

二、常用真空計簡介 ··· 94
　　　　㈠ 低真空氣壓計 ··· 94
　　　　㈡ 中度高真空氣壓計 ·· 96
　　　　㈢ 高真空氣壓計 ·· 104
　　　　㈣ 其　他 ·· 116
　　三、各式真空計使用的範圍及真空計的校正 ································ 122
　　　　㈠ 真空計使用的範圍及應注意事項 ································· 122
　　　　㈡ 真空計校正法 ··· 122
　　摘　要 ·· 129

第五章　真空用材料及零組件 ································ 131～195

　　一、引　言 ·· 131
　　　　㈠ 金屬材料 ··· 131
　　　　㈡ 非金屬材料 ·· 132
　　二、主要影響真空度的原因 ··· 136
　　　　㈠ 放　氣 ··· 136
　　　　㈡ 昇華與蒸發 ·· 137
　　　　㈢ 擴散與滲透 ·· 138
　　三、真空結構材料 ··· 140
　　　　㈠ 選擇材料的要點 ··· 140
　　　　㈡ 常用的材料 ·· 140
　　四、真空附屬材料 ··· 143
　　　　㈠ 內部用材料 ·· 143
　　　　㈡ 真空與大氣相接的外部機件所用材料 ··························· 150
　　五、真空零組件 ·· 158
　　　　㈠ 真空法蘭盤與襯墊 ·· 158
　　　　㈡ 真空閥 ··· 169
　　　　㈢ 真空導引 ··· 178
　　　　㈣ 窗 ··· 187
　　摘　要 ·· 194

第六章　眞空設計 ………………………………… 197～230

一、眞空系統設計通則 …………………………………… 197
　㈠　全盤考慮 …………………………………………… 197
　㈡　粗略計算 …………………………………………… 198
　㈢　細節設計 …………………………………………… 198

二、設計眞空系統對於眞空零組件的考慮 ……………… 199
　㈠　眞空閥的選擇 ……………………………………… 199
　㈡　眞空幫浦及冷凝阻擋、冷凍陷阱 ………………… 199
　㈢　設計眞空導引、窗、管路及固定接頭 …………… 206

三、普通眞空系統設計 …………………………………… 219
四、高眞空及超高眞空系統設計 ………………………… 224
摘　要 ……………………………………………………… 228

第七章　眞空實用技術 …………………………… 231～258

一、污染物與眞空的關係 ………………………………… 231
　㈠　眞空機件上污染物的種類及其影響 ……………… 231
　㈡　清潔要領 …………………………………………… 232

二、清潔眞空機件的方法 ………………………………… 233
　㈠　機械方法 …………………………………………… 233
　㈡　溶　劑 ……………………………………………… 234
　㈢　其　他 ……………………………………………… 235

三、眞空系統的漏氣現象 ………………………………… 244
　㈠　漏氣現象在高壓系統與在眞空系統的比較 ……… 244
　㈡　氣密程度、眞漏與假漏 …………………………… 245

四、漏氣率及漏氣的測定 ………………………………… 246
　㈠　漏氣率 ……………………………………………… 246
　㈡　漏氣的測定 ………………………………………… 247

五、找漏與堵漏 …………………………………………… 256
　㈠　決定漏孔的所在 …………………………………… 256

㈡ 堵　漏 …………………………………………………… 257
　摘　　要 ……………………………………………………… 258

第八章　眞空的應用 …………………………… 259～273

　一、引　言 …………………………………………………… 259
　二、眞空用作電絕緣體 ……………………………………… 259
　三、眞空用作熱絕緣 ………………………………………… 260
　四、眞空蒸餾與乾燥 ………………………………………… 261
　　㈠ 眞空蒸餾 ……………………………………………… 261
　　㈡ 眞空乾燥 ……………………………………………… 262
　五、眞空金屬冶煉 …………………………………………… 262
　六、眞空鍍膜及電子零件製造 ……………………………… 264
　七、燈泡及電子管 …………………………………………… 266
　八、眞空焊接與熱處理 ……………………………………… 267
　九、實驗室眞空儀器 ………………………………………… 268
　　㈠ 粒子加速器 …………………………………………… 268
　　㈡ 質譜儀與同位素分離器 ……………………………… 269
　　㈢ 電子顯微鏡與離子測微儀 …………………………… 269
　　㈣ 分析儀器 ……………………………………………… 270
　　㈤ 太空模擬設備 ………………………………………… 271
　十、眞空貯藏與眞空包裝 …………………………………… 271
　十一、其　他 ………………………………………………… 272
　摘　　要 ……………………………………………………… 272

附錄一　習　題 …………………………………… 275～280
附錄二　眞空系統與零件圖 ……………………… 281～296
漢英名詞索引 ……………………………………… 297～309
英漢名詞索引 ……………………………………… 311～323

第1章. 導言

一、真空的定義

　　真空 (vacuum) 一字係從希臘字導來，就是「空」的意思。從我國翻譯的字義也可看出真空是代表完全沒有物質存在的空間。到目前為止還沒有人知道宇宙間何處有絕對的真空存在，也沒有任何人為的方法可以造成絕對的真空。因此，如果根據字義上來下定義，這種真空對我們實用上沒有什麼意義。我們一般所指的真空其定義為「一個空間，其中的氣體壓力顯著的小於其周圍的大氣壓力」。

　　從這個真空的定義來看，造成真空並不困難，而使用真空的器具也並不一定是價格昂貴或構造複雜的儀器。家庭用具中很多都是利用真空原理以達到其功用的。例如噴水器、吸塵器以及保暖保冷的水瓶等都是最明顯的例子。事實上很多用具利用真空與大氣的壓力差將其固定如利用真空吸力的掛鈎等，或推動某些物體如抽油吸水等，從小到小孩玩具，大到工業上應用實例甚多不勝枚舉。

　　本書因限於篇幅所討論的真空雖屬同一定義，但其範圍將僅限於利用各種不同的抽氣方法所達的真空而應用在各種科學儀器以及有關的工業上。

二、氣態與氣壓

㈠ 氣體、蒸氣與大氣

　　氣態物質可簡單分成氣體與蒸氣。在我們的術語中氣體是指不凝結的永久氣

— 1 —

體如氫、氧、氮、氦等。換句話說，此些氣體的分子或原子在常溫時不能被壓縮成液體或固體狀態。蒸氣則指液體吸熱蒸發所形成的氣體如水蒸氣、酒精蒸氣、乙醚蒸氣等。固體吸熱可變成液體再蒸發成蒸氣，但亦有直接昇華成氣體，此類昇華而成的氣體通常也稱為蒸氣。液體在任何溫度下均有變成蒸氣的可能，但該蒸發出的氣體分子會立即冷卻凝結成液體。在某一定的溫度下液體蒸發成氣體分子所造成的壓力我們稱之為**蒸氣壓** (vapor pressure)，在該溫度下若蒸發出的氣體分子數量與凝結回的分子數量相等則此時的蒸氣壓我們稱之為**飽和蒸氣壓** (saturated vapor pressure)。顯然液體的飽和蒸氣壓隨溫度而變，當溫度低時飽和蒸氣壓也低。當液體周圍的大氣 (或其他氣體) 其壓力與該液體的飽和蒸氣壓相等時，液體就全面沸騰變為蒸氣，我們在大氣壓力中液體沸騰時的溫度通常稱之為**沸點** (boiling point)。如果液體周圍的氣壓減低則可在較低溫度下沸騰。因此在真空中液體比較容易沸騰。

大氣 (atmosphere) 即圍繞地球的空氣，我們以在海平面溫度為 0°C 時的空氣作為標準大氣，其成份為 78.08% 的氮，20.95% 的氧，0.93% 的氬，以及其他微量的二氧化碳、氖、氦、氪、氙、氫及甲烷等。標準大氣對物體上所施的壓力我們定為一個大氣壓簡稱為 atm。

(二) 氣壓單位

通常壓力的單位為達因/平方厘米 (dyne/cm^2) 或磅/平方英寸 (lb/in^2 或簡稱 psi)。氣壓常採取同樣的單位，例如一個大氣壓力等於 1,013,250 達因/平方厘米，或 14.7 磅/平方英寸。因為一個大氣壓力相當於 760 毫米水銀柱所施的壓力，故通常又採用水銀柱的高度來作氣壓單位，亦即**毫米水銀柱** (mm Hg)。使用此單位對於量度氣壓比較簡便，因測量氣壓常用水銀氣壓計 (見第四章) 而使用水銀柱高為壓力單位可直接從氣壓計的水銀柱上量得所測的氣壓。真空中壓力低故多用毫米水銀柱為單位。為簡便計另一單位稱為**托爾** (torr) 現多用以代替毫米水銀柱其定義為 760 分之一的標準大氣壓為一托爾。故一托爾實際上就等於一毫米水銀柱。後來經精確測定標準大氣壓力發現其數值實較 760 mm Hg 為小 (760 mm Hg＝1.0000001 atm)，因此，按照定義一托爾亦較一毫米水銀柱為小 (1mm Hg＝1.00000014 torr)，但因相差極微故我們實用時多認為相等。

在真空中因常遇的氣壓均較一托爾甚小，故亦有用**微米水銀柱** (μ Hg 或簡稱 μ) 及**千分托爾** (millitorr 或簡稱 mtorr) 為單位。1 $\mu=10^{-3}$ mm Hg, 1 millitorr$=10^{-3}$ torr，實際上 1 μ 即等於 1 千分托爾。

其他單位如**巴** (bar)，**毫巴** (millibar 簡稱 mbar) 等在氣象上常用作氣壓單位。巴的定義為一巴等於 10^6 達因/厘米^2，故毫巴為 10^{-3} 巴等於 10^3 達因/厘米^2。更小的單位為**微巴** (microbar 簡稱 μb) 即 10^{-6} 巴，正好等於一達因/厘米^2。此種單位在換算方面以及記憶方面均甚方便，又一巴約等於一大氣壓力 (1 巴=0.98692 大氣壓)。目前毫巴在歐洲及亞洲大多數國家已逐漸取代托爾成為實用真空單位，而國際間共同採用的標準單位則為下述之國際壓力單位帕斯卡 (帕)。

國際標準組織 (International Organization for Standard 簡稱 ISO) 編定的國際單位系統 (簡稱 SI 單位) 係採用絕對壓力單位牛頓/米^2 (newton/meter^2 簡稱 N/m^2) 取名為帕斯卡 (pascal) 簡稱為帕 (Pa)。為避免與巴 (bar) 的譯名混淆特將巴斯噶的簡稱譯為帕 (Pa)。帕與巴的關係為 1 巴 = 10^5 帕，以下為幾個常用的真空壓力單位間約略換算式，特錄於此以作迅速參閱。

1 帕 = 1 牛頓/米^2 = 133 托爾

1 毫米水銀柱 = 1 托爾

1 微米水銀柱 = 1 千分托爾

1 大氣壓 = 760 托爾 = 1013 毫巴

表 1.1 為壓力單位換算表，表中所列除毫巴外，均為真空所習用的單位。

從表 1.1 可見應用巴或微巴為氣壓單位對於計算絕對壓力採用公制 (即達因/厘米^2) 甚為簡單，對於換算成大氣壓單位亦可約略求之。但在實際測量氣壓時使用水銀氣壓計則托爾或毫米水銀柱的單位可直接從水銀柱高量得之，故實際真空工作多採托爾為單位。在英制方面換算似較複雜，但從表中數字可見若測量氣壓以英寸水銀柱為單位其結果除以二即為英制的絕對壓力單位 (即磅/英寸^2)，故採用英制亦有其優點。

另一單位為毫米 (或厘米) 水柱高，此在某些特殊工作時採用為氣壓單位，其與托爾的關係為 1 托爾 = 13.5951 毫米水柱。

表 1.1 壓力單位關係表*

	托 爾 torr	千分托爾 μ	帕 Pa	大氣壓 atm	毫 巴 mbar	磅/英寸² lb/in²	英寸水銀柱 in-Hg
托 爾	1	1,000	133.322	1.31579×10^{-9}	1.33	0.019337	0.039370
千分托爾	10^{-3}	1	0.1333	1.31579×10^{-6}	1.33×10^{-3}	1.9337×10^{-5}	3.9370×10^{-5}
帕	7.501×10^{-3}	7.501	1	9.869×10^{-6}	10^{-2}	14.503×10^{-5}	2.9530×10^{-4}
大氣壓	760	760,000	101,325	1	1,013	14.695	29.921
毫巴	0.75	750	10^{-3}	9.87×10^{-4}	1	14.503×10^{-3}	2.9530×10^{-2}
磅/英寸²	51.715	51,715	6,894.8	0.068046	68.948	1	2.0360
英寸水銀柱	25.400	25,400	3,386.4	0.033421	33.864	0.49115	1

*本表採用約值 1 大氣壓=760 托爾。

三、氣體在真空中的性質

㈠ 真空度與剩餘氣體

　　真空度表示一個真空系統中剩餘氣體的程度，通常以剩餘氣體的氣壓來作量度。一般的真空區分法為：

1. **粗略真空** (rough vacuum)：氣壓從小於 1 大氣壓到 1 托爾。
2. **中度真空** (medium vacuum)：氣壓從 1 托爾到 10^{-3} 托爾。
3. **高真空** (high vacuum)：氣壓從 10^{-3} 托爾到 10^{-7} 托爾。
4. **超高真空** (ultra-high vacuum)：氣壓低於 10^{-7} 托爾。

　　按照真空的定義可知真空並不是完全空無一物，真空中仍然有氣體分子存在。只是真空度愈高剩餘的氣體分子就愈少，因為這些氣體分子而產生的氣壓也就愈低。實際上區分真空的範圍方法很多，茲綜合各派歸納成下表 (1.2)。表中除列舉氣壓範圍外，並將在該真空度時剩餘氣體的一些物理性質列入以作參考。

　　從表中數字可知在超高真空時每立方厘米中的氣體分子數仍有約 10^9 個，故我們不能說真空中空無一物。除在特殊的實驗中我們對這些殘留分子的存在要考慮其可能發生的影響外，通常這些分子其所佔的體積以及總質量非常小 (與克分子數 2.3×10^{23} 相比) 故多可忽略其存在。

㈡ 氣體的平均自由動徑 (mean free path)

　　平均自由動徑的定義為平均一個粒子在碰撞其他粒子前所走的距離。通常以符號「λ」代表之。其單位在米制為厘米或米，在英制為英寸或英尺即長度單位。在設計真空儀器時，氣體的平均自由動徑為一重要討論因數。在表 1.2 所列的數字顯見真空度愈高氣體的平均自由動徑愈大。換言之，在高真空時氣體分子要走很長的距離才會碰撞到另一個分子。實際上因受容器的限制氣體分子在尚未碰撞其他分子之前已撞到器壁，故在高真空時氣體分子間的互相作用常可忽略。在表 1.2 中所列的氣體分子自由動徑係指空氣分子。實際上空氣為氮、氧、

表 1.2 真空度的區分

	粗略真空 Coarse vacuum	中度真空 Intermediate vacuum	中度高真空 medium-high vacuum	高真空 high vacuum	超高真空 ultra-high vacuum
壓力範圍（托爾）	760-100	100-1	1-10^{-3}	10^{-3}-10^{-7}	$<10^{-7}$
在 20°C 時每立方厘米中的氣體分子數	2.5×10^{19} 到 3.3×10^{18}	3.3×10^{18} 到 3.3×10^{16}	3.3×10^{16} 到 3.3×10^{13}	3.3×10^{13} 到 3.3×10^{9}	$<3.3\times10^{9}$
每秒鐘在每平方厘米容器壁上的分子撞擊數	10^{23}-10^{22}	10^{22}-10^{20}	10^{20}-10^{17}	10^{17}-10^{13}	$<10^{13}$
氣流形態*	連續氣流	連續氣流	轉變為分子氣流之過度形態	分子氣流	實際無氣流僅單一分子運動
在 20°C 時剩餘空氣分子之平均自由動徑（厘米）	5×10^{-6}-5×10^{-5}	5×10^{-5}-5×10^{-3}	5×10^{-3}-5	5-5×10^{4}	$>5\times10^{4}$

*氣流形態實際與儀器的主要尺寸有關，見第（三）節，此處僅就一般的情況大概劃分之。

氫等氣體所組成，故此處的數值實爲空氣中各成份氣體的混合平均值。各種氣體分子的平均自由動徑在相同的溫度及氣壓下並不相同，其與分子的大小有關。分子小的其平均自由動徑比較大。通常氣體的平均自由動徑可用下式計算之。

$$\lambda = \frac{1}{n\pi r^2} \tag{1.1}$$

式中 r 爲分子之半徑，n 爲單位體積內的分子數。

一般氣體分子其直徑多在 10^{-8} 厘米的範圍內，除很大的有機化合物的分子外，我們可假定各種氣體分子的直徑均相同。至於單位體積內的分子數則隨氣壓及溫度而變。在眞空中因氣體分子數很少 (相對克分子數而言)，故**完全氣體定律** (perfect gas law) 可以適用，該定律爲

$$P = nKT \tag{1.2}$$

式中 P 爲氣體壓力，T 爲絕對溫度，K 爲**波茨曼常數** (Boltsmann's constant) 其數值爲 1.38×10^{-16} 爾格/度 (erg/deg.)。

將 (1.2) 式代入 (1.1) 式可得

$$\lambda = \frac{KT}{P\pi r^2} \tag{1.3}$$

由此可知在某一定溫度時，λ 隨壓力 P 而變。在一般的眞空應用，因系統內的氣體多爲空氣，故可用下列的約略公式來計算 λ。普通的氣體亦可用此式大約估計 λ 値。

$$\lambda(厘米) = \frac{5 \times 10^{-3}}{P(托爾)} \tag{1.4}$$

此式係應用在普通室溫。例如在室溫下眞空壓力爲 1μ 時可由此式求得 λ 爲 5 厘米。

㈢ 眞空儀器中氣流的形態

一般眞空儀器中氣體流動的形態隨其中的氣壓以及儀器的尺寸而定。根據氣體的平均自由動徑與儀器的主要尺寸可將其劃分爲：

1. 黏滯範圍 (viscous region)

在這個範圍內，氣壓高，氣體分子的平均自由動徑小。對一般的真空儀器而言，因氣體分子的平均自由動徑較多數儀器的尺寸為小 ($\lambda < d$)，故氣體分子從器壁的一端走向另一端必需遭遇很多次的分子間碰撞。換言之，氣體運動時因受到分子間的阻力，氣流有顯著的**黏滯性** (viscosity)。此時的氣流稱之為**黏滯氣流** (viscous flow 或 Poiseuille flow)。黏滯範圍雖由氣體的平均自由動徑（或氣壓）而定，實際上與儀器的尺寸極有關，通常以 λ/d 的數值來劃分氣流範圍，下段將作較詳細的說明。

2. 過渡範圍 (transition region)

如果儀器的尺寸已固定，而氣壓逐漸減低，氣流形態從上述的黏滯範圍逐漸的變到下段所述的自由分子氣流範圍。在這變化的中間，實際為兩種氣流的混合，我們稱之為過渡範圍。過渡範圍多以其 λ/d 的值在下式所定的範圍內為準。其中 λ 為氣體分子自由動徑，d 為儀器主要尺寸，例如真空室的直徑或管路的直徑等。該範圍為

$$0.01 < \frac{\lambda}{d} < 1.0 \tag{1.5}$$

若以 (1.4) 式代入上式可得

$$0.01 < \frac{5 \times 10^{-3}}{Pd} < 1.0 \tag{1.6}$$

此式中 d 的單位應為厘米。

若儀器的尺寸 d 固定，則從上式可得過渡範圍的壓力範圍為

$$\frac{5 \times 10^{-3}}{d} < P < \frac{0.5}{d} \tag{1.7}$$

例如一直徑為 2.5 厘米的管子，其氣流過渡範圍壓力當在 0.2 托爾到 2×10^{-3} 托爾之間，但若管的直徑為 25 厘米，則其壓力範圍變到 2×10^{-2} 托爾到 2×10^{-4} 托爾之間。

由 (1.5) 式可見當氣體分子的平均自由動徑小於百分之一其主要尺寸時，氣流形態多數在黏滯範圍。當氣壓減低到其分子平均自由動徑與儀器主要尺寸相當

時，則氣流形態均轉變為下述之自由分子氣流範圍。

3. 自由分子氣流範圍 (free molecular flow region)

在此範圍中，氣體分子從儀器的器壁走向另一端器壁將不會遭遇到任何的分子撞擊。已如上述氣體分子的平均自由動徑當較諸儀器的主要尺寸為大 ($\lambda > d$)。在此氣流範圍內，分子氣流變成與壓力無關而只與氣體的分子量，儀器的幾何形狀，以及溫度有關。因為氣體與氣體分子間碰撞的機會甚少，故氣體分子碰撞器壁的作用成為主要考慮的因素。

設計真空儀器，選擇管路活門以及幫浦*(抽氣機) 等與所選的氣流範圍極有關，計算的方法亦因範圍的不同而異。詳細有關計算將於下章討論之。

摘　要

真空的定義為一個空間其中的氣體壓力顯著的小於周圍的大氣壓力。完全沒有任何物質存在的絕對真空至今尚未被吾人所發現，亦無實用的意義。

量度氣壓最常用的單位為**托爾** (torr)，即等於一毫米水銀柱高的氣壓。國際單位以帕 (Pa) 為真空壓力單位，一帕約等於 133 托爾。帕實際與公制壓力單位牛頓/米平方 (N/m^2) 相同，現已漸為歐美所採用。

真空度的區分大致可分為：普通真空，從一個大氣壓 (760 托爾) 到 10^{-3} 托爾。高真空，從 10^{-3} 托爾到 10^{-7} 托爾，及超高真空，低於 10^{-7} 托爾。即使在超高真空裡 (10^{-7} 托爾) 仍有約 10^9 個氣體分子存在於一立方厘米的空間內。

氣體分子在真空裡的平均自由動徑對真空儀器尺寸的設計甚有關。真空度愈高其中氣體的平均自由動徑也愈大。與平均自由動徑有關的真空性質為氣流的形態，通常可分為三個範圍：即黏滯範圍，在此範圍內氣流形態為黏滯氣流 (連續氣流)；過渡範圍，為轉變為自由氣體分子氣流的中間過程；以及自由分子氣流範圍，在此範圍內為自由分子氣流，超過此範圍則為單一分子運動已非氣流形態。

---

*此譯名將於第二章第三節中註解之。

第2章. 真空系統計算

一、真空系統 (vacuum system)

(一) 閉合系統 (或靜態系統)(close or static system)

閉合的真空系統係將該系統抽真空到所需的真空度然後予以封閉不再打開。因系統係密閉，故可保持該真空而不需繼續抽氣。此種系統其中無氣體分子流動故亦稱為靜態系統。無線電電子管、電視映像管、陰極射線管、X射線管，以及很多儀器常採用閉合真空系統。一般的真空隔熱裝置如熱水瓶、罐頭食品等也屬於此種系統。此種系統因不用幫浦經常抽氣，故必需非常氣密不能漏氣。系統內應盡量避免自動產生氣體如氣化、蒸發或**放氣** (outgassing)。此些現象普通多難完全避免，在需要保持長久時間的真空系統其中常加入一種可吸收 (或化合)氣體的物質如金屬鈦、鋇等。通常在系統抽成真空封閉後，利用通過電流加熱使其蒸發後附著在器壁上形成一層薄膜，當閉合系統中產生氣體時即被其吸收化學結合在薄膜中不再放出。閉合的真空系統多有其使用及保存的壽命。通常高級真空儀器，若未經使用當可保存甚久毫無問題，但普通的閉合真空系統如罐頭食品等則保存時間有限，因其中物品常會放氣或變成氣體，且有時真空內物品與真空器壁起化學作用也有放出氣體的可能。

(二) 可開閉系統 (或動態系統)(dynamic system)

可開閉系統種類甚多，其構造及性能視所設計的真空儀器的作用而異。此類

真空系統除應用在各種基本科學儀器上如原子核加速器、X 光射線、電子顯微鏡、質譜儀等外；在工業上如真空熔鑄、真空滲和、真空鍍膜、真空晶體結晶、真空煉礦等；以及生物，醫學，食品等方面的應用如真空乾燥、真空蒸餾、真空貯藏、真空提煉等等不勝枚舉。因用途不同其要求也不同，故各型的真空儀器其構造自亦不同。但不論任何用途，歸納來說可開閉的真空系統其主要構造多包括下列幾部分，即：

1. **真空室** (vacuum chamber)

為真空系統的主體，主要的操作應用均在其中進行。真空室可為任何幾何形狀，通常為製造方便多採用圓筒狀或長方體狀。

2. **真空幫浦** (或抽氣機)(vacuum pump)

為求達到真空，必需設法將系統內的氣體除去，簡單的真空可不用幫浦抽氣(例如用手將皮管中的空氣擠出或利用燃燒將氧氣燒成液體或固體化合物等)，但比較完善的系統或需較高真空的儀器多需要利用幫浦將其中的氣體排除。有關真空幫浦將於第三章中詳細介紹。

3. **管路** (duct or piping)、**接頭** (connector or flange)、**活門** (valve) 以及**襯墊** (gasket or seal)

真空儀器的真空室與幫浦，真空計 (見下段)，或其他用作傳送物品或電流、電壓等線路以及機械零件等所必需有的適當管路。管路連結處必需有接頭，接頭互相接合處又必需有襯墊以使其氣密。此外有些部分常需開閉以便隔斷管路，接通管路，以及更換真空室內的樣品或機件，諸如此類必須有可開閉的活門。有關此類機件將於第五、六兩章中詳細討論。

4. **真空計***(vacuum gauge)

欲知真空系統中的真空度，必需有可量度真空的儀器。真空計實際上就是壓力計，但其量度的壓力比大氣壓力小，故設計構造上也不盡與一般的壓力計相同。除在粗略真空時有用直接測量壓力的方法外，多數真空計均為測定真空系統中的剩餘氣體分子數，然後再化為壓力單位。真空計將於第四章中詳細介紹。

---

*真空計的譯名將於第四章中討論之。

5. 其他

其他如吸收油氣及水氣的**陷阱** (traps)，介入電流電壓的**電導引** (electric feedthrough)，介入機械動作的**機械導引** (mechanical feedthrough)，冷卻裝置，以及緊急安全裝置等亦常為必需。此些分件將於第五、六兩章中分別討論之。

二、氣導 (conductance)

㈠ 定義及計算公式

1. 氣流通量 (throughput)、氣導及管路阻抗 (impedance)

氣流通量，代表符號為 Q，其定義為在某一特定的溫度下，每單位時間內通過真空系統的某一部分 (如管路等) 的斷面上氣體的數量。

所謂氣體的數量通常以該氣體的分子數表示之一。根據氣體定律知，在溫度一定時，氣體的分子數以壓力乘體積決定之。氣體分子數的單位通常可以厘米水銀柱・公升 (mm Hg・ℓ)，大氣壓・立方厘米 (atm・cc) 或托爾・公升 (torr・ℓ) 表示之。故氣流通量的單位應為托爾・公升/秒，大氣壓・立方厘米/小時等。

氣導的定義為在穩定狀況時，在**單位壓力差** (unit pressure difference) 下的氣流通量。如某一管路在其兩斷面 1 及 2 處的氣壓各為 P_1 及 P_2，若在該兩處的抽氣速率 (單位時間內排除氣體的體積) 各為 S_1 及 S_2，由於氣流的連續性故可得

$$Q = P_1 S_1 = P_2 S_2 = PS \tag{2.1}$$

由氣導的定義以及上式可得**氣導** L 如下

$$L = \frac{Q}{P_1 - P_2} = \frac{PS}{P_1 - P_2} \tag{2.2}$$

從上式可見氣導的單位與抽氣速率同，亦即體積/時間。

管路阻抗 (impedance) 定義為氣導的倒數亦即

14 眞空技術

$$W=\frac{1}{L} \qquad (2.3)$$

其單位爲時間/體積。

眞空系統的管路可用電路來作比較。管路阻抗即相當於電路阻抗，氣導即相當於電導。如將 (2.2) 式重寫並代入管路阻抗 (2.3) 式則可得

$$P_1-P_2=PSW=QW \qquad (2.4)$$

此式相當於電路中的歐姆定律 (Ohm's law)。

在眞空中，因爲氣體稀少故常可用完全氣體定律來求氣體體積與壓力的關係。根據該定律

$$\Delta PV=nRT \qquad (2.5)$$

此處 n 爲氣體分子數，*R 爲氣體常數，T 爲絕對溫度，V 及 ΔP 分別爲該氣體在該管路的體積及壓力差。

若氣體的**質量流率** (rate of mass flow)G 表示單位時間內流過某一斷面的氣體質量，以克/秒爲單位，則 G/M 爲該氣體的**分子流率** (rate of molecular flow)，即單位時間內通過該斷面的氣體分子數，此處 M 爲氣體的分子量。

由 (2.1) 及 (2.5) 式可得

$$Q=\frac{G}{M}RT \qquad (2.6)$$

將其代入 (2.4) 式可得

$$P_1-P_2=\frac{G}{M}RTW$$

因此

$$W=\frac{M}{G}\frac{(P_1-P_2)}{RT} \qquad (2.7)$$

將 (2.5) 式改寫爲

$$\Delta P=\frac{\rho}{M}RT$$

---

*R＝62.37 托爾・公升/度・分子

此處 ρ 為氣體在溫度 T 時的密度，代入 (2.7) 式可得

$$W = \frac{\rho}{G} \frac{(P_1 - P_2)}{\Delta P}（秒/立方厘米） \quad (2.7 \; 甲)$$

若 W 以秒/公升為單位，則 (2.7 甲) 式變為

$$W = \frac{\rho}{G} \frac{(P_1 - P_2)}{\Delta P} \times 10^3（秒/公升） \quad (2.7 \; 乙)$$

實際上 ΔP 就等於 $P_1 - P_2$，故上式實際上為

$$W = \frac{\rho}{G} \times 10^3（秒/公升） \quad (2.7 \; 丙)$$

此式適用於高真空的系統。

2. 管路阻抗的計算公式

氣體在管中流動其情形頗為複雜，氣流的形態隨壓力而不同，計算方法亦因之而異。公式的導演需從流體力學方面進行，故不在本書範圍內。為實際應用方便起見，特將幾種氣壓情況下的計算公式介紹於下：

(1) 高氣壓 (氣體的平均自由動徑 ≪ 二倍的管半徑)：這種情況屬於中度真空以上的氣流，通常已無**擾流** (turbulent flow) 發生，故均可採用**層流** (laminar flow) 的理論來計算管路阻抗。

甲、長管 (管長 ≫ 管半徑) 及小壓力差 $(P_1 - P_2 \ll (P_1 + P_2)/2)$：

Hagen-Poiseuille's 公式

$$W = \frac{12 \, \ell \, \eta}{\pi r^4 (P_1 + P_2)}（秒/公升） \quad (2.8)$$

其中 r 為管半徑，ℓ 為管長，均以厘米為單位，P 為壓力其單位為托爾，η 為**黏滯係數** (viscosity)，單位為**泊依司** (1 Poise = 1 g/cm-sec)。

乙、短管 (管長等於管半徑) 及大壓力差 $(P_1 - P_2 \geqq P_1/2)$：

管路阻抗 W 可用 (2.7 丙) 式計算之。式中的 G 可比照氣流通過**噴嘴** (nozzle) 的方法求之如下：

$$G=\pi r^2\left(\frac{P^2}{P_1}\right)^{1/K}\sqrt{\frac{K}{K-1}\left[1-\left(\frac{P^2}{P_1}\right)^{(K-1)/K}\right]2\times1333\frac{P_1}{v_1}} \quad (克/秒) \quad (2.9)$$

其中 v_1 為**比容** (specific volume) 單位為 (立方厘米/克)，K 為定壓比熱與定容比熱之比 (C_p/C_v)。壓力仍以托爾為單位。

丙、中間情形：

在此上兩者之間的情形較為複雜，Gunther, Jaeckel 與 Oetjen 三人所導的約略公式可以採用，該式為：

$$G=\pi r^2 \frac{Mr^2\frac{K}{K+1}\left[P_1^2-P_2^2\left(\frac{P_1}{P_2}\right)^{(K-1)/K}\right]}{RT_1\ell\times 8\eta\left[1+\frac{G}{\pi r^2}\frac{1}{6\eta K}\frac{r^2}{\ell}\ln\left(\frac{P_1}{P_2}\right)\right]} \quad (2.10)$$

此處 M 為氣體分子量單位為克/莫耳，R 為氣體常數單位為托爾公升/度·分子，T 為絕對溫度。

此公式在較高氣壓及高氣體質量流率時可變為 (2.9) 式。在較低氣壓及低氣體質量流率時則變為 (2.8) 式。

當管路兩端壓力差小時，(2.10) 式亦可應用於薄壁上的**孔洞** (aperture) 來求氣體質量流率。在此種情況下 P_1 差不多等於 P_2 而 ℓ 接近於零。故若令 $P_1\to P_2$，及 $\ell\to 0$ 則

$$G=\pi r^2\times 1333\, P_1\sqrt{\frac{3}{4}K\frac{M}{RT_1}} \quad (克/秒)$$

或即

$$G=12.66\times 10^{-2}\,\pi r^2 P_1\sqrt{\frac{KM}{T_1}} \quad (克/秒) \quad (2.11)$$

此式中的 πr^2 即為孔洞的面積。

(2) 低氣壓 ($\lambda\gg 2r$)：

甲、長管 ($\ell\gg r$)

管路阻抗可用下式求之

$$W = 5.15 \times 10^{-2} \frac{l\,U}{A^2} \sqrt{\frac{M}{T}} \quad (秒/公升) \tag{2.12}$$

式中 A 為管的斷面積，U 為**斷面的周界長** (circumference of cross section)，其他符號同前。

圓形的長管，在 20°C 時如其中為空氣則

$$W \simeq \frac{1}{100} \frac{l}{r^3} \quad (秒/公升) \tag{2.13}$$

乙、短管（$l \simeq r$）

任何斷面的短管，任何種氣體，均可用下式求其管路阻抗：

$$W = 0.275 \left(\frac{3}{16} \frac{l\,U}{A} + 1 \right) \frac{1}{A} \sqrt{\frac{M}{T}} \quad (秒/公升) \tag{2.14}$$

在 20°C 時，圓形斷面的短管，其中為空氣時則

$$W = \frac{\frac{3}{8} \frac{l}{r} + 1}{36.3\,r^2} \quad (秒/公升) \tag{2.15}$$

丙、薄壁上孔洞（$l \ll r$）

此處 l 實際為壁的厚度，r 為孔洞的半徑。阻抗公式為

$$W = 0.275 \frac{1}{A} \sqrt{\frac{M}{T}} \quad (秒/公升) \tag{2.16}$$

此式可用於任何形狀的孔洞以及任何種氣體。
在 20°C 時的空氣，薄壁上圓形孔洞的阻抗為

$$W = \frac{1}{36.3\,r^2} \quad (秒/公升) \tag{2.17}$$

(3) 任何真空氣壓：下列公式可適用於任何真空氣壓，若管路為圓形長管其阻抗為

甲、任何氣體

$$W=\frac{\ell}{r^3}\frac{10^3}{\frac{\pi r}{8\eta}1333\frac{(P_1+P_2)}{2}+\frac{8}{3}\sqrt{\frac{\pi RT}{2M}}} \quad \text{(秒/公升)} \quad (2.18)$$

乙、空氣 (20°C)

$$W=\frac{\ell}{r^3}\frac{10^3}{2.9\times 10^6 r\frac{(P_1+P_2)}{2}+9.7\times 10^4}\text{(秒/公升)} \quad (2.19)$$

(二) 複合管路──串聯及並聯管路與電路及水路的比喻

1. 真空管路與電路及水路的比喻

簡單的比喻常可使對真空系統的分析及計算容易瞭解。茲將真空系統、電流系統、及水流系統相對比較如下：

真空系統	電流系統	水流系統
真空幫浦	電池或電源	水泵或水源
氣壓差 P_1-P_2	電位差 V_1-V_2	水位差 h_1-h_2
管路阻抗 W	電阻 R	流體阻抗 R
氣流通量 Q	電流 I	水通量 M

圖 2.1 為簡單的電路與真空管路的比喻圖，從電路的歐姆定律 (Ohm's law) 有

$$R=\frac{V_1-V_2}{I}$$

從 (2.4) 式有

$$W=\frac{P_1-P_2}{Q}$$

比較兩式即可見其相當的部分。

水流管路亦可找到同樣關係，而且水流管路中用接頭、活門或複合管等，其

圖 2.1

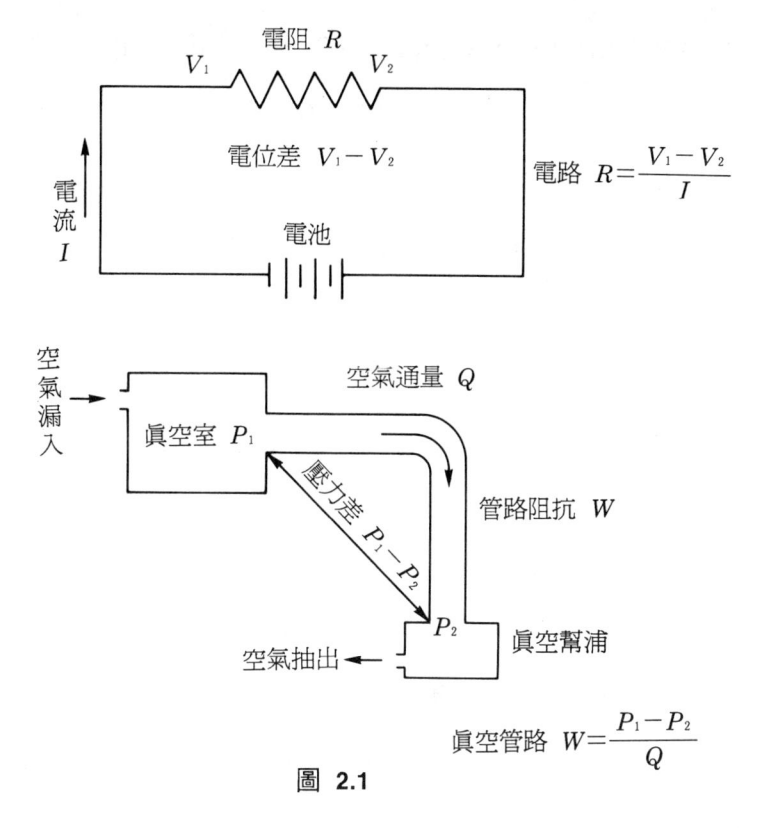

情形與氣流管路頗似,故常用作比喻。

應注意之點為上述的比較係基於氣流的連續性,亦即 (2.1) 式可適用。但氣體有壓縮性,其阻力與壓力的關係與液體者不盡相同。而且在實際儀器中管路及接頭等處常有不可避免的微漏及放氣現象,故甚至 (2.1) 式亦不能完全合用。在實際設計時固然可用水流或電流的比喻,但不可完全依照此比喻計算,否則可能誤差甚大。

2. 複合管路

複合管路可為**串聯** (in series) 或**並聯** (in parallel) 或兩者兼有。管路阻抗的計算可比喻電阻電路的計算:

(1) 串聯真空管路

$$W = W_1 + W_2 + \cdots + W_i + \cdots + W_n = \sum_{i=1}^{n} W_i \tag{2.20}$$

上式可從壓力差的觀點來說明之。若串聯管路的兩端總壓力差為 ΔP,而各段的

20　真空技術

壓力差為 ΔP_1，ΔP_2，$\cdots$，ΔP_i，$\cdots$，ΔP_n 等。應用 (2.4) 式可得

$$\Delta P_i = Q W_i$$

因總壓力差實際即為各壓力差的和，故

$$\Delta P = \Delta P_1 + \Delta P_2 + \cdots + \Delta P_n = \sum_{i=1}^{n} \Delta P_i \tag{2.21}$$

或

$$\Delta P = \sum_{i=1}^{n} Q W_i \tag{2.22}$$

假定 Q 為定值不變，故

$$\Delta P = Q \sum_{i=1}^{n} W_i \tag{2.23}$$

在整個系統而言，假定總阻抗為 W，則

$$\Delta P = Q W \tag{2.24}$$

比較 (2.23) 與 (2.24) 兩式即得

$$W = \sum_{i=1}^{n} W_i$$

串聯管路與串聯電阻電路的比喻如圖 2.2 所示。

(2) 並聯真空管路：利用電阻並聯電路的比喻，可得並聯真空管路的阻抗公式為

$$\frac{1}{W} = \frac{1}{W_1} + \frac{1}{W_2} + \cdots + \frac{1}{W_i} + \cdots + \frac{1}{W_n} = \sum_{i=1}^{n} \frac{1}{W_i} \tag{2.25}$$

或用氣導 L 表示如下

$$L = L_1 + L_2 + L_3 + \cdots + L_i + \cdots + L_n = \sum_{i=1}^{n} L_i \tag{2.26}$$

如此則管路阻抗為

$$W = \frac{1}{L} = \frac{1}{\sum_{i=1}^{n} L_i} = \frac{1}{\sum_{i=1}^{n} \left(\frac{1}{W_i}\right)} \tag{2.27}$$

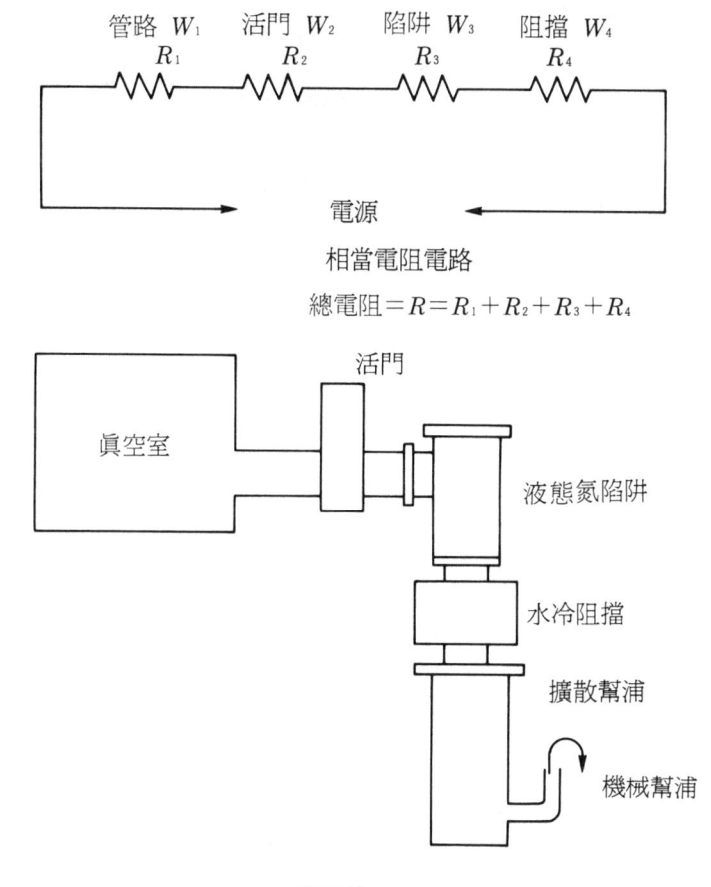

管路 W_1　活門 W_2　陷阱 W_3　阻擋 W_4
R_1　　　R_2　　　R_3　　　R_4

電源

相當電阻電路

總電阻＝$R=R_1+R_2+R_3+R_4$

活門

真空室

液態氮陷阱

水冷阻擋

擴散幫浦

機械幫浦

總阻抗　$W=W_1+W_2+W_3+W_4$

圖 2.2　串聯管路

(3) 複合管路 (compound pipelines)：實際管路常包含有串聯管路及並聯管路同時存在。在分析時亦可比照電阻電路先將各支路總阻抗求出，然後再按照其並聯或串聯情形求出整個管路總阻抗。其比照的情形如圖 2.3 所示。

(4) 實例：如圖 2.4 所示，為一真空系統中管路的一部分。假設空氣 (20°C) 由其中通過，而氣流通量 Q 為定值不變。管路係由三部分組成即半徑為 1.5 厘米的圓管接於半徑為 6 厘米的真空室，室的底部為一半徑為 0.5 厘米的孔洞，此端然後再接於半徑為 3 厘米的圓管。各部分的長度如圖所示。

從管路的性質來看，此儀器的主要部分當為真空室，故通常應在高真空範圍。從其聯結情形來看，顯然為串聯管路。管路各部分的阻抗可由前述諸公式計

22　真空技術

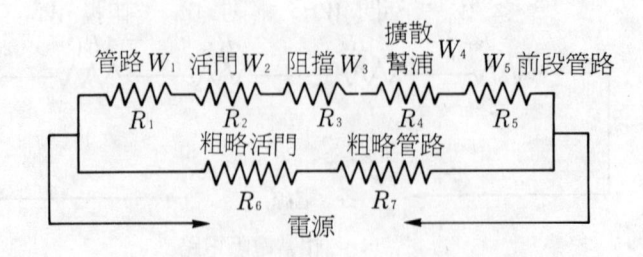

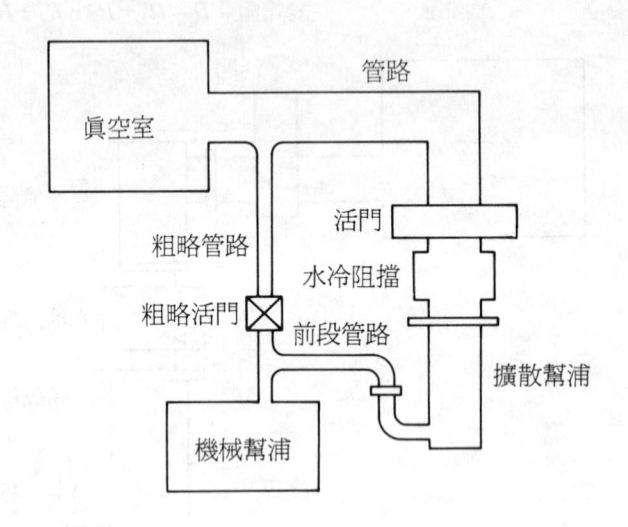

[圖 2.3 示意圖：上方為電路類比圖，標示管路 W_1、活門 W_2、阻擋 W_3、擴散幫浦 W_4、W_5 前段管路，對應電阻 R_1、R_2、R_3、R_4、R_5；下方支路為粗略活門 R_6、粗略管路 R_7，接電源。下方為真空系統示意圖，包含真空室、管路、粗略管路、粗略活門、活門、水冷阻擋、前段管路、擴散幫浦、機械幫浦]

圖 2.3

算之：

兩端圓管可用 (2.13) 式計算如下

$$W_1 = \frac{\ell_1}{r_1^3} \times \frac{1}{100} = \frac{50}{1.5^3} \times \frac{1}{100} = 0.148 \text{ 秒/公升}$$

$$W_4 = \frac{100}{3^3} \times \frac{1}{100} = 0.037 \text{ 秒/公升}$$

真空室可用 (2.15) 式計算之如下

$$W_2 = \frac{\frac{3}{8}\frac{\ell^2}{r^2}+1}{36.3\, r_2^2} = \frac{\frac{3}{8} \times \frac{12}{6}+1}{36.3 \times 6^2} = 0.0013 \text{ 秒/公升}$$

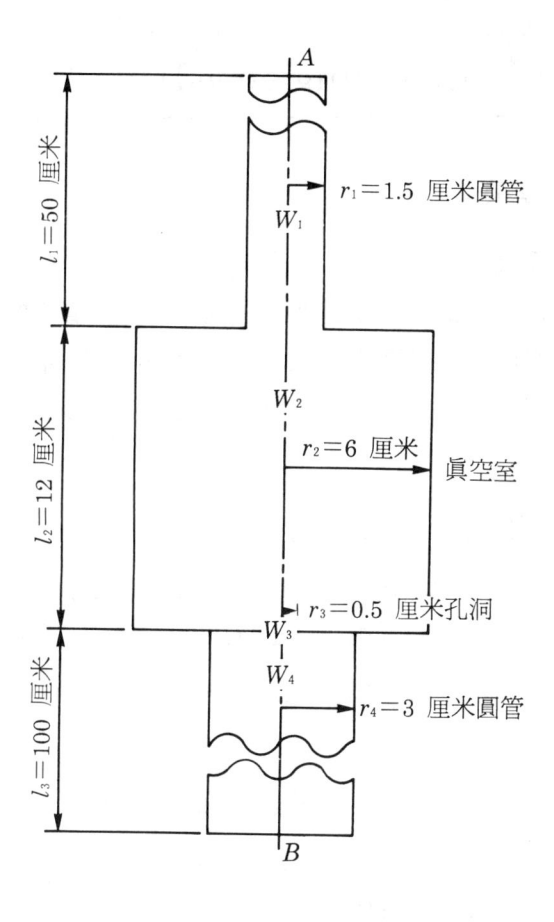

圖 2.4 中標示：
- $l_1 = 50$ 厘米, $r_1 = 1.5$ 厘米圓管, W_1
- $l_2 = 12$ 厘米, $r_2 = 6$ 厘米, W_2, 真空室
- $r_3 = 0.5$ 厘米孔洞, W_3
- $l_3 = 100$ 厘米, $r_4 = 3$ 厘米圓管, W_4

圖 2.4

孔洞可用 (2.17) 式計算之如下

$$W_3 = \frac{1}{36.3\, r_3^2} = \frac{1}{36.3 \times 0.5^2} = 0.11 \text{ 秒/公升}$$

故管路總阻抗為

$$W = W_1 + W_2 + W_3 + W_4 = 0.2963 \simeq 0.3 \text{ 秒/公升}$$

三、抽氣速率 (pumping speed)

㈠ 定義及計算公式

1. 真空幫浦*的定義

真空幫浦為一種裝置，在其進氣口 (連接於需抽真空的機件或儀器) 將氣體分子抽入此幫浦內或排送到系統外而不再返回原處 (實際上各種真空幫浦均有少許氣體分子回流的現象，此將於第三章詳述之)。

2. 抽氣速率的定義

通常真空幫浦的抽氣速率其定義為

$$S_o = \frac{某氣體在真空幫浦進氣口的氣流通量}{該氣體在真空幫浦進氣口的分氣壓} \tag{2.28}$$

在真空系統中任何一點的抽氣速率其定義為

$$S = \frac{該點的氣流通量}{該點的氣壓} = \frac{Q}{P} \tag{2.29}$$

因氣流通量的單位為「壓力×體積/時間」，故抽氣速率的單位為「體積/時間」。根據氣流的連續性 (見第 (2.1) 式) 可知，若真空管路兩端的壓力差為一定值，則 Q 將為定值不變。但沿管路各點的抽氣速率並不盡相同，因為有管路阻抗，故各點的壓力亦異，欲維持 Q 為定值自必使 S 變化。

3. 抽氣速率計算

假定在真空管路的一端 m 點連接真空幫浦處，測得抽氣速率為 S_m。若管路的阻抗為 W (或氣導為 L)，則在真空室的出口處 (見 2.5 圖) 的抽氣速率 S_n

---

*pump 中文譯名為幫浦、唧筒、抽水機、泵等，按照英文字義為一種機器可作提高或傳送流體之用。泵字在一般字典中均無該字，僅有"洦"字作滴下解，此字如係新創字，對抽水機而言或頗合適，但在抽氣體則毫無意義，故本書採用音譯幫浦。

可如下法求之：
由 (2.1) 式得
$$Q = P_n S_n = P_m S_m$$

由 (2.4) 式得
$$Q = \frac{P_n - P_m}{W}$$

將上列兩式消去壓力項，其結果為
$$S_n = \frac{S_m}{1 + S_m W} \tag{2.30}$$

如用氣導 L，則變為

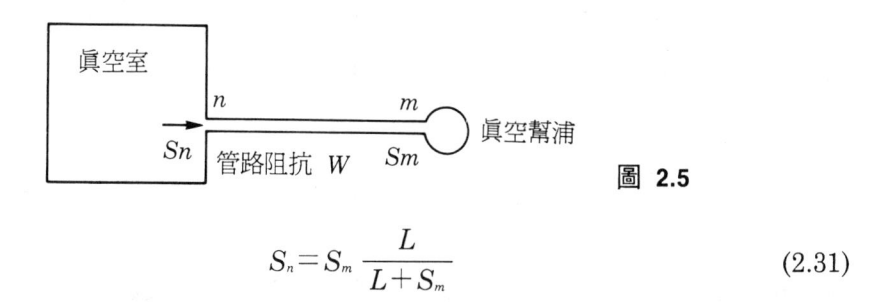

圖 2.5

$$S_n = S_m \frac{L}{L + S_m} \tag{2.31}$$

　　於前節的例題中，若真空幫浦接於圖 2.4 中的 B 端抽氣，其抽氣速率 S_B 假定為 1 公升/秒，則在系統的 A 端的抽氣速率 S_A 為

$$S_A = \frac{1}{1 + 1 \times 0.3} = 0.77 \text{ 公升/秒}$$

若將 S_B 增加為 10 公升/秒，則得

$$S_A = \frac{10}{1 + 10 \times 0.3} = 2.5 \text{ 公升/秒}$$

　　由此例可知，當幫浦的抽氣速率為 1 公升/秒時，管路上因阻抗所損失的抽氣速率約為百分之二十三。若將幫浦的抽氣速率增高十倍，結果因管路阻抗的損失增高達百分之七十五。此點說明設計真空系統時管路阻抗應為必須考慮的因素。並不能只憑直覺認為只要增大幫浦的抽氣速率 (改用大型幫浦) 即可達到高

度真空。在工業生產方面因需考慮成本經濟，此種計算尤屬重要。

(二) 抽真空時間 (pump-down time)

1. 定義

一般的抽真空時間其定義為：將一個真空系統從大氣壓力抽氣抽到所預定的真空壓力 (真空度) 所需的時間。

實際上真空系統的情況對抽真空時間很有影響，例如真空儀器器壁的放氣以及水氣的附著等等常會使抽空時間延長。水在室溫 (20°C) 時的蒸氣壓約為 17 托爾，如果在一個真空系統內有水氣附著，則真空度將維持 17 托爾直到全部水氣被蒸發抽乾前將不能再增進其真空度，是以加溫烘烤在某些真空系統常屬必要。一般來說抽氣速率常隨其真空氣壓的降低而減緩，而各種型式的真空幫浦其抽氣速率與真空氣壓的關係又各自不同。由此可見抽真空時間頗難用理論推算之。下節的計算公式僅為理想情況故只能用作約略的估計。

2. 計算公式

假定有一清潔真空系統，其中無任何附著或吸收的氣體、水氣等，亦無任何可揮發或蒸發性的物質存在。若系統的體積為 V，又若此系統有一固定的**漏氣率** (leak rate) S_l 以及一固定的抽氣速率 S (一般來說此假定頗不正確，已見上節所述，但為求計算簡便多取一平均值來代表，此平均值當由幫浦的特性決定之)。此真空系統在任何時刻氣流的平衡方程式為 (見本章最後的附註)。

$$-V\frac{dP}{dt}+S_l=SP \tag{2.32}$$

若該真空系統的最初氣壓為 P_o (相當於時間 $t=0$)，則在某時刻 t 時此系統的真空壓力 P 可由 (2.32) 式積分求得如下

$$t=\frac{V}{S}\ln\left(\frac{P_o-\dfrac{S_l}{S}}{P-\dfrac{S_l}{S}}\right) \tag{2.33}$$

若一理想真空系統絕對無任何漏氣，則 $S_l=0$，(2.33) 式變為

$$t = \frac{V}{S} \ln\left(\frac{P_o}{P}\right) \qquad (2.34)$$

由此式可得，從最初氣壓為一個大氣壓 (760 托爾) 將一個真空系統抽到真空度為一托爾時的抽氣時間為

$$t = 6.6 \frac{V^*}{S} \qquad (2.35)$$

以上計算公式可用作約略推算。因其導出時並未涉及真空幫浦的特性，故應可用於任何種幫浦。實際上各廠商所製的真空幫浦均有其推算的經驗公式，故在詳細設計時可參考之。事實上在採用某幫浦的經驗公式計算時，無論公式如何正確，因實際的真空系統的情況與該廠商對該幫浦所導出的公式其情況未見盡合，故計算也未必準確，通常根據此節所導出的公式計算，再憑經驗估計參照實際情況修正，則結果當不致離譜太遠。

3. 實例

一真空室其容積為 100 公升，現用一真空幫浦將其從大氣壓力，下抽至一托爾的真空度。若此系統絕對無漏氣的情形，此幫浦在真空室口的有效抽氣速率隨真空氣壓而變，在氣壓為一個大氣壓時為 50 公升/分，在氣壓為一托爾時為 30 公升/分。採取平均抽氣速率 S 為 40 公升/分，應用 (2.35) 式求得所需抽真空時間為

$$t = 6.6 \times \frac{100}{40} = 16.5 \text{ 分鐘}$$

注意：真空幫浦的抽氣速率並不一定在氣壓大時為高，更不一定與氣壓的大小成正比，實際情形應視幫浦的設計而定。

附註：公式 (2.32) 係由氣流通量 Q 的廣義定義而來，如果一真空系統其中有漏氣或放氣等現象，且其抽氣速率亦可能變化，則 Q 應以下式表示之，即

$^*\ln\left(\dfrac{760}{1}\right) = 6.63$

$$Q=\frac{d(PV)}{dt}=P\frac{\partial V}{\partial t}+V\frac{\partial P}{\partial t}$$

其中第一項代表氣體產生 (如眞空系統內部放氣等) 或漏氣，第二項爲眞空系統中氣體被抽出的速率，故若只考慮漏氣的情形，且此漏氣有一平均的漏氣率 S_l，若抽氣率亦有一平均的值 S，則在任何時刻眞空系統的壓力 P 其變化情形可以下式表示之，即

$$SP=S_l-V\frac{dP}{dt}$$

其中因壓力變化 (抽氣) 爲遞減函數，故加以負號。

摘 要

眞空系統可分爲閉合系統與可開閉系統兩類。眞空儀器以可開閉系統爲主，此系統主要應包括眞空室、眞空幫浦、管路、活門、眞空計以及一些眞空附件。

眞空計算主要在計算管路的阻抗，管路的阻抗隨管路的長短、半徑 (或儀器的主要尺寸)，以及眞空度而異。在計算眞空管路的阻抗時可比喻電阻電路的串聯及並聯來計算。複合管路亦可比喻複合電路計算。在實際眞空管路的設計又可比喻水路來考慮。在比喻時眞空幫浦即相當電路中的電源或水路中的水幫浦，管路阻抗即相當電阻或水管阻抗，氣流通量相當電流或水通量，氣壓差相當電位差或水位差。因有阻抗故眞空儀器中的各點抽氣速率並不相同，設計眞空儀器時應計算阻抗對抽氣速率的影響。眞空幫浦的抽氣速率愈大在管路上的損失也愈大。如欲達到某眞空度必需維持一定的抽氣速率。增大幫浦的抽氣速率以補償因管路阻抗而減低在眞空室處的抽氣速率，其所遭受管路上的損失也會同時增大，故設計時應以減低管路阻抗來增加抽氣速率爲優先考慮。

抽眞空時間可用來判斷眞空系統的好壞，有無漏氣、放氣，以及幫浦的效率。在工業應用的眞空系統中抽眞空時間對生產成本關係甚大。

本章重要定義

　　氣流通量：在某一特定溫度下，每單位時間內通過真空系統的某一部分的斷面上氣體的數量。

　　氣導：在穩定狀況時，在單位壓力差下的氣流通量。

　　阻抗：氣導的倒數。

　　抽氣速率：真空系統中某一點的抽氣速率為該點的氣流通量與該點的氣壓之比。

　　抽真空時間：將一個真空系統從大氣壓力抽氣抽到所預定的真空度所需的時間。

第 3 章　真空幫浦

一、真空幫浦的分類以及選擇幫浦的要點

㈠ 分類

按照幫浦其處理被抽氣體的方法可分成兩大類，亦即：

1. 排氣式

此類真空幫浦其作用為將低氣壓處的氣體排送到高氣壓的地方，如果只應用一個幫浦抽氣，通常多係將系統內的氣體直接排出到系統外面的大氣中，如果應用兩階段抽氣，亦即應用兩種不同的幫浦串聯抽真空 (詳細討論見以下各節) 則氣體從系統內較低氣壓處被一幫浦送到較高氣壓處然後再由另一幫浦抽送到大氣中，通常後者被稱為**前段幫浦** (fore pump 或 backing pump) 亦稱為**粗略幫浦** (rough pump)，前者有時被稱為高真空幫浦。排氣式真空幫浦又可分為下列兩大類，即：

⑴ 機械幫浦 (mechanical pump)：此類幫浦利用機械能力直接將氣體排送出系統，其作用原理通常可分為：

甲、將氣體從低氣壓處捕捉後經壓縮而送到高氣壓處，利用此原理者通常可直接將氣體排到大氣中，應注意者，真空系統的最初氣壓如為大氣壓，通常只有利用此類幫浦可將其抽低，故真空系統的前段幫浦 (或粗略幫浦) 多需採用此類的幫浦。

乙、利用幫浦中迅速轉動的機件給予氣體高速率以使其從低氣壓處向高氣壓處運動。此類幫浦通常需與前段幫浦串聯使用。當氣體分子運動到高氣壓處時即被前段幫浦捕捉排送到外界大氣中。

(2) 蒸氣噴流幫浦 (vapour stream pump)：此類幫浦通常簡稱為**蒸氣幫浦** (vapour pump)。其主要操作原理為利用加熱使某種液體 (通常為一種礦物油或水銀) 蒸發成蒸氣。此些蒸氣分子由於溫度高運動甚速，當其經過所需抽真空的系統附近，即與被抽的氣體分子碰撞而給予動能將其帶向蒸氣循環的路徑。在此路徑上蒸氣分子被冷卻變成液體流回原加熱槽，而所帶的氣體分子則在此處被前段幫浦抽出排送到系統外的大氣中。一般來說此類幫浦必需有前段幫浦才可有作用，僅下述的噴射幫浦有時可直接將所抽的氣體排送到大氣中，詳情見本節乙。利用蒸氣噴流原理的幫浦又分為下述兩類：

甲、**擴散幫浦** (diffusion pump)：又稱為**凝結幫浦** (condensation pump) 或**高真空高速率幫浦** (high vacuum high speed pump)，因為此類幫浦利用氣體擴散，蒸氣凝結的原理，其抽氣速率通常很高而且可用來抽高真空故有此等名稱。此類幫浦的操作原理為液體經蒸發成為蒸氣後衝向真空系統的抽氣管口，在彼處蒸氣由與抽氣管口相反方向的**噴嘴** (nozzle) 中噴出，真空系統中的氣體分子擴散到此處就被蒸氣噴流帶走，然後被前段幫浦抽送到大氣中。顯然此類幫浦的效率取決於由噴嘴中噴出的蒸氣流的速度，因之常用大 (重) 的蒸氣分子 (因為此類幫浦的裝置多為直立，蒸氣噴流的方向多為向下，分子重者所受的重力愈大，故速度也愈大)。此類幫浦理想的設計條件為被抽的氣體 (通常為空氣) 其在蒸氣噴流中的平均自由動徑應較噴嘴的外緣與幫浦壁的垂直距離為大，因為如此則氣體分子與蒸氣分子碰撞的機會少，由於碰撞被散射回真空系的氣體分子或蒸氣分子也少，故大多數氣體分子與蒸氣分子在該處被壓縮而向下流至出口處，此時蒸氣分子因冷卻凝結流回加熱槽，而氣體分子即被前段幫浦抽出。

乙、**噴射幫浦** (steam ejector pump)：此類幫浦的操作原理與蒸氣幫浦頗似。其不同之點為蒸氣噴流的方向與真空系統的抽氣口方向垂直，被抽的氣體分子擴散到噴口的附近即從蒸氣噴流的邊界上擴散入或被蒸氣分子的**黏滯性拖曳** (viscous drag) 入蒸氣噴流中，然後通過**擴散室** (diffuser chamber) 以超音速的速度穿過一**管喉** (throat) 送出幫浦。此幫浦的蒸氣分子帶同被抽的氣體分

子到幫浦外然後蒸氣分子再冷凝成液體收回再用。由此可見此類幫浦也可不用前段幫浦。設計噴射幫浦的要求為被抽氣體分子在幫浦的蒸氣分子流中的平均自由動徑應較噴口與管壁間之垂直距離為小，如此則氣體分子被蒸氣分子黏滯施曳的機會大，故抽真空的效率高。

　　注意：噴射幫浦可單獨使用，亦可與其他幫浦連接使用，有時常與擴散幫浦連接使用而稱為**擴散噴射幫浦** (diffusion-ejector pump)。在此種方式使用時，噴射幫浦多位於擴散幫浦與機械幫浦之間。

2. 貯氣式

　　此類幫浦其抽氣原理與排氣式完全不同。被抽的氣體被幫浦抽到其中永久或暫時貯藏在幫浦中而不排出。

　　通常被抽的氣體分子在幫浦進口的附近或受高電壓離子化後，被幫浦中的一種特殊物質**物理吸附** (physical adsorption) 或結合成化合物 (**化學吸附**，chemical adsorption)。或受到正離子，電子甚至放射線的作用使氣體分子電離，然後再在高電壓或磁場的作用下被某些物質吸收。亦有靠低溫將此些氣體分子，通常為空氣，冷凍而貯在幫浦內。諸如此類，除靠冷凍作用者有時可單獨使用外，其餘多必需使用前段幫浦將系統抽到中度真空，然後再交由貯氣式幫浦抽氣以達到高真空或超高真空。應注意者，此類幫浦為貯氣作用在使用時並不需前段幫浦為其排氣，相反的，在使用時前段幫浦必需從系統切斷，否則前段幫浦的油氣倒流入貯氣式幫浦而破壞其作用。至於真空系統應由前段幫浦抽氣到何種程度始可將其切斷而替換貯氣式幫浦抽氣，當視幫浦的種類而定，但操作的經驗以及真空系統的性質對此種決定亦頗為重要。貯氣式幫浦近年來發展迅速，幾乎所有高真空及超高真空均採用此類幫浦。新式的種類頗為繁多，現僅就常用者分為下列三類介紹：

⑴ 化學吸附幫浦 (chemical adsorption pump)：此類幫浦的作用原理係利用一種**活性物質** (reactive substance) 稱之為**結拖** (getter) 者，與所要抽的氣體分子化合變成固體或化學吸附貯留在幫浦內不再放出，此種結拖物質通常為薄膜、細絲、或粉狀。利用加熱**昇華** (sublime)、**離子撞濺** (ion sputtering)、或燃燒等方法使結拖物質與所要抽的氣體分子結合散佈在幫浦的內面。此種**幫浦作**

用 (pumping action) 最簡單的為一些**真空管** (vacuum tube)，當抽完真空封閉時常封入一結拖物質的細絲，如**金屬鉭** (Ta) 等，然後通電加熱使此金屬絲燒去剩餘的氣體 (結合成為固體)。在靜態真空系統中此種技術常廣為應用。有些儀器 (靜態的) 在使用日久，內部常會由於漏氣 (多半由於管壁或接頭等處氣體滲透的關係) 或放氣 (內部由於溫度變化或操作時電子等的撞擊而放出氣體) 而使真空度減低因而影響使用性能。高級儀器常附有備用結拖絲，在上述真空度減低時可通電加熱此結拖絲以發揮其幫浦作用而增進真空度。在動態真空系統此種結拖物質直接用作幫浦，此種幫浦因需能經常抽氣而不用更換幫浦 (或其中結拖物質) 故設計上常需特別考慮，此類幫浦將於第二節中詳細討論之。

(2) 吸附幫浦 (sorption pump)：此類幫浦其操作原理為**物理吸附** (physical sorption)，亦即利用某一些吸附力很強的物質如**活性碳** (active carbon) 或**沸石** (zeolite) 等將所欲抽的氣體吸附在其表面上。此類幫浦通常需保持低溫，故常與下節所述的冷凍幫浦聯合使用。因其吸收氣體為物理作用，故仍有再放出被吸收的氣體的可能。在使用時應盡量保持一定溫度或低溫。現在多用作潔淨之真空系統抽粗略真空之幫浦。在有些高真空系統亦可將吸附幫浦與其他粗略真空幫浦並聯接於真空系統作為加強幫浦以使真空度提高，有助於高真空幫浦容易起動。當高真空幫浦開始起動時再用真空隔斷活門 (或閥) 將其與真空系統切斷。吸附幫浦內所吸附的氣體可用加熱使其釋放，加熱時可由其逸氣管排至大氣中，亦可用一前段幫浦 (如機械幫浦) 接於逸氣管將氣體抽出。

(3) 冷凍幫浦 (cryo pump)：此類幫浦的操作原理頗為簡單，亦即利用**非活性金屬** (non-reactive metal) 使其在極冷的狀況下將欲抽的氣體冷凍成固體而貯於幫浦內。一般所採用的冷凍劑均為**液體氦** (liquid helium) 或超冷的氦氣。因為通常所抽的氣體多為空氣，而空氣在液態氦溫度下可凝結成固體。此種幫浦除氫、氦、氖等稀有氣體外，通常使用效果良好，並可用作高真空幫浦。新式者將吸附劑裝設在冷凍幫浦中，利用冷凍吸附來抽氫、氦等氣體。應注意者，使用此種幫浦必需經常保持冷凍，否則所抽的氣體 (已經凝結成液體或固體) 將會變回氣體再流入真空系統中。冷凍幫浦當停用時應將連結真空系統的活門關閉，逸氣口或通往前段幫浦管路的活門打開。幫浦溫度逐漸升到室溫時所冷凍的氣體會恢復氣態而逸出或由前段幫浦抽出。

(二) 選擇真空幫浦的要點

各種不同的真空儀器，其所要求的真空度不同。儀器的大小及其構造的材料，以及儀器的用途，例如用在高速電子的運動，真空蒸發，高溫融解，化學反應等等均為選擇幫浦必需考慮的因素。此外儀器使用的環境，如外界的溫度、濕度等，內部有否具有腐蝕性的物質，吸濕性的物質等亦為詳細考慮的重點。故實際設計真空系統選用幫浦不能單靠理想情況的計算或僅憑儀器廠送來幫浦特性的說明書來決定，否則很可能得不到要求的真空度。以下特別介紹選擇真空幫浦的基本條件。

1. 幫浦的型式，其適用的壓力範圍以及可達到的最終壓力 (ultimate pressure)

應選擇何種型式的真空幫浦在設計一個真空系統非常重要。首先應考慮此真空系統的**工作氣壓** (working pressure)，亦即在使用時必需保持的真空度。如果只需要中度或低真空，可能僅選用機械幫浦即可達到目的。但若需要高真空或超高真空，則常需選用高真空幫浦如擴散幫浦、離子幫浦等 (詳見下節)。又真空系統的工作性質亦為重要的考慮因素。例如有些儀器不能有油氣或水銀蒸氣的干擾，故在選用高真空幫浦應避免選擇擴散幫浦。此外經濟問題亦應考慮，並不一定真空度愈高愈好，因為要抽到高真空其所花費的投資也高，如果普通真空即可應用，則可用普通真空幫浦以達到其目的且可節省經費。當然其他細節如有否人員經常看管操作，水電的供應是否常會中斷等亦為應考慮的因素。真空幫浦可達到的最終壓力通常係指將幫浦進氣口關閉後此幫浦將其本身抽真空抽至不能再高的真空度 (最低的氣壓)。換句話說，每一個幫浦因其本身的構造及操作原理的限制，其所能抽到的真空度均有一極限，當真空度達此極限時，即使再延長抽真空的時間，真空度亦只多維持在此壓力不變。選擇真空幫浦的種類型式時，幫浦的最終壓力可作參考，但應注意通常在實用時幫浦接在真空系統上多不能抽到其所標明的最終壓力；除真空系統的容積為一影響因素外，其他如系統的漏氣、放氣、溫度的變化等等均有直接影響。

2. 幫浦的規格大小

真空系統的大小，其可能放氣或漏氣的程度，以及所特定的用途為決定所選擇真空幫浦的規格大小的基本資料。通常根據計算再加一些安全因素就可約略的

決定所要用的眞空幫浦的抽氣速率。眞空幫浦的規格大小，大多數是採用抽氣速率爲標準。應注意眞空幫浦的抽氣速率通常係指在其抽氣口處而言，故設計時要考慮連接的管路，必要的活門，測量氣壓的眞空計 (見第六章) 等的管路阻抗，以及可能的漏氣或放氣等對於抽氣速率的影響。又眞空幫浦的抽氣速率並不能完全代表幫浦能承擔的負荷，因該抽氣速率常需在某一種壓力情況才可以達到的，如果使用情況不對則無法達到這結果。例如前段幫浦所用的機械幫浦的抽氣速率用公升／分鐘表示如爲 150 公升／分鐘，而離子幫浦 (見本章第五節) 的抽氣速率用公升／秒表示如爲 150 公升／秒。兩者比較似乎離子幫浦的抽氣速率較機械幫浦高出甚多 (在此例中要大六十倍)。如果單憑數字計算，一個眞空室如容積爲 300 公升，假定無任何管路阻抗、漏氣或放氣等情形，用離子幫浦似乎只要兩秒鐘而用機械幫浦則需要兩分鐘將眞空室抽到極低氣壓*。實際上則不然，因爲每一個眞空幫浦的抽氣效率與其操縱時的氣壓有關，在某一氣壓下其抽氣速率最高而在其他氣壓下則比較低，而且有些幫浦如擴散幫浦、離子幫浦等必需在較低的氣壓下才能開始有抽氣的作用。在上例所提的離子幫浦事實上必需在 10^{-4} 托爾的眞空度時才能開始有抽氣的作用，因此，這個眞空系統在原始狀況爲大氣壓力下使用離子幫浦根本不能有作用。反過來說，如果單用機械幫浦，也不可能在兩分鐘內將此系統抽到極低氣壓。因爲機械幫浦雖然可以將一系統從大氣壓力下抽眞空，但是其最終壓力多在 10^{-3} 托爾附近 (少數精確機械幫浦可達 10^{-4} 托爾眞空度)，當系統抽到這個氣壓時，不論再抽多少時間眞空度將無法再增，所以眞空系統內將維持有 10^{-3} 托爾氣壓的氣體存在。

3. 需用幾級眞空幫浦

一個普通的眞空系統，如果要求不高，例如眞空度只要維持在 10^{-3} 托爾範圍內，則可用一個機械幫浦即可達到要求的目的。但是如果要求再高的眞空度，通常一個機械幫浦就不能勝任，因此常採用兩級眞空幫浦。例如使用一個機械幫浦來作前段幫浦抽粗略眞空，另用一個冷凍幫浦或擴散幫浦作高眞空幫浦來抽高眞空。因爲用兩種不同的幫浦抽不同等級的眞空，所以我們說是兩級。應注意者，通常應用兩級眞空幫浦常串聯操作如機械幫浦串聯擴散幫浦使用。在此種情

---

*事實上沒有任何幫浦可以將眞空系統抽到氣壓爲零，故此處用極低氣壓。

形下要維持高眞空就必需兩個幫浦同時連續操作。但是如果應用貯氣式的高眞空幫浦，通常多採用並聯。也就是當開始抽粗略眞空時僅用機械幫浦將眞空系統 (有時連同高眞空幫浦的內部) 抽氣。等眞空達到可起動高眞空幫浦的程度時就將機械幫浦的活門關閉，改由貯氣式幫浦抽眞空。在此時粗略眞空幫浦通常可以停止使用。視實際的需要有時可並聯使用兩個以上的幫浦或使用兩級以上的串聯。

二、機械幫浦 (mechanical pump)

本節介紹幾種常用的機械幫浦，其構造及操作原理以及使用的範圍。

㈠ 迴轉油墊幫浦 (rotary oil-sealed pump)

此種幫浦的簡單構造如圖 3.1 所示。幫浦內部有一旋轉的偏心**轉子** (rotor)，轉子上有一對受彈簧力的**翼** (vane)。此對翼因彈簧的壓力當轉子旋轉經常接觸在幫浦的**靜子** (stator) 壁上。靜子外界貯滿幫浦油 (一種輕礦物油)，此種油經由靜子上的小油路 (圖上未曾顯示) 滲入靜子內壁。當轉子轉動時，轉子以及轉子上的翼與靜子的內壁接觸處便形成一層油膜以維持氣密。因為轉子的軸為偏心，故幫浦內的氣體當轉子轉動時被壓縮，而轉子到幫浦的進氣口處就形成局部眞空。眞空系統內的氣壓因大於幫浦進口處的氣壓，故被抽入幫浦中。當轉子繼續轉動，幫浦內的氣體受壓縮到超過大氣壓力時就推開靜子上的單向**吊耳活門** (flap valve) 經過油槽進入大氣中。此種機械幫浦抽空氣效率頗高，但若空氣中有易凝結的氣體或蒸氣如水蒸氣、酒精蒸氣或其他有機物蒸氣等存在時，當幫浦將此類氣體或蒸氣壓縮到其分氣壓等於其飽和蒸氣壓時，此些蒸氣將凝結成液體而留於幫浦壓縮槽內或混合於幫浦油中隨之噴出單向吊耳活門進入油槽內再由小油路進入壓縮槽內而又揮發成蒸氣。在這種情況下幫浦只能將眞空系統抽到該蒸氣的飽和蒸氣壓，即使再增加抽眞空的時間也無法再增高眞空度。消除此種困難的方法頗多，茲簡述如下：

1. 加熱法

將幫浦加熱以降低蒸氣的飽和蒸氣壓。此種方法並不太理想，因為加熱會使

幫浦油蒸發成油氣造成油氣回流到真空系統的現象 (參考第三節 (二) (2)) 並影響幫浦的最終壓力。

2. 離心分離法

此種方法利用離心力將留在幫浦油中的蒸氣凝結成的液體分開。此種方法需有輔助設備使幫浦構造複雜價格昂貴。

3. 幫浦油連續更換及清潔法

此種方法將幫浦油經由一循環系統連續更換。幫浦油在循環過程中被清潔並將其中由蒸氣凝成的液體分離去掉 (利用重力、過濾或吸收等法) 然後再送回幫浦中使用。使用這種方法幫浦油常有損耗需經常補充，輔助設備構造複雜使用不便且價格昂貴。

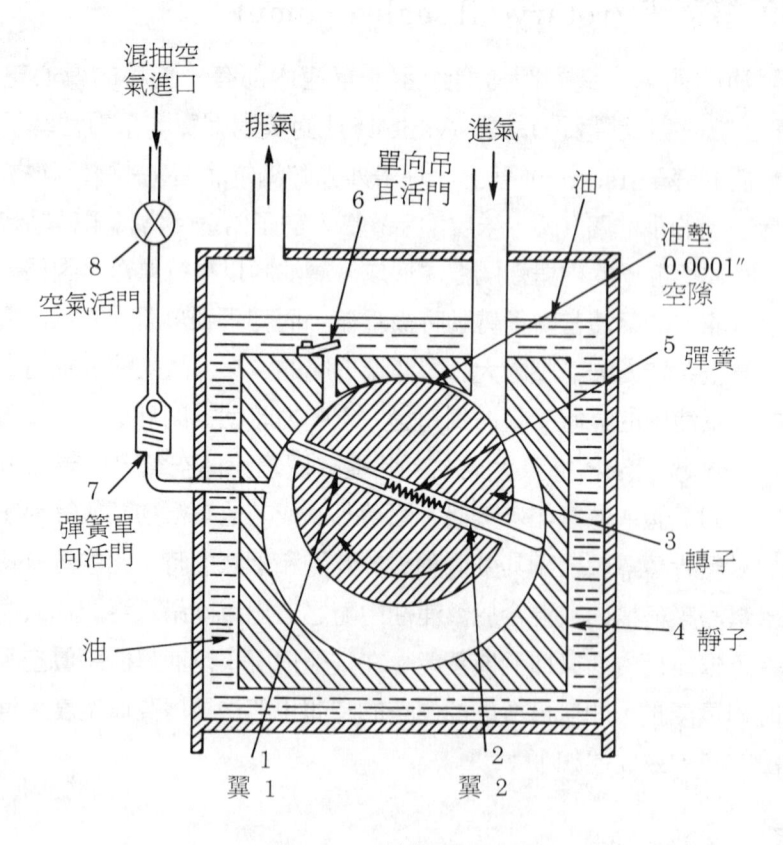

圖 3.1 迴轉油墊幫浦

4. 空氣混抽法

由於上述諸法均有缺點且價格高昂，現在均甚少採用。新式較佳的機械幫浦多加裝一套自動 (或手動) 放進空氣的裝置如圖 3.1 所示稱為**空氣混抽裝置** (air ballast device)。此種裝置的操作原理為當幫浦的轉子轉到將壓縮槽的進氣口完全關閉時在大氣壓下的新鮮空氣就從空氣活門經由彈簧單向活門自動進入壓縮槽 (因壓縮槽內的氣體此時尚未壓縮，故氣壓較大氣壓低)。空氣活門係自動或手動以控制進氣量及停用此裝置時切斷進氣。當新鮮空氣在槽內與原有氣體混合時，因為尚未壓縮故其中蒸氣的分氣壓亦未達到其飽和蒸氣壓。當轉子繼續轉動而壓縮此混合氣體時，因新鮮空氣進入時原為一大氣壓力，故混合氣體在蒸氣尚未到達其飽和蒸氣壓時就迅速超過一大氣壓力而推開吊耳活門排出幫浦。利用空氣混合殘留的蒸氣而將其排出幫浦的空氣混抽法既簡便且經濟。因為有此種排出蒸氣的裝置，通常可使機械幫浦的最終壓力到達 10^{-4} 托爾的範圍。

迴轉油墊幫浦操作的範圍可以從大氣壓力到 10^{-4} 托爾，有些所謂**兩階** (two-stage) 機械幫浦使用兩個分開的壓縮槽串聯 (亦有並聯自動交互使用) 抽真空。此種兩階機械幫浦有些又加裝蒸氣冷凝排出 (或吸收) 裝置於兩階壓縮槽之間，故可達較高的真空度。有些廠商所產兩階機械幫浦據稱可達最終壓力在 10^{-5} 托爾範圍內。迴轉油墊幫浦因使用油作氣密襯墊，故其最終壓力受油的蒸氣壓限制無法再降低。

㈡ **迴轉吹送幫浦** (rotary blower pump) **路持幫浦** (Roots pump)

此種幫浦其操作原理頗似普通抽油或水的**齒輪幫浦** (gear pump)，僅其構造必需非常精確，旋轉的轉子與靜子間的位置必需精密的配合。如圖 3.2 所示，轉子為一對 8 字形的轉軸。轉子與轉子間以及與靜子間的接觸點間隙不能大於十分之一毫米。兩個轉子旋轉的位置與時間的關係必需非常準確，當轉子迅速的轉動時就將氣體從低壓送往高壓處。氣體的運動主要是由於高速轉動轉子的動能傳遞，圖中所示幫浦兩轉子中之一實際受一小馬達直接帶動，另一轉子則被此轉子所連的齒輪帶動。潤滑油通常僅加於軸承及齒輪上，轉子與轉子以及與靜子間完全不用任何潤滑劑。潤滑油則靠主動轉子軸上帶動的一個小加油幫浦來連續供給。因為抽氣的需要這種幫浦的轉子、齒輪、軸承、潤滑油，及加油幫浦均

40　真空技術

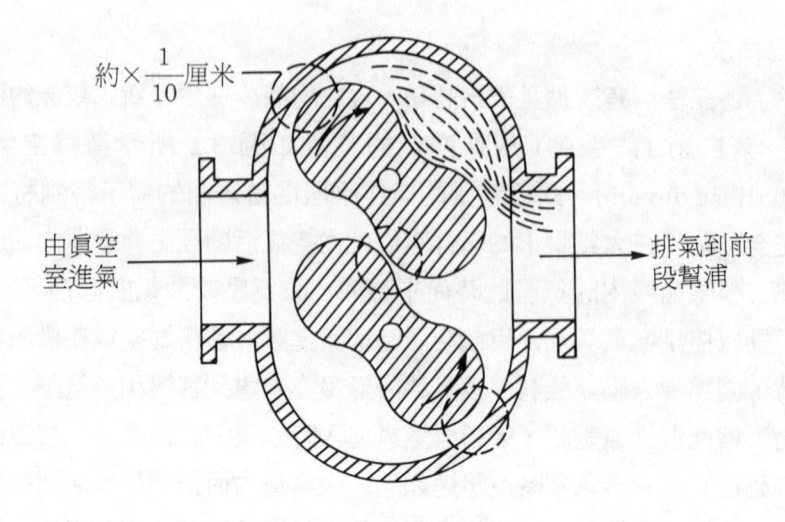

約×$\frac{1}{10}$厘米

由真空
室進氣

排氣到前
段幫浦

圖 3.2　迴轉吹送幫浦

封在同一氣密室內，但轉子又分隔在另一氣密室內僅有軸通出，如此則轉子室內無任何潤滑油或油氣存在。這種幫浦完全靠高度精密的機械配合，抽氣速率很高，商品所出的幫浦有不同的大小，從普通的 50 公升/秒以至於大到 5000 公升/秒的抽氣速率的路持幫浦均有供應。此種幫浦適用的壓力範圍通常從 10 托爾到 10^{-2} 托爾，亦有可抽真空到 10^{-4} 托爾範圍，要看幫浦使用的情形而定。如果從操作原理來看，路持幫浦也可以直接從大氣壓力開始抽氣，也可以直接作前段幫浦將所抽的氣體排出到大氣中。但若如此操作其承擔負荷太大，因機械間隙極微，轉子及靜子之間又無潤滑劑，故幫浦會很快發熱甚至燒損。通常此種幫浦多用作二級幫浦，其操作性能與所用的前段幫浦有關，若前段幫浦的最終壓力愈低，則其最終壓力亦愈低，若前段幫浦的抽氣速率愈高則其抽氣效率亦愈高。迴轉吹送幫浦因其操作時轉子處不用潤滑油劑故不似迴轉油墊幫浦或下節所述的油蒸氣擴散或噴射幫浦會有油氣回流入真空系統的弊害。又因其能承擔較大的負荷且抽氣速率高，故常用作**加強幫浦** (booster pump) 以輔助前段機械幫浦使在高負荷下亦能抽到中度高真空的範圍。這種幫浦的操作較一般的高真空幫浦容易且費用低，在**真空冶煉** (vacuum metallurgy)，**真空熱處理** (heat treatment)，**除氣** (outgassing)，**真空乾燥** (vacuum drying)，**電子管** (electronic tube) 抽真空等工業生產部門常採用之。在應用迴轉吹送幫浦時應特別注意此幫浦係精密的機械結合，且運轉迅速故在操作時切勿令任何固體微粒進入幫浦，否

則會發生磨損機件產生漏氣刻痕等不良後果。在進氣口加裝濾網可以防止微粒的介入，但亦會增加管路阻抗影響抽氣速率。此外操作時雖可短暫的超負荷，但時間較久會使機件過熱，因而膨脹，減少氣密或使局部卡緊不能轉動，最後完全燒燬。大型迴轉吹送幫浦常用冷卻水來冷卻以使不致過熱，小型的幫浦則多無冷卻設備。

(三) 乾式幫浦 (dry pump)

所謂乾式幫浦實即機械迴轉幫浦而其中不用潤滑油或幫浦液者。因為無幫浦

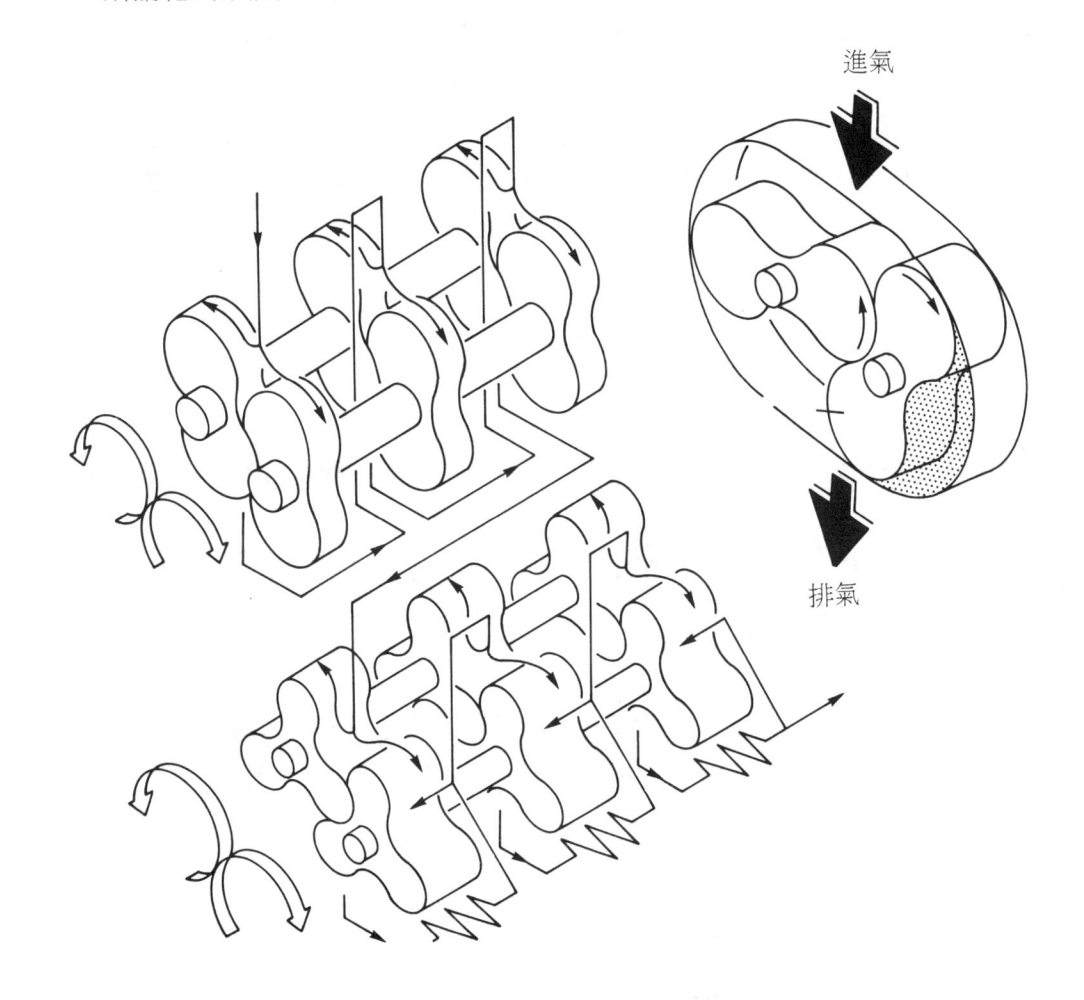

圖 3.3 多級路持乾式幫浦

液或潤滑油，故轉子與靜子間的機械緊密度不可能很高，因此轉子的轉速反可以增高。但因轉子與靜子間無氣密襯墊故幫浦的壓縮比也不大。利用乾式幫浦來抽粗略真空要能達到可起動高真空幫浦所要求的真空度就需要用多級乾式幫浦才能達到此目的。乾式幫浦的優點為無油氣污染的問題，但其可達到的真空度不高對於高真空幫浦的起動較困難。

常用的乾式幫浦有兩種即**多級路持幫浦** (multi-stage roots pump) 與**多級挖爪式幫浦** (multi-stage claw pump)。多級路持幫浦係將前述的路持幫浦多個串聯而成，故其壓縮比可以增大，但是欲從大氣壓力開始抽氣仍有困難。一般的操作仍需要有前段幫浦，先由前段幫浦將大氣壓力抽到某一定的壓力，稱為切入壓力 (cut-in pressure)，然後再由多級路持幫浦抽氣到中度真空。此前段幫浦在運轉時維持將路持幫浦排出的氣體送到大氣中。其前段幫浦可用迴轉油墊幫浦，但為避免幫浦油氣經由路持幫浦回流到真空系統的問題，現多採用**薄膜幫浦** (diaphragm pump) 為前段幫浦。多級路持幫浦的構造如圖 3.3 所示，其轉子可為 8 字形或為三葉瓣兩瓣呈 120 度角者。

多級挖爪式幫浦係由多個挖爪式幫浦串聯組合而成，挖爪式幫浦的轉子構造形狀如鳥爪形輪，由一馬達驅動的主動轉子與一被動轉子組成。其吸氣與排氣的作用如圖 3.4 所示，圖中 1 至 6 階段為吸氣而進氣口在 2 至 3 階段打開。7 至 12 階段為壓縮與排氣，而排氣口在 9 至 10 階段打開將氣體排出。圖中亦

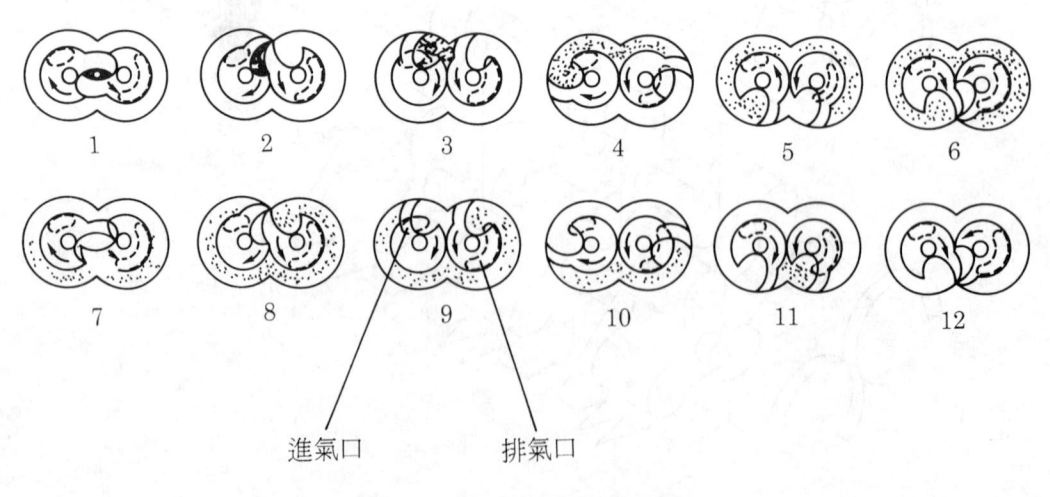

圖 **3.4** 挖爪式幫浦原理圖

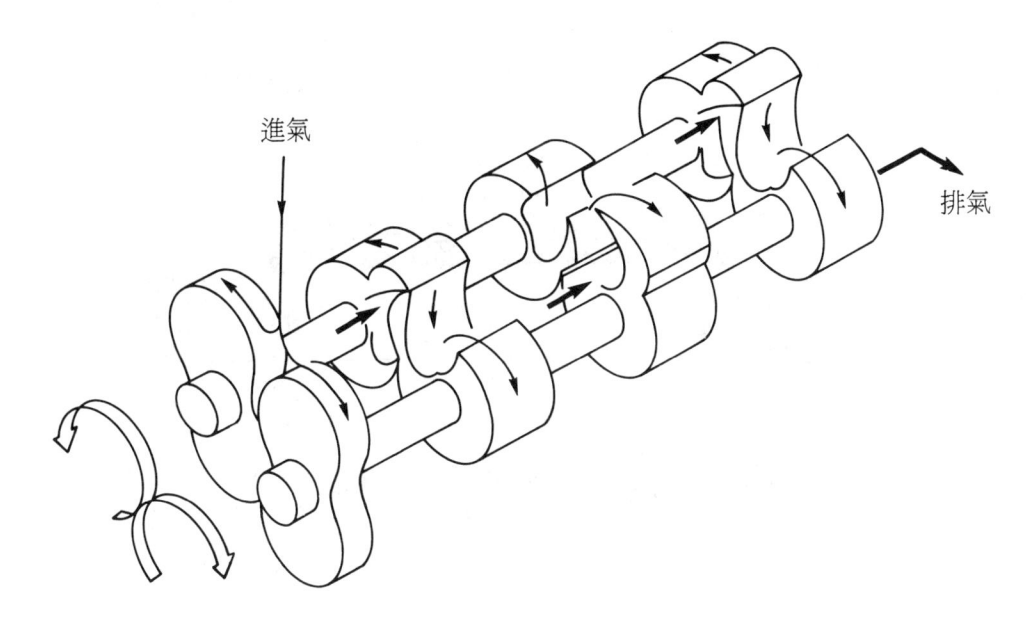

圖 3.5　路持-挖爪式幫浦

顯示在 11 至 12 階段尚有被壓縮的氣體未曾排出，此部分氣體又被帶回至進氣階段，此為挖爪式幫浦的缺點。多級挖爪式幫浦亦有與路持幫聯合組成者如圖 3.5 所示。多級挖爪式幫浦抽粗略真空的情形與多級路持幫浦者相似，故通常亦需一前段幫浦將氣體排至大氣中。

(四) 機械分子幫浦 (mechanical molecular pump)

氣體分子碰撞在高速運動的機件上而獲得動能，向機件運動的方向流動。利用這種原理可將真空系統中的氣體從壓力較低處移動到壓力較高的地方，然後再由前段幫浦抽送到系統之外。由於氣體分子運動而產生幫浦的作用，故這類幫浦稱之為分子幫浦，茲介紹兩種典型的分子幫浦如下：

1. 分子曳引幫浦 (molecular drag pump)

簡單的分子曳引幫浦如圖 3.6 所示，主要構造為一圓柱體轉子在一刻有螺旋槽的靜子內旋轉。連結真空系統的進氣口在靜子的中部，轉子表面機械精密光滑，其與靜子間的空隙不能超過 0.005 厘米。靜子上的槽由進氣口開始一向右一向左，其旋轉的方向相反 (即一為右旋，一為左旋)。槽從中心位置開始向兩

44　真空技術

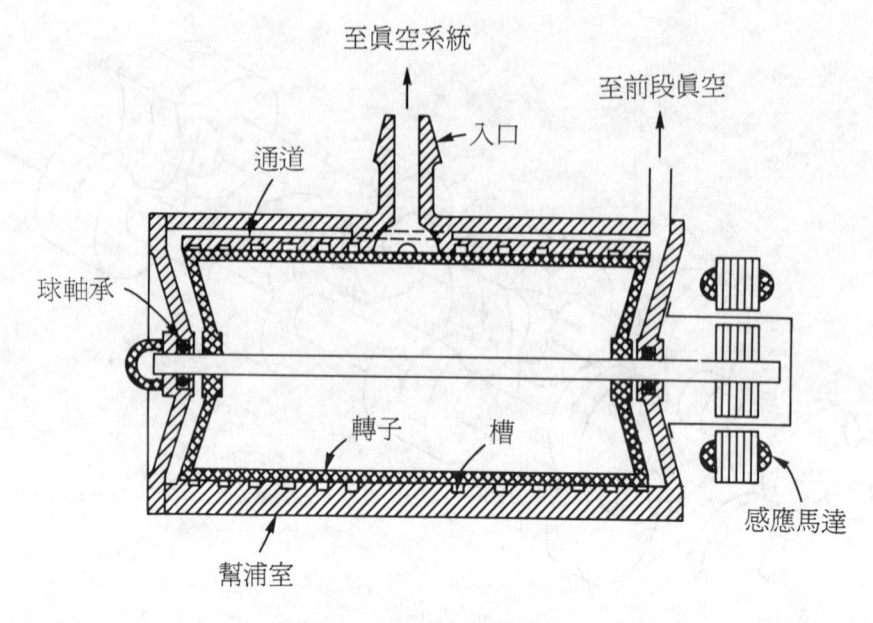

図中標示：至真空系統、入口、至前段真空、通道、球軸承、轉子、槽、感應馬達、幫浦室

圖 3.6　分子曳引幫浦

端其深度漸減，在中心位置的深度約為 5 毫米到兩端出口處之前的深度約為 0.5 毫米。操作時先由前段幫浦將真空系統以及分子曳引幫浦抽到真空度約為 10^{-3} 托爾範圍，然後再啟動分子曳引幫浦。在幫浦進氣口處氣體其平均自由動徑與螺旋槽的深度相當，故氣體分子有很大的機會碰撞到槽壁而在槽與轉子間碰撞接受動能沿槽而向外轉出。當氣體分子沿著槽向高壓處流動而受壓縮，亦即其壓力由中心沿槽向兩端逐漸增加，因而槽的深度也必需逐漸減小以適合氣體分子的平均自由動徑與槽深相當的要求。兩槽的最後的出口互相連通並接於前段幫浦，在操作時前段幫浦連續操作以排出由分子曳引幫浦所壓縮的氣體。這種幫浦的機械配合極精密，除兩端軸承 (氣密式) 用潤滑劑外，轉子與靜子之間不用任何潤滑油劑，故甚為清潔。使用時應注意幫浦不可過熱 (超負荷)，尤其不均勻的發熱最易導致局部膨脹，機件卡緊，外界的固體小粒子其直徑在 0.1 毫米附近亦會對轉子造成損壞，此外突然的空氣震動 (air shock)(由於真空系統內突然放氣等所產生的小高壓氣團所造成) 亦會對幫浦造成損壞。分子曳引幫浦的詳細設計各廠商所出產品各異，其轉子轉速可由每分鐘 5000 轉到 10000 轉，可抽真空達 10^{-6} 托爾範圍。其優點為清潔，抽較重的氣體分子，如有機物蒸氣等較抽較輕的

氣體分子的效率為佳,且不需用除去蒸氣的設備如冷卻陷阱、吸附陷阱或任何加熱裝置 (見本節 (一)) 故操作簡便。但因精確的機械製作,幫浦本身的價格甚高,且使用時應隨時注意前述可能發生的弊病,故現多改用下述另一種分子幫浦。

2. **渦輪分子幫浦** (turbo-molecular pump)

此種幫浦的構造頗似渦輪機 (turbine),轉子與靜子上裝有刻有斜槽的金屬圓盤如圖 3.7 所示。金屬盤的安排是靜子上的與轉子上的互相間隔交替,盤上

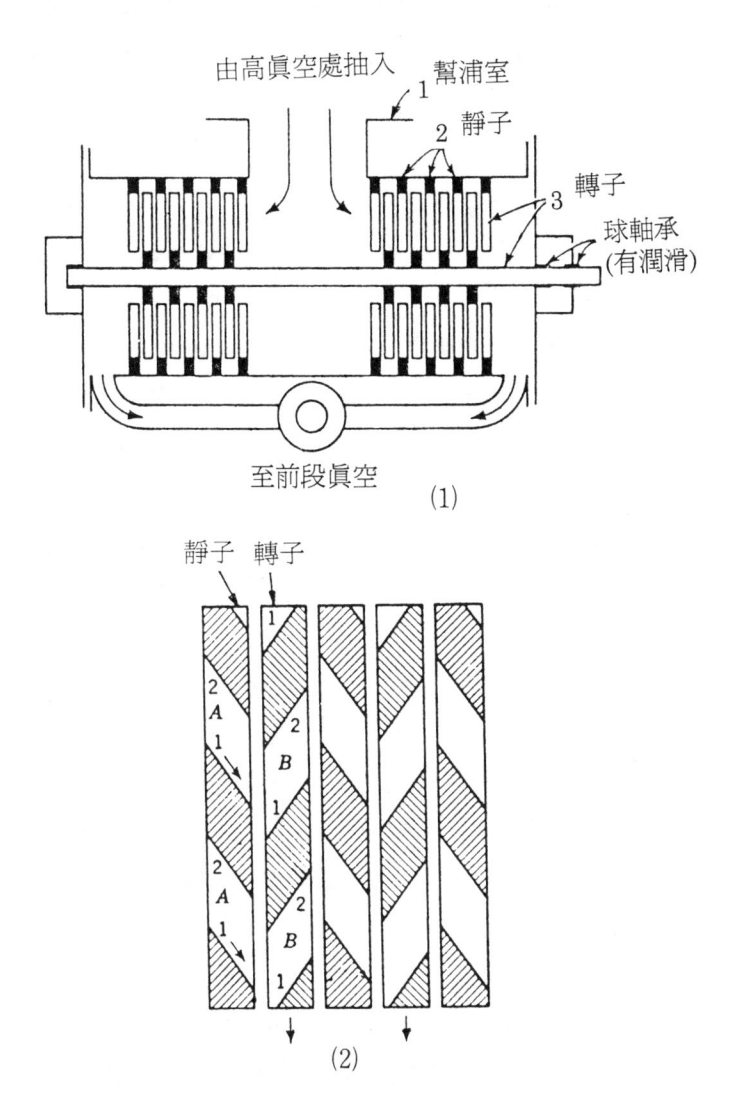

圖 **3.7** 渦輪分子幫浦

的槽的方向與盤的平面成一角度如圖 3.7(1) 所示,靜子盤的槽正好是轉子盤的槽的反影。轉子的轉速很高通常在每分鐘 15000 轉到 60000 轉左右。氣體由中央位置的進口處進入在圓盤的槽內被加速。因為幫浦係在低氣壓下操作 (與渦輪機的情形正好相反),故空氣動力的形狀不必考慮,一般所用的圓盤均甚薄約為 3.2 毫米的厚度,盤上所刻的槽也很短。兩片圓盤間的壓力差通常均頗小,但因幫浦內有許多圓盤,氣體經連續加速多次故最後的壓力差甚大。又因兩圓盤間的壓力差頗小,故兩圓盤間以及轉子與抽氣室壁間的空隙可以較大 (一般約在 1 毫米左右),如此則機械製作比較分子曳引幫浦容易且因發熱膨脹或微粒介入所引起的故障亦不致發生。此種幫浦對較大的氣體分子其抽氣效率高與上述的分子曳引幫浦頗似,因分子幫浦均係利用轉動的轉子使氣體分子得到動能向高壓處移動,質量大的分子所受的離心力也愈大,故幫浦的效率也愈高。渦輪分子幫浦的抽氣速率很大而且可以抽到甚高的真空,如果出氣口用前段幫浦維持在 10^{-2} 托爾的真空度,則此幫浦的最終壓力可達 10^{-9} 托爾到 10^{-10} 托爾範圍。因為渦輪分子幫浦的設計係根據氣體分子在分子氣流範圍內自由任意運動時碰撞高速運動的幫浦葉片而獲得動能,故其起動必須在低於 10^{-3} 托爾的壓力或更低的壓力。同理渦輪分子幫浦只能將氣體排入前段幫浦,而由前段幫浦再排到大氣中,並不能直接將所抽的氣體排入大氣中。渦輪分子幫浦的抽氣速率及最終壓力均與前段幫浦所能達到的壓力 (稱為前段壓力) 有關,前段壓力愈低愈佳。

渦輪分子幫浦的轉子與靜子之間不用任何潤滑油劑等,但因其轉速甚高故旋轉軸承處要有潤滑油,有時還需冷卻裝置。軸承與抽氣室雖為氣密式連結,但仍可能有少許潤滑油分子進入抽氣室內,只是這些油分子隨即被高速轉子帶動與其他氣體分子同時被送到出氣口而不致造成油氣回流到真空系統的不良情形。不過在真空系統經由渦輪幫浦抽粗略真空時,或在停機時,潤滑油的油氣分子或前段幫浦中的油氣分子均有可能進入渦輪分子幫浦中,或經由其進入真空系統中。因此渦輪幫浦在停機時必須放入氣體 (一般均放入空氣)。新式的**磁浮式渦輪分子幫浦** (magnetic floating type turbo-molecular pump) 其軸承不用潤滑劑而利用磁場浮載,故無潤滑油油氣分子的問題。另一種利用本身有潤滑作用的球軸承作為其轉子軸承亦可免除潤滑油油氣分子的問題。此種幫浦用作二級幫浦時可達超高真空,而且因其可抽除蒸氣有機物氣體分子等故可維持清潔的高真空系統。

許多大型的真空工業及研究實驗室其需要高真空而且幫浦的負荷甚大處常採用渦輪分子幫浦，例如大型的**高頻率導波管** (transmitting tube for high frequencies)，**原子核加速器** (nuclear accelerators)，**質譜儀** (mass spectrometer)，**太空模擬實驗** (space simulation experiments)，生產純度非常高的材料所用的真空爐等常用此種幫浦。又因渦輪分子幫浦抽高分子量氣體的能力較抽低分子量氣體者為強，換句話說，其有分抽不同分子量氣體的能力，故在**電漿** (plasma) 研究時常採用之。但是因為有此性質，故在用於測定剩餘氣體的真空系統中就必需考慮有些較大的氣體分子被分抽的影響。渦輪分子幫浦主要的缺點為維修價格很高，不適合用於污染性較高的真空系統。

三、蒸氣噴流幫浦 (vapour stream pump)
——擴散幫浦及噴射幫浦

㈠ 基本原理及幫浦特性

1. 蒸氣擴散及噴射

關於蒸氣擴散幫浦及蒸氣噴射幫浦的作用已簡單在第一節中介紹過，在本節將討論這兩類幫浦的抽氣原理，其特性，以及實用時應考慮的情形。

⑴ **擴散幫浦** (diffusion pump)：高分子量的液體如水銀 (汞) 或**矽油** (silicone oil) 等在低壓力下加熱沸騰，其蒸氣呈分子流狀態以高速衝過**噴嘴** (nozzle)，如圖 3.8⑴ 所示，氣體分子從真空系統內擴散到擴散幫浦噴流的附近首先碰撞散射的低密度蒸氣分子而被迫入高密度蒸氣分子流中。此分子流向下自由膨脹遇到幫浦器壁而冷卻成液體，被帶來的氣體分子則於此處被前段幫浦抽走。顯然可見蒸氣噴出向下流動的速度愈高，則幫浦的效果愈大，因此需用高分子量的液體作為**幫浦液** (pump fluid)。圖 3.8⑴僅為簡單擴散幫浦的原理，圖 3.8 ⑵ 為詳細的構造，此為三級擴散幫浦，亦即三個噴嘴相串聯。當幫浦液在底部加熱槽內受加熱蒸發，蒸氣從第一噴嘴噴出被抽的氣體壓縮帶到第二噴嘴處，再經壓縮帶到第三噴嘴處，再被壓縮後被前段幫浦抽去。因為級數的增加，氣體的壓縮比

48 真空技術

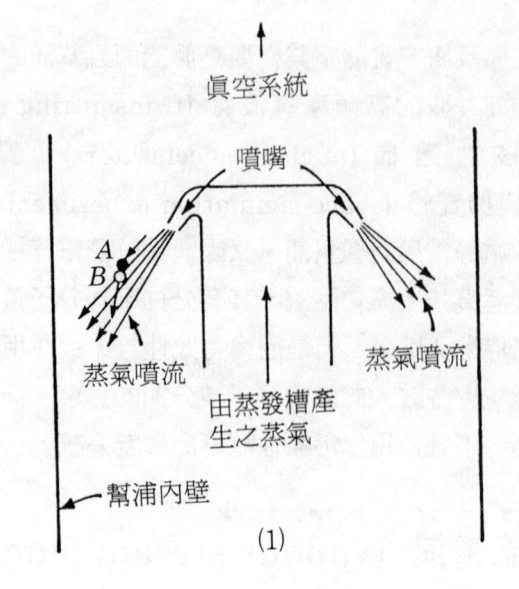

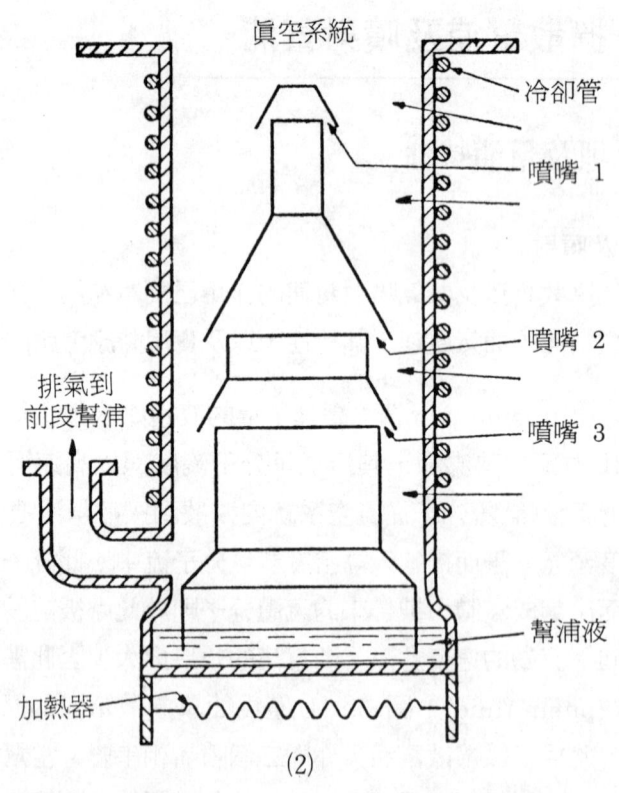

圖 3.8 (1) 擴散幫浦原理；(2) 三級擴散幫浦構造

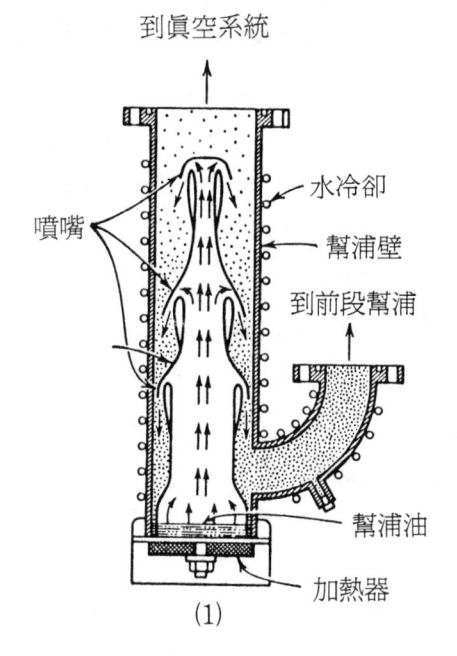

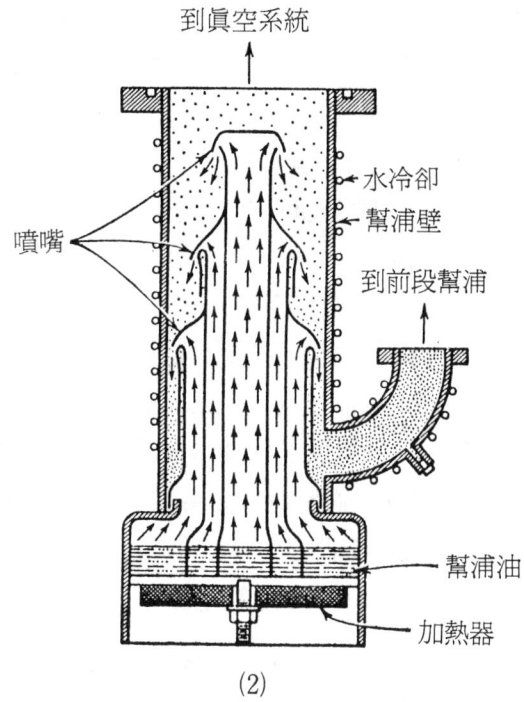

圖 3.9 分噴及不分噴式擴散幫浦

也增加，換句話說幫浦所抽的眞空度也愈高。蒸氣噴流所用的噴流塔可分成**分噴式** (fractionating) 與**不分噴式** (nonfractionating) 兩種如圖 3.9(1)與(2)所示*。通常使幫浦液蒸氣冷却的方法多在幫浦體外加冷却水管冷却之，冷却水可用循環式或常流式。小型的擴散幫浦有採用空氣冷却式，此種型式的幫浦其幫浦體外裝有散熱翼，利用電風扇將其吹冷，此種小型的幫浦常用作加強幫浦。擴散幫浦因其蒸氣噴流的幫浦作用要在分子氣流範圍內才可有效，故幫浦必需先由前段(機械) 幫浦抽到中度眞空至中度高眞空的範圍才可啓用。在使用擴散幫浦時也必需要與前段幫浦串聯使用，因擴散幫浦壓縮的氣體必需靠機械幫浦將其排出到大氣中才可產生幫浦作用。通常前段幫浦所抽的前段壓力 (即擴散幫浦出口處的壓力) 愈低則擴散幫浦能達到的最終壓力也愈低。擴散幫浦的最終壓力在最理想的情況下受幫浦液的蒸氣壓限制，例如用水銀作幫浦液，在水冷却的溫度下 (通常約爲 15°C) 水銀的蒸氣壓約爲 10^{-3} 托爾，故若欲抽到較高的眞空則必需加裝冷凍蒸氣的陷阱及阻擋裝置 (見第六章)。有機性礦油如矽油等在冷却水溫度下通常其蒸氣壓可達 10^{-6} 托爾到 10^{-9} 托爾範圍，故使用此種幫浦液的擴散幫浦其最終壓力可以達到非常低，在高眞空甚至超高眞空系統中常用之。應注意油蒸氣分子回流的現象 (見下節) 爲此種幫浦最大的使用困難點，在實用上要特別考慮。關於擴散幫浦用水銀或有機礦油作幫浦液的優劣點比較將在下節等敍述完蒸氣幫浦的另一類幫浦，即噴射幫浦時，一併詳加討論。

(2) 噴射幫浦：噴射幫浦的簡單原理如圖 3.10 所示，當幫浦液在蒸發器中蒸發後經由噴嘴噴出到擴散室，就在此時蒸氣分子膨脹而以超音速穿過噴喉，致使幫浦入口處形成低壓。眞空系統裡的氣體或蒸氣分子就被吸入而被幫浦液蒸氣分子黏滯性曳引共同經過噴喉到**膨脹室** (expansion chamber)。此種幫浦可直接將被抽的氣體送到大氣壓力中，或由前段機械幫浦抽出。幫浦液的循環如圖 3.11(1) 所示，幫浦液蒸氣大部分在通過噴喉後冷却凝結流回蒸發槽內。圖中所示的幫浦採用矽油爲幫浦液，故在膨脹槽內冷却後流回蒸發槽，而膨脹室則連結於前段幫浦，所抽的氣體即被前段幫浦抽出。幫浦液亦有用水銀或水，其蒸氣亦可直

---

*在分噴式中油的最易揮發成份在最下端最接近機械幫浦的噴口噴出，而最不易揮發的成份則在最上端的最高速噴口噴出，如此則最易揮發的部分離眞空室較遠，故可使眞空系統被抽到較高的眞空。

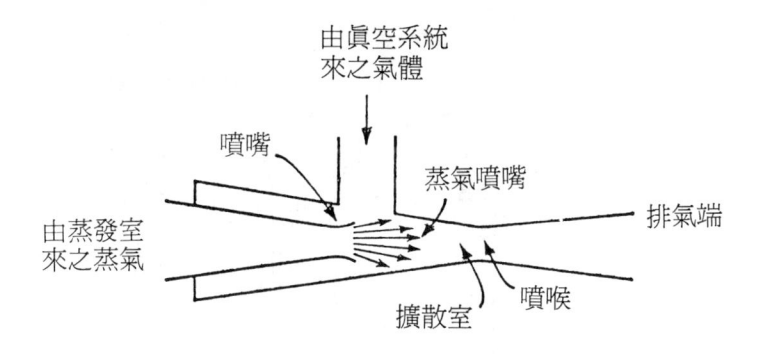

圖 3.10　噴射幫浦原理

表 3.1

幫浦的級數	可達到的眞空度 (托爾)
1	76
2	8.5
3	1
4	150×10^{-3}
5	20×10^{-3}

接噴到大氣中自然冷卻再收回。噴射幫浦常數級串聯使用以增加其效果。通常在大規模應用低眞空或粗略眞空的設備中用多級水蒸氣噴射幫浦，每級的氣體壓縮比約爲 10 比 1。蒸氣噴射幫浦可達到的眞空度隨幫浦的級數而增高，大致的比例情形如表 3.1 所示。

　　用水蒸汽幫浦，蒸氣壓力必需很高，壓力低則幫浦效果也減低。壓力過高時效果又會降低，而且壓力過高則水蒸汽消耗量太大，操作成本太高。使用水銀或有機礦油的蒸氣噴射幫浦效果頗佳，但水銀的毒性對健康有礙，使用必需小心。噴射幫浦常與擴散幫浦串聯使用如圖 3.11(2) 所示，因兩個幫浦均採用蒸氣可由同一蒸發槽內蒸發出，如此則結構簡單。此種聯合的幫浦又稱爲**擴散噴射幫浦**(diffusion-ejector pump)。在此種幫浦中，噴射幫浦的作用爲加強幫浦，因其

52　真空技術

(1)

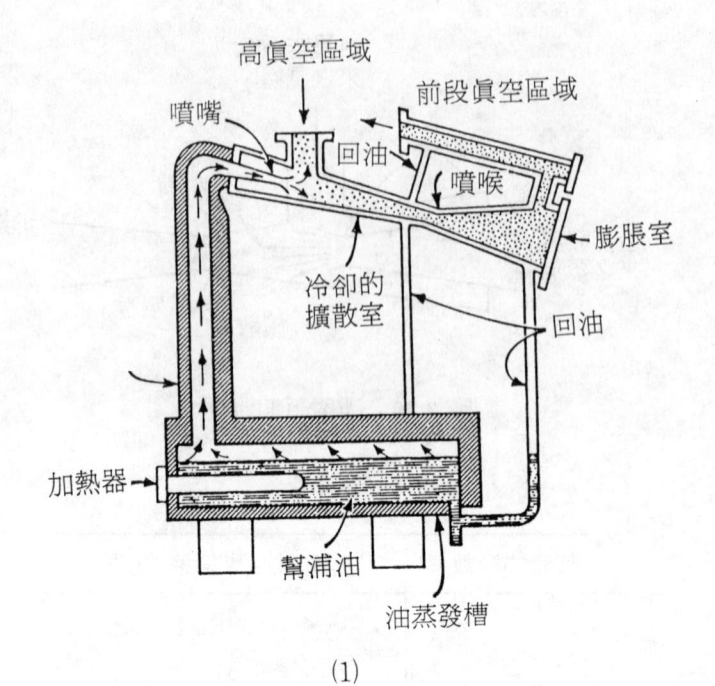

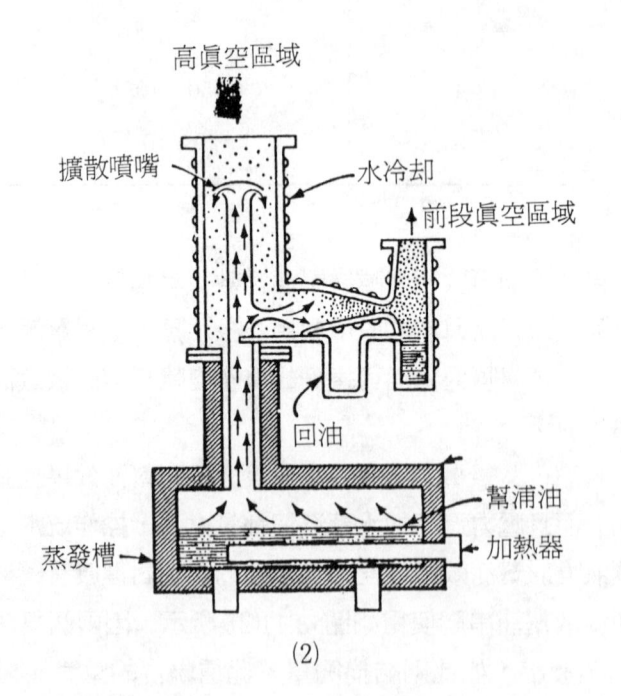

圖 3.11　(1) 噴射幫浦；(2) 擴散噴射幫浦

將擴散幫浦的出口 (前段) 壓力減低可增加擴散幫浦的效果。此類幫浦主要設計用於大負荷處，在金屬冶煉的工業中如眞空熔化、眞空鑄造等所用的眞空爐常用此種幫浦以抽除大量的氣體和蒸氣。

2. 蒸氣回流 (back streaming) 現象

任何眞空幫浦如果幫浦液爲油類或水銀等當其蒸發成蒸氣時常會有蒸氣流回到眞空系統的現象稱之爲蒸氣回流。在使用迴轉油墊幫浦時雖然幫浦中的幫浦油的作用爲維持氣密，但在幫浦運轉較久，或負荷大時，油會揮發成蒸氣由幫浦進口處擴散及與氣體分子碰撞散射流回到眞空系統中，因此迴轉油墊幫浦能抽的眞空度就受其幫浦油的蒸氣壓所限制。在蒸氣噴流幫浦的情形也是如此，雖然大部分的蒸氣分子由噴嘴噴出後向高壓方向流動，但有些蒸氣分子與被抽的氣體分子碰撞而散射回到眞空系統中。此種蒸氣回流的現象除了影響眞空度外，並會污染眞空系統內部，造成分析儀器的干擾，影響眞空產品的性質甚至會與眞空系統內部機件結合如水銀分子會與一些金屬結合成**汞齊** (amalgam) 或油分子會吸附到電絕緣體上等等，這些由於蒸氣回流所產生的缺點使蒸氣噴流幫浦的應用受了限制。現代技術的改進，已有很多減少蒸氣回流的方法。除在蒸氣噴嘴以及蒸氣冷卻系統方面的設計盡量避免蒸氣分子碰撞散射向眞空系統的機會及防止已冷卻成液體的小粒在返回加熱蒸發槽的半途受熱而再度蒸發外，現多採用**冷凝阻擋** (cooling baffle) 及蒸氣捕捉**陷阱** (trap) 來消除蒸氣回流的可能。此種裝置將於下節中介紹。應用冷凝阻擋及蒸氣捕捉陷阱可大量消除蒸氣分子回流到眞空系統中，因之眞空度也大爲提高，但此等裝置增加管路阻抗，因之抽氣速率也大受影響。故設計眞空系統時應兩方面考慮以選擇一最理想的數值，在少許蒸氣回流對眞空系統的操作性質不影響的情況下，應盡量避免過份設計。現代各式的眞空儀器不論設計如何精良，應用蒸氣噴流式的眞空幫浦很難完全除去蒸氣分子的回流，通常這種系統的眞空度很難超過 10^{-10} 托爾，故**超高眞空系統** (ultra-high vacuum system) 很少使用蒸氣噴流式幫浦。(詳見第六章)

3. 水銀與有機礦油 (organic mineral oil) 用作幫浦液的比較

在蒸氣噴流幫浦中最常用的幫浦液即爲水銀與有機礦油。兩者比較各有優劣，有機礦油的蒸氣壓較水銀的爲低，故用在高眞空系統常用油爲幫浦液。但水

銀的**同位素** (isotopes) 的質量在 196 到 204 之間，在有些化學分析儀器如有機化學用的**質譜儀** (mass spectrometer) 中，因為水銀蒸氣分子的干擾不大故可應用，但用油類則常受嚴重的干擾。又如有些原子核加速器或 X 射線管亦易受油蒸氣的影響，但用水銀則無此些缺點。一般來說水銀及油的優劣點可分別列舉如下：

(1) 水銀的優點：

　　甲、水銀不論如何加熱即使在高溫白熱燈絲上或高電壓放電處均不致再分解。換句話說，水銀蒸氣的性質不因過熱或受高電壓而改變，因水銀蒸氣只為單一元素至多是同原子的集合分子分解成單一原子而已。

　　乙、水銀通常與所抽的氣體或蒸氣不起化學作用。

　　丙、水銀所造成的**背景質譜** (background mass spectrum) 在質量 196 到 204 之間很容易辨認。

　　丁、水銀很易在液態氮冷卻的溫度下被蒸氣陷阱所捕捉，且因其質量大 (密度高) 故凝結後甚易回到蒸發槽。

　　戊、利用水銀作幫浦液的蒸氣幫浦可在較高的壓力下排氣到機械幫浦，換句話說，此種幫浦可在較高的前段氣壓下操作。

(2) 水銀的缺點：

　　甲、水銀在室溫時的蒸氣壓力約為 10^{-3} 托爾左右，使用水銀的蒸氣幫浦若不能冷卻到很低的溫度，則由於蒸氣回流及再蒸發使真空系統只能被抽到 10^{-3} 托爾左右的真空度。

　　乙、必需使用冷凝阻擋及冷卻蒸氣捕捉陷阱才能抽真空度達到用油為幫浦液的蒸氣幫浦不用冷卻捕捉陷阱所能抽到的真空度。

　　丙、水銀易與金屬或某些合金結合成汞齊，水銀加熱時遇到空氣中的氧氣有被氧化的可能。

　　丁、水銀蒸氣幫浦的效率會因其受油脂的污染而降低。在抽帶有酸或鹼性的蒸氣 (如硫酸蒸氣、硝酸蒸氣) 水銀會起化學作用。

　　戊、水銀及其蒸氣有毒性，對人身體有害，使用時應小心避免可能的水銀污染。

(3) 油的優點：

　　甲、蒸氣壓低，在室溫時一般的有機性礦油可低到 10^{-7} 托爾左右，高級的有機性礦油甚至其蒸氣壓可達到 10^{-10} 托爾。故用油的蒸氣幫浦在普通的應用，抽到高眞空也可以不需加冷凝蒸氣捕捉陷阱。表 3.2 列舉一些常用的蒸氣幫浦油，其在室溫 (25°C) 時的蒸氣壓等。注意噴射幫浦所用的油其蒸氣壓的要求不如擴散幫浦要求的低，故表中的 Convaclor-12、Convoil-20、水銀及水等較常用於噴射幫浦，而擴散幫浦現幾乎均採用 DC-704 或 DC-705 矽油。

　　乙、因油的分子多為高分子量，故其蒸氣分子可傳送高速度 (動能) 到被抽的氣體分子。

　　丙、油無毒性，對大多數眞空器材均不起化學作用。

　　丁、油的價格較水銀低廉。運送、貯藏及處理均較水銀為便。

　　戊、油在幫浦中循環時可自動淨化。

(4) 油的缺點：

　　甲、油分子會分解，尤其在高溫時，例如在高熱燈絲處，在高電壓放電處。

表 3.2　蒸氣幫浦液的性質

幫浦液	25°C時蒸氣壓 (托爾)	分子量
DC-704 矽油	2×10^{-8}	484.0
DC-705 矽油	3×10^{-10}	546.0
Convaclor-12	2×10^{-4}	326.0
Convalux-10	2×10^{-9}	454.0
Convoil-20	8×10^{-6}	400.0
Octoil-S	5×10^{-8}	426.7
Octoil	2×10^{-7}	390.5
水　　銀	2.5×10^{-3}	200.6
水	20	18.0

油分子分解成許多小分子對於真空器材尤其是電器機件很易造成損失，對分析儀器可造成許多不良的干擾。因此，幫浦操作時應盡量避免過熱。

乙、油在其運轉的溫度下會被空氣中的氧氣氧化而分解，尤其在氣壓高時這種情形更為嚴重。因此，擴散幫浦操作時應盡量避免操作的壓力過高，尤其要防止突然進入幫浦的空氣團。

丙、油與空氣長期接觸亦會漸被氧化，故油的貯藏應盡量避免直接暴露在大氣中。蒸氣幫浦在停止使用時最好內部維持真空。

(二) 蒸氣幫浦應有的輔助機具

應用蒸氣幫浦因其操作特性故必需有前段幫浦聯合使用，又因蒸氣回流的作用故必需有消除回流的裝置。此外蒸氣幫浦的幫浦液蒸氣要冷卻成液體必需有冷卻系統。又防止冷卻系統失效或電路切斷對真空系統及幫浦所造成的損害應加的安全裝置等。此些輔助機具用於蒸氣幫浦的要求將分述於下：

1. 前段幫浦的要求

有些真空系統使用兩套機械幫浦分開作為粗略及前段幫浦。在此種安排下，粗略幫浦先將真空系統抽氣到中度真空，然後改由蒸氣幫浦接替抽氣，而蒸氣幫浦的排氣則由前段幫浦承當。在此種方式應用時，前段幫浦的抽氣速率及可承當負荷 (通常可用氣流通量為量度) 為主要的要求。但普通的真空系統均僅用一個機械幫浦兼作粗略及前段幫浦的用途，在此情況下，機械幫浦的能力必需承當大負荷而且必需能將整個系統抽氣到蒸氣幫浦可以啟動的真空度。

前段幫浦的連結方法不同，其計算亦不相同，最簡單的接法為機械幫浦與蒸氣幫浦串聯再連接到真空系統的出氣口。在最初操作時僅用機械幫浦將整個系統連同蒸氣幫浦同時抽氣。當真空系統被抽到中度真空時即可起動蒸氣幫浦，亦即將蒸發槽加熱使幫浦液蒸發，同時開動冷卻水使蒸氣冷凝。當蒸氣噴流的速度達到足夠的程度，此時蒸氣幫浦就開始抽氣。當蒸氣幫浦起動後，機械幫浦的作用僅為替蒸氣幫浦排氣的前段幫浦。在這種簡單的串聯連結，計算機械幫浦的抽氣速率應考慮系統中的管路、活門、蒸氣幫浦本身以及其所屬的蒸氣捕捉陷阱、冷凝阻擋等的氣流阻抗。另一種機械幫浦與真空系統連結的方法為粗略管路與前段管路分開的並聯連結，如圖 3.12 所示，整個真空系統仍由一個機械幫浦工作，

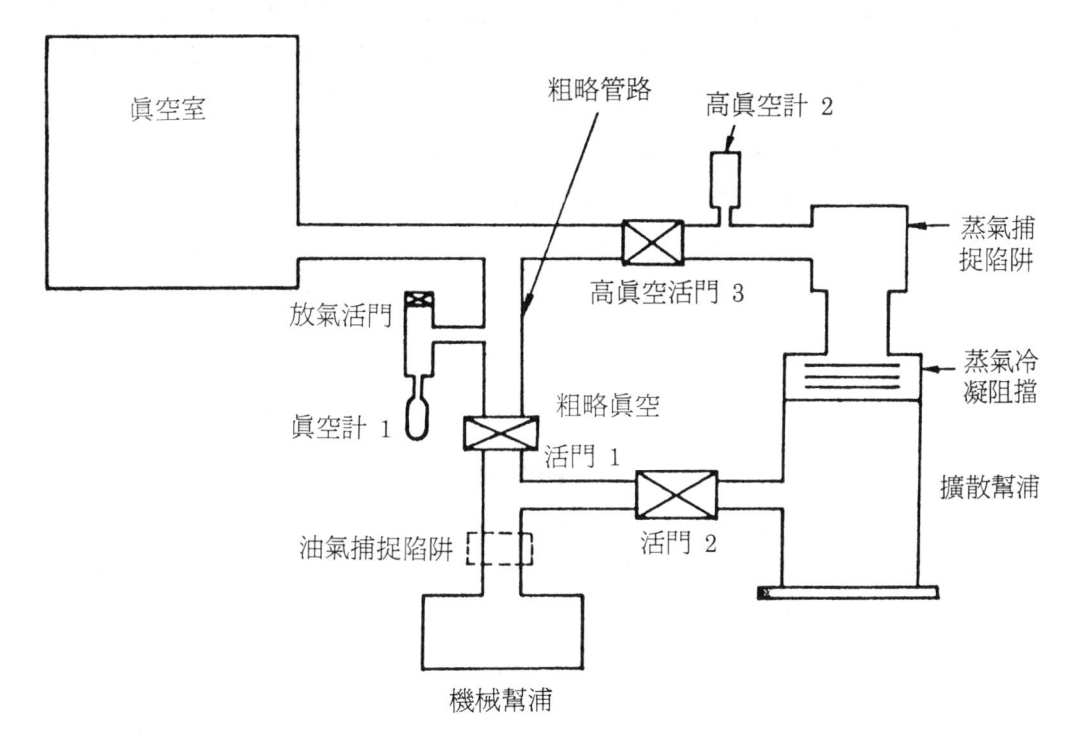

圖 3.12　擴散幫浦的連結

但在最初抽氣時機械幫浦直接經由粗略眞空管路將眞空室及管路抽到中度眞空。蒸氣幫浦內部通常因活門 2 及活門 3 關閉故保持在高眞空，但若因任何原因而失眞空，可將活門 2 打開由機械幫浦同時先抽到可起動的眞空度。當此狀況達到後就起動蒸氣幫浦（活門 2 必需打開以便讓機械幫浦作前段抽眞空），然後打開高眞空活門 3，同時關閉粗略眞空活門 1，此時整個系統就被蒸氣幫浦抽到高眞空。以上所述兩種連結方法，後者雖然管路較爲複雜，而且所需機件，材料較多，但運轉時較爲簡便並節省。此種連結法另一優點爲當蒸氣幫浦正在應用時，若必需將眞空室打開更換內部工作品，可不必停止蒸氣幫浦，只需將高眞空活門 3 關閉，再將活門 1 關閉，利用放氣活門將眞空室恢復到大氣壓而打開。工作完畢再抽眞空時，先將放氣活門關好，再將活門 2 關閉（短時間關閉對蒸氣幫浦無影響），然後打開活門 1 用機械幫浦將眞空室從大氣壓抽到中度眞空。然後再按前述方法用蒸氣幫浦抽高眞空。如果用第一方法連結，則在此種情況下必需

先停止蒸氣幫浦，俟幫浦完全冷却後，再關閉活門放氣打開眞空室。工作完畢再抽眞空時，大氣壓力的空氣必需經過蒸氣幫浦被抽出。故此種方法非常費時，而且對蒸氣幫浦有害。兩種連結方法的比較又可用下列簡單計算例子來說明：

假設有一清潔而無漏氣的眞空系統需用一擴散幫浦抽至高眞空。根據設計此擴散幫浦的排氣氣流通量需 600 千分托爾·公升/秒，而其排氣口的壓力至少不能高過 100 千分托爾。在此種設計要求下，前段機械幫浦的抽氣速率可根據下式求得爲 (見 (2.1) 式)：

$$S=\frac{Q}{P}=\frac{600}{100}=6 \text{ 公升/秒}$$

若此設計爲第一種的串聯連結，則機械幫浦又兼作粗略幫浦。當開始抽粗略眞空時，氣流要經過擴散幫浦及其附件，故必需考慮其阻抗。假定此阻抗爲 W_D，則在擴散幫浦未起動前使用機械幫浦抽粗略眞空在眞空系統出口處的抽氣速率爲 (見 (2.30) 式)：

$$S_D=\frac{6}{1+6W_D}$$

若設計採用第二種的並聯連結，在抽粗略眞空時僅由粗略管路抽氣，而此管路的阻抗爲 W_R 則應用同一機械幫浦其在眞空系統出口處的抽氣速率爲：

$$S_R=\frac{6}{1+6W_R}$$

管路阻抗 W_D 及 W_R 的計算要看實際情形而定，但顯然可見因有擴散幫浦及其所必需的附件故 $W_D \gg W_R$，由上二式比較可知 $S_D < S_R$。在此兩種情形下，假定眞空室出口的氣流通量均爲 600 千分托爾·公升/秒，則眞空室可達到的壓力爲：

$$P_D=\frac{Q}{S_D}=\frac{600}{\frac{6}{1+6W_D}}=100(1+6W_D) \quad \text{千分托爾}$$

$$P_R=\frac{Q}{S_R}=\frac{600}{\frac{6}{1+6W_R}}=100(1+6W_R) \quad \text{千分托爾}$$

顯然，在此種情形下要達到最起碼的真空度以起動擴散幫浦 (10^{-2} 托爾範圍) 是不可能。現若將機械幫浦的抽氣速率增加十倍，亦即 60 公升/秒，則以上的結果變爲：

$$P_D = 10(1+60W_D) \quad 千分托爾$$
$$P_R = 10(1+60W_R) \quad 千分托爾$$

如此則若管路阻抗甚小時起動擴散幫浦就有可能。通常粗略管路的阻抗可設計到很小，假定爲 $W_R=0.01$ 秒/公升則 $P_R=1.6\times10^{-2}$ 托爾故可起動擴散幫浦。但 W_D 通常很難如此小，設若爲 $W_D=0.1$ 秒/公升，則 $P_D=7\times10^{-2}$ 托爾，在此種情形起動擴散幫浦頗爲困難。

2. 阻止蒸氣回流的蒸氣冷凝阻擋及捕捉陷阱裝置

在前節曾提到利用有機礦油或水銀的蒸氣幫浦最大的缺點爲蒸氣回流到真空系統內。如此非且會限制系統的真空度而且會污染真空系統內部。爲消除這種缺點，在蒸氣幫浦與真空系統之間常加裝一種裝置此裝置具有相當大的冷卻面，其冷卻利用直接或間接方法用冷水或任何冷凍劑如冷媒 (freon) 等來吸熱。當蒸氣分子回流時經過此冷卻面就被冷卻成液體流回蒸發槽。冷凝阻擋的要求爲氣流阻抗低而回流的蒸氣能盡量被冷凝。要達到蒸氣被冷凝的機會愈高則需要的冷卻面愈大，如此則氣流阻抗也愈大。顯然這兩種要求互相抵觸，因此在設計時必需視實際情況及要求來取決應偏向那一方面。最好能不過份影響抽氣速率，而考慮允許少許蒸氣的回流。從實用觀點上來看，冷凝阻擋只可消除一部分回流的蒸氣。如果要求百分之百的阻擋蒸氣，則管路阻抗極大，抽真空已無可能。通常用有機礦油的擴散幫浦，應用設計良好的冷凝阻擋所剩餘的回流油蒸氣已不足爲害，但在高級精密的真空儀器，或者需要超高真空等情形下，僅用冷凝阻擋其效果已不夠。如蒸氣幫浦所用的幫浦液爲水銀，冷凝阻擋所用的冷卻劑必需用冷媒，即使如此，因爲水銀的蒸氣壓高，故必需另加裝置才可以抽到高真空。因爲這些原因，在冷凝阻擋後又另加一裝置以捕捉蒸氣分子，稱之爲捕捉**陷阱** (trap)。此種捕捉陷阱可用冷凝方法，或用吸收劑將蒸氣捕捉，而對氣體的通過阻抗不大，且具有幫浦作用，故加上此裝置後回流現象可消除殆盡，真空度因之可高達超高真空。詳細有關冷凝阻擋及捕捉陷阱的設計及型式等將於第六章

中介紹之。

3. 管路、活門與真空氣壓計 (vacuum gauge) 的安排，冷卻系統及自動切換安全系統的考慮

(1) 管路、活門與真空氣壓計的安排：在可能情況下，使用蒸氣幫浦的連結法要以圖 3.12 的並聯連結為佳。在這個例子中所用的蒸氣幫浦為最常用的擴散幫浦。此種連結方法最大的缺點為要用較多的管路、接頭及活門等，因之最初的投資要較多。在任何的真空系統設計中 (見第六章) 最基本的原則為管路盡量短，接頭及活門等愈少愈好，如此則可使管路阻抗盡量的小，漏氣的機會也盡量的少。在最低限度的要求下，如何安排管路接頭，活門以及真空計頗需考慮。通常高真空幫浦最好裝有進氣口活門及出氣口活門，如此在停用時或在真空壓力因故升到過高時可保護高真空幫浦不致損壞。任何高真空系統必需有測量真空壓力的真空計 (見第四章)。除非真空度不太高 (在 10^{-5} 托爾以內) 通常以分開兩真空計，一個測量粗略真空，另一個測量高真空為最適宜。如果沒有真空計的指示，對真空幫浦的操作非常不便，而且有損害幫浦的可能。在圖 3.12 中真空計 1 係裝在粗略管路中，用以指示粗略真空的程度。通常此種真空計最高可測真空達 10^{-4} 托爾左右，而且即使短時期壓力增到接近大氣壓力，真空計也不致損壞，但在高真空就不準確，有時誤差太大或者根本不能指示。為求測定高真空的真空度，為了高真空幫浦的安全，通常在高真空的管路中另裝一高真空壓力計如圖 3.12 中真空計 2 所示。此種高真空計通常裝在高真空活門與擴散幫浦之間，如真空系統壓力突然增高時可立即關閉此活門 (可用自動裝置) 以避免真空計的損壞。此外一個真空系統如果已抽到真空，要想打開真空室除非用機械力量外，如無放氣入內的裝置，則必需停止幫浦而等空氣慢慢漏入真空系統內部等於大氣壓力後才可以打開。一般多加裝一放氣活門如圖 3.12 所示，在需打開真空室時只需將活門 1 及活門 3 關閉，利用放氣活門將大氣放入真空室即可很容易操作。應注意在此圖的設計係將粗略真空計裝在真空室的同側，故在放氣之前應先停用真空計以免突然的大氣壓力介入可能受損。

(2) 冷卻系統及自動切換安全系統：在應用蒸氣幫浦時，最重要的是需有冷卻可使蒸氣冷凝成液體而循環應用。通常這種冷卻多用冷水經由金屬冷卻管路將熱吸

走。在大型幫浦因需用大量的水來冷卻，故多採用循環系統，亦即冷水經過冷卻管路吸熱後送到散熱器散熱冷卻後再循環使用。在小型幫浦則直接讓水流經冷卻管路後排出而不再利用。循環式比較複雜，造價較貴，運轉時需用水泵壓水，故需用電能，同時因冷卻系統較複雜故需要定期保養。此種冷卻系統的優點為不消耗水 (僅需小量補充)，水源供應停止時不影響眞空幫浦操作，突然斷水不會對幫浦發生損害。其缺點為突然斷電就會使幫浦立即失去冷卻，如無安全裝置則很容易使幫浦損害。常用流水冷卻方式最為簡單，使用方便，又不需用水泵壓水，而且斷電時仍有水冷卻幫浦，故幫浦不會損害。但缺點為一旦停水則幫浦失去冷卻故幫浦將會燒壞。使用蒸氣幫浦最重要的注意點為：甲、前段氣壓或系統中氣壓不能超過限度，乙、電源不能斷，丙、不能失去冷卻。在任何前述三種情況之一發生時，如無緊急安全措施非且會損壞眞空幫浦本身，而且會使幫浦液蒸氣進入眞空系統內使內部污染，或被機械幫浦抽到其中與幫浦油混合使機械幫浦失去作用。最嚴重的情形為使用礦物性有機油的蒸氣幫浦，一旦有上述情形發生幫浦液有分解產生炭粒的可能。此種炭粒不僅會使蒸氣幫浦內部污染，而且一旦被抽入機械幫浦中就會使其中機械部分磨損。因為這些原因，如眞空系統操作時無人經常看管，則一套自動切換安全系統以自動應付上述可能的變故實屬必要。通常這種安全系統的設計要視實際的情況而定，但系統中不外有自動開閉的活門，自動轉換的活門，警告的信號等等。一般最基本的安全系統為**互鎖** (interlock) 裝置。在沒有冷卻水流動時蒸氣幫浦的加熱蒸餾槽不會通電。還有在眞空系統氣壓或前段氣壓超過最大限度時蒸餾槽的電源也會切斷。此外在高眞空管路的活門也可有自動開閉的裝置，在電源或水源突然切斷時會自動關閉，在電源或水源恢復時於適當的時機 (前段氣壓達到可操縱的眞空度) 又自動打開。警告信號如紅燈、警鈴等亦常裝置，有些在將達到該前述情況時，如氣壓升高、水壓降低等即發出警告，可使操作人員警覺而預防，有些在事故發生時自動通知中央控制系統或值勤人員以便作適當的處置。在前述的兩種冷卻水系統亦有同時均安裝，但平時僅使用一種系統而另一種則作為安全備用。一旦停水或停電的情形發生，就由自動切換系統切斷一個系統而換到另一個系統繼續應用。

四、吸附及冷凍幫浦 (sorption and cryo pumps)

㈠ 吸附幫浦

　　按照**吸附** (sorption) 的字義，吸附幫浦應包括利用**吸收** (absorption)，**物理吸附** (physical adsorption) 或**化學附著** (chemisorption) 等的作用來抽除氣體。但通常吸收作用係指氣體被溶解在固體內，此種情形不易發生。化學吸附則指氣體在固體表面上被吸收而化合成另一種物質，通常亦爲固體。應用化學吸附的方法作幫浦作用在本書中歸類在化學吸附幫浦中。因此，所謂吸附幫浦僅指利用物理吸附作用來抽氣的幫浦。

　　物理吸附的作用只發生在固體的表面約數分子的厚度而已。分子間的結合力全靠分子引力，即**溫德華氏引力** (Von der Waals forces)，而無**化學結合力** (chemical bond force) 的參與作用，故此種作用應爲可逆性。換句話說，物理吸附既可以吸收氣體，也會將所吸附的氣體放出。物理吸附作用只與參與作用有關物質的性質、其溫度、以及氣壓等有關。當溫度上升或壓力降低時氣體獲得的動能大於分子間引力，此時被吸附的氣體就會被釋放而出。我們通常稱被吸附的物質爲**附著物** (absorbate)，吸附氣體的物質爲**吸附劑** (absorbent)。氣體分子被吸附劑吸附所需的結合能量通常稱爲**吸附能** (absorption energy)。優良的吸附劑必需具備：1. 比面積甚大，亦即單位體積上的表面積要大，換句話說，要具有**多孔性** (porosity)，2. 化學性純，不會與多數氣體或有機性蒸氣起作用，3. 固定不變的形體，即使高溫烘烤亦不變形，4. 不會**潮解** (hydrolysis) 等四種條件。在此四種條件下，有很多強力吸氣 (或水氣) 劑就並不太適合用作吸附幫浦的吸附劑。例如有些吸氣劑受熱會粉化，如此對眞空系統或前段幫浦均會有害，故不能使用，又如氯化鈣等吸水力甚強但會潮解，故亦不能用在吸附幫浦中。最常用的吸附劑有**活性炭** (activated charcol)，**活性礬土** (activated alumina)，及**人造沸石** (artificial zeolite) 等，此些物質均具有高度的吸氣能力，且均具有上述的四種條件。

　　活性炭係將有一種木材燃燒後除去其中的有機性物質及水份而成的炭，因其保有原有木材的結構，故呈多孔性。較佳的活性炭其比面積可達每立方厘米約含

10^3 平方米，因其在單位體積的炭坑內就含有無數的細孔，孔內的面積亦為有吸附作用的表面積，故活性炭可用作吸附幫浦的吸附劑。在溫度低時，活性炭吸收氣體的能力更強，相反的，溫度升高時因氣體分子獲得較高的動能超過活性炭的吸附能，故已吸附的氣體分子就會被釋放出來。

沸石為**三元的矽-氧-鋁單/離子立體結構** (Si-O-Al three-dimensional anionic network)，包含有**晶體間隙** (interstitial)，可交換的離子及中性的水分子。此水分子可加熱除去而不使其結構崩潰，如此則留下原子大小的小孔，其大小約在 3×10^{-8} 到 10^{-7} 厘米的直徑左右。沸石依照其內的小孔的大小與要被吸收的氣體分子的大小的關係來選擇吸收，故常稱之為**分子篩** (molecular sieves)。通常的**人工合成沸石** (synthetic zeolites) 每克重量的相當內面積約為 600 到 800 平方米。此種沸石予以活性化後即成為活性沸石。活性化的方法是將沸石在真空中加熱至攝氏數百度或加熱時用乾燥氮氣沖洗，以除去其中水分子及所吸收的其他物質。良好的活性沸石在 10^{-3} 托爾的真空下平衡時一克的量在絕對溫度 77 度時可吸取 100 立方厘米的氣體較諸在室溫時同樣的真空壓力下的吸附能力要強十、百倍。

若吸附劑的吸附能為 Q，而氣體分子在吸附劑表面上的溫度為絕對溫度 T，則氣體分子從吸附劑被釋放出的**可能率** (probability) 由 $e^{-\frac{Q}{KT}}$ 來決定。其中 K 為**波茨曼常數** (Boltsmann's constant) 等於 1.38×10^{-16} 爾格/度。由此可見當溫度升高時被吸附的氣體被再放出的可能性增加，因此吸附幫浦在低溫下效率比較高，而加熱到高溫時可將被吸附的氣體驅出 (即活性化)。活性炭或活性沸石在常溫時其吸附效能較在液態氮的溫度時相差甚遠，故通常均在低溫下使用，如此既有吸附幫浦作用又兼有下節所述的冷凍幫浦的作用，在此種應用通常稱之為**冷凍吸附幫浦** (cryogenic sorption pump)。如果不用冷凍，而在室溫下應用，其抽氣速率甚低，通常僅用作油氣或水蒸氣的**陷阱** (trap) 而不實際用作幫浦。用作吸附劑的人造沸石通常用沸石原料混合 20% 的水泥製成小圓柱體顆粒。冷凍吸附幫浦的構造如圖 3.13 所示，內筒為一金屬網，外筒為一氣密金屬筒，吸附劑則放在內筒與外筒之間。當氣體從中央進口進入幫浦後就被周圍的吸附劑吸附，也有一部分氣體被冷凍積在底部。冷凝作用係靠外筒外部所接觸的冷凍劑通常為液態氮，此液態氮貯於絕熱的**杜華瓶** (Dewar vessel) 故可保持

較久時間而不會受熱揮發。因沸石為一種不良的熱導體，故幫浦的外筒與內筒的距離不能太大，否則冷凍的效果就不佳，一般的設計以沸石的粒子距離其冷卻面最遠不超過 1 厘米。換句話說，內筒與外筒之間的距離不能大過 1 厘米。吸附劑，如沸石等對鈍性氣體如氖、氦等幾乎不能起吸附作用，對氫氣的吸附也甚少，故若單獨使用則只能抽氣到此些氣體的分氣壓而已。在一般的高真空應用，如果真空系統要求高度潔淨，可用吸附幫浦抽粗略真空。因為大氣中的氖、氦等稀有氣體不能被吸附，故僅用一吸附幫浦從大氣壓力抽氣，其最終壓力只能達到約 0.1 托爾。此種情形對於起動高真空幫浦會非常困難，甚至無法起動。利用**多級吸附幫浦** (multi-stage sorption pump) 可解決此種困難，先用第一級吸附幫浦將真空抽到約 0.1 托爾，然後關閉幫浦的**切斷閥** (isolation valve)，同時開啟第二級吸附幫浦的切斷閥，如此因為真空系統中剩餘的氖、氦等稀有氣體的總壓力已降至約 10^{-5} 托爾範圍，故已不致影響粗略真空抽氣所達到的最終壓

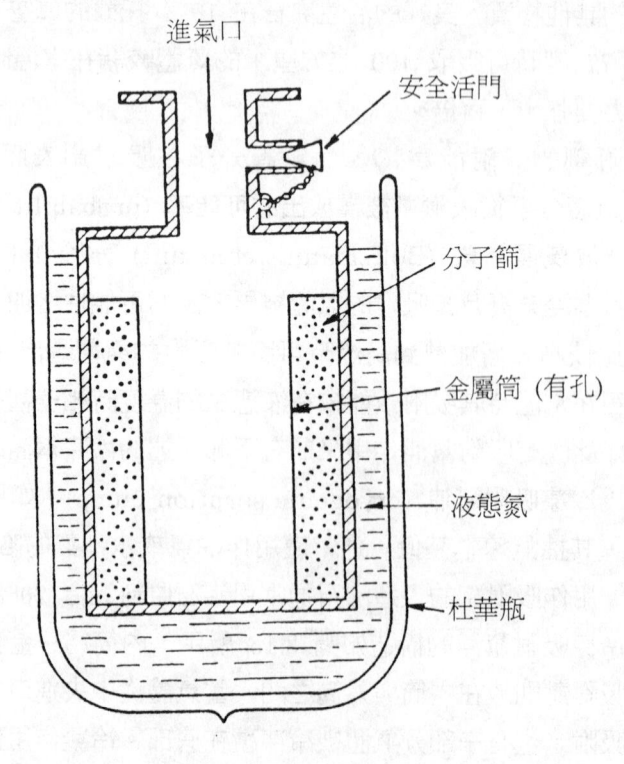

圖 3.13 吸附幫浦

力。利用二級級附幫浦已可解決此種困難，有些眞空系統採用更多級吸附幫浦 (例如四級吸附幫浦)，除有特別的功效外，對於起動高眞空幫浦當更有效。

(二) **冷凍幫浦** (cryo pump)

冷凍幫浦利用冷凍劑使眞空系統內的氣體或蒸氣冷凝成液體或固體存留在幫浦內以達到抽氣的作用，在第(一)節中已有敍述。此種冷凍的抽氣方法與使用蒸氣幫浦時所用的冷凝捕捉陷阱及使用吸附幫浦時所用的冷凍裝置均爲同一原理。幫浦的冷卻面愈大其幫浦效果也愈大，按照理論如欲達到高眞空則以將氣體凝結成固體爲佳，因氣體在固態時其蒸氣壓很低，而且溫度稍爲降低其蒸氣壓的降低變化甚巨。例如，固態氮從 $-243°C$ 降低到 $-253°C$ 時其蒸氣壓從約 10^{-4} 托爾降低到約 10^{-10} 托爾。應注意冷凝的固體爲非常佳的熱絕緣體，當氣體進入幫浦後就在冷卻面上凝結成液體或固體，此後再進入的氣體就在此冷凝的液體或固體面上冷卻。因爲此液態或固態氣體的傳冷不佳，故實際上後進入的氣體所受的冷卻溫度就較所用冷凍劑的溫度爲高。故當幫浦的冷卻面被凝結的固體或液體所覆蓋後，幫浦的效果就大減。冷凍劑如果採用液態氮 (簡稱爲 LN_2)，其溫度爲 $-195.8°C$ 或 $77 K$，在此溫度下水早已冷凝成固體其蒸氣壓非常低，二氧化碳，或有機性氣體等亦均可凝結成固體，稀有氣體如氙、氪、氬等雖可凝結成固體，但氬的蒸氣壓在此時甚高，至於氫、氖、氦、氮則仍爲氣體，氧雖凝爲液體，但蒸氣壓甚高。如用液態空氣爲冷凍劑，其溫度約爲 $-190°C$，在此溫度下僅可冷凝水蒸氣，水銀蒸氣及有機物蒸氣與二氧化碳，此時水的蒸氣壓爲 10^{-22} 托爾，水銀的蒸氣壓爲 10^{-32} 托爾，二氧化碳的蒸氣壓爲 10^{-7} 托爾。由此可見液態氮尚可勉強用作冷凍劑，而液態空氣只能用於冷凝蒸氣捕捉陷阱。固體二氧化碳的溫度爲 $-78°C$，水在此時的蒸氣壓爲 5.6×10^{-4} 托爾，水銀的蒸氣壓爲 3×10^{-9} 托爾，一般的氣體均不能冷凝，故固體二氧化碳只能用作冷凝捕捉陷阱用以冷凝水蒸氣、油氣、有機物蒸氣或水銀蒸氣。冷凍幫浦要求溫度愈冷愈佳，但操作成本必需考慮，因在低溫時每降低溫度一度其所需的代價相當高，例如液態氦的溫度爲絕對溫度 $4.2 K(-268.8°C)$，其冷凍效果當屬最佳，但因其價格過高，故亦有採用超冷的氫氣 (通常在 $10 K$ 到 $20 K$ 左右) 以代替液態氦。至於液態氫 (溫度 $-252.7°C$) 亦可用作冷凍劑但效果較液態氦爲差，且有危險性。

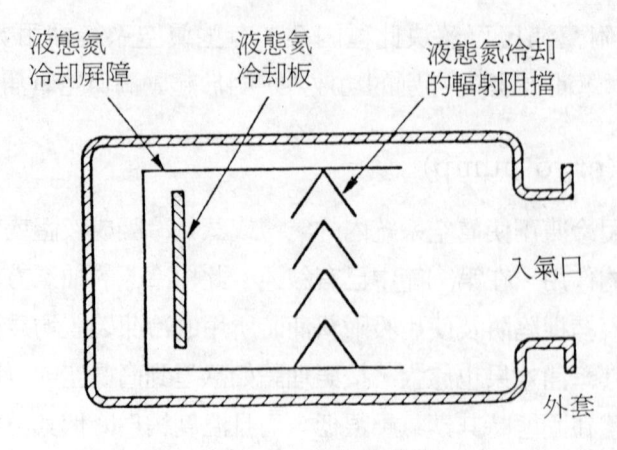

圖 3.14 冷凍幫浦

　　冷凍幫浦的構造比較簡單，其要求為冷却面大及對外界熱絕緣要好，圖 3.14 的冷凍幫浦，其主要冷凍抽氣係靠其中用液態氦冷却的板，再靠液態氮冷却的屏障及輻射阻擋以防止液態氦的蒸發。此種裝置雖較複雜。但對液態氦的消費可節省，只是同時需用兩種冷凍劑較為麻煩。普通的冷凍幫浦僅用一種冷凍劑，即液態氮，用人工或自動注入幫浦容器內，容器外界隔熱，故冷凍劑緩緩的揮發。幫浦的冷却面直接接觸液態氮，或由熱導體傳導到冷却面上，亦有用銅管成螺旋狀盤繞在冷却面上，而將冷凍劑由管中引入吸熱後輸出，(通常吸熱後即已氣化排出)。此種方式構造比較複雜，因冷却管必需氣密，且受溫度變化的膨脹必需考慮，在不用冷却時為室溫，而一旦注入液態氦時溫度驟降到約絕對溫度 4.2 K，如此溫度變化甚巨，不同金屬的膨脹相差很大，故在管路與器壁等的氣密接觸最易造成漏氣。

　　冷凍幫浦通常的使用若從中度真空開始則效果較從大氣壓力開始抽氣為佳，假定用液態氫為冷凍劑來從大氣壓力下將某一真空系統 (此系統在未抽真空時原充滿了空氣) 抽氣。在液態氫溫度下 ($-252.7°C$)，空氣中尚有氖、氦及氫不被冷凝，而此三種氣體在大氣中的分氣壓分別為氖 $1.14×10^{-2}$ 托爾，氦 $0.38×10^{-2}$ 托爾，及氫 $7.60×10^{-2}$ 托爾。因此些氣體尚殘留在系統內，故其造成的總剩餘壓力約為 0.1 托爾。換句話說，從大氣壓力開始抽氣，系統最低能抽到的壓力不會低於 0.1 托爾。如果用液態氦來冷却，氦氣仍無法抽除，故剩餘壓力仍有 $0.38×10^{-2}$ 托爾左右。但若將此真空系統先用機械幫浦抽到 0.1 托爾的真空然

後再用冷凍幫浦抽氣，假定仍用液態氫作冷凍劑，則此時剩餘的氖、氦、氫氣體分壓的總和只有 (0.1×0.1/760) 托爾，亦即約在 10^{-5} 托爾左右。如最初可將眞空系統抽到 10^{-2} 到 10^{-3} 托爾之間則用冷凍幫浦可達更高的眞空。冷凍幫浦本身的價格並不太高，但使用的消費頗爲昂貴，因此，眞空系統採用冷凍幫浦必需注意下列各點：

1. 最好選用閉路冷凍循環系統，系統的管路，冷卻面的安排必需盡量避免冷凍劑的損失。
2. 冷却面愈大愈好，如有可能將冷却面放在眞空系統內則最佳。
3. 管路盡量短，盡量粗而且必需熱絕緣良好。
4. 眞空系統中如有大量的氖、氬、氦等氣體存在則用液態氫冷凍爲不可能，必需用液態氦來冷凍，如果系統中有大量的氦氣存在，則連液態氦亦不能使之冷凍，故此種情形不宜使用冷凍幫浦。
5. 冷凍幫浦可用作二級幫浦以抽高眞空，例如與機械幫浦、擴散幫浦等聯合應用，當系統中的壓力愈低時，冷凍幫浦的抽氣速率增加甚快。冷凍幫浦的抽氣速率通常可由下式來計算：

$$S = 11.6 \sqrt{\frac{29}{M}} \left(1 - \frac{P_2}{P_1}\right) \text{公升/秒·平方厘米} \tag{3.1}$$

其中 M 爲被抽的某一氣體的分子量，P_1 爲該氣體在眞空系統的溫度時 (通常爲室溫) 的分氣壓，P_2 該氣體在冷却面上溫度時的蒸氣壓，數字*29 實際爲空氣的分子量。通常 P_2 較 P_1 甚小，故 P_2/P_1 項較 1 甚小可忽略不計，故 (3.1) 式可略爲：

$$S = 11.6 \sqrt{\frac{29}{M}} \text{ 公升/秒·平方厘米} \tag{3.2}$$

應注意此略式表示單位面積的冷凍面所產生的抽氣速率，顯然可見若被抽的氣體被冷凍後的蒸氣壓甚低時，幫浦對此氣體的抽氣速率只與冷凍面有關。但若

---

*標準空氣在 0°C，760 托爾時的密度爲 1.293×10^{-3} 克/立方厘米，由此計算得到的平均分子量爲 28.98。

某氣體在冷卻面上溫度時的分氣壓頗高，則 (3.1) 式中的壓力項不能省略，故抽氣速率顯然會比較低。例如，一冷凍面用液態空氣來冷却，此面通常可冷却到 $-187°C$ (比液態空氣溫度 $-190°C$ 略高)，在此溫度時二氧化碳的蒸氣壓約為 7×10^{-7} 托爾。設系統中的空氣含有百分之十的二氧化碳，而此系統被預抽眞空到 10^{-5} 托爾，故二氧化碳在系統的溫度下的蒸氣壓為 $10^{-5}\times 10\% = 10^{-6}$ 托爾。應用 (3.1) 式，每單位冷却面對此系統中的二氧化碳的抽氣速率為：

$$S=11.6\sqrt{\frac{29}{44}}\left(1-\frac{7\times 10^{-7}}{10^{-6}}\right)=2.8 \text{ 公升/秒 · 平方厘米}$$

其中 $M=44$ 為二氧化碳的分子量。
同樣的冷凍劑如用來抽水蒸氣，則其抽氣速率就大不相同。水在 $-187°C$ 時的蒸氣壓為 10^{-21} 托爾，如果眞空系統中水蒸氣也有百分之十，在此種情況下，不論系統的壓力 (即 P_1) 為大氣壓力 (760 托爾) 或者被預抽到 10^{-5} 托爾，(3.1) 式中的壓力項均甚小可省略。故此種情形可用省略式 (3.2) 求得之：

$$S=11.6\sqrt{\frac{29}{18}}=15 \text{ 公升/秒 · 平方厘米}$$

此例說明冷凍幫浦的抽氣速率與被抽的氣體的蒸氣壓有關，如果上例中改用液態氫或液態氦作用冷凍劑，則二氧化碳的蒸氣壓在此溫度下極低故可用 (3.2) 求得其抽氣速率為：

$$S=11.6\sqrt{\frac{29}{44}}=9.4 \text{ 公升/秒 · 平方厘米}$$

茲將一些氣體在固態時的熔點及在液態時的沸點列在表 3.2，以及一些常見的氣體在液態空氣的溫度 ($-190°C$) 及在液態氦的溫度 ($-268.8°C$) 時的蒸氣壓列在表 3.3 以供選擇冷凍幫浦的冷凍劑來抽某種氣體的參考。

通常用冷凍劑時如用液態氮，可用**杜華瓶** (Dewar flask) 貯裝。此瓶常為雙層玻璃內鍍有反射輻射熱的銀膜，兩層間抽眞空以隔絕熱傳導。如用液態氫或液態氦則因其溫度極低且價格昂貴故不宜使用普通的杜華瓶而用四層同心的殼。液態氦放在最內層與第三層之間，第三層與第二層之間放液態氮以隔絕從外界到

表 3.3　氣體的熔點及沸點

氣體	化學符號	熔點 (°C)	沸點 (°C)
氬	Ar	-189.3	-186
二氧化碳	CO_2	—	-78
一氧化碳	CO	-207	-192
溴	Br_2	-7.3	58.8
氯	Cl_2	-102	-34
氟	F_2	-223	-187
氦	He	-272	-268.8
氫	H_2	-259	-252.7
氪	Kr	-157	-153
氖	Ne	-249	-245.9
氮	N_2	-210	-195.8
氧	O_2	-219	-183
氙	Xe	-111.8	-109

表 3.4　物質的蒸氣壓 (托爾)

物質	液態空氣溫度 ($-190°C$)	液態氦溫度 ($-268.8°C$)
氬	500	10^{-90}
二氧化碳	10^{-7}	—
一氧化碳	760	10^{-94}
氦	—	760
氫	—	10^{-6}
汞 (水銀)	10^{-32}	—
氧	350	10^{-104}
氖	—	10^{-26}
氮	760	10^{-81}
機械幫浦油	10^{-35}	—
水	10^{-22}	—

最內層的熱，最外層與第二層之間即如杜華瓶鍍銀並抽眞空。現在有許多熱絕緣材料已逐漸取代眞空隔熱瓶，此類材料係有機類聚合分子物質，內部多小孔故能絕熱。

在使用冷凍劑時必需注意下列數點：

1. 容器絕不可密封，因冷凍劑吸熱氣化產生壓力，若容器密閉如無壓力自動洩氣活門則恐有爆炸的危險。
2. 液態氮，液態氫，液態氦的容器或管路附近常會有冷凝的氧存在 (由空氣中被冷凝)，此些純氧如遇到有機物質會產生爆炸，故使用此些冷凍劑的附近應嚴禁煙火。冷凍面應定期清潔以避免有機物的累積。
3. 液態氫爲易燃性液體，蒸發成的氫氣又有爆炸的危險，故運輸及處理必需小心。
4. 任何冷凍劑如直接與皮膚接觸均會被凍傷，故使用時不可不愼，必要時應戴隔熱手套以防可能的接觸。

傳統的冷凍幫浦現已很少使用，目前眞空系統使用的冷凍幫浦均爲下述之**冷凍機式冷凍幫浦** (refrigerator type cryopump)

(三) 冷凍機式冷凍幫浦 (refrigerator type cryopump)

冷凍幫浦用液態氦者價格甚昂貴，非一般實驗室或工廠所能負擔者，因此冷凍幫浦早年應用並不普遍。冷凍機式冷凍幫浦的發明才能使冷凍幫浦進入高眞空應用的領域中。冷凍機式冷凍幫浦所用的原理即一般冷凍機冷卻原理，將冷媒壓縮放出熱量經熱交換冷卻後膨脹，冷媒膨脹吸熱而使冷凍面冷卻。冷凍幫浦所用的冷媒爲氦氣，其構造原理如圖 3-15 所示。氦氣在冷媒凍機內被壓縮機壓縮經熱交換後在冷凍頭內膨脹後溫度下降，經第一級熱交換後達 80 K，再經第二級熱交換後達 10 K 溫度。其第一級熱交換的冷凍面係用作熱屛障及冷凍較易冷凍固化的氣體如氧、氮、二氧化碳等，而第二級熱交換的冷凍面則爲主要的冷凍面，冷凍較難冷凍固化的氣體。對於無法以此冷凍溫度冷凍固化或雖然固化而其蒸氣壓仍高的氣體如氦、氫等則於冷凍幫浦內設有活性碳吸附劑，利用冷凍吸附的原理將此等氣體予以吸附。冷凍機式冷凍幫浦的構造圖如圖 3-16 所示。

第三章 眞空幫浦 71

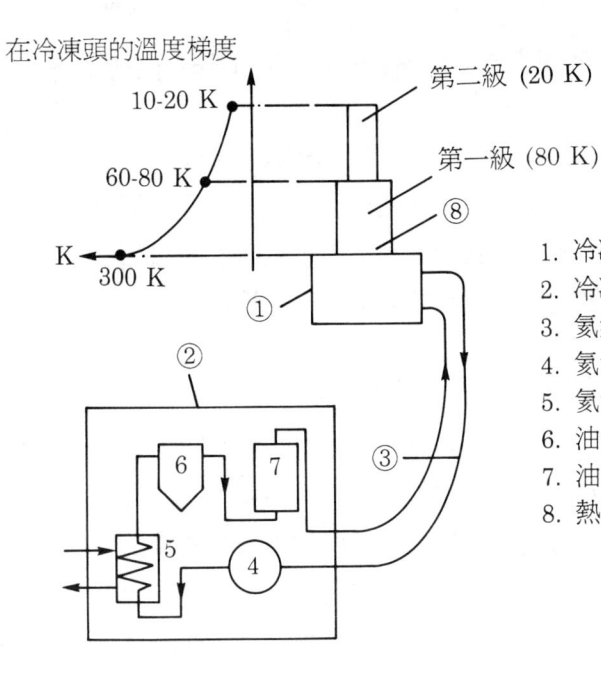

在冷凍頭的溫度梯度

1. 冷凍頭
2. 冷凍機
3. 氦氣管路
4. 氦氣壓縮機
5. 氦氣冷卻裝置
6. 油氣分離器
7. 油氣吸收器
8. 熱交換器

圖 3.15 冷凍機式幫浦原理

1. 眞空法蘭盤
2. 冷凝阻擋
3. 第二級熱交換系統
4. 第一級熱交換系統
5. 冷凍板
6. 熱屏蔽
7. 安全閥
8. 前段幫浦接口
9. 蒸氣壓力溫度計
10. 氦氣管路接頭
11. 電源接線
(尺寸爲毫米)

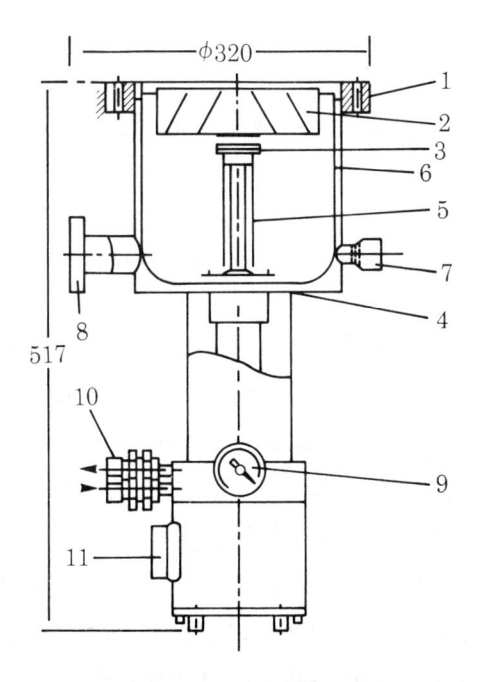

圖 3.16 冷凍機式幫浦構造

五、化學吸附幫浦 (chemical adsorption pumps)

化學吸附幫浦根據定義為利用**化學吸附** (chemisorption) 作用以抽除氣體的幫浦。化學吸附係指氣體在固體或液體的表面或內部由化學作用而結合，其作用通常為不可逆性，而且其結合應不產生氣體。利用化學吸附的幫浦通常有下列兩類，但由於純靠化學結合來抽氣顯然對**鈍性氣體** (inert gases) 不起作用。

(一) 結拖幫浦 (gettering pump)

結拖 (getter) 一字的定義為一種物質可用在真空系統中靠化學吸附作用以除去氣體。此字有譯為吸氣劑者，但此譯名並不太適合，因此處所指的吸附其用於真空系統時要求被吸附的氣體不會再放出來，故譯為結拖取其發音及字義為結合而拖住以符合原定義。結拖一字在用作動詞時指結合而拖住的作用。可為結拖的物質很多但可用作真空幫浦者不多，實際用作抽高真空的結拖應具備下列諸要求：

1. 永久與氣體結合，換句話說，以化學吸附性大者為最佳。
2. 能與多種氣體結合，亦即可抽多種氣體。
3. 在真空儀器的操作溫度下，結拖的蒸氣壓很低而且所吸附的氣體不會放氣，但在高溫時就可立即放氣。
4. 與氣體結合成的固態物質的蒸氣壓很低，即使加熱亦不會氣化。
5. 吸氣能力強，亦即每克結拖所能吸收的氣體公升數要大。

結拖可分為兩大類：即**固體結拖** (solid getter) 與**閃燃結拖** (flash getter)，固體結拖可用**鉭** (tantalum)，**鈮** (niobium)，**鋯** (zirconium)，**鈦** (titanium)，**釷** (thorium) 以及間或用的**鎢** (tungsten) 與**鉬** (molybdenum) 製成。通常為薄膜、絲、棒、顆粒、片及粉狀，如適當的放在真空系統中，加熱到其操作的溫度時就可大量吸收氣體。注意，固體結拖的吸附作用係在高溫時進行，因其內部物質必需靠氣體從其表面擴散入內才可有作用。例如鉭當其用作結拖時，操作溫度在 600°C 到 1200°C 之間，其吸收氫氣的體積約為本身體積的 740 倍。固體結拖因其可放在真空系統中某固定位置 (或置於幫浦中)，又因

其蒸氣壓甚低故特別適用於需要高度電絕緣的眞空系統中。結拖的吸氣能力與其操作時的溫度有關，對某些特定的氣體，最大吸附能力的溫度亦各不同，例如鋯的結拖能力對氮氣而言在溫度 1530°C 時最大，對氧氣而言在溫度 1100°C 時最大。各種結拖物質對各種氣體的結拖能力亦各不相同，某些結拖物質對某些氣體甚有效而對另些氣體效力甚小或竟完全不作用。因此選用結拖物質要先考慮被抽的系統中可能有的氣體，通常對大多數常見氣體均有作用的結拖物質甚少，表 3.4 列舉幾種結拖材料及其應用的特性以供選用作參考。閃燃結拖亦即**薄膜結拖** (film getter) 係由急熱或閃燃將結拖物質由其容器或坩鍋中加熱蒸發而散佈結成薄膜附著在幫浦外套上。此種薄膜通常在眞空中蒸發故其表面新鮮 (未被氧化) 易與氣體作用，且所成的薄膜因其為顆粒結構故具有甚大的表面積。**結拖負荷能力** (getter capacity) 亦即在某一段時間內能夠吸收氣體的量，受結拖膜的厚度及溫度的影響，因為此兩因素影響擴散，而擴散為結拖內層吸收氣體所依賴的運動方式。在某一定的吸附率下，增高結拖的溫度將延長其吸附作用的時間，亦即增高結拖負荷能力。每種結拖物質均有一**臨界溫度** (critical temperature)，在此溫度以前結拖負荷能力增加甚緩，當到達此臨界溫度後，負荷能力迅速上升，但因受各該物質在高溫時蒸氣壓的限制故增加溫度亦受限制。結拖膜的厚度對其負荷能力亦甚有關，太薄則結拖面很快被飽和而失去效用，增加厚度雖可靠氣體在結拖物質中的擴散作用而使其被內部物質吸附以增加結拖負荷能力，但太厚則此效果甚低。

閃燃結拖價格比較便宜而且容易處理，在小型眞空容器其對電絕緣要求的程度不十分嚴格處如**放電管** (discharge tubes)，**氧化陰極** (oxide cathode) 等常用之。此些結拖多選擇鹼土金屬 (alkaline earth metal) 如鋇、鍶、鈣及鎂等以及其合金 (如鋁合金等)，因其化學性活潑而且比較容易在眞空中蒸發，故適合此用途。閃燃結拖最大用途為在靜態 (閉合) 眞空系統 (見第二章一㈠節)，在動態眞空系統亦可用作連續抽氣的幫浦。

固體結拖有**整體結拖** (bulk getter) 與**塗附結拖** (coating getter) 兩種，前者顧名思義為用整個材料製成而後者多用粉狀材料塗附在加熱的電極上再經燒融以使其牢結。固體結拖通常利用電極加熱，其吸附作用多在高溫下進行。因其表面積漸漸被所吸附的氣體飽和後就需靠擴散作用將被吸附的氣體送到內部，而

74　真空技術

表 3.5　用作結拖的金屬

結　拖	除氣溫度 (°C)	待抽氣體	最初的作用或單位面積上的吸附率 (～20°C)	連續操作的溫度 (°C)	吸附負荷能力 $\mu\ell/\text{mg}(°C)$	備　註
鋇　膜 (Barium)	600-700	空氣 氧 氫 水 氮 二氧化碳 一氧化碳 C_2H_2, C_2H_4	化學吸附 $0.3\ell/\text{sec.cm}^2$ $0.05\ell/\text{sec.cm}^2$ 化學結合 $0.003\ell/\text{sec.cm}^2$ $5.0\ell/\text{sec.cm}^2$ $3.5\ell/\text{sec.cm}^2$ 化學吸附	最大 200 >40 200 — >100 — — >80	56(400) 57(300) 100(400) 72(300) 3-25(<100) 43-51(>100) 66(400) 100(400) —	閃燃溫度 900-1300°C，熔點 717°C，為鉛合金或金屬包夾的小球或柱體形材料
鎂　膜 (Magnesium)	400	氧，氮 二氧化碳 一氧化碳	化學結合 0.0 <$0.005\ell/\text{sec.cm}^2$ $0.005\ell/\text{sec.cm}^2$	— — —	20-200(20) — — ～0.0(30)	閃燃結度 500°C 熔點 651°C 僅在閃燃時才吸附氣體材料為薄片或細絲
鈦　膜 (Titanium)	—	氧 氫 氮 二氧化碳 一氧化碳 SF_5, C_2H_2, C_2H_4, CH_4, CCl_2F_2, NH_3	化學結合 化學吸附 $3.0\ell/\text{sec.cm}^2$ $4.3\ell/\text{sec.cm}^2$ $12.0\ell/\text{sec.cm}^2$ 化學結合	— — — — — —	— — 1.9-2.5(30-300) 4.3(20) 3.4-4.2(30-200) —	熔點 1660°C 真空熔製成金屬絲或薄片
鈦 (固體) (Titanium)	—	氧 氫 氮 二氧化碳 水	(800°C) $2.01\mu\ell/\text{sec.cm}^2$ 擴散 (1000°C) $0.08\mu\ell/\text{sec.cm}^2$ (1100°) $0.81\mu\ell/\text{sec.cm}^2$ 擴散	>650 20-400 >700 >700 300-400	90(800) — 160(1000) — 50(1100)	熔點 1690°C

續表 3.5 用作結拖的金屬

結 拖	除氣溫度 (°C)	待抽氣體	最初的作用或單位面積上的吸附率 (~20°C)	連續操作的溫度 (°C)	吸附負荷能力 $\mu \ell/mg(°C)$	備 註
鋯 膜 (Zirconium)	700-1300	氧、C_2H_2、C_2H_4 氮、一氧化碳	化學結合 化學吸附 $>2.5 \ell/sec.cm^2$	— —	— —	熔點 1830°C
鋯 片 (Zirconium)		氧 氫 二氧化碳 一氧化碳	化學結合 擴散 化學結合 化學結合	885 300-400 1527 —	1.99(400) 13.3(350) 1.46(800) 3.04(800) 3.65(800)	薄片帶
鉭 膜 (Tantalum)		氫、C_2H_2、C_2H_4 氮 一氧化碳	化學結合 化學吸附 $>2.5 \ell/sec.cm^2$ $>2.5 \ell/sec.cm^2$	— — —	— — —	熔點 2996°C 不易蒸發，蒸氣壓低
鉬 (固體) (Molybdenum)	1600-2000	空氣	化學結合	700-1200	—	片或粉狀 熔點 2622°C
鉬 膜 (Molybdenum)		氫、C_2H_2、C_2H_4 氮	化學結合 $2.7 \ell/sec.cm^2$ $3.5 \ell/sec.cm^2$	— —	1.0(30) 3.0(30-200)	難蒸發成厚膜，蒸氣壓低，可能昇華
鎢 膜 (Tungsten)		氧 氫、C_2H_2、C_2H_4 氮、一氧化碳	化學結合 化學吸附 $>2.5 \ell/sec.cm^2$	— — —	— — —	熔點 3382°C 難蒸發成厚膜壓，可能昇華
杜 膜 (Thorium)		氧 氫 二氧化碳	化學結合 化學吸啗	450 — 650	7.5-33.1(20) 19.5-53.7(20) —	熔點 1827°C 難蒸發，蒸氣壓低
鈾 (固體) (Uranium)	800-1000	空氣		400-500	—	粉狀
鈾 膜 (Uranium)		氧 氫 氮 二氧化碳	化學結合 化學吸附 化學吸附 化學吸附	240 — — —	10.6-9.3(20) 8.9-21.5(20) 46.1-64(20) 3.2-16(20)	熔點 1132°C
鈰 膜 (Cerium)					2.2-45(20)	熔點 785°C

此種作用較緩慢，故固體結拖在操作一段時間後抽氣速率就會降低。現在所用的固體結拖多採用蒸發方式，亦即利用蒸發使其經常保持新鮮的表面積，同時被蒸發的結拖物質在其被蒸發的階段及其凝結到外套面上時均有結拖作用。固體結拖多用高熔點金屬製成，通常要高溫始可蒸發。在蒸發時若結拖未先被加熱除氣（見表 3.5 中各物質的除氣溫度）則真空系統中的壓力在最初時會上升。緩慢的蒸發其結拖效果最佳，在此種情形下即使結拖本身中有氣體放出亦可達到甚佳的抽氣效果。固體結拖特別適合於需要甚佳的電絕緣的真空系統中，因其蒸氣壓低而且結拖幫浦的位置可以選擇以避免對電路的干擾。固體結拖的材料亦有數種可用作閃燃結拖唯其閃燃溫度通常很高。一般結拖的幫浦負荷能力與其操作時的氣壓有關，操作時的氣壓愈低，抽氣速率愈高而且幫浦的壽命也愈長，故真空系統多先用前段幫浦將其抽到幾個千分托爾或者更低的壓力後，再啟用結拖幫浦。

現在最常用的結拖幫浦用鈦或鈦合金（例如 85% 的鈦與 15% 的鉬的合金）為結拖，利用鎢絲加熱或利用電子轟擊加熱使鈦受熱直接蒸發成蒸氣（昇華）後凝結在外套上以達到結拖抽氣的作用。此種幫浦現多稱為**鈦昇華幫浦**（titanium sublimation pump）其簡單構造如圖 3.17 所示。

鈦可製成絲狀或薄片帶狀，直接通電流加熱蒸發或間接在鎢絲上加熱使蒸發的鈦凝結成薄膜附在外套上。外套常用水冷卻以防止不太穩固的被吸附氣體再度被釋放，有時亦有用液態氮冷卻以增進薄膜的吸附效果。結拖通常對鈍性氣體不起作用，亦即不能抽鈍性氣體，在下節介紹的兩種離子幫浦實際上兼有結拖的作用且可捕捉鈍氣，故在超高真空應用時多採用之。

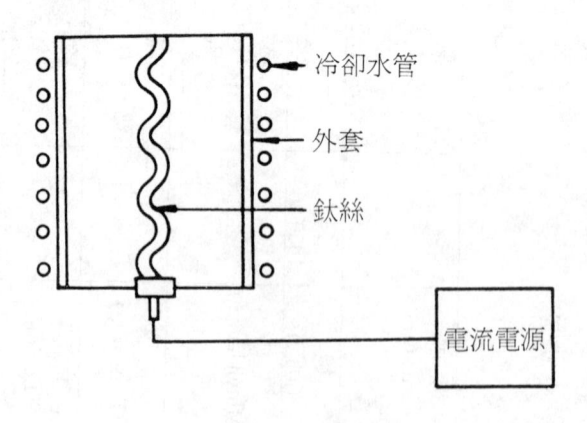

圖 **3.17** 結拖幫浦

(二) 離子幫浦 (ion pump)

前數節所述的幫浦，如冷凍幫浦、吸附幫浦或結拖幫浦等對於空氣中的少量氣體如氫、氦、氖、氙等的抽氣頗為困難，即使用機械幫浦或擴散幫浦，對此些氣體的抽氣速率亦較普通的氣體如氧、氮等緩慢甚多。此些少量氣體雖然在大氣中所佔比例很少，但是此些氣體的剩餘壓力足以使一個系統無法抽到超高真空。上節所提的結拖對氫氣仍具有很強的吸附能力，但對鈍性氣體就完全不起作用。鈍性氣體雖然化學性不活潑，但可以使之電離，利用這種性質先將氣體分子離子化，然後加以高電壓將其吸入陷阱或送到前段幫浦處排出。僅用離子化原理抽氣的幫浦，即離子幫浦，實際上因耗電甚多而且抽氣效果不佳故很少用，現在所稱的離子幫浦多指下述的兩類幫浦：

1. 結拖離子幫浦 (gettering ion pump) 又稱為**蒸發離子幫浦** (evapor ion pump)

此種幫浦與前述結拖幫浦的構造頗相似，實際為結拖幫浦與離子幫浦的聯合。當有真空**放電** (electrical discharge) 存在時，金屬結拖的吸附氣體效果會大為增加，此由於氣體在放電處被**離子化** (ionize) 而此些氣體離子撞擊金屬結拖表面被結拖 (化學吸附) 或被陷在表面原子間 (物理吸附)。前者多為化學性活動的氣體如氧、氮等，而後者多為鈍性氣體如氫、氦等。

利用電離子電流的方法抽氣其最大可達的抽氣速率可用下式計算：

$$S = \frac{i^+}{en_\circ P}$$

$$= 0.191 \frac{i^+}{P} \text{ (公升/秒)} \tag{3.3}$$

此處 i^+ 表示電離子電流 (安培)，e 表示電子電荷，等於 1.6×10^{-19} 庫侖；$n_\circ$ 為在壓力 P 為 1 托爾時 1 公升氣體的分子數。在 20°C 時的空氣 $n_\circ$ 等於 3.27×10^{19} 分子/托爾·公升。P 為壓力 (托爾)。

顯然結拖離子幫浦的抽氣速率比較為高，因其尚可結拖未被離子化的氣體分子，故較僅用離子電流的方法抽氣更有效。圖 3.18 為結拖離子幫浦的一種，所用的結拖物質為金屬鈦絲，靠機械方法連續輸送到**加熱柱** (heated post) 上而蒸發。加熱柱靠其旁圍繞的加熱燈絲 (通常用鎢絲) 加熱。加熱柱通常為一鉭

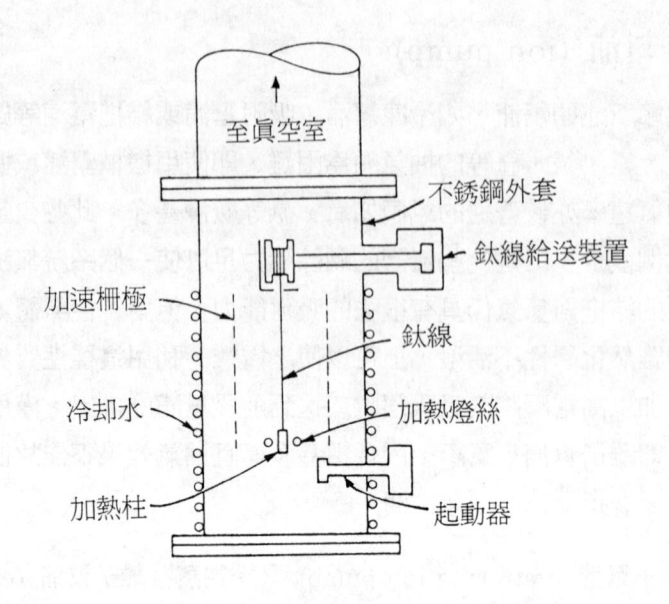

圖 3.18　結拖離子幫浦

合金製成，其熔點較鈦的熔點 (1660°C) 高出甚多。幫浦的外套係用冷水冷卻，鈦蒸發後就凝結成薄膜附在外套上。鈦在蒸發及凝結過程中均發揮結拖作用，因為不斷有新的鈦蒸氣產生，故外套上的鈦膜不斷有新鮮面以供結拖氣體。加熱燈絲的另一用途為放出電子，此些電子經燈絲與外套間的**柵極 (grid)** 加速而碰撞氣體分子使其電離。通常燈絲在零電位而柵極在正電位，故電子由燈絲向柵極加速。幫浦的外套亦在零電位，產生的正電離子因此被吸往外套壁上而陷於鈦膜的原子空間中。隨後凝結的鈦就逐漸覆蓋最先被陷的氣體離子而阻止其逃出。此種抽氣方式對於鈍性氣體如氬、氖、氦等均為有效，較僅用結拖或僅用電離的幫浦用途更廣。

此種幫浦需要在 10^{-3} 托爾或更低的壓力下起動，其抽氣速率相當高，例如抽氮氣可達 1000 公升/秒，抽氫氣可達 3000 公升/秒。因為如此大的負荷能力，故特別適用於需要在短時間內將真空度突然提高的真空系統 (例如從 10^{-8} 托爾提高到 10^{-11} 托爾等)。此種幫浦雖然可以捕捉氣體分子使陷在鈦膜中，但是此些被捕氣體有時亦有被放出的可能。特別是當溫度升高或者被加速的離子碰撞時較輕的有機氣體分子如 CH_4，C_2H_6 及水氣等均會被釋放出。此種幫浦當

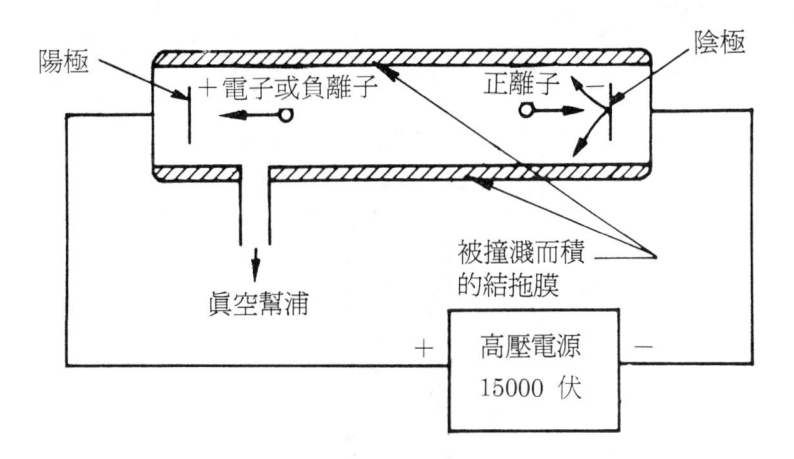

```
                                                                    陰極
         陽極          +電子或負離子      正離子
                                                          被撞濺而積
                                                          的結拖膜
         真空幫浦
                              +  高壓電源  −
                                 15000 伏
```

圖 3.19　離子撞濺作用

用到一定限度後必需更換，鈦絲材料用完後更換並不困難，但幫浦外套上凝結成的鈦膜如厚度超過某一限度時，常會剝落，且所陷氣體過多時亦會自動放氣，故外套的壽命亦有限。小型的結拖離子幫浦用玻璃管製成，鈦絲為固定量，蒸發完畢後再更換新絲。此種小型的幫浦並可兼作真空計用 (見第四章)。

2. 撞濺離子幫浦 (sputtering ion pump)

有些熔點高的金屬用加熱方法很難使之蒸發而用作結拖，但是利用高速的離子碰撞可使之濺射出而吸附氣體，撞濺離子幫浦就是利用這種原理的真空幫浦。圖 3.19 用一個簡單的放電管來說明離子撞濺的作用。**放電管** (discharge tube) 的**陽極** (anode) 與**陰極** (cathode) 之間加以高電壓，當管中真空被前段幫浦抽到約在 10^{-2} 托爾到 10^{-3} 托爾時，兩極間開始放電。陰極上的電子被高電壓吸引而向陽極加速飛行。在途中遭遇剩餘氣體分子，因電子的動能甚大故碰撞氣體分子後即使之電離，產生的陽離子 (正離子) 被陰極的吸引而撞向陰極。因為兩極間的電壓甚高 (例如 15000 伏特)，故離子所帶的動能就很高，當其碰撞到陰極時，陰極的物質 (例如鈦) 就被**撞濺** (sputter) 而出。

此種安排的抽氣方法雖然正離子撞擊陰極時，也可以陷入陰極的原子中而被捕捉，同時被撞濺出的物質又具有結拖作用；但是被陷在陰極的離子會被後到的離子碰撞而釋放出。因此，實際的撞濺離子幫浦在構造上有各不同的設計，最普通的標準型式如圖 3.20 所示，陽極係由許多小的金屬圓筒或金屬方格做成，陰

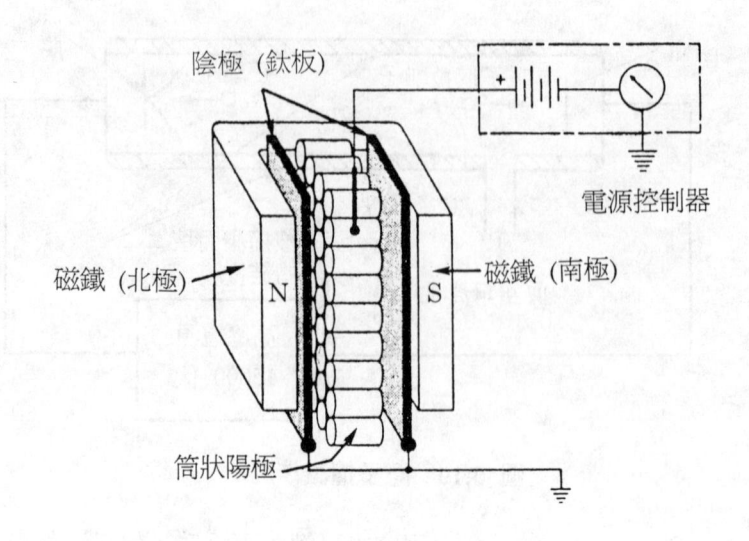

圖 3.20 撞濺離子幫浦

極由兩片鈦板製成，陽極安排在兩陰極之間。一個磁場強度為 1000 到 2000 高斯 (Gauss) 的永久磁鐵放在兩陰極板的背後，其磁場的方向與電場的方向相同。陽極與陰極是放在真空密閉的金屬外殼內，而磁場則放在外殼外面。

此種撞濺離子幫浦的操作原理如下：

(1) 真空高壓放電產生高速電子。
(2) 電子向陽極運動時受磁場磁力的影響作螺旋運動而折返陰極，但又受陰極的推力，因此往返於正負兩極間振盪。此作用主要增加電子與氣體分子的碰撞機會，因而更多的電離子可以產生。
(3) 產生的正離子受高壓電的吸引，以高能量向負極 (鈦板) 碰撞而將鈦撞濺出。
(4) 正離子陷埋入陰極鈦的原子空隙中被吸附 (或結拖)。
(5) 鈦被撞濺出後將氣體分子吸附 (結拖) 而附到陽極上。
(6) 氫氣及鈍性氣體如氦等亦被離子化而撞擊陰極陷埋入其中。未被離子化的此些氣體被結拖物質的碰撞帶到陰極被捕捉，後到的鈦就覆蓋其上以阻止其逃逸。
(7) 複雜的氣體分子與電子碰撞而分解，如 CH_4 分解成 C 及 H_2，碳為固體可留積在幫浦中，氫則如上述方法被捕捉。

以上所述的操作原理，在圖 3.21(1)，(2) 及(3) 中有詳細的說明。

下圖僅係幫浦中的一個小筒的情形，而幫浦係由許多小筒所組成，已見於圖 3.20。此係對一般氣體的幫浦作用，至於對鈍性氣體的情形因其不被結拖化學吸附，故只靠陷在鈦原子間。此種方法常因後到的原子 (或正離子) 的碰撞而被陷的鈍氣分子又被釋放出。此種再被釋放的現象在氫氣常會發生。因氫氣在空氣中的含量較多，用此種撞濺離子幫浦抽氣時，氫氣雖被捕捉，但並不穩定，故常造成週期性的眞空壓力突升的現象。此種幫浦因其只有兩極 (正負極) 故又稱爲二極式 (diode) 幫浦。

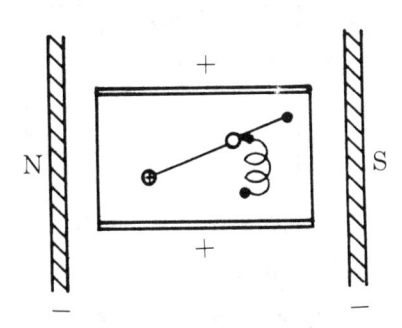

(1) 被磁場陷限住的電子碰撞氣體分子而產生正離子及電子

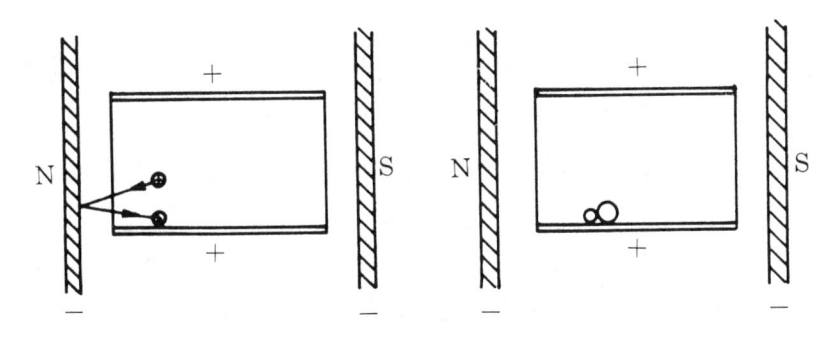

(2) 正離子碰撞陰極由撞濺作出而射出鈦原子

(3) 鈦原子結拖氣體分子

(・代表電子，⊕ 代表正離子，Ⓣ 代表鈦原子，
○ 代表氣體分子)

圖 3.21　撞濺離子幫浦操作原理

(1) 二極式抽鈍性氣體原理

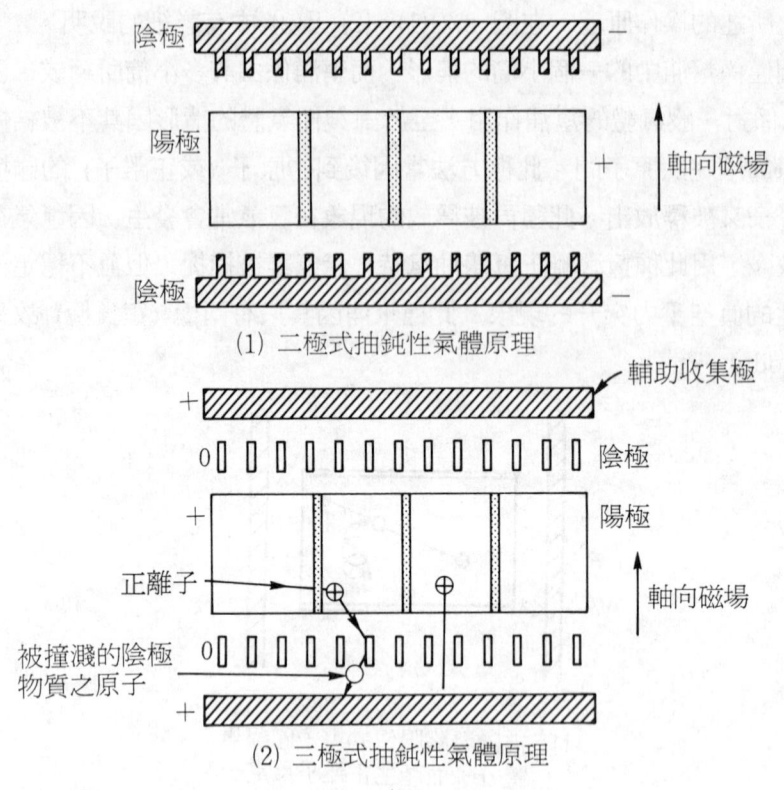

(2) 三極式抽鈍性氣體原理

圖 **3.22** 改進的撞濺離子幫浦

    如眞空系統要抽到超高眞空，或者系統中常有鈍性氣體存在時，最好採用改良式的離子碰撞幫浦如圖 3.22(1) 及 (2) 所示。第 (1) 種的情形仍然是二極式，只是陰極由平板式改爲突起格式，如此對鈍氣離子的捕捉特別是氬氣，更爲有效。另一種方法係普通的二極式只是兩片陰極用不同的材料製成。一片易被撞濺出而另一片則不易被離子撞濺出，此種幫浦被稱爲**微分幫浦** (differential pump)。當離子撞到不易被撞濺的陰極時就陷入其原子間而無原子被撞濺出。但由另一陰極 (易被撞濺材料) 被撞濺出的原子 (結拖) 就覆蓋在此離子之上而將其埋沒，因之被後到的離子撞濺出的機會就大爲減少。第 (2) 種的情形爲**三極式** (triode)，此種幫浦的陰極爲間隔式，在陰極外又加一正電位的氣體**收集極** (collector)，此極通常即爲幫浦的外殼。其操作原理爲正離子到達收集極時其能量較低，因之只能陷入其中而不能撞濺出已被吸附的氣體分子。當正離子撞到陰極時，其能量很高故可將陰極原子撞濺而出落在收集極上形成一層結拖膜將鈍性氣

表 3.6 相對抽氣速率

	標準幫浦	鈍氣幫浦
氫　氣 (在 10^{-5} 托爾以下)	270%	270%
一氧化碳		
水蒸氣	100%	100%
氮　氣		
二氧化碳 (在 10^{-4} 托爾以下)		
輕的碳氫化合物 (有機氣體)	90 到 160%	90 到 160%
氧　氣	57%	57%
氦　氣	10%	30%
氬　氣	1%	21%

體分子埋沒，同時亦可結拖其他氣體分子。

　　撞濺離子幫浦的基本型式及改進型式各廠商所出均大同小異，現在多在抽鈍氣方面作更有效的改良，因之，各種新式名稱亦隨之而生。我們一般多簡稱為**離子幫浦** (ion pump)，實際上我們所指的離子幫浦多是主要靠結拖 (由撞濺而出) 來抽氣，並不是單靠離子作用而已。離子幫浦通常在低於 1×10^{-2} 托爾的真空開始起動，真空壓力愈低也愈容易起動，根據經驗最好在 10^{-4} 托爾的範圍內起動 (壓力愈低愈佳) 則幫浦不致發熱而且壽命也會長久。幫浦操作的壓力對幫浦的壽命很有關，通常多希望在至少 10^{-6} 托爾範圍內操作。如果在壓力高過 10^{-6} 托爾範圍，操作時間長時，幫浦會略帶溫熱，對幫浦壽命影響甚巨。

　　表 3.6 介紹標準的撞濺離子幫浦及改良式可抽鈍氣的幫浦對各種氣體抽氣的速率以空氣為標準 (100%)。

　　撞濺離子幫浦大多數用在高真空及超高真空系統，應用範圍很廣，在**薄膜** (thin film) 工作，**晶體培養** (crystal growing)，**真空爐** (vacuum furnace) 作金屬處理，原子核加速器，質譜儀，電子管，**電子顯微鏡** (electron microscope)，高級物理實驗儀器，太空模擬真空室，**環境測驗真空室** (environmental test chamber) 等處多用之。因其為貯氣式 (永久貯氣式) 不用任何幫浦液，

也不需任何滑潤油劑 (無動的機件) 故可用在非常清潔的真空系統而無任何背景氣體或蒸氣的干擾。撞濺離子幫浦用途很廣而且幾乎高真空及超高真空系統多採用之，故特將其優點及缺點分別介紹於下：

甲、優點：

(1) 可長久連續操作不需人員看守。幫浦完全封閉 (貯氣式) 不用前段幫浦，即使幫浦發生故障或停電也無由外界漏入空氣的可能。

(2) 不需冷卻劑，當真空度達到 10^{-5} 托爾以上幫浦會自動冷却到與周圍的溫度相平衡。

(3) 因不需任何幫浦液及滑潤劑故可得清潔真空。

(4) 在約為 10^{-5} 托爾到 10^{-8} 托爾的真空度範圍內操縱，其抽氣速率幾乎為一定值。

(5) 壽命長。幫浦的壽命與操作時的壓力極有關，真空度愈高使用的壽命也愈長。在正常的操作下，若壓力低於 10^{-6} 托爾，則一般的撞濺離子幫浦的壽命可超過兩年。

(6) 安靜無聲，亦無任何排出的廢氣及油氣等，故可保持實驗室的安靜與清潔。

(7) 有自動安全切斷及恢復操縱裝置。因為幫浦的控制係由幫浦電流來決定，故一般撞濺離子幫浦的電源控制均裝有自動安全切斷及恢復操縱裝置。當真空度低於某程度時 (通常在壓力高於 10^{-4} 托爾)，幫浦的電流超過安全定值，於是開關就會自動切斷電源。如果電源發生故障 (斷電) 時，只要真空系統仍然保持在壓力低於 10^{-4} 托爾，則一旦電源恢復，幫浦可立即自動操縱。但如電源斷絕過久，真空系統中由於氣體的滲漏入而壓力高過 10^{-4} 托爾，則電源恢復時自動安全裝置就會自動切斷電源以免幫浦因過高的電流而發熱損壞。

(8) 可兼作真空壓力計。因幫浦電流係由真空系統中剩餘氣體的密度來決定 (離子多則電流大)，故可靠幫浦電流來測定真空壓力 (參見下章中**彭甯真空計 Penning gauge**)。因此可節省另裝高真空計的經費及保養維持費。

(9) 不需經常維持費，完全自動操縱，尤其在高真空 (壓力低於 10^{-5} 托爾) 時操作比其他種高真空幫浦節省。

(10) 改進的撞濺離子幫浦可抽超高真空。

⑾ 在室溫時幫浦不會放氣,即使電源中斷,幫浦也不會放氣而使真空度變壞。
⑿ *幫浦暴露在大氣中不會受損害,只是再起動時會比較困難。

　　乙、缺點:

⑴ 不適用於真空系統中有大量氣體產生的工作,尤其是有突發性的氣團,如真空乾燥,真空蒸餾或有放氣的化學反應。
⑵ 不適用於常開閉到大氣壓力的真空系統。
⑶ 不適用於低真空系統,如有漏氣的系統或在較高壓力下操作的系統。因為撞濺離子幫浦在真空壓力高時 (10^{-4} 托爾到 10^{-5} 托爾的範圍) 的壽命很短且需用較大的電能,使用頗不經濟。
⑷ 對鈍性氣體的抽氣效率低,即使改良的所謂鈍氣幫浦,其對鈍氣的抽氣速率較對空氣或其他氣體者也要差甚遠 (參見表 3.6)。故不適用於有大量鈍性氣體的系統。
⑸ 在有些真空儀器上使用時,幫浦的位置有限制。因為幫浦進口附近有電子及離子的存在 (尤其真空度低時) 會對真空系統中的電子儀器發生干擾。幫浦使用的磁場其**邊界磁場** (fringing field) 亦會對儀器中的電子或離子發生影響。

六、其　他

　　在第一章介紹真空時就提到任何一種方法能將氣壓降低到一個大氣壓以下就有幫浦作用。所以利用機械原理,化學原理,冷凍原理等等均可製成真空幫浦。簡單的真空幫浦用手的壓力,用水的衝擊或氣體的燃燒可達到目的。我國民間風俗在有些節慶時所放的孔明燈,燈內的所用的燃燒油火就相當於真空幫浦。利用燃燒將空氣中的氧氣變成二氧化碳,因為二氧化碳較空氣重可從燈的下面降出而使燈內壓力較大氣壓力為小 (部分真空)。由此壓力差故燈就向上升空。諸如此類的幫浦種類甚多,故無法一一介紹,下面舉幾個普通實驗室或工業上所用的簡單抽真空的幫浦以供參考。

---

*應避免長時間暴露在大氣中,否則很難起動,有時需經烘烤除氣才可恢復使用。

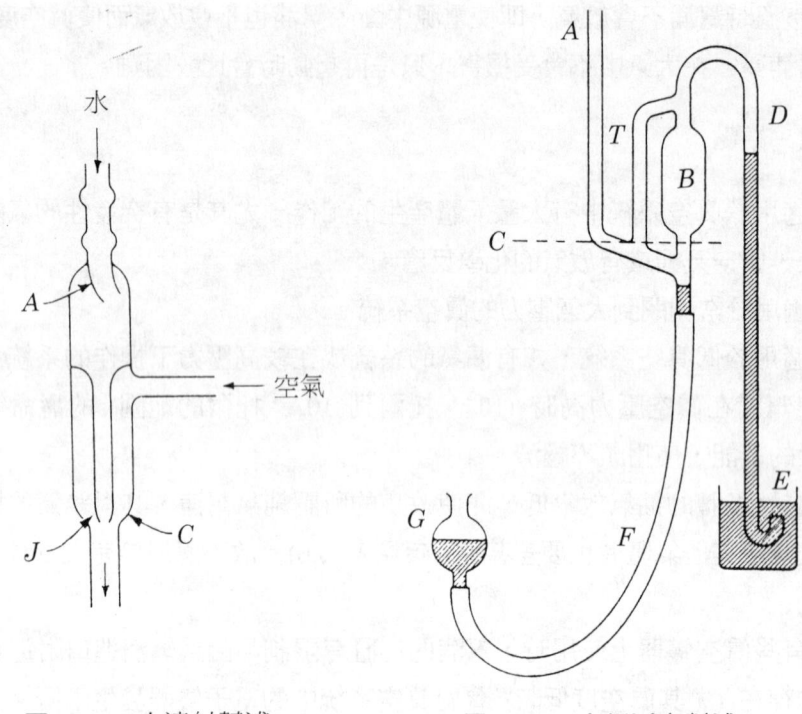

圖 3.23 水噴射幫浦　　　　圖 3.24 水銀活塞幫浦

(一) 水噴射幫浦 (water jet pump 或 aspirator)

　　此類幫浦利用高速水流噴射造成局部低壓力而將真空系統內氣體吸出。幫浦的構造原理如圖 3.23 所示與第三節中的蒸氣噴射幫浦頗相似。當水從 A 管進入後以高速從噴口 J 噴出。在噴口 J 與外套間 C 處成為局部真空，故氣體就被吸入而被水流帶走。A 管的形式如圖 3.23 所示為彎向管壁，其作用使水從 A 管流出冲向外套壁成迴旋運動以增高其速率及效率。水噴射幫浦受在操作溫度時的飽和蒸氣壓的限制，例如在 15°C 時水的飽和蒸氣壓約為 18 托爾，故幫浦最高可達到的真空約為 18 托爾。如果在真空室進口與幫浦間加一乾燥劑以吸除水氣，則可得較高的真空。此種幫浦因操作容易，構造簡單，裝設及維持費用均比較低，故在化學實驗室，化學產品製造程序等其需要粗略真空處(減壓過程)常用之。

(二) 水銀活塞幫浦 (mercury piston pump 或 toepler pump)

此種幫浦在普通實驗室需到粗略真空處 (簡單的小型儀器處) 用之。其構造原理如圖 3.24 所示，當水銀槽 G 降低時，氣體從真空系統中經由 A 管進入 T 管及 B 室。如將水銀槽提升時，則水銀從 F 管中上升到 C 的位置同時切斷 T 管及 B 室與 A 管的通路。當 G 槽繼續上升，水銀進入 T 管及 B 室而迫使氣體經由 D 管從 E 處排到大氣中。氣排出後水銀從 E 槽內被大氣壓入 D 管內。如此使 G 槽往復上升下降，就造成幫浦作用而將真空系統內的氣體抽出。這種簡單幫浦的設計最重要的要求為 F 管及 D 管必需超過 760 毫米長。因為大氣壓力為 760 毫米水銀柱高，如果管長小於此數值則大氣可能由反方向從水銀槽中進入系統中。此種簡易幫浦不需任何電能使用簡單通常用手上下移動即可作用，但幫浦速度低只能在學生實驗室中作真空的普通實驗用。較新式的改進型，採用小馬達帶動或改用活門操作則比較方便有效。

(三) 水墊幫浦 (water-sealed pump)

此種幫浦原理與油墊機械幫浦相似，僅因其特殊用途不用油作氣密墊而用水而已。在工業應用上，有些真空系統主要用來蒸發大量的水，例如真空乾燥、冷凍乾燥、蔬菜水果等的脫水，應用水蒸發吸收大量潛熱而農作產品運輸的預冷，化學產品的蒸餾分離等均需連續的抽去大量的水。此種真空系統若用普通的油墊機械幫浦在此種情況下很快的就會失效。若用蒸氣噴射幫浦則因其需要大量的水蒸氣以及冷卻水亦不甚理想。利用水以代替油作為氣密墊的一種迴轉幫浦可適合此種用途。此種用水為工作液體的機械幫浦其抽真空的能力在水溫為 30°C 時約為 30 托爾，在 12°C 時約為 11 托爾，此種真空度在前述的應用常已足夠。水墊幫浦尚可與路持幫浦相連使用以使所抽的真空度可達到 1 托爾或更高到 250 千分托爾。

摘　要

真空幫浦為一種裝置在其進氣口處將氣體分子抽入此幫浦內或經由其排送到

系統外而不再返回原處。幫浦依其處理被抽氣體的方法可分為排氣式與貯氣式兩大類，排氣式主要有機械幫浦與蒸氣噴流幫浦兩類，貯氣式主要有化學幫浦，吸附幫浦與冷凍幫浦三類。

選擇幫浦的要點為：幫浦的型式，操作壓力範圍與最終壓力，幫浦的規格大小，以及需用幾級幫浦。

機械幫浦中最常用的迴轉油墊幫浦廣用為粗略真空或前段管路幫浦，路持幫浦多用作加強幫浦。機械分子幫浦中以渦輪分子幫浦用途最廣，可抽粗略真空 (現少用)，高真空，以及超高真空。蒸氣噴流幫浦中主要為擴散幫浦與噴射幫浦。擴散幫浦為現在最廣用的高真空幫浦，尤其在需要大負荷及高抽氣速率處應用更為普遍。噴射幫浦主要用在工業生產負荷甚高而真空度要求不高處。吸附幫浦及冷凍幫浦均為清潔幫浦，在高真空及超高真空系統應用頗多。吸附幫浦以用沸石為主要吸附劑，常在液態氮溫度下使用而稱為冷凍吸附幫浦。冷凍幫浦以用液態氦冷凍可得更高的真空。在使用冷凍幫浦之先若以其他幫浦先將真空系統抽到高真空則結果可得超高真空。

高真空幫浦中應用甚廣使用最方便的結拖幫浦，除鈦昇華幫浦為僅靠結拖作用抽氣外，均兼用離子作用抽氣，故通常亦稱為結拖離子幫浦。此類幫浦利用高能量離子撞濺結拖物質以吸收氣體，故亦稱為撞濺離子幫浦。此類幫浦對惰性氣體的抽氣效果甚差，改進的型式有微分幫浦，三極幫浦等均為針對抽惰性氣體而設計。雖然新型離子幫浦種類甚多，但其抽惰性氣體的能力仍未能達到與抽一般氣體相近的抽氣速率。撞濺離子幫浦在高真空及超高真空應用甚為有效，但不能用在粗略真空。

第4章. 真空氣壓計

一、真空氣壓計 (vacuum pressure gauge) (簡稱真空計 vacuum gauge) 及其分類

㈠ 真空氣壓計與氣體壓力計 (manometer) 的區別

在第一章導言中提到真空內並不是絕對沒有任何一點氣體存在，再高的真空仍然有相當可觀的氣體分子數目。所以，真空內的氣壓也不是零，只不過是氣壓的量低微而已。測量真空的氣壓與測量大氣壓以及高氣壓的氣壓計理論上應該相同，只是氣壓計是測量大於大氣壓力或低於大氣壓不甚多的壓力，而真空氣壓計 (簡稱爲真空計) 是測量低於大氣壓力的壓力。在測量的精度上一般的氣壓計要求要比真空計的要求爲低。氣壓計主要是測定氣體分子對容器壁碰撞所施的壓力，故力的作用爲氣壓計主要的操作原理。在真空計則不一定直接測定氣體分子的壓力，尤其是在高真空常直接測定剩餘氣體的分子數目，然後從氣體定律公式以求得其壓力。在此種情形真空計的構造及操作原理就完全與氣壓計不同。通常只有在粗略真空或中度真空時可用一般氣壓計的原理作真空計，在較高的真空以上則多依靠以下所討論的各種原理來量度真空。

㈡ 真空計分類

1. **流體靜態壓力計 (hydrostatic gauge)**

此類真空計依賴系統內氣體實際所施的力以作量度。多數使用水銀或油等液

體來承受壓力，液體的高度就代表系統內部的氣壓與外界大氣壓力的差。此類眞空計因係測壓力差，故靈敏度受限制。通常測定壓力差最低可讀到 0.1 托爾。因之，如果絕對壓力要求準確到 10%，則水銀氣壓計最低可測到 1 托爾。利用油液體高度來測量壓力則靈敏度比水銀者可高約 15 倍。此類壓力計因不需複雜的電子儀器，其構造簡單，使用方便，但是需靠眼力察看，尤其壓力差在刻度間的讀數得靠判斷估計。又液柱及容器均受溫度影響，操作必需在規定的溫度下才會準確，否則必需另加溫度影響的修正。通常化學實驗室及工業上普通眞空處常用之。另一種利用薄膜連結機械指針來直接測定壓力差的眞空計亦屬於靜態壓力計，此種壓力計因爲機械結構傳送壓力及指示讀數必需製造精密，否則所測結果頗難準確，因爲其用薄膜，故又稱爲**薄膜壓力計** (diaphragm gauge)。

2. 熱傳導眞空計 (thermal conductivity gauges)

假如一個發熱的物體如一條發熱的線，放在容器中心，而容器與眞空系統的器壁相接觸。在系統中壓力高時，從發熱體到容器壁間的**溫度梯度** (temperature gradient) 隨其中氣體分子的導熱係數以及兩者的幾何形狀而定，壓力的變化對發熱體的散熱率實際上沒有影響。但在眞空系統中壓力減低到氣體分子的平均自由動徑大於發熱體的主要尺寸而接近眞空計容器的尺寸時則情形就不相同。此時發熱體的散熱是由氣體分子碰撞後帶走而傳到容器壁上，碰撞的氣體分子多則熱傳得快，於是發熱體的溫度就降得低。氣體分子的多少直接代表該氣體的壓力，因之，從發熱體的溫度可測得系統內氣體的壓力。如果氣體壓力再降低，此時因爲氣體的分子少，由氣體分子碰撞發熱體帶走的熱較諸其他方法，如直接輻射，或由發熱體的支架傳導而散失的熱等其比例甚微。故在達到此情形時，壓力的變化對發熱體的溫度亦無影響。因爲這種性質，此種眞空計適用的範圍有一定的極限，通常用在中度高眞空的範圍，即約在小於大氣壓力 (若干托爾) 到約 10^{-4} 托爾的眞空系統中適用。

3. 黏滯性眞空計 (viscosity gauge)

當氣體壓力減低到其平均自由動徑大於容器的主要尺寸時，氣體的黏滯性隨氣壓而比例變化。利用測定氣體的黏滯性以決定壓力，此種眞空計稱之爲黏滯性眞空計。從測定氣體黏滯性的方法可分成下列兩種：

(1) 振動車葉式 (oscillating vane type)：此種眞空計利用一根振動弦振動，弦上連結一阻力片，當氣體分子撞擊到此阻力片上時，其動能就部分傳送到其面上而阻滯其運動。氣體撞擊的多少 (亦即氣壓) 可直接從振動弦的振盪頻率的變化來測定。此種眞空計對每種不同的氣體其反應不同。在一定的溫度與壓力下，振盪頻率因氣體分子撞擊而減少的量隨氣體分子量的平方根成比例。此種眞空計的構造如圖 4.1 所示，振動弦 F 係由**熔融的石英** (fused quartz) 所製成，其上連接玻璃或石英製的阻力片。石英絲上裝一小反射鏡 M 可反射外界照射在鏡上的光線。眞空計外殼用玻璃或石英製成 (亦可用金屬)，鏡的位置可從一小窗觀察，光線即從此窗射入並反射出。鏡隨石英絲的振動而擺動，擺動的頻率可從反射的光來測定。振動頻率降低到原頻率的半數所需的時間爲壓力量度的標準。石英絲上連有一小鐵坑，從眞空計外用磁鐵吸引以使石英絲受力振動。簡單的眞空計，則僅有石英絲，從外界用手指敲擊以使之振動。此種眞空計使用的壓力範圍約在 0.1 托爾到約 10^{-5} 托爾之間。其優點因內部無燈絲或金屬等故可用於有腐蝕性的氣體。但其對每種氣體的反應不同，故使用時必需對該欲抽的氣體預作校正。

(2) 旋轉盤式 (rotating-surface type) 亦稱爲**分子眞空計** (molecular gauge)：利用磁力使一金屬圓盤以高速 (通常每分鐘 10000 轉) 旋轉如圖 4.2 中 A 盤。盤上有另一盤 B 用石英絲 F 懸掛，石英絲上裝有反光鏡 M 可從眞空計外殼的窗中射入及反射光線。B 盤與 A 盤很接近但不接觸，當 A 盤以高速轉動時因兩盤間的氣體黏滯曳引而帶動 B 盤。B 盤轉動的程度隨氣體壓力而變。當 B

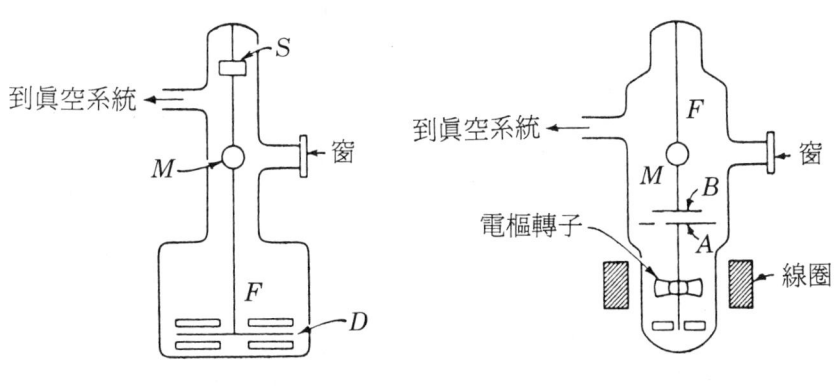

圖 4.1　振動車葉式　　圖 4.2　旋轉盤式

盤轉動時，抵抗石英絲的扭力而轉動小反光鏡。由反射光偏轉的程度就可直接決定系統中的壓力。此種真空計可用在 10^{-3} 托爾到 10^{-7} 托爾的壓力範圍內。

以上兩種真空計其優點為不需複雜的電子設備，但很脆弱，不能忍受外界震動，而且利用光的反射來指示壓力在閱讀及校正上均不便。目前除簡單實驗室尚有採用外，一般已不通用。

4. 輻射真空計 (radiometer gauge)

當氣體分子碰撞在發熱體的表面上時，氣體分子接受熱能而改變其動能。若溫度不同的氣體分子分別碰撞到一風車上的兩側，其結果將使風車旋轉。旋轉的量由氣體的壓力 (分子數) 來決定。輻射真空計的構造如圖 4.3 所示，中間方形 V 為旋轉的風車。風車的左右端的附近有加熱器，氣體分子在此受熱而碰撞風車的一側。另側的氣體分子未受加熱，即為室溫，因此就產生一方向的力。風車的左右端所產生的力方向相反 (加熱器在相反的位置)，因此就產生一力矩而使風車轉動。此種真空計對氣壓的反應與氣體 (或蒸氣) 的性質無關，可用作絕對壓力度量，因為可從真空計的實際結構尺寸，氣體質量，風車轉動的角度等來計

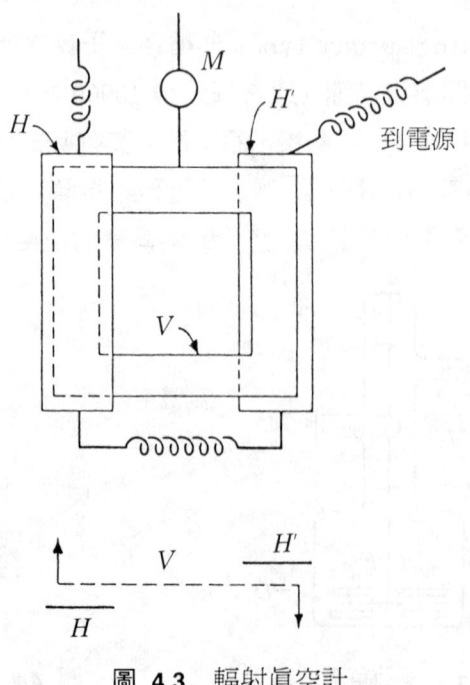

圖 **4.3** 輻射真空計

算出壓力。通常可用來校正其他眞空計。其使用的壓力範圍甚廣，可從 10^{-2} 托爾到 10^{-8} 托爾 (亦有可達 10^{-9} 托爾者)。其缺點爲測量方法與黏滯性眞空計相似，依靠旋轉的風車上吊線所裝反光鏡反射光線來測定旋轉的量。因此既費時又繁厭，尤其當壓力甚低時必需等極長時間才可測得準確旋轉的量。此種眞空計構造也很脆弱故不適合一般用途，現多用作校正絕對氣壓的標準眞空計。市面所出售的此類眞空計又稱爲**溜得松** (Knudson) 眞空計。

5. 離子化眞空計 (ionization gauges)

在高眞空系統中，因氣體分子所施的壓力已很微小，靠力的反應已很難測定壓力。例如前述兩類眞空計在高眞空中其反射鏡對氣體分子所施的力 (黏滯力，分子撞擊力等) 反應極小且很慢。如果眞空系統中壓力固定不變，尚可勉強測得較正確數字，但如果在測量的時間內壓力又有變化 (一般系統均如此) 則所測定的壓力頗難正確表示某一時間的數值。離子化眞空計係將眞空系統中的氣體分子使其變成離子而測定其離子電流 (或經過一電阻而測其電壓)。由此可測得氣體分子數而算得氣體的壓力。此類眞空計用途很廣，使用方便準確，多在高眞空範圍內應用。按照其操作原理可分爲下列三類：

(1) 熱陰極離子化眞空計 (hot cathode ionization gauges)：此種眞空計利用**熱電放射** (thermionic emission) 產生電子，然後加以高電壓使電子加速碰撞到眞空系統中的剩餘氣體分子。氣體分子受電子撞擊而離子化變成陽離子和電子 (或陰離子)，此些離子被吸往收集極而成離子電流。

(2) 冷陰極離子化眞空計 (cold cathode ionization gauge)：此種眞空計也是利用高速電子使氣體分子離子化，只是電子的產生是由高電壓產生。通常多加輔助磁場以增加電子對氣體分子碰撞的機會。

(3) 放射性眞空計 (radioactive gauge)：又稱爲**阿爾伐計** (Alphatron) 用放射性元素鐳封閉在眞空計中，其放射出的**阿爾伐粒子** (alpha particle) 具有高能量可使氣體電離。測量離子電流就可以決定氣體壓力。通常使用壓力範圍從大氣壓到 10^{-4} 托爾。因爲其用放射性以使氣體電離，故可省去加速電子的高電壓設備，而且放射性元素如所選擇的具有甚長的**半衰期** (half life)，則其放射性幾乎

為一常數。換句話說，用以產生氣體離子的放射性為固定，故壓力與量得的離子電流為直線比例關係，此種關係使測得的結果非常準確。同時不論為何種氣體，均有此種直線比例關係。此種真空計不怕暴露在大氣中，因放射性物質的放射性不受大氣或其中水氣的影響。但放射性對於使用及製造修護者的健康有影響，故必需限制在微量，因之所產生的離子電流微弱必需有敏感的放大器才可以有效，故成本較高。此種真空計亦不適於烘烤除氣，其結構必需堅固且可隔絕放射線外洩，即令如此，多數人由於對放射性的恐懼，故多不採用。

6. 放電管 (discharge tubes)

當氣體的壓力到達幾托爾時，在一個玻璃管的兩端封有兩電極的放電管中就會因所加的高電壓而產生明焰放電。從放電的情形可約略判斷該真空系統的真空度。

二、常用真空計簡介

(一) 低真空氣壓計 (manometer)

1. U 形氣壓計 (U-tube manometer)：為最簡單的液體氣壓計。通常用玻璃管製成，U 形的一端接於真空系統，另一端則直接暴露在大氣中。管中放置低蒸氣壓的液體，通常用水銀或一種油類。其連接如圖 4.4 所示，一端為真空系統中的壓力 P_o，另一端為大氣壓力 P_a。若壓力的單位均採用毫米水銀柱 (即托爾)，管中液體為水銀，U 形兩邊管中水銀柱的高度差為 h 毫米則由於壓力平衡可得

$$P_o + h = P_a$$

或
$$P_o = P_a - h \text{ 托爾} \tag{4.1}$$

h 代表相對壓力，若需求真空系統中的絕對壓力 P_o 則必需知道當時的實際大氣壓力的數值。一般的大氣壓力值均以標準狀況為準，即在 0°C 的溫度，海平面的高度，乾燥空氣的壓力為 760 托爾，故若實驗室的狀況不同則應加以修

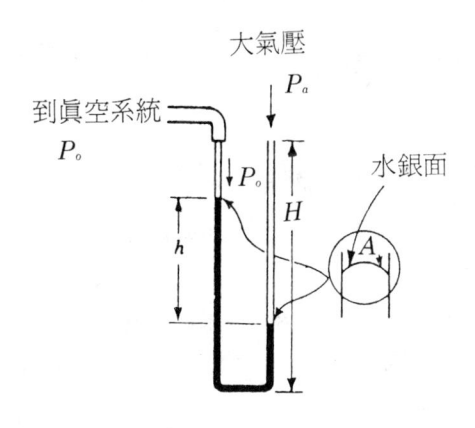

圖 4.4　U 型真空氣壓計

正。此種真空計只能量粗略真空，因為若真空度高，則壓力差幾乎等於大氣壓力，如此則很難從水銀柱的高與大氣壓力的差來測定絕對壓力，下面數字例題可約略看出這原因，假設大氣壓力為 760 托爾，但因實驗室的情況大氣壓力數值的誤差為±0.1 托爾。若當時 U 形氣壓計水銀柱的高度為 759.58 毫米水銀柱(即托爾)。但因溫度關係，容器與水銀之間有相對膨脹 (兩者膨脹係數不同)，水銀可能因蒸發而損失，水銀與管壁的附著力的關係 (液面呈凸面) 等等所造成的誤差，以及高度刻劃最小可讀的數的限制，此高度的誤差亦為±0.1 托爾。故實際的真空壓力為：

$$P_o = 760 - 759.58 = 0.42 \text{ 托爾}$$

考慮正誤差後讀數：$P_o = 760.1 - 759.48 = 0.62$ 托爾

考慮負誤差後讀數：$P_o = 759.9 - 759.68 = 0.22$ 托爾

由此可見當真空壓力達到 0.01 托爾 (甚至 0.1 托爾) 所得結果就很難準確。

2. 機械氣壓計 (mechanical barometers)

機械氣壓計的商品種類甚多，通常多用來測定大氣壓力的變化或用於大於大氣壓力的壓力系統。在用於真空系統的機械氣壓計則係測定真空壓力與大氣壓力的差利用機械力傳送到指針上。指針的轉動直接讀出此壓力差，如果當時的大氣壓力已知則真空內的壓力就可求出。此種氣壓計如圖 4.5(1) 所示的**鮑爾登計 (Bourdon gauge)** 用一金屬合金的橢圓形管作為壓力差的測定器。當真空系

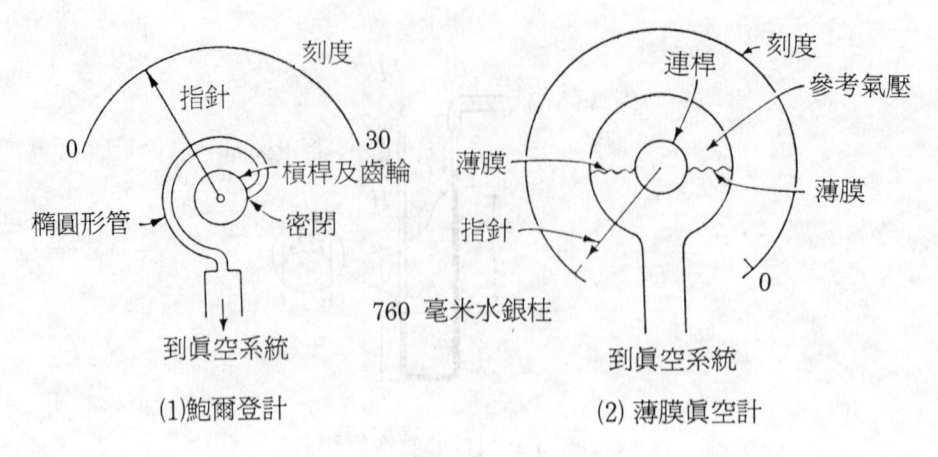

圖 4.5

(1) 鮑爾登計　　(2) 薄膜真空計

統內壓力變化時，橢圓形管受壓力而移動帶動機械齒輪再帶動指針以指示其值。另一種即為薄膜氣壓計，如圖 4.5(2) 所示薄膜的一側為固定的參考氣壓，通常即大氣壓力，另一側連結於真空系統。由於膜兩側的壓力而帶動機械齒輪轉動指針以指示其值。此種真空計因直接由壓力帶動機械連桿齒輪等故其靈敏度有限。且其各部份係用金屬製成易受溫度的影響，故在測量時必需使室溫保持一定，最好是維持在其校正時的溫度。較精確的此類真空計採用電子儀器接受機械傳動的信號，使用較方便且可讀精微的數字。機械真空計僅可用於粗略真空，即使製作精密者亦甚難測量低於 10^{-2} 托爾以下的壓力。

⑵ 中度高真空氣壓計

1. 麥克利我得真空計 (Mcleod vacuum gauge)

此種真空計為一種水銀氣壓計，通常均用作量度絕對壓力的標準，亦即用來校正其他種類的真空計。此種真空計的原理甚為簡單，即用**波義爾定律** (Boyle's law)

$$\text{初壓力} \times \text{初體積} = \text{終壓力} \times \text{終體積} \tag{4.2}$$

將要量度壓力的氣體於已知體積 V_o 壓縮到新體積 V。設若最初的壓力為 P_o，壓縮後的壓力為 P，此壓力 P 可由水銀柱的高以測定之。終體積 V 為已知或可測得，故由 (4.2) 式即可求得 P_o。

圖 4.6 麥克利我得真空計

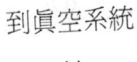

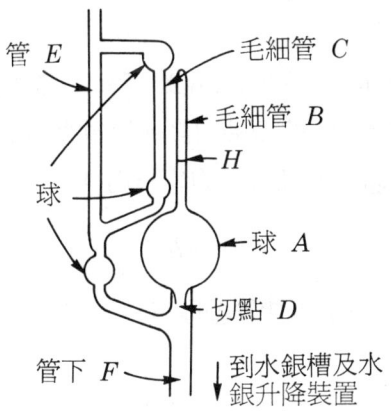

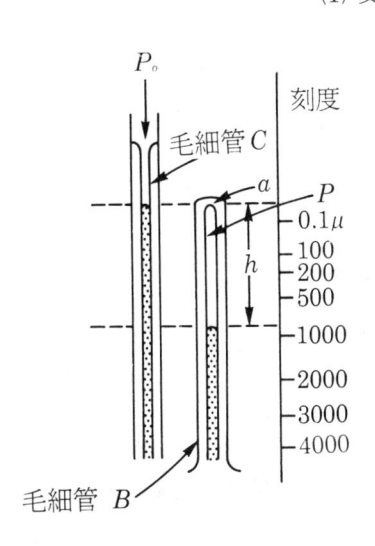

(1) 麥克利我得真空計

(2) 平方比例法

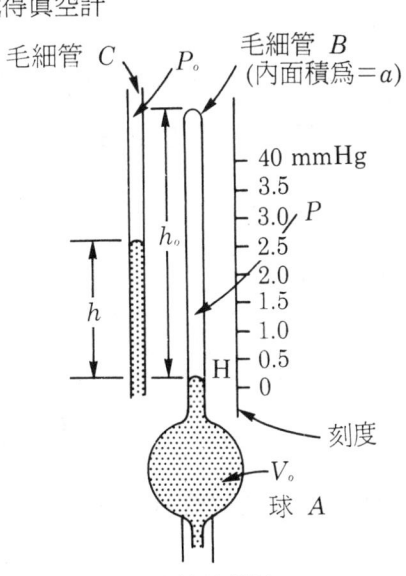

(3) 直線比例法

麥克利我得真空計的構造如圖 4.6(1) 所示，當水銀在切點 D 以下時，A 球及 B 細管均充滿要量度壓力的氣體。此氣體從真空系統經 E 管而至 A 球，同時並充入毛細管 C，故均為初壓力 P_0。現使用某種方法將水銀由 F 管向上壓，當水銀升到切點 D 時即切斷氣體通路。從 D 點以上的體積 V_0 為已知，其壓力為 P_0。當水銀繼續上升至 H 點，此時氣體即被壓縮成體

積 V、壓力 P。終壓力 P 的求法有兩種,其操作方法的不同所得初壓力的計算公式亦不同,茲分述於下:

(1)平方比例法:此種操作方法如圖 4.6(2) 所示,當水銀上升時,使其在毛細管 C 中的高度升到與毛細管 B 的頂端同高。因為壓力的不同,兩管中的水銀柱高度有一差別 h,此時氣體在毛細管中的體積為:

$$V = h \times a$$

a 為毛細管 B 的橫斷面 (不包括管壁厚度)。
由 (4.2) 式可得

$$P = \frac{P_o V_o}{ha}$$

但由於壓力平衡,因毛細管 C 的上端仍連通於真空系統,故其所受的壓力仍為 P_o,而毛細管 B 的壓力 P 就相當於 P_o 加兩管的水銀柱差 h。

$$P = P_o + h$$

消去 P,可得

$$P_o + h = \frac{P_o V_o}{ha}$$

或

$$P_o = \frac{h}{(V_o/ha) - 1} \tag{4.3}$$

在一般的情形,初體積 V_o 較此毛細管的體積 ha 大甚多,故

$$P_o \approx \frac{ah^2}{V_o} \quad (V_o \gg ha) \tag{4.3 甲}$$

V_o 及 a 均為儀器的尺寸,均已精密求得。如果溫度固定不變,a/V_o 項實即為一常數。由 (4.3 甲) 的結果可見壓力 P_o 與水銀柱高度差的平方成正比例。在實際真空計上常將此高度按照 (4.3 甲) 的關係刻劃成壓力單位 (托爾或毫米水銀柱),如此則可直接讀出真空系統中的壓力數值。應注意 (4.3 甲) 式中 P_o 的單位與 h 相同即托爾或毫米水銀柱,若用其他單位則公式中必需加入換算常數。

(2) 直線比例法：此種方法如圖 4.6(3) 係將水銀柱在每次升到毛細管 B 中的一個固定位置 H。此時被壓縮氣體的體積為一定值等於 $h_o \times a$ 而其壓力 P 可由氣體定律求得如下，即

$$P_o V_o = P \times (h_o \times a)$$

或

$$P = \frac{P_o V_o}{h_o a}$$

但由壓力平衡知，壓力 P 應等於毛細管 C 中的水銀柱高 h 加其上的真空壓力 P_o，即 $P = P_o + h$

故

$$P_o + h = \frac{P_o V_o}{h_o a}$$

或

$$P_o = \frac{h}{\dfrac{V_o}{h_o a} - 1} \tag{4.4}$$

因為 $V_o/(h_o a)$ 為一已知常數，故所測氣壓直接比例於所測的毛細管 C 中水銀柱的高度 h。通常此高度用毫米表示，故所求得的壓力就直接為毫米水銀柱或托爾。

通常 $V_o \gg h_o a$，故 (4.4) 式可略為

$$P_o = \frac{a h_o}{V_o} h \tag{4.5}$$

麥克利我得真空計可測量真空度範圍在 10 托爾到 10^{-5} 托爾左右。其優點為可從儀器的尺寸求得校正壓力曲線，精確度甚高。其缺點為不能連續測量壓力。在真空系統中如有易凝結的氣體 (如水蒸氣等) 則其在真空計中因壓縮而會凝結成液體，如此則所測到的壓力將不包括此蒸氣的分壓力，故在使用時應注意此點，尤其在作標準壓力校正時應盡量將系統中的可凝性氣體除去始可得到準確的結果。麥氏真空計因其係準確的測量絕對壓力，故現多用來作為標準真空計以校正其他真空計。此種真空計亦有其最佳的使用範圍，下例可說明在幾種不同壓力情形下的準確度。

例：真空室壓縮氣體室部分其體積 $V_o = 100$ 立方厘米 (相當約 1 公斤半重

之水銀體積)，B 細管之斷面積 $a=0.01$ 平方厘米 (直徑約在 1 毫米之毛細管)，如果用平方比例法測量眞空中壓力 $P_o=10^{-3}$ 托爾，則由 (4.3) 式可得水銀柱之高度 $h=10$ 毫米。假設長度刻度的讀數誤差爲 0.5 毫米，則用此法測得之壓力誤差約在 10% $\left(因爲 \dfrac{dP_o}{P_o}=2\dfrac{dh}{h}\right)$。若測眞空中壓力爲 10^{-4} 托爾，則 h 約爲 3.2 毫米，如此則壓力之誤差將會超過 30% $\left(\dfrac{dP_o}{P_o}=2\dfrac{dh}{h}=2\times\dfrac{0.5}{3.2}=31.25\%\right)$。

此種眞空計用來測定絕對壓力，完全靠水銀柱的高以及各管等的尺寸來計

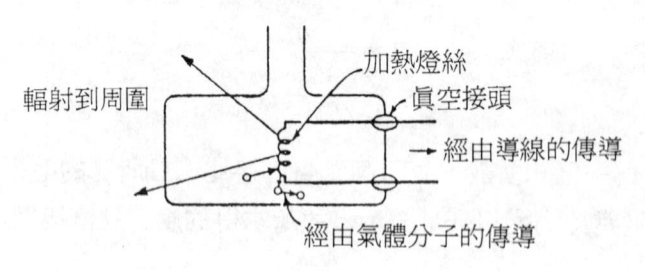

(1) 眞空中的傳熱方式

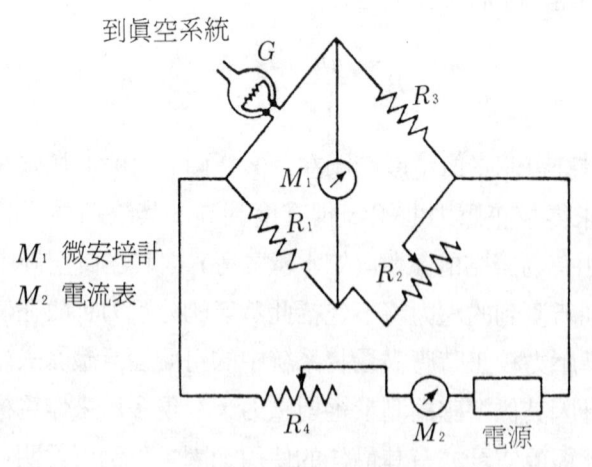

M_1 微安培計
M_2 電流表

(2) 派藍尼眞空計 (惠斯頓電橋式)

圖 **4.7**

算故其製造必需精確，管的粗細大小必需均勻，內面的處理必需一致而不致會影響表面附著力，各部份因溫度膨脹的問題亦必需考慮，因此，此種眞空計用作標準時多限於大於 10^{-4} 托爾的眞空範圍，在使用此類水銀眞空計時常因水銀蒸氣流入眞空系統而使其污染且因水銀蒸氣壓會造成壓力的差誤，故實用時必需注意考慮。

2. 派藍尼 (Pirani) 眞空計

在眞空系統內的發熱體其熱傳導情形已如前述，一個加熱燈絲在眞空中的散熱方式由圖 4.7(1) 可見共有三種，即由燈絲接頭處的直接熱傳導，由燈絲直接將熱能輻射到周圍環境，以及由燈絲附近的氣體分子撞擊燈絲而帶走熱量。派藍尼眞空計即係利用最後的一種散熱方式來測定殘餘的氣體分子。此種靠氣體分子碰撞而傳導熱的作用在某一段壓力範圍內會隨壓力的變化而變化，超過此段壓力範圍則失去其作用，通常此種壓力範圍約在 1 托爾到 10^{-4} 托爾之間。

派藍尼眞空計的操作方式有二，即 (1) 當氣壓變化時，調整燈絲上所加的電壓以維持其溫度不變，由所改變的燈絲電壓即可決定眞空的壓力。(2) 由燈絲的電阻值變化而測定眞空的壓力，因爲多數金屬的電阻隨其溫度的上升而增加，而燈絲的溫度變化隨氣壓的改變而改變，由測定電阻值就可測得眞空壓力。

現在常用的派藍尼眞空計多採用第 (2) 種操作原理，其選用的金屬燈絲以其**電阻溫度係數** (temperature coefficient of resistance) 高者最爲適用，通常多採用鎢絲、鎳絲或其合金。此種的眞空計如圖 4.7(2) 所示，實際爲一**惠斯頓電橋** (Wheatstone bridge)，眞空管 G 中爲一燈絲連接於電橋電路上，管則直接接於眞空系統中。M_1 實際爲一**微安培計** (microammeter)，用以測量燈絲在某壓力下的電流，因其所測得的電流實際上直接與壓力成比例，故爲便於量度眞空壓力而刻成**千分托爾** (millitorr) 或 μ。電阻 R_2 可以調整，係用來定 M_1 表的零位。R_1 係用以調整線路所需的電流。此電流常通由一穩定的直流電源供應，電流的大小可由一電流計 M_2 指示。在一般商品的派藍尼眞空計，其電源爲固定自動調節電流電源，故此電流計均省去。

派藍尼眞空計可測空氣，各種氣體蒸氣，以及鈍性氣體的氣壓。但因各種氣體的比熱及其撞擊燈絲時所能帶走的熱不盡相同，故此種眞空計在對某種氣體應用時就必需以該種氣體來校正，否則測得的壓力可能誤差甚大。例如利用氮氣來

校正壓力讀數的派藍尼真空計在用於氫氣時其壓力讀數較實際壓力會高出約 60%，這是因為氫氣的冷卻效果較氮氣高出甚多。

　　準確度及靈敏度更佳的派藍尼真空計其電橋的電阻安排如圖 4.8 所示，電阻 R_2 改為固定並與燈絲 G 裝在同一管中接於真空系統欲測壓力處。參考電阻 R_1 及 R_3 則裝在類似的管中抽成真空封閉住。兩個管放在同一位置 (或同一大管中) 如此則四個電阻所受外界的溫度影響相同，結果可更準確。另加一電阻 R_5 作為零位調整電阻，以調整真空壓力表上的零。電阻 R_1，R_2，R_3 及 $G(R_4)$ 均為直徑 0.05 毫米的鎢絲製成，在室溫時的電阻分別各為 20 歐姆，當穩定電壓約為 2 伏特加於此電橋時此些燈絲可達溫度約 300°C。真空壓力表係採用 0 到 200 百萬分之一安培的電流表，其電阻約為 200 歐姆，刻成壓力單位時最大讀數為 4×10^{-3} 托爾 (通常用氮氣的壓力為準)。此種真空計構造簡單，使用方便且價格較廉。因其輸出為電流故亦可接用自動紀錄器上以紀錄壓力的變化。又因其對壓力變化的反應甚速，且在使用的壓力範圍內精度較佳，故通常多用於前段幫浦處以決定高真空幫浦如擴散幫浦或離子幫浦的起動時機。其使用的壓力範圍多在低於大氣壓力 μ 托爾之間，故亦常用在中度高真空以下的真空系統。

3. **熱電偶及半導體真空計** (thermocouple gauge and semi-conductor gauge)

　　熱電偶及**半導體熱變電阻** (thermistor) 均為測量溫度的儀器，應用其作為

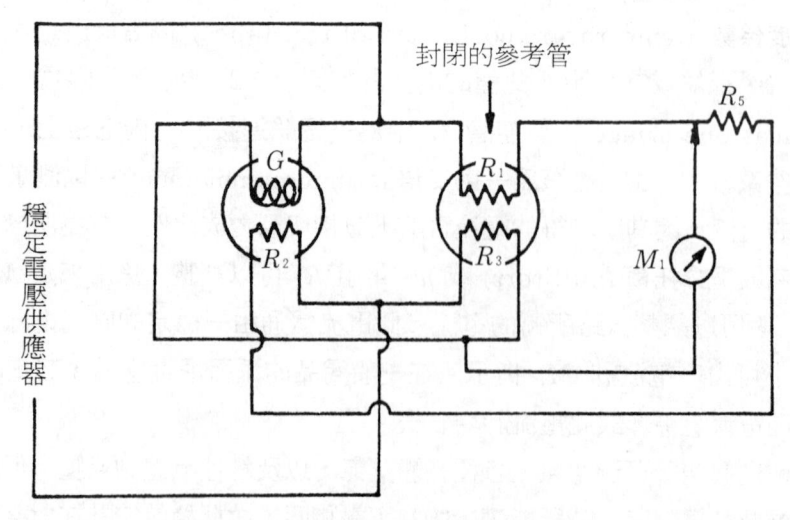

圖 4.8　派藍尼真空計 (雙管式)

真空計在原理上與前述的派藍尼真空計完全相同。茲將兩種真空計分述如下：

(1) 熱電偶真空計：此種真空計主要結構原理如圖 4.9 所示，當加熱的燈絲因真空壓力變化而溫度改變時，連於其上的熱電偶就產生輸出電壓的改變。一般所用的加熱燈絲可用鎢絲或鉑薄片，以穩定的電流通過此燈絲而使其溫度保持在 100°C 到 200°C 之間。熱電偶的輸出被送到一簡單的**毫伏特計** (millivoltmeter)，表上刻度均直接刻成真空壓力單位即托爾或千分托爾。商品中最常用的一種熱電偶真空計稱為**赫司廳司** (Hastings) 真空計。此真空計採用惠斯頓電橋電路，故其讀數更為準確。此類真空計可操作的壓力範圍在一個大氣壓到 10^{-3} 托爾左右，通常多用在前段幫浦真空系統中。真空計中的加熱燈絲及熱電偶通常裝置在一管中接於欲測真空度的管路上，熱電偶與燈絲亦有合為一體者。此管甚為堅牢，一般的震動均不致使內部損壞，若操作時被油氣或有機物所污染亦可用溶劑如酒精或丙酮等清洗之。此種真空計在實用上較派藍尼真空計尤為堅固耐用且不怕真空系統突然壓力增高或操作時不慎介入大氣壓力。

(2) 半導體真空計：小的半導體熱變電阻微小如豆，因其有甚大的**負電阻溫度係數** (negative temperature coefficient of resistance)，而且當電流通過時本身即可發熱，故用作真空計甚為有效。當真空壓力增高時，對此半導體上氣體的冷

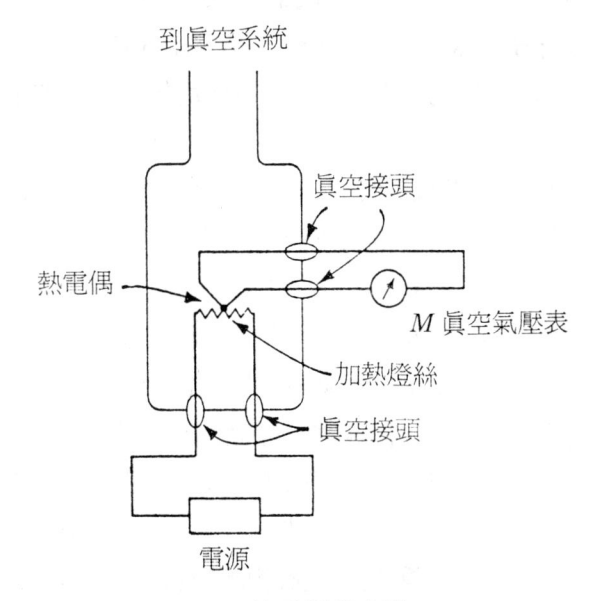

圖 4.9 熱電偶真空計

卻效果增加，因之電阻增加。若電流固定，則跨過此半導體的電位降落亦隨之增加。將測定其電位降的電壓計直接刻成壓力單位即可讀出真空度。商品中半導體真空計有兩種範圍，即從 0 托爾到 760 托爾及從 0 托爾到 100 千分托爾。此種真空計體積甚小，且不需加熱燈絲故使用極方便而且更容易處理污染，也不受突然壓力變化的影響。

　　半導體真空計，熱電偶真空計，以及派藍尼真空計均屬於熱傳導真空計的一類，其最大的缺點在於除在一小段真空壓力範圍外，熱傳導與壓力的關係並不成直線比例，故通常其壓力表上的刻度甚難刻劃。因為這種情形，從表上來讀真空壓力其準確度均比較差。此類真空計通常多用來作真空壓力的指示而非作絕對壓力的度量，故雖有此缺點亦無礙其普遍的應用。在前段真空系統中作為起動高真空幫浦的指示或控制，在安全系統中用作防止因壓力突升，電源或冷卻水系統故障時對高真空幫浦及高真空壓力計的保護均應用甚廣。以個數來統計，因此類真空計又普遍用於多數的低真空到中度高真空系統，故較任何其他類真空計所用的數量為多。

(三) 高真空氣壓計

1. 熱離子化真空計 (thermionic ionization gauge)

　　亦稱為**三極離子化真空計** (triode ionization gauge)，其構造原理如圖 4.10(1) 所示。燈絲通過電流加熱，由於熱電作用放射出的電子在電場中被加速後碰撞真空系統中的剩餘分子而使之離子化。正離子被吸往負極造成離子電流經由外電阻產生電壓差，此電壓差可由一電壓計指示之。此電壓計已刻成相當的真空壓力故可直接指示真空度。此種真空計在設計上又分成由**屏極** (plate) 收集由於電離所產生的正離子如圖 4.10(2) 及由**柵極** (grid) 收集正離子如圖 4.10(3) 兩種。在第一種情形燈絲 (陰極) 處於零電位，柵極處於正電位 (＋180 伏特)，屏極處於負電位 (－22.5 伏特)，此種安排電子由陰極射往柵極，柵極所連的電流表可讀出電子流的數值。由於高速電子碰撞剩餘氣體所產生的正離子則被吸往屏極經由真空壓力表中的電阻產生電壓由表上直接讀出真空壓力。在第二種情形則柵極處於負電位 (－16 伏特) 用以收集正離子，而屏極處於正電位 (＋225 伏特) 用以加速並收集電子。此種真空計的實際構造如圖 4.10(4) 所示。

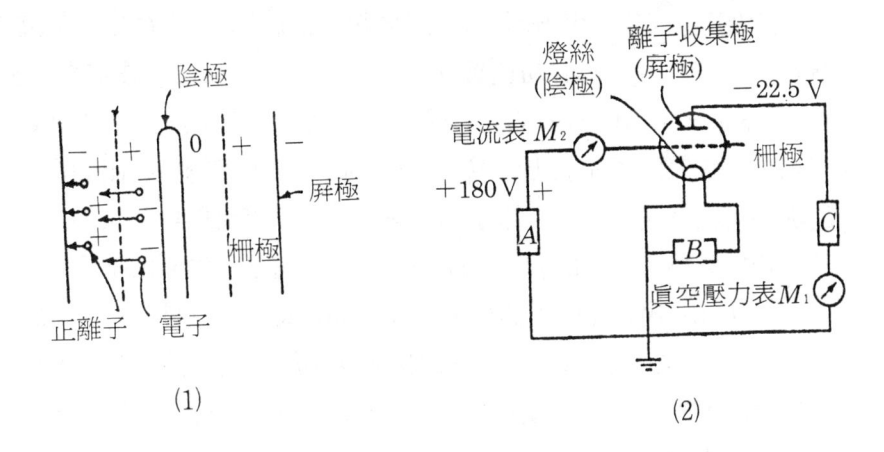

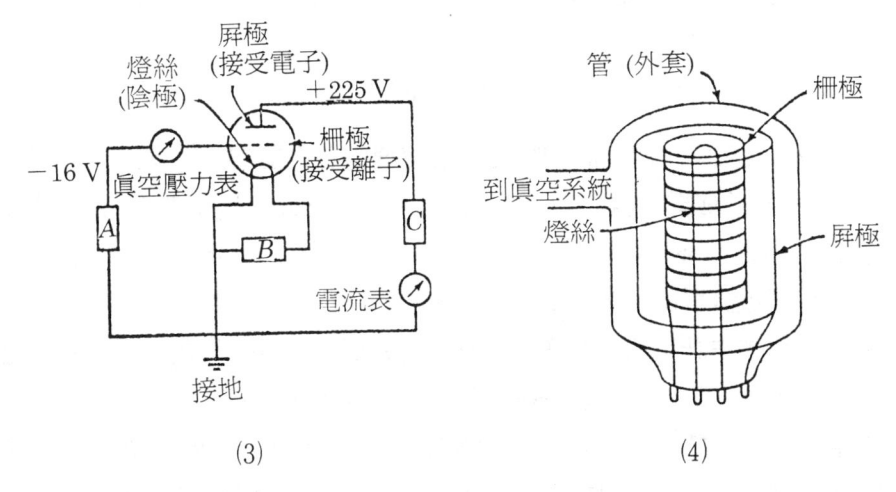

圖 4.10 三極離子化真空計

　　熱離子化真空計為最基本的高真空計，雖因其具有下述的缺點在超高真空或要求精確測量真空度的應用已被其他改良型所取代，但在多數高真空儀器仍在應用。因基本理論在熱離子化真空計或其他改良型均可應用，故特介紹於下：

　　通常加熱的燈絲，其放出電子的數量與燈絲的組成材料以及所加的溫度有關，放出電子的電流密度 (安培/平方厘米) 可用**里查遜** (Richardson) 公式來計算如下：

$$J = AT^2 e^{-\frac{\varepsilon w}{KT}} \tag{4.6}$$

J 為電流密度 (安培/平方厘米)，T 為燈絲的絕對溫度 ($°K$)，ϵ 為電子電荷 (靜電單位)，W 為燈絲的**功函數** (work function)，K 為**波茨曼常數** (Boltsmann's constant)，A 為一常數，通常由實驗求得之。此公式所計算的電流密度僅代表在燈絲表面可能放出的電子數量，在實際上燈絲放射出的電子電流與燈絲上所加的電壓有關。除所加電壓的關係外，電子電流與燈絲及加速電極間的幾何形狀及安排極為有關。由於此些關係，通常由電子收集極所量到的電子電流實際上均比由 (4.6) 式計算得到的為小。故 (4.6) 式只可用作一個約略的估計。

若電子流 I_e 已知，由於此些電子碰撞真空系統中的殘餘氣體分子而產生的電離子電流 I_m 其數量由下列諸因素來決定，即殘餘氣體分子的密度，電子碰撞氣體分子的**電離截面** (ionization cross section)，以及電極的幾何安排，吸取正離子的電壓等。因為殘餘氣體的密度在溫度不變下直接比例於壓力 P，故電離子電流可以下式求之：

$$I_m = GI_e P \tag{4.7}$$

式中 G 代表所用真空計的特性包括燈絲與各電極的幾何安排，所加於各電極的電壓等，通常稱為**真空計靈敏度** (gauge sensitivity) 其單位為壓力的倒數。在此式中壓力多以托爾為單位，故 G 的單位為托爾分之一 ($torr^{-1}$) 式中 I_e 與 I_m 均為電流單位，多用毫安培來表示。

熱離子化真空計可測高真空，通常測定的範圍在 10^{-5} 托爾到 10^{-7} 托爾之間。如壓力太大則很容易燒斷燈絲，故一般均避免在 10^{-5} 托爾的真空範圍內使用。當真空度太高時，此種真空計不能隨壓力的降低而指示出正確的真空度。在真空壓力到達約 2×10^{-7} 托爾後，此種真空計會始終指示在此讀數，即使壓力繼續降低，其讀數仍然維持不變。這種現象最初被認為真空系統無論如何抽真空，也只能達到這種真空度。因為這種想法使超高真空的發展受了阻礙。直到後來有人大膽假設，認為可能真空系統已達到低於 10^{-7} 托爾的壓力而真空計停留在該讀數不能繼續下降。由於這個假設，於是很多人研究真空計讀數不能下降的原因而發現真空計內有三種現象：(1) 在真空計中，電極或器壁由於熱輻射及電子的碰擊而放出其預先吸附的氣體，因此真空計中的壓力較真空系統中的壓力為高。(2)燈絲物質或器壁會與氣體結合產生結拖幫浦的作用而使真空計內的壓力下降。同時受電子碰撞所產生的正離子也會因為結拖作用而被捕捉不能到達離子收

集極因而減少離子電流。(3)高速電子撞擊柵極而產生**柔和 X 光** (soft X ray)。此種 X 光又與屏極起**光電效應** (photo-electric effect) 放出電子，屏極因電子的放射而增加正電荷。這三種現象中的第一種確屬使眞空計所讀的壓力大於眞空系統中的壓力，不過這種現象並不穩定，且可用預先將眞空計加熱除氣的方法以將其減少或消除，故此現象不足以解釋熱離子化眞空計不能量到再低壓力的原因。第二種現象其效果與假設正好相反，當然不能解釋這種原因。而且這種現象可以用減少燈絲面積，減低燈絲溫度或將眞空計直接裝置於眞空系統內而不用眞空計管壁來減少或消除之。如此可見第三種現象爲造成上述不能測量更低壓力的原因。在眞空度非常高時，眞空計中的離子電流原很微弱，由 X 光的光電效應所造成的屏極正電荷其電流會較此時眞正的離子電流爲大。故此種現象在眞空度不太高時影響甚微，但在超高眞空時就能將實際的讀數掩蓋造成一種錯誤的指示使人誤認爲眞空度維持在約 10^{-7} 托爾附近不能再提高。

　　爲了證明這個理論的正確，很多方法都被採用以消除此種 X 光的影響。實驗的結果不但證實了這個假定，也產生了好幾種新型的高眞空計，也使超高眞空系統得以成功。

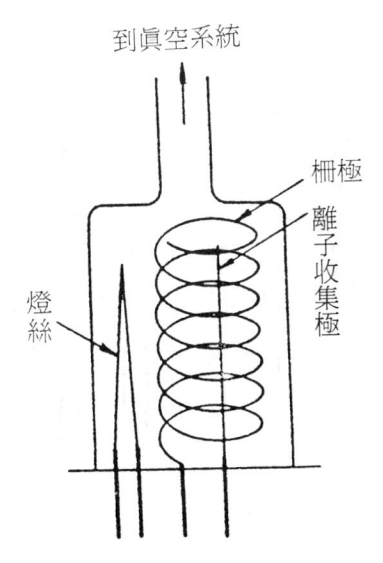

圖 **4.11**　B-A 離子化眞空計

2. 拜亞爾得-奧勃爾特離子化真空計 (Bayard-Alpert ionization gauge)

為了消除由於柔和 X 光的光電效應所造成的**暗電流** (dark current)，以使真空計可讀到正確的壓力，拜亞爾得與奧勃爾特兩氏發明所謂**反位** (inverted) 的電極安排，如圖 4.11 所示，燈絲改裝在柵極之外，離子收集極改成細絲放在原裝燈絲的位置。如此安排則由於電子撞擊所產生的柔和 X 光能射到離子收集極上的機會大減，故產生光電子所造成的剩餘電流也同時大為減少。這種改進的真空計通常可測定真空度達到約在 $5\sim 6\times 10^{-11}$ 托爾。這種真空計現在在高真空及超高真空均很廣為應用，通常多簡稱為 B-A 真空計。一般的商品常宣稱此真空計的最高可測壓力在 10^{-3} 托爾範圍，但事實上在此壓力範圍時真空計的電流讀數已不能與壓力成直線比例。此外，在壓力高時真空計內的燈絲壽命會大為減低，甚至會燒斷，故一般使用時多不願在此種真空下操作。根據著者經驗，此種 B-A 真空計以在 10^{-5} 托爾的真空度起動比較安全且使用壽命可較長，但不宜在此真空度長期使用。通常在中度高真空的範圍，其真空度多用熱傳導真空計來測定，當其到達不能指示的情況 (即指針實際已指在零)，這時方可起動 B-A 真空計 (亦有靠自動控制電路用熱傳導真空計來控制 B-A 真空計的起動)。

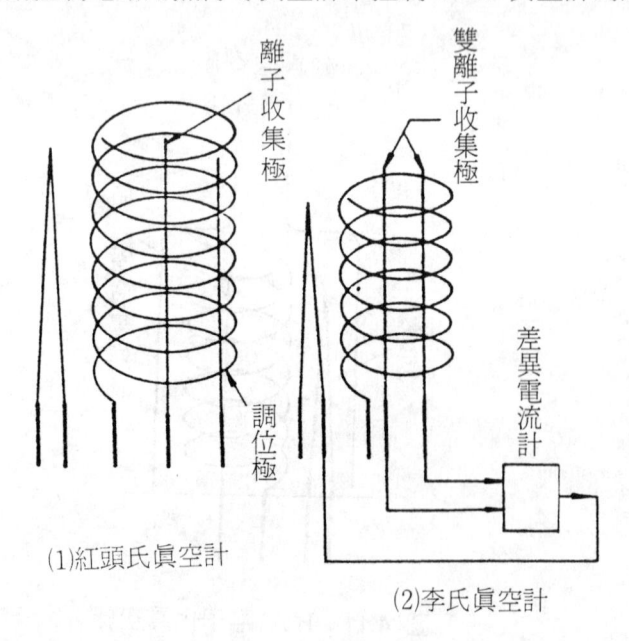

(1)紅頭氏真空計

(2)李氏真空計

圖 4.12 改進之離子化真空計

除了上述的 B-A 真空計外，尚有改進的型式多種，茲舉常見的兩種簡單介紹如下：圖 4.12(1) 稱為**紅頭氏真空計** (Redhead ionization gauge) 為**雷得赫** (Readhead) 氏所創。此真空計的主要構造係將 B-A 真空計的柵極與離子收集極之間加裝一**調位極** (modulator)。此極上的電位可交替的調到兩預先選定的數值。當此調位極上的電位由一個數值調變到另一個數值時，收集極上的離子電流也隨之調變。但是因燈絲的電流未變，且柵極電壓亦未變，故所產生的 X 光也不變，因之由於柔和的 X 光所產生的光電子電流也不變。根據這個原理，若在較高的真空壓力時校正此真空計，因為此時由於 X 光所造成的暗電流較離子電流甚小通常可略去，故可校正準確的讀數。以此校正結果用到高真空 (低壓力) 並用調位法消去 X 光所產生的暗電流，如此可測到 10^{-12} 托爾的真空度或更高。紅頭氏真空計的實際尺寸及電壓安排情形如圖 4.13 所示。另一種改進的型式如圖 4.12(2) 所示為**李** (Lee) 氏真空計。其主要的改進為用一雙離子收集極以代替原有 B-A 真空計中的單一離子收集極。此兩個離子收集極之一置於零電位，另一則置於更低的電位 (如 −60 伏特)，如此則兩極所收集的離子電流不同。但是由於 X 光在此兩極上所造成的光電子電流相同，故若將此兩極的電流送到一個**差異**

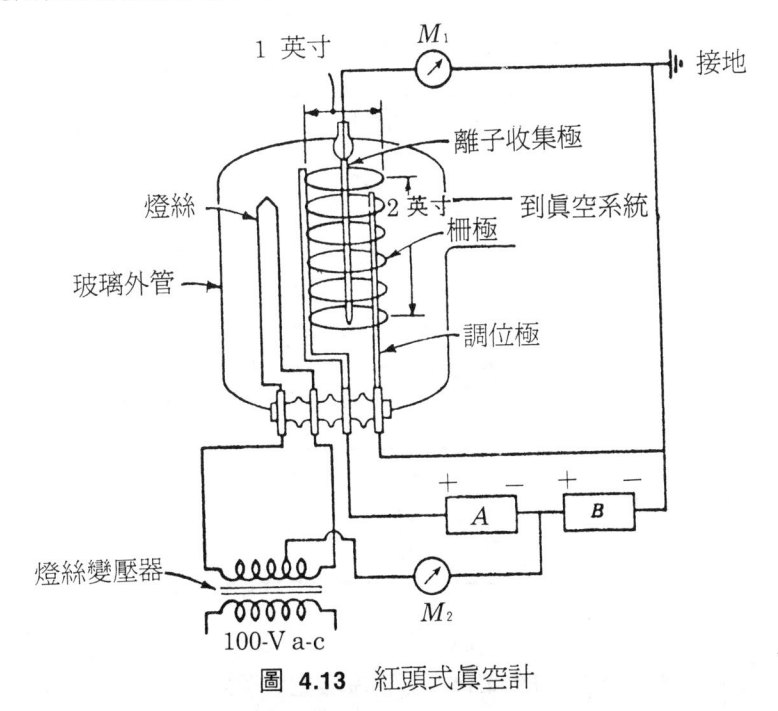

圖 4.13 紅頭式真空計

電流計 (differential electrometer) 中則可將 X 光的影響消去。由於此種改良，此種真空計可測得真空度達 10^{-12} 托爾或更低。紅頭氏真空計的實際情形如圖 4.13 所示。

3. 離子抽取真空計 (extractor gauge)

這種真空計的基本原理和 B-A 真空計相同。只是為避免柔和 X 光射在離子收集極上所造成的暗電流，離子收集極的位置從正常的內部位置移到與原位置成 90 度的地方。電離子產生後先經由一靜電場使之偏轉 90 度，然後經過一狹縫 (slit) 到達一平板形的離子收集極。由於此收集極不在燈絲附近，故由於柔和 X 光所造成的暗電流甚微。此種真空計可測得真空度在 10^{-13} 托爾，更優良

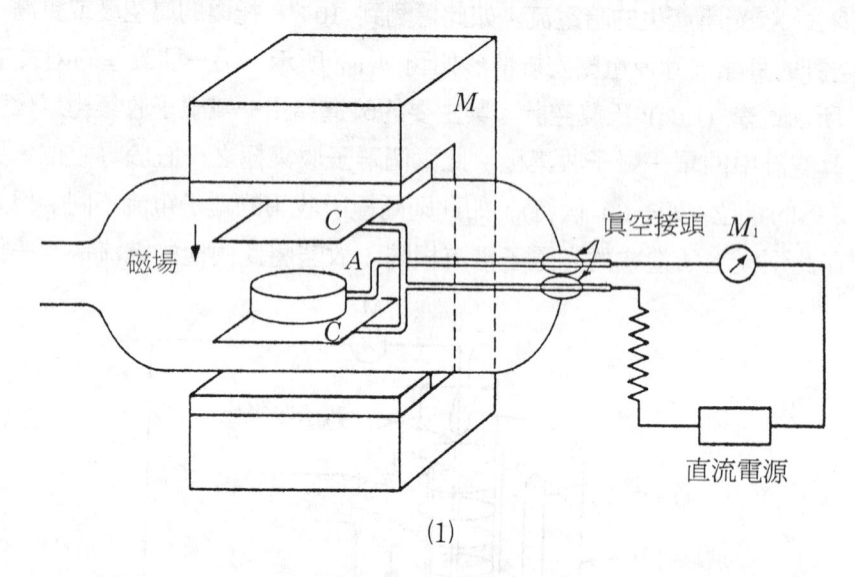

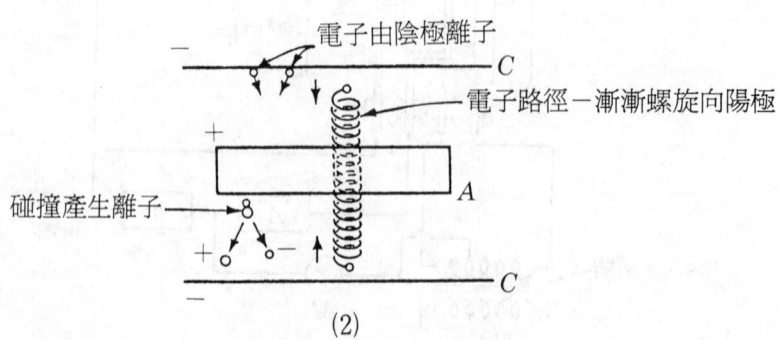

圖 4.14 彭甯冷陰極真空計

的設計可使能測的眞空度到達 10^{-14} 托爾附近。

4. 彭甯冷陰極真空計 (Penning cold-cathode gauge)

彭甯冷陰極眞空計亦稱爲**菲力浦司眞空計** (Philips gauge)，其基本原理亦爲利用剩餘分子的離子電流來決定眞空度。其主要與熱電離子眞空計不同的地方爲不用燈絲加熱的方法產生電子而改用高電壓眞空放電以產生電子。電子在高電壓下產生後經過一個磁場以螺旋狀的途徑運動，因此，電子磁撞氣體分子的機會就大爲增加，產生的電離子電流也就較一般的情形爲大。此種眞空計的構造如圖 4.14 所示，實際與撞濺離子幫浦的結構頗爲相似。圖中 A 爲陽極，C 爲陰極，M 代表外面所加的磁場，其磁場方向與電場方向平行。此種眞空計所加於陽極與陰極間的電壓通常在 2000 到 5000 伏特之間。電子由陰極產生成螺旋狀路徑抵達陽極，由於電子碰撞所產生的正離子則被吸往陰極，當其撞向陰極時又會放出電子。此種眞空計適用的壓力範圍約在 10^{-2} 托爾到 10^{-5} 托爾之間，若眞空壓力再低則即使增高電場電壓也頗難產生高壓放電，若電壓過高則常會導致離子收集極 (陰極) 發生**電場放射** (field emission) 情形，其結果爲增加所測的離子電流。這種電場放射所造成的暗電流可與前述的熱電子眞空計中由 X 光所產生的暗電流相比喻。

彭甯眞空計因不用燈絲故壽命長，堅固，不怕突然漏氣或壓力驟增。又因可以烘烤故易於淸潔。但因其有結拖離子幫浦的作用，所測得的壓力常較眞空系統的壓力爲低，故此種眞空計的準確性不如熱電離子化眞空計。又因各種氣體離子化截面不盡相同，故此種眞空計對各類眞空計的靈敏度也不相同。在彭甯眞空計中，因撞擊陽極的電子數隨眞空壓力的減低而減少，因之，由於此電子碰撞所產生的 X 光也隨壓力減變。事實上由於 X 光所產生的光電子在此種眞空計中所造成暗電流其影響眞空壓力讀數的量始終爲實際壓力的一定百分比，故爲一常數值可由校正除去。

5. 倒位磁控管真空計 (inverted magnetron gauge)

此種眞空計實際上就是一種改良的彭甯眞空計。其基本改良的地方爲利用互相垂直交叉的電場與磁場以增加電子的路徑，而使剩餘氣體分子有更多的機會被離子化。眞空計的結構原理如圖 4.15 所示，其陽極爲一細圓柱體，陰極爲環繞

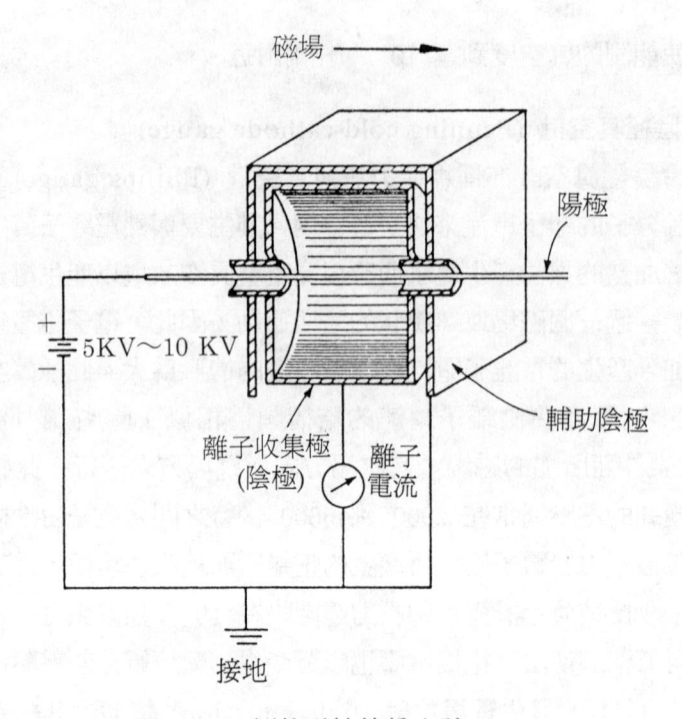

圖 4.15 倒位磁控管眞空計

陽極周圍的同軸圓筒。陽極上通常加至 5 仟伏到 10 仟伏的正電壓，陰極多處於零電位而作爲離子收集極。外加的磁場其方向係沿陽極的軸向，磁場強度約爲 2 **仟高斯** (kilo-gauss)。另有兩輔助陰極位於陰極圓周的兩端，其作用係供給最初的電場放射電子以作爲高電壓放電的起動，同時可使測得的離子電流與電場放射的電流無關。此輔助陰極亦作離子收集極的**屏障** (shield)。從輔助陰極上有兩個短管狀屏障突出 2 毫米到離子收集極中，以防離子收集極的兩端**端板** (end plate) 受到高電場的影響，同時供給眞空放電的最初電場電子放射。此種眞空計的電流與眞空壓力的關係爲

$$I = C P^n \tag{4.8}$$

C 爲一常數可由校正決定之，n 的值隨不同的眞空計而定通常在 1.10 到 1.40 之間。倒位磁控管眞空計適用的眞空範圍可從 10^{-3} 托爾到 10^{-12} 托爾，但在壓力非常低時 (約 10^{-10} 托爾以下) 常不能放電起動，故常需利用輔助儀器如紫外線好，或**高壓感應圈** (Tesla coil) 以使其中剩餘氣體游離放電而起動。此種

真空計中的陽極與陰極的位置安排正好與較早期所用的磁控管真空計 (見下節) 的各極位置互相倒換,故稱之爲倒位磁控管真空計。

6. 引發式彭甯冷陰極真空計 (triggered Penning cold-cathode gauge)

另一種新型改良的彭甯真空計係利用一燈絲加熱釋放電子引發放電。採用一

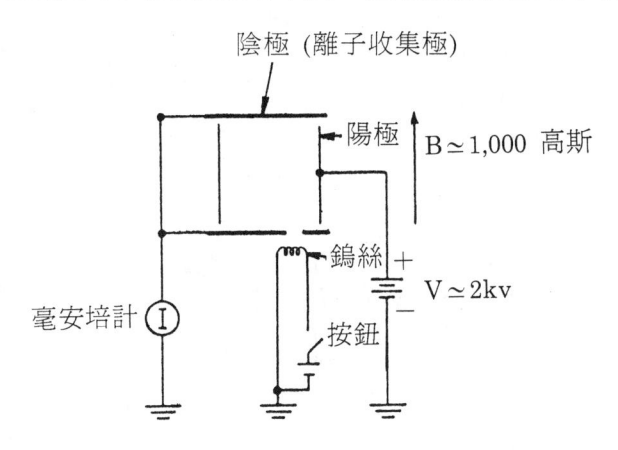

(1) 操作原理圖

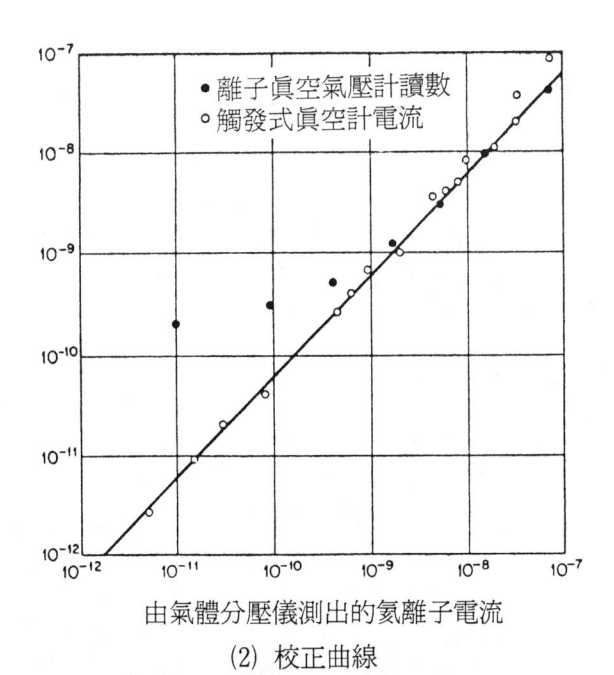

(2) 校正曲線

圖 4.16 引發式彭甯冷陰極真空計

圓柱狀電極與一環狀 Alnico V 永久磁鐵組成其主體，而在其陰極開一孔以使位於孔外的鎢絲燈絲正對此孔。磁場的方向如圖 4.16(1) 所示，當燈絲電源按鈕按下時燈絲通電放射電子，電子進入陽極與陰極之間引發高壓放電。此燈絲的放射電子僅在引發時需要，故一旦放電開始後燈絲電源按鈕即可鬆開，此時真空放

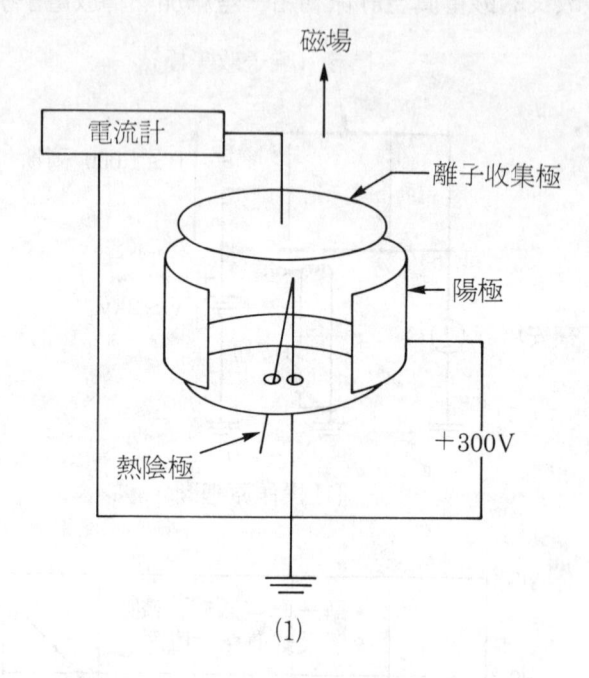

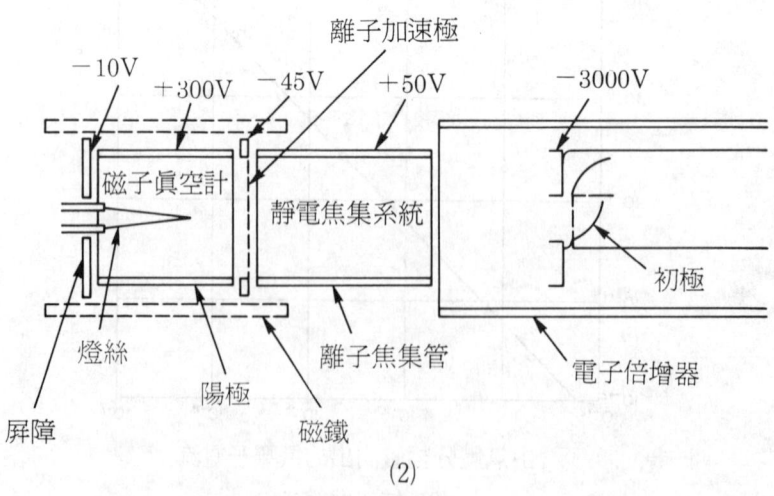

圖 4.17　磁控管真空計

電會自動繼續。由放電而產生的電子在磁場中廻繞同時受約兩仟伏特的高電壓加速而碰撞殘餘氣體使之電離。此種引發式的彭甯真空計的優點為在任何壓力下均可起動,尤其在甚低的壓力 (10^{-13} 托爾) 時,由於燈絲放射電子的引發,真空計仍易於操縱。圖 4.16(2) 為此種真空計的校正曲線圖,由圖可見,離子電流與真空壓力的關係非常近乎直線,尤其在超高真空壓力範圍,較一般的熱電離子化真空計 (圖中黑點所示) 優異甚多。此種真空計有此優點故常用於超高真空,且可用於低於 1×10^{-13} 托爾的真空度。

7. 磁控管真空計 (magnetron gauge)

在第 5 節的真空計中其陽極在軸心位置陰極為圓筒,在本節所述的真空計其陰極 (燈絲) 在軸心的位置而陽極為圓筒如圖 4.17 所示。因為外加磁場以增加電子的碰撞氣體的效應,故常被稱為磁控管真空計。如圖 4.17 所示的構造,電子從燈絲產生後作螺旋形的運動,除碰撞氣體分子而使之電離的路徑加長外並可消除**空間電荷** (space charge),使真空計輸出信號更為**直線性** (linearity)。此種設計使真空計的**敏感度** (sensitivity) 大為提高,約可超過 B-A 真空計百萬倍。圖 (1) 中的電離子電流由收集極直接送到微電流計,圖 (2) 則先經過一**靜電焦集系統** (electrostatic lens system) 將離子焦集在電子倍增器的初極上。信號經電子倍增器放大後故敏感度更增大。因為此真空計的敏感度甚高,故可盡量減少燈絲放射出的電子電流,如此將可使由於電子撞擊而生的 X 光隨之減少,故因 X 光產生的暗電流亦可減到極低。磁控管真空計受 X 光暗電流的限

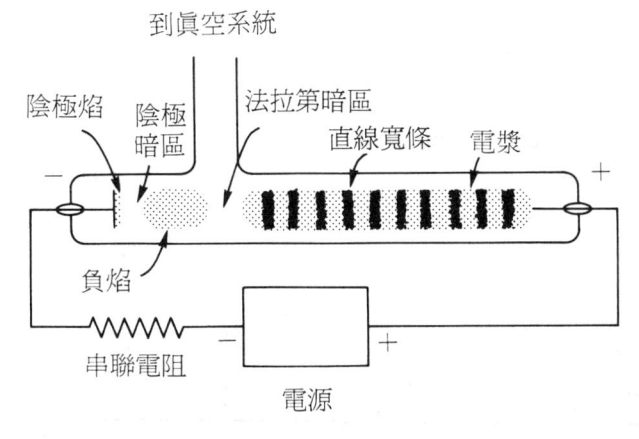

圖 4.18 放電管

制較少,故可量到 10^{-15} 托爾真空度,又因其具有甚佳的直線性 (尤以超高真空時爲佳),故常用在超高真空系統。

(四) 其 他

1. 放電管 (discharge tube)

放電管實際上不能算爲一個真空計,而只能作爲一個簡單的真空指示器。由於放電管中的放電情形隨壓力而變化,根據經驗可約略判斷該真空系統中的壓

表 4.1

放電形態	真空壓力 (托爾)
一般明焰放電 (glow discharge)	7−10
密接的寬條 (closely spaced striations)	1−1.5
1 厘米間隙的寬條 (striations 1 cm apart)	0.5
克魯克暗區 2.5 毫米長 (Crooke's dark space 2.5 mm long)	0.55
克魯克暗區 5 毫米長 (Crooke's dark space 5 mm long)	0.27
克魯克暗區 10 毫米長 (Crooke's dark space 10 mm long)	0.12
克魯克暗區 15 毫米長 (Crooke's dark space 15 mm long)	0.07
克魯克暗區 20 毫米長 (Crooke's dark space 20 mm long)	0.05
克魯克暗區 30 毫米長 (Crooke's dark space 30 mm long)	0.03
螢光放電 (fluorescence)	0.01−0.001
全黑,無可見放電 (black, no visible discharge)	低於 0.001

力。一般在工商業或普通實驗室僅使用低於大氣壓力的粗略眞空,且不必要測定實際眞空壓力數字時,用放電管可較爲節省。放電管的構造如圖 4.18 所示爲一玻璃管,一端接陽極另一端接陰極,兩極上加以高電壓,管直接接於眞空系統。當眞空度到達某一定範圍時,管中即開始放電,在眞空度未達到此範圍時管中不會放電,但超過此範圍時管中亦停止放電。放電管中放電的形態和眞空壓力的關係見下列表 4.1。

上表所列係在乾燥空氣的眞空系統,放電管的尺寸爲管長 4 英寸,直徑半英寸,所加的高電壓由高壓感應圈供應,感應圈的**火花間隙** (spark gap) 在空氣中爲 3/8 到 1/2 英寸。

放電管因只能約略估計眞空度,且此估計隨人的經驗而定很難作準,故操作頗感不便。在實用上除其價廉,且因其可兼作測漏儀故亦有其優點。因爲各種氣體的放電顏色各有不同,利用此氣體 (或易揮發的液體) 作爲測漏劑 (見第七章) 即可探測眞空系統漏氣的所在。表 4.2 列舉幾種不同的氣體或蒸氣眞空放電時顯示出的顏色。

表 4.2

氣體或蒸氣	放電時所呈現的顏色
空　　氣	紅到紫色
氨　　氣	藍　色
氦　　氣	紫紅到黃粉紅色
氖　　氣	紅　色
氫　　氣	藍　色
氮　　氣	紅紫色
氧　　氣	檸檬黃帶紅色
氬　　氣	藍　色
二氧化碳	藍　色
水銀蒸氣	青藍色
水　蒸　氣	白藍色 (幾乎白色)
碳氫化合物蒸氣	白藍色 (幾乎白色)

2. 氣體部分壓力分析儀 (partial pressure analyzer 簡稱 PPA)

可測定真空壓力 (總壓力) 而且又能測定其中氣體的成份以及各成份氣體的部分壓力之真空計稱爲部分壓力分析儀。一般來說，任何形式的**質譜儀** (mass spectrometer)，若其可適用氣體樣品，即可用作分壓分析儀，但在實用的觀點來說多採用構造簡單，輕便且價廉爲原則。商品種類頗多，亦有稱爲**剩餘氣體分析儀** (residual gas analyzer 簡稱 RGA)，氣體分壓分析儀，**質量過濾器** (mass filter)，及**真空氣體分析儀** (vacuum gas analyzer 簡稱 VGA) 等。在習慣上最常用名詞爲 RGA，在美國真空協會及美國材料及試驗協會則採用 VGA，著者認爲 PPA 較爲合乎實情故本書採用之。

通常各種真空計多係用以測定真空系統中的總氣壓，換句話說，真空系統中可能有數種不同的氣體存在，因其成份不同故各種氣體的分氣壓亦不同。若系統中的氣體組成成份未知，或所用的真空幫浦對各種氣體的抽氣速率不相同時，則各氣體的分壓就無法從總氣壓求得。在許多化學或物理的研究中，尤其是動態方面的實驗例如分子反應、原子反應等，對於實驗儀器內的剩餘氣體其成份 (分壓) 及性質均有測定的必要，在真空鍍膜、半導體、以及微電子元件生產製程中，對於真空系統中剩餘氣體的分析更爲不可或缺，應用部分壓力分析儀即可達到此目的。

質譜儀的種類型式繁多，詳細的構造及操作原理已超出本書內容的範圍，故不能詳述，但在用作氣體分壓分析儀的質譜儀多屬小型較簡單的**氣體樣品離子源** (gas sample ion source) 的各種低質量範圍儀器，且因其直接連接在真空系統上故不需一套抽真空設備。茲舉幾種常用的氣體分壓分析儀簡單介紹於下：

(1) 扇形磁場式剩餘氣體分析儀 (sector magnet residual gas analyzer)：對剩餘氣體的**質譜** (mass spectrum) 分析，最常用的一種即爲 60° 扇形磁場質譜儀。此種質譜儀所用的磁場可用永久磁鐵或電磁鐵，前者價格低廉但磁場不易調整，後者價格較貴，但磁場可以隨意調整。此種分壓分析儀對質譜的分解能力較差，可測的質量數大約可達到 75，設計良好者可分開 CO 與 N_2 的質譜。在一般的要求只要能測出氫分子 (2)，氮原子 (14)，氧原子 (16)，水分子 (18)，氮分子 (28)，氧分子 (32)，及二氧化碳分子 (44) 即足以應用。60° 扇形磁場質譜儀主要靠磁場將剩餘氣體分子的離子按質量分開而測定其量，其**質譜分解力** (mass

resolution) 主要由磁場半徑來決定。在用作氣體分壓分析儀時,因要求所測的質量數通常不高,而且要求輕便價廉,故磁場半徑均不能太大,如此則其質譜分解力即受限制不能太高。

(2) 擺線式部分壓力分析儀 (cycloidal partial pressure analyzer):此種型式的氣體部分壓力分析儀實際即為一擺線式質譜儀,其原理係利用互相垂直的磁場與電場作為離子質量的分析。當離子進入此交互的電磁場中即以擺線路徑運動,當一個行程完畢時相同質量的離子就焦集在同一焦集面。此種儀器有**雙焦集** (double-focusing) 作用,故其質譜分解力較佳。但因製造要求精密 (磁場及電場均需非常均勻分佈) 故價格較貴。小型者多採用永久磁鐵,如此則可較為簡單價廉。

(3) 奧米茄加速器式氣體分析儀 (omegatron gas analyzer):此種氣體部分壓力分析儀為學校及研究實驗室中常用的一種廉價儀器。因為其所用的高週率電源在許多實驗室中已有配置可以通用,故儀器設備可以節省。奧米茄加速器的基本原理係使用互相垂直的磁場與高週率交流電場作離子質量的分析。離子進入此互相垂直的電磁場後即在其中迴旋,離子的質量符合所選定的頻率時則可通過而被接受測定,其他質量者則因所行路徑不對而被排開。質譜的調整可用電場頻率變動來完成,通常可測的質量數約在 1 到 200 之間。此種儀器的質量分解力高,測量結果精確,但因其所用的磁場要求甚高約在 3000 到 4000 高斯,且整個磁場及電場所在的部分必需密閉而通路甚小,故所測的結果常略異於實際真空系統內的情形。由於磁鐵笨重,安裝此儀器於要測的真空系統頗為困難,故在大型的真空系統常將此部分壓力分析儀直接放置在真空系統內部使用。在此種方式使用時,必需先將整個儀器烘烤達 800°C 以排除吸附在儀器上的氣體,否則會造成許多不明來由的質譜。

(4) 飛行時式質譜儀 (time-of-flight mass spectrometer):利用能量相同而質量不同的離子在同一起點自由飛行,結果將按照質量的輕重分先後到達偵測器,離子飛行的時間即代表其質量。飛行時質譜儀的構造簡單,不需笨重的磁鐵,僅其**離子源** (ion source) 較一般質譜儀更為要求精確,其所用的電子設備亦要求十分嚴格,故價格較為昂貴。此種質譜儀多係用作氣體分析,尤其在極短時間內可測定剩餘氣體的全部質譜,故在氣體部分壓力分析極為有效。又因其重量及體積

均相當的小，故頗適合於太空飛行的任務。在化學分析研究時對於化學反應中各種氣體的測定利用飛行時式質譜儀最為適合。

(5) 四極式及單極式氣體分析儀 (quadrupole and monopole gas analyzers)：利用重疊的交流與直流電壓加於互相垂直的兩對電極棒上形成所謂四極。電極棒為細圓柱體由不銹鋼或其他合金精密加工製成，四極間由電絕緣體，通常為氧化鋁或陶瓷精確的間隔。四極中心的孔道即為離子進行的路徑，當電極上的交流與直流的電壓比調定後，在某一定的交流頻率下相當於某一直流電壓只能有一定質量的離子可從中心孔道通過，其他質量的離子則均碰撞到電極上而被阻止前進或捕捉。此種部分壓力分析儀構造輕便，價格亦不昂貴，可測定的質量數通常可達300，質量分解力*一般亦可達到 100。因其重量較小故亦適合太空飛行的任務。著者在參與**太空實驗室** (space lab) 及**太空梭** (space shuttle) 工作時即曾安置此類質譜儀於其中，以分析在太空時其內部可能發生的氣體。

將四極式簡化而成的單極式質譜儀，其作用與四極式相同，僅構造更為簡單。其構造僅用一根電極棒及一 V 形柱體，前者其上加以交流與直流電壓而後者則置於零電位。離子在圓柱體與 V 形柱體 V 的尖端間通過，在固定的交流與直流電壓比，某一交流頻率下，相當於某一直流電壓只能有一定的質量的離子可以通過。變更直流電壓即可連續測定各種不同質譜。

著者本人發明一種質譜儀命名為**四徑交頻質量選擇儀** (four paths RF mass filter)，其構造為用一圓柱體的電極棒置於一正方形柱體的導管中，管置於零電位。圓柱電極棒上加以固定比例的交流與直流電壓。被選擇的質量的離子則經由正方形柱體的四角與圓柱棒的空間由四條路徑飛出。此種質譜的靈敏度特高，在同一功率下較單極式或四極式可測得的離子強度要高出四倍。此外，又可採用數種不同性質的離子偵測器同時於各路徑終點作離子測定以互相比較其結果，如此可消除**背景計數** (background counting) 或**雜波** (noise) 的影響以及由各偵測儀的**偵測效率** (detecting efficiency) 所造成的失誤。

---

*質量分解力 (mass resolution) 即 $M/\Delta M, M$ 是同位素質量。

第四章 真空氣壓計 121

表 4.3 各式真空計使用的範圍

真空計	粗略真空	中度真空	中度高真空	高真空	超高真空
鮑 登 (×)	1000–720				
液 體 (×)	–200	60			
放電管		10–1	0.1		
麥克利我得 (△)		10–1	–10^{-3}	–10^{-5}	
熱變電阻			1–10^{-3}	–10^{-4}	
熱電偶	760–	10–1	–10^{-3}	–10^{-5}	
派藍尼	760–	10–1	–10^{-3}	–10^{-4}–10^{-5}	
黏滯性			0.1–10^{-3}	–10^{-6}	
彭 寧			10^{-2}–10^{-5}	–10^{-7}	
熱離子化			10^{-3}–10^{-5}	–10^{-6}–10^{-7}–10^{-8}	
溜得松 (×)					
B.A			10^{-4}–10^{-3}	–10^{-6}	–10^{-10}
倒位磁控管			10^{-3}–10^{-4}		–10^{-12}
引發式彭甯			10^{-3}–10^{-4}		–10^{-13}
離子抽取			10^{-4}		–10^{-13}
質譜儀 (+)				–10^{-5}	–10^{-12}

× 與氣體性質無關 △ 所測氣壓為分壓 + 可兼測總壓與分壓

三、各式眞空計使用的範圍及眞空計的校正

㈠ 眞空計使用的範圍及應注意事項

　　眞空計使用的範圍大致如表 4.3 所示。一般商品所標定的使用範圍常較表列者為廣，因為各種眞空計的設計製造常稍有差異，故其適用的眞空範圍亦有不同。通常在表列的範圍以外，各商品因製造技術的改進雖仍可作眞空的量度，但要求精確的壓力測定仍以表列範圍內為可靠。又眞空計的壽命亦以在表列範圍的壓力下使用可以維持，若延至較高壓力範圍外使用則其壽命將大為減短。一般來說眞空計使用範圍在表列壓力內應為該類眞空計最有效的操作壓力，在此範圍外使用則通常只能作約略的估計而已。

　　在使用眞空計應注意的事項為：

⑴ 必需先瞭解該眞空計的特性，對各種不同氣體的反應是否相同？
⑵ 盡量在該眞空計使用範圍內使用，尤應避免在超過高壓力範圍。若對眞空系統內壓力不能判斷是否在此範圍內應暫勿起動眞空計。
⑶ 在高眞空系統仍應裝有中度 (或低) 眞空計，因為一般的高眞空計若在高壓力範圍外起動甚易損壞，故必需先預知該眞空系統是否已到達高眞空計使用的壓力範圍始可起動。
⑷ 不作眞空量度時隨時停用眞空計以維持其壽命，並預防無人注意時眞空內壓力突增對眞空計可能造成的損害。
⑸ 若需精確量度眞空壓力則必需注意眞空計校正時的條件，如溫度及所用的氣體等。有些眞空計可加熱除氣以增加其準確性。
⑹ 若系統中有汙染性的氣體，如有機性化合物的氣體或蒸氣，或油氣等，則該眞空計可能被污染而致讀數有差，應視眞空計的性質而作處理，如烘烤、清洗等。
⑺ 更換眞空計的測壓管 (gauge tube) 應作校正。

㈡ 眞空計校正法

　　眞空計從工廠中製造完成後通常均由工廠校正好並將校正曲線隨同使用說明

書一併送到買主。使用者從校正曲線就可以隨時獲得正確讀數,或作儀器校正。但若更換眞空計的**測壓管** (gauge tube) 或**敏感子** (sensor),或者**眞空表** (meter) 的電源控制換新或修理後則全套眞空計應予校正。若眞空計使用日久,或可能被污染,或受震動損壞,則眞空計亦應校正。眞空計的校正多在眞空計製造工廠或有標準校正設備的實驗室中施行之,但此種校正設備除價格高昂外,且需專門技術人員操作,故施行頗爲不易。通常若非需要精確度量眞空系統中的壓力,而僅需知道系統內的眞空度的約略範圍,則眞空計的校正可不必太嚴格,用第二級標準來比較即可自行校正。所謂**第二級標準** (second standard) 即選用較爲準確的眞空計定期送到標準校正單位 (即所謂**第一級標準** Primary standard) 予以校正,此眞空計校正完畢後就專門用作其他眞空計的校正,而不用在眞空系統作壓力的量度。一般的眞空計大約使用半年就應作校正,通常用第二級標準比較校正即可,而此第二級標準亦應定期 (通常半年到一年) 相對第一級標準作精確的校正。以下介紹眞空計校正法:

1. 與標準眞空計比較法

用作標準的眞空計只有兩種,即麥克利我得眞空計與溜得松輻射眞空計。因爲此兩種眞空計是由其本身構造尺寸上直接量度並計算出絕對眞空氣壓,故可用作標準。此兩種眞空計在實用上均有限制,除在介紹此兩種眞空計時已經敍述過其性能及缺點外,在此再將其用作絕對標準時的情形作簡單的分析。

溜得松眞空計對溫度及震動極爲敏感,稍受震動常會使之損壞,溫度略有差異其造成的誤差常亦甚大,除在有特殊防震裝置及有精確溫度控制的實驗室外,一般的工廠或校正單位多不願採用此種標準眞空計。

麥克利我得眞空計在操作時亦頗爲麻煩,一般來說在 10^{-3} 托爾到 10^{-5} 托爾的眞空範圍內用此眞空計如操作正確則可能量度到較正確的絕對壓力。在使用時應注意水銀在毛細管中上升及下降時常會因管壁被沾污而產生不均勻的阻力影響其讀數。此種沾污的情形常由水銀的氧化,系統中油、脂、有機物蒸氣、或其他氧化物的介入附著在管壁而發生。故使用標準眞空計時應盡量使眞空系統保持清潔,不允許有可凝性的蒸氣存在,亦即使用標準氣體。麥氏眞空計在使用時另一可能造成誤差的因素爲管壁上的靜電作用。由於水銀上升或下降與管壁間的摩擦而產生靜電荷,此靜電荷的作用爲使水銀不能自由的運動。

124　真空技術

圖 4.19　真空計校正設備

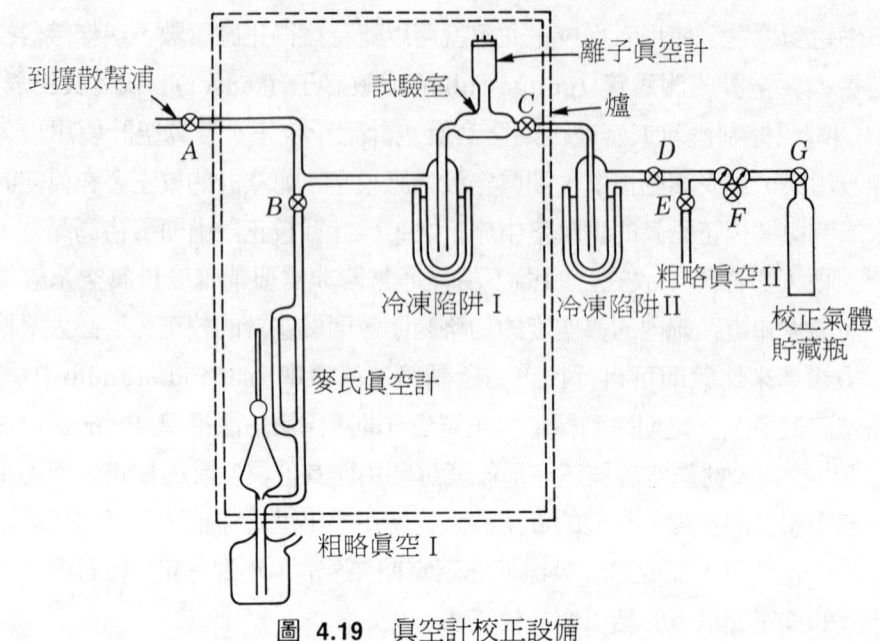

　　用標準真空計作校正時應注意下列數點：(1) 標準真空計與欲校正的真空計應裝在真空管路的同一點，(2) 接到此兩個真空計的管路應盡量相同，如此則管路阻抗相同由於管路所產生的壓力差也相同，(3) 如使用冷凝捕捉陷阱時亦應盡量採取相同的陷阱，或兩個真空計共同使用一個陷阱。

　　圖 4.19 介紹一種校正真空計的設備，用麥克利我得真空計作為標準。校正時採用的標準氣體為含氧量低於 0.003% 的純氮氣。該儀器在使用時周圍的溫度應保持在 20°C±2°C。

　　麥氏真空計用來直接校正真空計在真空度 10^{-3} 托爾的範圍內其精確度可達 10%，在 10^{-4} 托爾到 10^{-5} 托爾之間則精確度約在 50%，在 10^{-6} 托爾以上則誤差常超過 50%。利用一連串減壓方式的校正儀器常可使麥氏真空計校正的範圍展延到較高真空 (10^{-5} 托爾以下) 而精確度可達到 25%。

2. 氣體膨脹法 (gas expansion method)

　　此法係利用波義耳定律從儀器的尺寸以及最初放入氣體的壓力經過一連串的氣體膨脹而算出最後的壓力以校正真空計的讀數。此種氣體膨脹的設備其構造原理如圖 4.20 所示由三個真空室所組成。其中 V_2 為氣體膨脹的主真空室較其

第四章　真空氣壓計　125

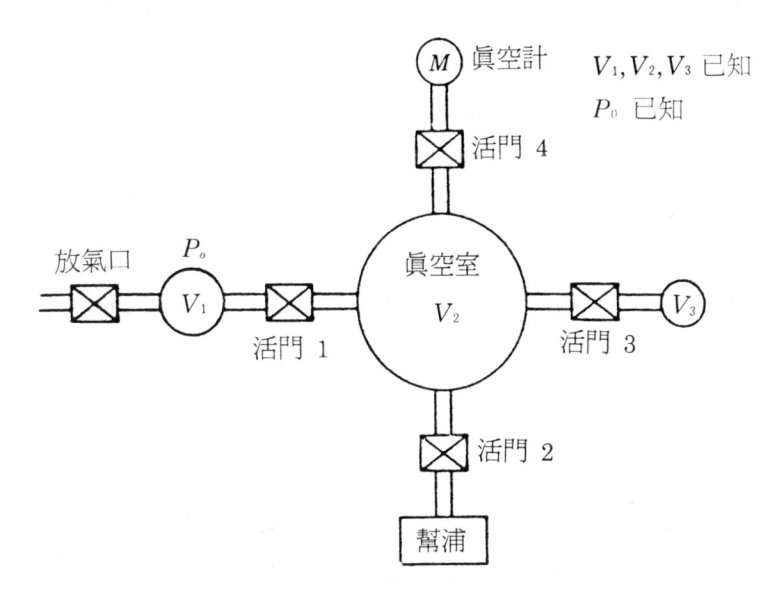

圖 4.20　氣體膨脹真空計校正設備

兩真空室 V_2 及 V_3 的體積大甚多。操作時先將整個系統抽至甚高的真空度，此時全體活門 1,2,3 及 4 均打開，系統的真空度可約略由待校正的真空計或者幫浦系統所附的真空計來大約測知。此時的真空壓力 P_M 愈低則此校正儀可校正的真空度也愈低 (見下列公式的討論)。當真空度到達 P_M 壓力時，將全體活門 1，2，3 及 4 關閉，從放氣口打開放氣活門放入氣壓爲 P_0 的標準氣體 (乾燥的空氣或氮氣)。氣壓 P_0 通常均採用大氣壓力，其壓力數值可由氣壓計精確測定 (測定標準大氣壓較測定真空爲易，其準確度亦可達到甚高)。當真空室 V_1 中達到壓力 P_0 後，即關閉放氣活門，然後打開活門 1 及 3 使氣體膨脹進入真空室 V_2 及 V_3。此第一次膨脹體積從 V_1 變到 $(V_1+V_2+V_3)$，壓力從 P_0 變到 P_1。因 $P_0 \gg P_M$ 故在 V_2 及 V_3 中原有的壓力 P_M 可以忽略不計。由波義耳定律可得

$$P_0 V_1 = P_1(V_1+V_2+V_3)$$

或

$$P_1 = \frac{V_1}{V_1+V_2+V_3} P_0 \tag{甲}$$

通常第一次膨脹後的壓力 P_1 仍甚大，故尚未達到校正真空計的時機，故活門

4 不應打開。

第一次膨脹後,將活門 1 及 3 關閉,打開活門 2 讓幫浦將眞空室 V_2 再抽到壓力 P_M。然後打開活門 3 讓 V_3 內的氣體膨脹到 V_2 內。注意從現在開始氣體的膨脹只是從 V_3 中膨脹到 V_2 中,活門 1 將始終關閉,眞空室 V_1 也不再使用。

第二次膨脹後的平衡壓力 P_2 在 $P_1 \gg P_M$ 的情況下可求得如下:

$$P_2 = \frac{V_3}{V_2+V_3} P_1 \qquad (乙)$$

從 (甲),(乙) 兩式計算得 P_2 值若已在校正眞空計的範圍內,則可打開活門 4 來比較讀數。若需再校正其他較低的眞空壓力,則可作連續的各次膨脹。應注意待校的眞空計每次均應先抽到壓力 P_M,否則將有誤差。又眞空計測壓管的體積在此均忽略不計。

第三次膨脹後的平衡壓力 P_3,仍然假定 $P_2 \gg P_M$ 可照樣求得如下:

$$P_3 = \frac{V_3}{V_2+V_3} P_2 \qquad (丙)$$

此時活門 1,2 及 4 均係關閉。

(甲),(乙) 二式代入 (丙) 可得
第三次膨脹後壓力

$$P_3 = \left(\frac{V_3}{V_2+V_3}\right)^2 P_1 = \left(\frac{V_1}{V_1+V_2+V_3}\right)\left(\frac{V_3}{V_2+V_3}\right)^2 P_o \qquad (4.9)$$

如此類推,在第 n 次膨脹後,若 P_{n-1} 仍然大於 P_M 則

$$P_n = \left(\frac{V_3}{V_2+V_3}\right)^{n-1} P_1 = \left(\frac{V_1}{V_1+V_2+V_3}\right)\left(\frac{V_3}{V_2+V_3}\right)^{n-1} P_o \qquad (4.10)$$

式中 V_1,V_2 及 V_3 均為儀器尺寸數字為已知,P_o 為最初放入氣體的壓力亦已知,故第 n 次膨脹後的壓力即可算出。

n 的決定可以從約略計算求之,若 $P_n \approx \frac{V_2}{V_3} P_M$ 時,P_M 在計算時即不能忽

略。換句話說，當膨脹次數到達此壓力時，真空計的校正壓力不能再低。若要求精確度不甚高時，此時尚可在計算公式中加入對 P_M 的修正而繼續進行膨脹工作。

實例：若校正儀各真空室的容積為 $V_1=10 \text{ cm}^3$，$V_2=88 \text{ cm}^3$，及 $V_3=2 \text{ cm}^3$ 最初放入的氣體壓力 $P_o=760$ 托爾。

第一次膨脹，$n=1 \qquad P_1=\dfrac{1}{10}P_o=76$ 托爾

以下 $\qquad n=2 \qquad P_2=\dfrac{1}{10}\times\dfrac{1}{45}P_o=1.69$ 托爾

$\qquad\qquad n=3 \qquad P_3=\dfrac{1}{10}\times\dfrac{1}{45^2}P_o=0.038$ 托爾

$\qquad\qquad n=4 \qquad P_4=\dfrac{1}{10}\times\dfrac{1}{45^3}P_o=8.34\times10^{-4}$ 托爾

$\qquad\qquad n=5 \qquad P_5=\dfrac{1}{10}\times\dfrac{1}{45^4}P_o=1.85\times10^{-5}$ 托爾

假定真空可抽到 $P_M=1\times10^{-6}$ 托爾，則從前述的條件最後膨脹的壓力 P_n 應

$$P_n > \frac{V_2}{V_3}P_M = \frac{88}{2}\times10^{-6} \text{ 托爾} = 4.4\times10^{-5} \text{ 托爾}$$

故顯然當壓力到達第五次膨脹 ($n=5$) 時，用 (4.10) 來計算即已不準確。若要校正到 10^{-5} 托爾壓力範圍，真空系統最少應抽到 P_M 在 10^{-7} 托爾範圍才可有效。當然在本實例的情形若計算時加上對 P_M 的修正仍可校正到 10^{-5} 托爾範圍，但該計算較麻煩且因 P_M 的數值不準確故校正的精確性亦較差，有關此方面的詳細討論見著者所作的「真空計的絕對校正法」一文。

若將 (4.10) 式解出 n 可用以估計欲校正的壓力 P_n 需要作氣體膨脹的次數

$$n = 1 + \frac{\ln\left(\dfrac{P_o}{P_n}\right) + \ln\left(\dfrac{V_1}{V_1+V_2+V_3}\right)}{\ln\left(\dfrac{V_2+V_3}{V_3}\right)} \qquad (4.11)$$

應用此法校正真空計最重要的條件為：

(1) 儀器各部分的尺寸必需精確測知，亦即容積 V_1，V_2 及 V_3 必需精密測定，(2) 儀器必需維持在一定的溫度下 (即測定 V_1，V_2 及 V_3 時的溫度)，(3) 系統中的吸氣及放氣現象必需消除。在放氣的問題通常可用預先烘烤除氣方法來消除。吸氣的問題只有在選擇儀器製作的材料及器壁管壁的表面處理 (表面愈光滑愈佳) 方面以使之減到可以忽略的程度。實際應用時整個校正系統應作整體烘烤，並維持在該烘烤溫度。此外眞空計的測壓管亦有其一定的容積，但因各種眞空計或各家廠商所造的測壓管其容積各有大小不同，故在校正儀本身均未加入此容積的修正。在實用時應視實際的情況予以修正 (通常眞空計說明書多有敍述如何計算測壓管本身容積的修正)。

3. 動態法 (dynamic method)

此法係測定經過一已知管道 (通常爲一小孔) 的氣流率以計算氣壓降。氣體的流動通常維持在穩定狀態。假定進氣的氣流通量爲 Q，通常可在大氣壓力下量得之，此連續的氣流由一小**漏氣活門** (leak valve) 進入眞空室。眞空室由一薄牆分成兩部分，牆的中心穿一小孔，小孔的氣導 L 可由小孔的面積，氣體的分子量以及溫度求得之 (見第二章第 2 節)。眞空室因爲此薄牆而分成壓力不同的兩個眞空室；上眞空室爲校正眞空計的部分其壓力爲 P_1，下眞空室則連於眞空幫浦其壓力由幫浦維持在壓力 P_2。因爲幫浦的抽氣率甚高，故 $P_1 \gg P_2$。此種眞空計校正設備的構造示意圖如圖 4.21 所示。

在穩定的氣流流動情形下，氣流通量爲

$$Q = L(P_1 - P_2) \tag{4.12}$$

改寫成下列的形式爲

$$P_1 = \frac{Q}{L} \cdot \frac{1}{(1 - P_2/P_1)} \tag{4.13}$$

眞空計 G 爲一測量壓力比的壓力計，因其所測爲相對值，故此眞空計無需作絕對眞空校正。又因 $P_2/P_1 \ll 1$，故 (4.13) 中此項的影響甚小，不需作十分精確的測定。故若 Q 能精密求得則壓力 P_1 可從小孔氣導 L 及測得的上下眞空室壓力比求得之，如此即可作眞空計的校正。

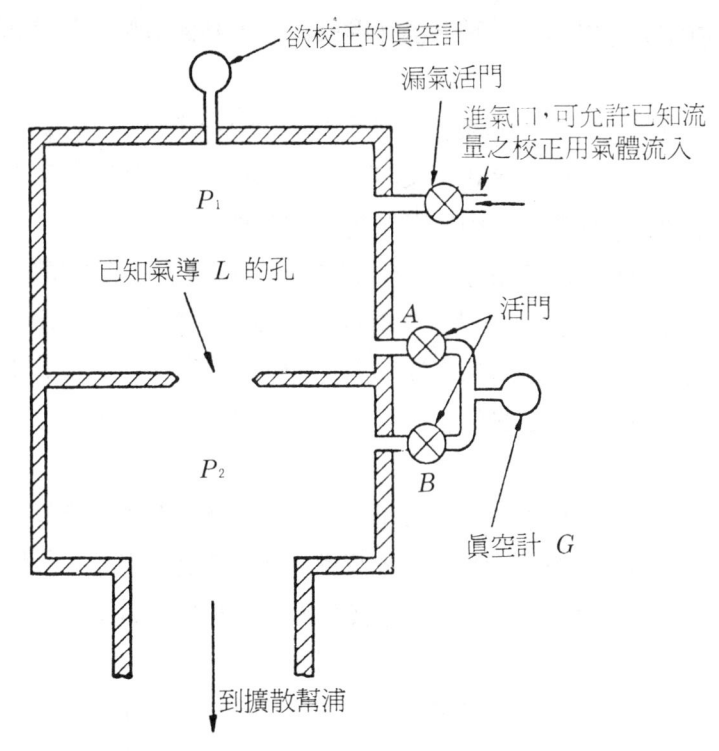

圖 4.21 動態法真空計校正設備

此種設計採用穩定氣流動態法，故無氣體吸收的誤差。但需注意系統中的放氣效應必需較 Q 為甚小，因此，Q 的數值不能太小。換句話說，可校正的最低壓力就因此受到限制。儀器製造技術的改進，抽真空的技術亦日異進步，現在的動態真空計校正儀由於真空技術的進步已可達到校正真空度在 10^{-7} 托爾範圍。

摘　要

真空計為測量真空系統內氣體壓力的儀器。其異於一般氣壓計的地方為真空計所測氣體壓力均甚小，故並不一定要靠氣體直接施壓力的方法來測定。利用氣體分子在各種不同真空度下的特性如熱傳導等，或利用氣體分子離子化所成的電流來決定真空壓力其結果常較直接從壓力的作用所測定的更為準確。

真空計依其使用的範圍可分為：低真空氣壓計，中度高真空氣壓計，以及高真空氣壓計。

低真空氣壓計以 U 形水銀計為最常用，其測量壓力的準確度很難超過 ±0.1 托爾。

中度高真空氣壓計以麥氏真空計為最有名，因其準確而且可用作標準真空計。但麥氏真空計使用困難，操作不方便故現在多用熱傳導真空計如派藍尼真空計、熱電偶真空計等以作中度高真空壓力的量度。

高真空計以熱離子化真空計為最常用，但因其中電子撞擊所產生的柔和 X 光的光電效應造成的背景讀數使真空計很難測定壓力低於 2×10^{-7} 托爾。改良的各種熱離子真空計如 B-A 真空計，紅頭式真空計，及離子抽取真空計等均在其構造上使此柔和 X 光的影響減至最低，故可測真空度達 10^{-13} 到 10^{-14} 托爾。

彭甯冷陰極真空計亦為很廣用的真空計，多用於中度高真空與高真空之間。因其無加熱燈絲故堅固耐用且易於清潔。此真空計雖無熱電子但因高電壓所產生的電子亦可產生柔和 X 光，只是其影響不如熱離子真空計所受影響為大。彭甯真空計因其幫浦作用，故其精確度受限制。

放電管為一種簡單的低真空計，在不需確知真空系統的壓力而僅需知其真空範圍時使用亦頗有效。從其放電的顏色又可判斷系統內殘餘氣體的種類，並可用其兼作粗略真空系統測漏用。

真空計的使用範圍必需嚴格執行，否則很可能損壞真空計或測得的壓力誤差甚大。有些真空計所測的壓力與系統中氣體的性質有關，故應注意其校正時所用的氣體。

真空計的校正可分為與標準真空計比較法，氣體膨脹法，以及動態法。除必需精確測定真空系統內的壓力外，通常真空儀器只要求其大約的壓力數值，亦即壓力的量度可以有較大的誤差。故在一般應用，真空計的校正僅需用比較法與二次標準真空計校正即可。

第5章. 真空用材料及零組件

一、引　言

　　真空中的環境與我們日常所處的大不相同。因為我們習慣了我們的環境 (一個大氣壓力)，所以我們常常會對一切事物的想法和看法多用我們日常習慣的現象來判斷。在真空中材料的性質往往與我們在大氣中所見的不同。例如石墨我們常用作滑潤劑，在真空中則失去其滑潤作用反而變成摩擦劑。又如**賽璐珞** (cellulose) 在真空中乾燥成的其絕緣程度遠較在大氣中乾燥成的為佳。雖然有些液體或者固體在大氣壓力下會很易揮發成氣體，如酒精、丙酮、乙醚及乾冰等就是此類物質。但是有些物質如木、紙、皮革、布、橡皮、塑膠等在我們日常生活中很難發現有氣化或分解的情形，如果放到真空中則會顯著地蒸發，最後變質瓦解。通常這類物質的蒸氣壓比較高，雖然在大氣中其蒸氣壓因較大氣壓為小故蒸發量微乎其微，但是在真空中則十分可觀。由此可見，如果我們要設計一個真空系統，在材料的選擇就必需考慮材料在真空中的性質。材料的種類很多，雖然可用於真空的材料有所限制，但其數量以及其個別的性質的討論仍然太多無法在本書中一章內詳加記述，讀者若欲深入研究應閱讀有關的材料書籍或手冊。本章將就一般常用的真空材料作重點介紹。真空系統的組成除主要的真空室、真空幫浦、真空計等外，**真空零組件** (vacuum element and component) 也很重要。本章將介紹主要真空零組件的構造及其組成的材料。

㈠ 金屬材料

　　金屬本身為元素，在真空中當然不會分解。但金屬均有其蒸氣壓，當真空中

的壓力降低到與其蒸氣壓相當時金屬也會蒸發。表 5.1 中列舉一些金屬的蒸氣壓在幾種不同的壓力值時金屬應加的溫度。表中所列的金屬熔點及沸點係指在大氣壓力 (760 托爾) 時的情形。從表中的數字可見，若眞空度達到 10^{-5} 托爾以下則金屬的蒸氣壓達到此眞空壓力所需的溫度較其本身的熔點尙低。換句話說，金屬在眞空中頗易蒸發，眞空度愈高則愈易蒸發。表 5.2 列舉一些金屬在眞空度爲 10^{-9} 托爾的壓力下線蒸發率達到 10^{-5} 厘米/年及 10^{-3} 厘米/年所需的溫度。由此可見在高眞空中如眞空儀器或太空星球上，尤其當溫度甚高時，即使金屬，其因蒸發而損失的量亦相當可觀。

元素在眞空中的蒸發率 W 與其在該溫度 TK 時的蒸氣壓 P 托爾以及該元素的原子量 M 有下列的關係：

$$W = 5.8 \times 10^{-2} S \times P \times \sqrt{\frac{M}{T}} \text{ 克/平方厘米·秒} \tag{5.1}$$

其中 S 爲該元素的原子蒸發後回附至該元素固體表面的或然率，在一般金屬 S 多爲 1，但在有些其他元素 S 可能較 1 甚小，例如碳元素，因其蒸發出的蒸氣中有部分爲多原子分子故回附的機會也較小。

通常眞空系統所用的材料多以金屬爲佳，但選擇金屬時應避免蒸氣壓低的材料。在選用合金時應注意其中成份，有某些金屬具有較高的蒸氣壓如鎘、鋅等，若含有此類金屬的合金用於眞空中，則此些金屬會慢慢蒸發出來，旣會影響眞空度，又會使此合金材料性質改變。故選用金屬材料時應注意其各成份的蒸氣壓，並非所有金屬均適合眞空的用途。

(二) 非金屬材料

非金屬材料如玻璃、陶瓷、人造橡皮、**鐵氟隆** (teflon)、雲母、石英、水晶、**藍寶石** (sapphire)、油脂、臘、膠等常被用於眞空系統。此類材料中如玻璃、石英、水晶及陶瓷等幾乎在常溫時完全不會氣化，有些甚至在溫度甚高時其蒸氣壓仍甚低。但有些有機物質如油脂及天然橡皮等則甚易蒸發及分解而產生氣體，故使用時必需愼加注意。在很多眞空系統常需加高溫烘烤或在高溫下操作 (如高溫眞空加熱爐，熱離子源等) 或者利用低溫冷卻 (如冷凝幫浦，冷卻

表 5.1

元素	熔點 ℃	沸點 ℃	蒸氣壓爲下列托爾數時的溫度 (K)			
			10^{-8}	10^{-5}	10^{-2}	10
Ag 銀	960.8	2210	852	1030	1305	1830
Al 鋁	659	2300	950	1155	1480	2050
Au 金	1063	2970	1045	1260	1605	2240
B 硼	2300	2600	1650	1960	2430	3300
Ba 鋇	704	1640	560	690	900	1310
Be 鈹	1284	2510	972	1175	1485	2060
Bi 鉍	271	1630	590	723	934	1330
Graphite 石墨	≈3700	1.8×10^{10}	1950	2250	2700	3420
Ca 鈣	849	1450	555	675	865	1240
Cd 鎘	321	765	346	422	540	759
Ce 鈰	775	2400	1080	1280	1680	2070
Co 鈷	1495	3000	1200	1435	1790	2440
Cr 鉻	1890	2500	1125	1335	1665	2240
Cs 銫	28	690	256	319	425	646
Cu 銅	1083	2600	1005	1215	1545	2140
Fe 鐵	1535	2740	1150	1380	1740	2370
Ga 鎵	29.8	2070	845	1030	1330	1870
Ge 鍺	959	(2700)	1085	1310	1680	2350
Hg 汞	−38.87	357	199	245	318	456
In 銦	156	≈2000	770	943	1220	1730
Ir 銥	2454	≈5300	1720	2070	2580	3440
K 鉀	63	762	294	364	481	715
La 鑭	866	4340	1260	1535	1970	2730
Li 鋰	186	1370	505	621	806	1155
Mg 鎂	650	1110	462	560	715	1000
Mn 錳	1244	≈2150	807	970	1220	1700

表 5.1 續

元素		熔點 °C	沸點 °C	蒸氣壓爲下列托爾數時的溫度 (K)			
				10^{-8}	10^{-5}	10^{-2}	10
Mo	鉬	2622	4800	1855	2260	2900	4040
Na	鈉	97.7	890	350	431	563	818
Nb	鈮	2500	≈5000	2080	2470	3010	3900
Ni	鎳	1453	2730	1185	1415	1770	2400
Os	鋨	≈2700	≈5500	1980	2370	2930	3860
Pb	鉛	327.4	1740	617	760	992	1435
Pd	鈀	1555	≈3000	1180	1430	1820	2560
Pt	鉑	1773	4400	1560	1875	2350	3210
Rb	銣	39	≈690	270	337	449	665
Re	錸	3176	5900	2200	2640	3330	
Rh	銠	1966	>4000	1550	1860	2300	3120
Ru	釕	2500	≈4900	(1840)	2190	2700	3540
Sb	銻	630	1620	550	655	815	1250
Se	硒	220	680	357	417	505	702
Si	矽	1414	2480	1200	1450	1820	2430
Sn	錫	231.9	2270	937	1155	1500	2160
Sr	鍶	771	1380	499	615	804	1170
Ta	鉭	2996	(4100)	2230	2670	3340	
Te	碲	452	1390	451	534	656	906
Th	釷	1690	≈4200	1620	1960	2470	3330
Ti	鈦	1690	3535	1330	1600	2000	2750
Tl	鉈	300	1460	558	685	888	1270
U	鈾	≈1133	3900	1405	1715	2200	3070
V	釩	1900	≈3400	1428	1705	2120	2840
W	鎢	3382	5900	2340	2820	3570	
Zn	鋅	419.4	907	396	481	615	864
Zr	鋯	1857	3700	1745	2110	2670	3620

表 5.2　金屬在 10^{-9} 托爾下的線蒸發率 (厘米/年)

元　素		溫度 (℃)		元　素		溫度 (℃)	
		10^{-5}	10^{-3}			10^{-5}	10^{-3}
鎘	Cd	38	77	銅	Cu	327	760
鋅	Zn	71	127	金	Au	660	804
鎂	Mg	127	177	鍺	Ge	660	804
鋰	Li	149	210	鐵	Fe	711	899
鉛	Pb	266	332	矽	Si	788	921
銀	Ag	477	588	鎳	Ni	804	938
錫	Sn	549	660	鈦	Ti	921	1071
鋁	Al	549	682	鉬	Mo	1382	1627
鈹	Be	616	704	鎢	W	1871	2149

陷阱等)，此些眞空系統所用的材料應考慮在高溫或冷凍時的性質以及溫度從室溫變化到操作溫度時材料性質的變化，尤其在用作氣密的材料應考慮溫度變化甚大時可能產生的漏氣情形。材料在高溫時熔化、分解等現象以及在冷凍溫度時的變硬及脆裂為一般非金屬材料常會發生的現象，此外對氣體 (尤其是氫、氦等氣體) 的滲透性均為重要的考慮，通常非金屬材料較金屬材料易於滲透氣體，尤其在溫度高時滲透量更大。

　　用於眞空系統的液體材料除水銀 (汞) 為金屬外，多為非金屬。液體在眞空系統中最常用者為幫浦及液壓眞空計中的工作液，如水銀、礦油及矽油等。水及液態氮等液體雖係用於眞空系統作冷卻用，但均不直接經過眞空系統內部。其他有機溶劑如酒精、丙酮或無機酸類如硝酸、磷酸、硫酸等常用作眞空系統的清潔樣品的處理等，但在實際操作眞空系統之前均需清除乾淨，絕不可使其殘留在眞空系統內。

　　通常非金屬材料較金屬材料易於蒸發，下式為無機物質揮發率 W 的約略計算公式：

$$W = \frac{P}{17.14} \frac{\sqrt{M}}{T} \text{ 克/平方厘米·秒} \tag{5.2}$$

P 為蒸氣壓單位為托爾，M 為該物質在氣態時的分子量，T 為絕對溫度 (K)。

二、主要影響真空度的原因

任何設計製造完善的真空系統，如果抽氣到某一真空度後予以封閉不再繼續使用幫浦抽氣，則系統中的真空度將會隨時間的增長而減低。同樣，即使此系統用一效率最佳的真空幫浦繼續抽氣，也不能將此系統中剩餘的氣體全部抽盡而達到絕對真空。現在可達到的超真空系統其壓力多在 10^{-12} 托爾左右，最佳的超高真空系統亦有達到真空度為 10^{-16} 托爾者。在真空度為 10^{-16} 托爾的系統內剩餘氣體的密度大約為每立方厘米一個分子，故此時系統內的剩餘氣體分子數量已微乎其微。實際上抽真空到 10^{-12} 托爾已十分困難，除在系統的設計，幫浦及輔助機件的選擇以及操作技術均需特別注意外，材料的選擇實為主要的因素。通常影響真空度的主要原因可分述如下：

(一) 放氣 (outgassing)

材料中常有氣體存在，在一般的情況下此些氣體會存在於材料中很久而不致放出，但若材料的溫度升高，或材料表面上的氣體壓力降低，此些氣體就會逸出，我們稱這種氣體逸出的現象為放氣。存在於材料中的氣體有下列四種形態：

1. 氣體溶解在固體 (或液體) 中。
2. 氣體形成化合物如氧化物、氮化物、碳氫化合物、氯化物等存在 (附著或溶解) 在固體 (或液體) 中。
3. 氣體分子在固體形成時 (溶鑄) 成為氣泡或間隙存於固體中。
4. 氣體被吸附在固體表面，或由於熱擴散進入固體分子間。

此些氣體的放氣對真空的影響甚大，有些材料比較易於吸附氣體，或製作時不易除去氣體故不適用於真空。有些材料雖無上述氣體存在其中的情形，但其組成成份若蒸氣壓很高，或者材料中的雜質易於蒸發，則在真空中均有放氣的可能。考慮放氣的因素，選擇真空材料應以蒸氣壓低，不含雜質者為佳。

㈡ 昇華 (sublimation) 與蒸發 (evaporation)

　　一般來說，蒸發是固體先變成液體 (熔解) 然後從液體變成氣體 (沸騰)，而昇華則是固體直接變化成氣體而不經過液化的過程。這兩種過程都和溫度及壓力有關。在真空技術而言，我們常用蒸發或氣化來表示物質變成氣體的現象，因為我們只考慮氣體產生的結果，而固體變成氣體的中間過程並不重要。通常真空材料除在某些特殊的應用外，其使用的溫度並不太高，固體在溫度不太高而壓力甚低時昇華的機會較大。不論固體是在較高溫度下先變成液體再蒸發成氣體或是直接昇華，都與該物質的蒸氣壓有關，為減少真空材料因氣化對真空度的影響，在使用真空儀器時應盡量保持在較低的溫度。材料氣化的現象為決定真空系統最終壓力的主要因素，理想的真空系統 (無漏氣、放氣或氣體滲透及擴散的情形) 即使連續用幫浦抽氣最後也只能達到最終壓力而不能抽成絕對真空，材料氣化即為主要原因。

表 5.3 材料的放氣率

材　　料	放氣率 (托爾×公升/秒・平方厘米)×10^{-10}	
	在真空中一小時	在真空中四小時
鋁	60	5
銅 (機械拋光)	35	5
無氧高導性銅 (未加工)	200	15
無氧高導性銅 (機械拋光)	20	2
軟鋼 (稍銹)	44000	150
鍍鉻軟鋼 (拋光，polishing)	100	10
鍍鎳軟鋼 (拋光)	30	3
鉬	50	4
不銹鋼 (未加工)	200	15
不銹鋼 (機械拋光)	20	4
派來克司玻璃 (康甯 7740)	75	6
鐵氟隆 (Teflon)	30	15
瓷 (塗釉)	65	30

固體的放氣與材料中成份或雜質的氣化有密切關係最常用的眞空材料的放氣率如表 5.3 所示。

(三) **擴散** (diffusion) **與滲透** (permeability)

不管金屬或非金屬材料，不論製造如何精良，若用高放大倍數的顯微鏡來觀察這些材料，細微小孔到處可見。即使最純的結晶體，其原子排列成一定的結構，在原子間仍有空隙存在。氣體分子就從這些小孔及間隙中輾轉進入固體內。

擴散與滲透兩字常互相混用，如果按照定義來解釋，擴散是一種過程，原子或分子不論爲固態、液態或氣態因其**熱運動** (thermal motion) 而作**漫步** (random walk) 進入固體、液體或氣體物質中。滲透的意義則指氣體或液體分子穿過固體 (通常爲薄膜或薄壁等) 的難易程度。通常滲透包括溶解、擴散及**釋放** (release) 三個過程，故與溫度和壓力有關。

任何物質均難免有氣體擴散進入其中的可能，其進入的程度視溫度、濃度以及物質的原子 (或分子) 間隙而定。眞空儀器的器壁不論其爲金屬或玻璃，不論其厚薄均有被氣體滲透的可能。通常氣體分子 (或原子) 愈小則愈容易滲透，氫氣與氦氣爲兩種最易滲透的氣體。在金屬冶煉或焊接時常因使用此類氣體，故其常因高溫擴散而滲入材料中。此些滲透到材料內部的氣體在眞空中就造成放氣現象。此外如果眞空系統的附近有氦氣或氫氣存在，例如利用液態氦的冷凍幫浦，或者用氦測漏儀等，則由於眞空與外界的壓力差，此類氣體就會從儀器的管壁、接頭或各種導引等處滲透入眞空系統內部，而使眞空系統內的壓力增高。在超高眞空系統因其內部壓力極低故少許的氣體滲透入內即對其眞空度影響甚巨。例如一個派來克司玻璃製的超高眞空閉合系統若在大氣中十小時則因大氣中的氦氣 (平衡時的分壓力爲 4×10^{-3} 托爾) 滲透入眞空系統內部，會使此體積爲 400 公升的超高眞空系統的眞空度從原來的 1.5×10^{-9} 托爾變到 1.5×10^{-8} 托爾。若 Q 代表單位時間滲透過薄膜或固體壁的氣體分子數，單位爲托爾·立方米/秒，P_1 及 P_2 代表壁兩側的氣體壓力，或 ΔP 代表壁兩側的壓力差，單位均爲托爾，壁的面積爲 A 平方米，d 爲厚度單位也用米表示，則氣體滲透過某一固體的滲透係數 K 以平方米/秒爲單位可由下式計算：

$$Q=\frac{AK(P_2^n-P_1^n)}{d} \qquad (5.3)$$

n 爲指數，隨固體壁材料性質而定，在玻璃通常 n 爲 1，故 (5.3) 式可簡化爲

$$Q=\frac{AK\Delta P}{d} \qquad (5.4)$$

K 的數值實際上隨溫度變化，上述兩式係以 Q 及 P 值在 25°C 時爲準的 K 值，K與溫度的關係可用下式來表示：

$$K=K_\circ \exp\left(-\frac{E}{RT}\right) \qquad (5.5)$$

其中 E 爲**活化能** (activation energy)，R 爲**氣體常數** (gas constant)，T 爲絕對溫度而 $K_\circ$ 爲一比例常數。表 5.4 爲各種氣體原子 (或分子) 在溫度爲 700°C 時滲透過**熔固的石英** (fused silica) 的滲透係數。

從表 5-4 可見原子直徑愈大則滲透的量愈小，除氫氣與氖氣相比其情形正好相反，此點的解釋爲氣體滲透過固體的程度與固體的表面情形以及氣體在該固體中的可溶性有關，氫氣會溶在石英中即爲此原因。

表 5.4 氣體滲透過熔固石英的滲透係數

氣體	原子或分子直徑 (厘米)	滲 透 係 數 (平方米/秒)
氦	1.95×10^{-8}	1.7×10^{-11}
氖	2.4×10^{-8}	3.5×10^{-13}
氫	2.5×10^{-8}	1.7×10^{-12}
氘	2.55×10^{-8}	小於 10^{-18}
氧	3.15×10^{-8}	小於 10^{-18}
氬	3.2×10^{-8}	小於 10^{-18}
氮	3.4×10^{-8}	小於 10^{-18}

三、真空結構材料

㈠ 選擇材料的要點

真空結構材料主要用在真空儀器的主體機件上，如真空室、真空管路、真空幫浦外壁、真空計外殼等，顯然這些真空機件的一側為真空壓力而另一側大多數為大氣壓力。換句話說，此類結構材料需要能承受約一個大氣壓(760托爾)的壓力。除材料強度為選擇材料必需考慮的要點外，結構材料應合乎下列四點要求：

1. 材料組織必需均勻質密，無微細孔隙以免氣體滲透入內。
2. 必需有甚低的蒸氣壓。
3. 不含有雜質或氣體，不易吸附氣體也不易放氣。
4. 可用高溫烘烤或低溫冷凍。

最後一點要視真空系統的要求而定，在普通真空系統因真空度不高故並不一定需要加熱烘烤或冷凍。加熱烘烤主要的目的是驅除吸附在真空內部的氣體及水氣，如僅係驅除水氣則僅需加熱到 150°C 即可，但若要驅除其他吸附的氣體或真空度要高（壓力低於 10^{-8} 托爾），則常需要加熱到 300°C 至 450°C。真空儀器利用冷凍方法使剩餘氣體或蒸氣冷凝以增高系統內的真空度，如用各種冷凍幫浦或冷凝陷阱等，其結構材料常需冷卻到液態氮甚至液態氦溫度。材料在如此低的溫度下性質常與在室溫時不同，例如變硬、變脆等。真空儀器設計用低溫冷凍者除考慮在低溫時的性質外，同時並需考慮材料從室溫降至冷凍溫度時所產生的變化如膨脹、收縮甚至破裂等，有些儀器其器壁亦需冷凍者尤應考慮此些影響。真空系統如既需要加熱烘烤又需要冷凍則其材料的選擇必需兩者兼顧，此類儀器常多屬於超高真空系統。

㈡ 常用的材料

1. 金　屬

若非用於超高真空系統，通常金屬的蒸發其量極微，故可視為不會蒸發。但

有些金屬如鎘、鎂、鋅、鋰、鉀、鈉、銻等在眞空中，尤其溫度高時蒸發的量仍相當可觀，故眞空結構材料應盡量避免使用此些金屬或含有此些金屬的合金。有些焊接材料常含有此類金屬，在製造眞空儀器尤其是操作溫度高的地方如高溫眞空爐等不可使用此類焊接材料作焊接。

選用眞空材料時應參考有關材料的數據手冊等，在一般的高眞空應用多採用不銹鋼（眞空度高於 1×10^{-6} 托爾）。不銹鋼因成份的不同，其性質亦略有差異，通常在眞空應用以 AISI 304，321，及 347 號的不銹鋼最爲常用，其他類的不銹鋼則視眞空儀器的用途而採用。不銹鋼的優點爲材料強度高，質密而不易滲透氣體，可耐高溫及低溫，不會氧化且有抗酸鹼性，此外多數不銹鋼且不具磁性故在一些特殊應用上甚爲有效。

銅及其合金亦爲常用的眞空材料，純銅質軟，且含有氣體故不適用於眞空，特製的**無氧高導性銅** (oxygen-free high conductivity copper 簡稱爲 OFHC) 爲最適用於眞空的銅材料。小型的眞空室，連接管路等常採用無氧高導性銅，唯因其質太軟故不常用作結構材料。銅合金最常見者爲**黃銅** (brass) 及**青銅** (bronze)，黃銅的主要成份爲銅和鋅，靑銅則爲銅錫合金。在普通的眞空系統中，黃銅的應用並不產生問題，靑銅則因多含有鎘、銻等雜質故很少用，此兩種銅合金在高眞空或溫度高的眞空儀器中均不適用。

碳鋼 (carbon steel) 或**純鐵** (iron) 亦有用於眞空系統，尤其在低眞空操作的眞空件，如機械幫浦的外殼及內部機件常用碳鋼或鑄鐵製造。此類材料強度佳，製造容易，且價廉，唯在製作過程中氣體的滲入、雜質以及鑄造時的沙眼、氣泡等對其實用影響甚大，故鑄鐵的選用範圍頗小，熱軋或鍛造的低碳鋼在大型眞空系統頗多採用。應用碳鋼或鐵製的眞空組件，其表面處理甚爲重要，因爲氧化及生銹對眞空影響極大，故選用材料時即應考慮此點。

鋁亦可用於高眞空，但純鋁質太軟用作結構材料並不合適，高強度的鋁合金雖可使用，但焊接處常有微細孔應加注意。鋁合金 6061,3003 及 5054 號有足夠的強度易於焊接且焊接處無微細孔，故頗適用於高眞空。在眞空需用冷凍的地方則以 2219 號鋁合金較佳。

2. 玻　璃

最早的眞空儀器多係用玻璃製成，現在雖然很多儀器改用金屬製造，但因玻

璃透明可見到儀器內部的情形，製作容易並可製成複雜的形狀，易於密封且便於測漏，故仍然很多真空系統採用玻璃或部分採用玻璃如透明窗、玻璃罩等。最常用的玻璃有**硼玻璃** (borosilicate glass) 如商品派來克司玻璃、**鉛玻璃** (lead glass) 及**鈉玻璃** (soda glass) 等，其中以硼玻璃為最常用。硼玻璃的熱膨脹係數甚小易於燒製焊接，又其質密硬度高故適於製作真空儀器。鈉玻璃質軟但價廉，在真空度不高而需大量生產的地方如小型燈泡、真空管等常採用以減低成本。鉛玻璃則多用在真空封口處如燈泡、真空管等。

玻璃的缺點為材料強度小，易於破裂，不耐高溫，在有些地方如細管等處常不能承受重力。玻璃因製作技術上的困難很難製成大型儀器如真空室、加速器等，又因玻璃易被氦氣滲透，即使空氣中微量的氦亦足以使超高真空系統改變其真空度 (見第二㈢ 節)，故超高真空系統多採用金屬以代玻璃。現在的真空儀器用玻璃製造已漸淘汰，但有些地方如透明窗、電子管螢光幕 (如電視映像管、陰極射線管) 等，玻璃仍屬必製。

3. 其 他

除金屬與玻璃外，其他可用作真空儀器的結構材料很少，**水晶** (quartz) 與**石英** (fused silica) 因其可耐高溫 (約達 1000°C)，膨脹係數低 (約 5×10^{-7}/°C)，且有高電絕緣性故可用來製造某些特殊用途的真空儀器。通常因其具有抗化學酸鹼的腐蝕性又對紫外線的吸收甚少故可用作化學分析儀器或一些應用紫外線的儀器，產生紫外線的燈泡亦多以石英製成。水晶或石英因其價格昂貴故若能用玻璃代替則多用玻璃，又因石英較派來克司玻璃尤易於被氦氣所滲透，故有些應用反以用玻璃為佳。**陶瓷** (ceramics and porcelain) 為極佳的電絕緣體，強度高且可耐溫度的突然變化，但因製作不易故除用在電絕緣等接頭處外尚未見有用作真空外殼等結構材料。**塑膠類** (plastics) 或**聚合分子** (polymer) 等材料可用於低真空 (壓力大於 10^{-4} 托爾) 系統，但因其蒸氣壓相當高，不耐高溫，有放氣現象故高真空儀器多不採用此類材料。塑膠因其價廉且易於塑製成形大量製造故在用低真空 (或抽真空後再充氣) 的地方，如塑膠燈泡等常用其製造外殼。其他材料如硬橡皮、合成橡皮等或因其易於放氣或因其製造技術困難，故均不採用作結構材料。

四、真空附屬材料

㈠ 內部用材料

用在真空系統內部的材料除必需具備有其特殊用途所要求的性質外，最重要的條件為不會放氣、蒸發及分解。金屬材料必需避免表面上氧化或生銹。多孔性的物質因其中必吸收大量的氣體故常不合用。有些真空儀器其內部在操作時常需加熱，如電子管中的燈絲等，故應考慮物質在高溫時的蒸發。鍍鎘或鍍鋅的零件應避免使用，因鋅與鎘在真空中會蒸發尤其當溫度高時更甚。真空內部用的機件製造時應使其表面光滑如鏡以減少氣體吸附的可能性，不論係金屬抑或非金屬材料均以質密均勻可精密加工者為佳。茲將真空內部常用的材料分類簡述如下：

1. 絕緣體

絕緣體可分為熱絕緣體與電絕緣體兩種，大多數絕緣體均同時為熱及電的絕緣體，但亦有一些物質如**氧化鈹** (beryllia) 及**藍寶石** (sapphire) 等為電絕緣體但為熱導體。在真空中可用的絕緣體當視操作時的電壓及溫度而定。玻璃、水晶、石英為優良的電及熱絕緣體，可用作真空中電極間的絕緣。石英及水晶可耐較高的溫度 (約 1000°C)，故亦可用作加熱**坩鍋** (crucible)。此類物質的缺點為不能機械加工，不能承受較大的力 (如壓力及張力等)，遭遇震動或急驟的溫度變化常會造成碎裂。玻璃、石英類的材料在加工製造時多係製成棒狀、球狀、片狀或環狀，但因不能製成螺紋或特別形狀故在應用上頗多不便。**雲母** (mica) 亦為甚佳的電及熱絕緣體，通常為片狀，以透明的**白雲母** (muscovite) 較為適合真空用。其他種雲母如棕色的**黑雲母** (biotite)，因其中含有鐵的化合物等成分易於放氣故不適於真空用。通常雲母多用於真空電子管的絕緣用，應注意雲母的熔點雖約在 1130°C，但在溫度超過 650°C 後其機械性質即變弱，故設計真空儀器用雲母時要考慮此點。

陶瓷為極佳的熱及電絕緣體，而且材料強度亦甚強，溫度可耐約 1300°C(視成份的不同而異)。通常**陶瓷** (ceramics) 為一通稱，其定義為一群**無機非金屬化合物** (inorganic nonmetallic compound) 經**燒製** (firing) 後成為硬的固體

結晶組織的物質。陶瓷有三基本種類，即純氧化物類、矽酸物類以及特殊用途的氮化物、硼化物、碳化物等類。前兩類較常用作真空絕緣材料，氧化物多係用人工製成，故可得很純材料以適真空的要求，矽酸物則多數為天然礦產品，故常會有雜質，其性質亦隨所含之雜質不同而異。陶瓷經燒製後通常有很多小孔，一般的陶瓷含小孔的總體積約為百分之十，陶瓷的結構雖為結晶組織，但其中仍有一部份為玻璃狀結構，此玻璃狀結構的作用為填塞此些小孔而使其氣密。矽酸物的陶瓷其中的玻璃狀結構所佔的比例較高，**瓷** (porcelain) 所含的玻璃狀結構可高達 70%，此種結構的多少對陶瓷材料的機械強度、電性質均甚有關。陶瓷材料用以製造真空絕緣件，通常均先研成粉末然後用水或一些**有機黏合劑** (organic binder) 使其成黏土狀，然後再用各種方式如模製、壓製等來成型，最後在爐中燒製而成。燒製成的陶瓷件均甚堅硬很難加工，有些僅能用鑽石刀具來加工，但均易脆裂或成削片，故用陶瓷製造絕緣件多在燒製前即已成型，燒製完成後即不再加工。大多數陶器材料經燒製後均會收縮 (除有少數燒製後會膨脹如 LAVA Grade A) 故在成型時應考慮收縮量。此收縮量常不能非常準確控制，有時隨製件的厚度而不同，有時因燒製的技術，如加溫及冷却的速度、最高所達的溫度，甚至爐中所放的氣體或係真空等而異，故製品的尺寸很難控制到非常精確，這也是陶瓷材料最大的缺點。現在常用在真空的陶瓷材料有**氧化鋁** (aluminum oxide)、**氧化鈦** (titanium oxide)、**氧化鋯** (zirconium oxide)，**氧化鈹** (beryllium oxide)、**矽酸鎂** (magnesium silicate)、瓷以及**滑石** (talc 或 soapstone) 等。 氧化鋁在電、熱及機械強度方面最佳，但其製造困難價格因而高昂。陶瓷材料常為數種混合而成，高含量的氧化鋁陶瓷材料含氧化鋁 (Al_2O_3) 在 85% 到 100% 之間，其燒製溫度也比較高，約在 1700°C 到 1850°C 之間。氧化鈹 (BeO) 有頗高的導熱能力，故用在需導熱而又電絕緣的地方很適用，但應注意其在燒製前的粉末狀態非常有毒性，如被吸入肺中會生致命的疾病。氧化鋯 (ZrO_2) 或氧化鋯與氧化矽的混合物稱為**鋯瓷** (zircon porcelain, $ZrO_2 \cdot SiO_2$)，其熱膨脹係數很低可與金屬**鉬** (molybdenum) 相配以作真空導引，但其有較高的**介電常數** (dielectric constant)，故應用時應加注意。一種含滑石 ($3MgO \cdot 4SiO_2 \cdot H_2O$) 成份在 70% 到 80% 間及 20% 到 30% 的**瓷土** (china clay) 和一些少量鹼金屬或鹼土金屬的氧化物稱為**凍石** (steatite)，在約 1400°C

溫度下燒製完成後成份為 MgSiO₃ 的晶體組織與高氧化鹼含量的玻璃組織。凍石燒製的溫度需精確控制在±10°C 的極限範圍內，故製造困難。較佳的另一種含較高鎂化合物成份的陶瓷材料稱為**福斯特萊** (Forsterite) 主要成份為 Mg₂SiO₄，其燒製溫度範圍可較廣，**介電損失** (dielectric loss) 較低，溫度膨脹約與軟玻璃相近，即膨脹係數為 11×10^{-7}/°C，故可與**鉻鐵合金** (chrome iron) 或鈦相配用。

絕緣材料如僅能靠燒製成形則欲達到精密配合就非常困難，因之，可加工的絕緣材料就成為真空儀器中很重要的問題。若干年來可加工的絕緣材料在陶瓷類可分為燒製前加工與燒製後加工兩種。在燒製前加工的材料如**拉哇** (Lava) 係商用名稱的陶瓷材料，主要成份為天然滑石，以及鎂的化合物，其他的成份視其應用的範圍而不同。在真空用的拉哇為 1137 號，在一般用的為 1136 號及 A 級，此種材料製成棒狀、塊狀或片狀，在燒製前質軟可任意加工製成各種形狀，並可俥製螺紋。拉哇視成份的不同，燒製的方法也不同，通常徐緩加熱到 1100°C 左右，若係用於真空的絕緣件則常在氫氣中燒製，亦可在真空中燒製。拉哇經燒製後會收縮 (1136 及 1137 號)，或膨脹 (A 級) 故製造時應預計其尺寸的改變，若絕緣件太厚則燒製時溫度上升及冷却的速度應緩慢，否則會破裂。很薄的絕緣件可用拉哇製成，燒製時只需小心不被碰破，則燒成品有頗高的強度使用方便。

燒製後加工的材料有可用在高溫的**氮化硼** (boron nitride)。氮化硼有滑石般的性質，亦被稱為**白色石墨** (white graphite)，可用一般的切削工具加工成形，且加工後不需燒製即可使用，故在真空儀器頗為有用。氮化硼絕緣良好，有優良的介電性質，且很能承受熱突變，其脆性並較一般陶瓷為低。氮化硼的材料強度較差，僅約為氧化鋁的一半，故易於磨損或破損，又因其易於吸水，故其製件必需貯藏在真空或防濕的器具中，否則使用前必需烘烤以除水氣，就因此些缺點，加以其價格昂貴，故氮化硼未被廣泛的採用。

其他在燒製後可加工的材料亦有數種，如**玻璃結合的雲母** (glass bonded mica)、**矽酸鋁** (alumino silicates) 等有的需用鑽石切削，有的雖可加工，但易於削碎或具有多孔性及機械強度差，故均不太實用。

玻璃陶瓷 (glass-ceramics) 係將玻璃類的物質用一種加入**晶體形成核心劑**

(crystal-forming nucleating agent) 的熱處理過程使其從非結晶結構轉變成晶體結構的物質。此種玻璃陶瓷在器皿應用甚廣，因其可耐高溫 (與玻璃比較)，機械強度高不易破裂；但在眞空的應用並不廣，因製造不易且甚難加工。近年來美國**康甯** (Corning) 公司研究出一種**可加工的玻璃陶瓷** (machinable glass-ceramics) 簡稱爲 MGC，因其結構爲一種特別的**微結構** (microstructure) 故旣可加工又有足夠的機械強度。MGC 的質密無微小孔，對氣體的滲透即使氦氣亦甚少故適於作眞空緊密用。MGC 可用普通的加工方法加工，俥製時可用高速鋼刀具及水油冷却，用碳化鎢刀具可得更佳效果，加工後卽可使用不必再燒製。MGC 不吸水，不易油污，可以淸洗，且其**介電强度** (dielectric strength) 甚高約 1000 伏/千分之一英寸，爲甚佳的電絕緣體。此種材料可耐熱到約 1000°C，但其熱膨脹係數在從室溫至 400°C 範圍時爲 9.4×10^{-6}/°C，在 600°C 時爲 1.1×10^{-5}/°C，在 800°C 時爲 1.23×10^{-5}/°C 約與**鈉鈣玻璃** (soda-lime glass) 的熱膨脹性質相近故亦可與鈉玻璃配合應用。MGC 材料價格不甚昂貴且應用方便，故有逐漸被眞空儀器界採用的趨勢。

其他絕緣材料如鐵氟隆亦常用於眞空系統中，如電線的絕緣套管、高電壓接頭、襯墊等，但其不適用於高溫，因在高溫時會熔化分解氣化，故使用時以不超過 150°C 爲宜。鐵氟隆在常溫雖不吸收氣體亦不會放氣，但在溫度稍高時仍有放氣的情形，又因其有**冷流** (cold flow) 性質 (卽不加溫僅加壓力，其材料有延力的方向變形的趨勢) 故在應用上受限制。電木、蠟、硬橡皮、石棉、紙，甚至一些塑膠材料雖然有些爲甚佳的絕緣材料，但因其在眞空中會放氣故均不能應用。至於各種寶石如藍寶石或紅寶石等以至於鑽石均有在眞空中使用作絕緣或耐磨的機件如軸承、支承點、精密襯墊等，但因其價格昂貴故並不普遍被採用。

2. 導　體

導體亦分爲熱導體與電導體與絕緣體情形完全相似故不重複。一般在眞空中所用的導體多爲電導體，僅少數產生高熱地方有時需用熱導體。電導體多爲電極及導線等，導線以裸線卽金屬線上不包有絕緣體或絕緣漆爲佳，但有必要時可用鐵氟隆套管、瓷管、石英管、玻璃管等作爲線的絕緣體。金屬導線常用純銅製造，但因銅內常含有氣體，尤其是氧氣對眞空頗爲有害，故現多採用特別製造方法以除去其中所含氣體。銅的優點爲電導高適於高電流應用，但不易**點焊** (spot welding)。在真空應用多採用扭接、夾接或用銀焊但不可用一般電路焊接的錫焊，以免產生放氧的可能。 **鎳鉻姆** (nichrome)、不銹鋼、**科哇** (Kovar) (見附註)、鉬及其合金等亦常用作導線在電流不大處用之。此些金屬材料電阻較大，故可用點焊焊接，其中有些材料的膨脹係數與某些玻璃或陶瓷材料者相近尚可用作導引 (見下節電導引)，又因此些材料的強度佳且可耐較高溫度故在連接發高熱如燈絲等處的電路較為適宜。

表 5.5　金屬的操作溫度

金　　　　屬	最大操作溫度 (℃)	熔點 (℃)
銅	149	1082
莫涅耳合金 (Monel)	538	1343
低碳鋼	649	1525
430 號不銹鋼	843	1427
347 號不銹鋼	899	1399
316 號不銹鋼	899	1371
304 號不銹鋼	899	1427
446 號不銹鋼	1093	1399
310 號不銹鋼	1093	1399
309 號不銹鋼	1093	1399
印科涅耳合金 (Inconel)	1149	1427
鎳	1260	1454
鉑	1677	1773
鈮	1982	2468
鉬	2200	2622
鉭	2480	1996

　　導體除電導線外，其他如各種電接頭、電極等均係用金屬製成。通過電流大的接頭或電極多用純銅或純銀因其導電及導熱均甚優良。有高溫處的電極多採用不銹鋼、鉬、鉭或鎢製造，因此等金屬的熔點均甚高見表 5.5。石墨為良電導體，其強度稍差，通常在真空中用作電極或加熱坩鍋，在電弧及電火花所用的電

極 (俗稱碳棒) 亦以石墨爲最佳。用作測量溫度的**熱電偶** (thermocouple) 通常係以兩種不同的金屬焊接而成，此所用的**金屬偶** (couple) 視要求測量的溫度範圍而定，表 5.6 爲常用的熱電偶及其應用的溫度範圍。

表 5.6 常用熱電偶

金　　屬　　偶	連續使用的溫度範圍 (°C)	短時間使用可達溫度 (°C)
銅/康銅 (constantan)	−185 到 400	600
鉻貿 (chromel)/康銅	0 到 980	1100
鐵/康銅	−185 到 870	1100
鉻貿/鋁貿 (alumel)	−185 到 1260	1350
鉑/鉑銠合金 (Pt+13%Rh)	0 到 1590	1700
鉑/鉑銠合金 (Pt+10%Rh)	0 到 1540	1700
鉑銠合金 (6%Rh)/鉑銠合金 (30%Rh)	38 到 1800	—
銥/銥銠合金 (60%Ir+40%Rh)	1400 到 1830	—
鎢錸合金 (3%Re)/鎢錸合金 (25%Re)	10 到 2200	—
鎢/鎢錸合金 (W+26%Re)	16 到 2800	—
鎢錸合金 (5%Re)/鎢錸合金 (26%Re)	0 到 2760	—
鎢/鉬	1000 到 2500	2500

附註：**莫湼耳合金** (Monel) 含 60% 到 70% 的鎳其餘成份爲鈷及少量的鐵、錳等。**印科湼耳合金** (Inconel) 爲含 79.5% 鎳，13% 鉻，以及 6.5% 鐵的非磁性合金。**康銅** (constantan) 含 40% 到 45% 鎳及 60% 到 55% 銅，亦有含少許 (約 0.5%) 鐵，其熔點爲 1210°C。**鉻貿** (chromel) 爲一種鎳鉻合金並含有鐵，其熔點約爲 1400°C。**鋁貿** (alumel) 爲高鎳含量的鋁合金，常含有少量的鐵及錳，其熔點約爲 1400°C。**鎳鉻姆** (nichrome) 含 59% 鎳加鈷，15.5% 鉻，其餘爲鐵，其電阻較高。 **科哇** (Kovar) 含 29% 鎳， 17% 鈷，53.7% 鐵及 0.3% 錳， 其熔點爲 1450°C， 熱膨脹係數在溫度 30°C 到 500°C 範圍內爲 57 到 62×10^{-7}/°C。

3. 電熱體

在真空儀器中，常有許多需加熱的地方，例如產生電子、離子、熔融、燒鑄、再結晶等等。通常加熱方法多採用**電熱** (electric heating)，亦即利用電能直接或間接的轉變成熱能。最常用的電熱為電阻發熱與高頻率交流感應發熱，其發熱體除有用石墨 (如電弧電極) 外，多用鎢、錸、鉬、鉑、鉭或鎳鉻姆等製造，茲將此類物質的性質列表於表 5.7 以作比較：

表 5.7　常用作發熱體的金屬

種　類	熔點（℃）	性　　　　　質
鎳鉻姆		高電阻，可點焊，不生銹，不會氧化
鉬	2622	無磁性，展延性較佳，低蒸氣壓，可點焊在大多數金屬上
錸	3176	展延性佳，不易氧化，可耐高溫，功函數高，蒸氣壓為鎢的十倍
鉭	2996	除氫氟酸外可抗一切酸，機械性質與軟鋼相似，可點焊，高溫時易氧化，易與氫結合變脆，蒸氣壓較錸小 1.5 倍
鎢	3382	金屬中張力強度最強者，非常硬，可點焊，電阻高，功函數高
鉑	1773	展延性極佳，抗酸，不與多數物質起作用

4. 冷卻系統

在真空儀器中需要冷却的地方所用的管路、冷却面、接頭或活門等其材料的選擇必需考慮各相連部分的冷縮熱脹的性質。進入真空內部的管路等應有足夠的強度以抗拒管內外的壓力差，而且要能防冷凍劑的腐蝕。銅、鋁及不銹鋼均有用於真空冷却系統，但不銹鋼對熱傳導很差，鋁及其合金導熱佳但強度及抗腐蝕性較差，銅亦易被腐蝕且會放氣，故很難找到非常完美的材料。在設計時當視真空系統的性質而選擇材料，所用的冷却劑如水、液態氮、或**冷媒** (freon) 等對冷却系統的設計關係最大。管路進出真空部分其材料的熱膨脹係數必需與真空儀器結構材料的膨脹係數配合，如需焊接則焊接處亦應考慮此點。應注意材料在低溫

(如液態氮溫度) 時的性質常會改變，故管路與儀器的接合若採用襯墊氣密的方法應愼重考慮此因素。

間接傳熱法利用**熱導渠** (heat sink) 將熱吸走而傳到眞空外部再用其他方法冷却，如此則可避免直接冷却方法所用的管路可能的漏氣。間接傳熱法在發熱不多或溫度相差不太大處應用最適宜，其熱導渠通常可用良導熱體如鋁、銅等製造。在小散熱面積處可用金或銀作熱導渠，如又需電絕緣又需導熱則可用**藍寶石** (sapphire) 或**氧化鈹** (beryllia)，但此些材料均屬價格昂貴，故應用不普遍。應用熱導渠通常係將其與發熱體接觸，再由其接觸眞空儀器外殼將熱傳出。亦有利用儀器外殼爲熱導渠而在儀器外用直接冷却以散熱。薄雲母或玻璃棉亦可用在熱導渠與發熱體之間以作電絕緣因其價格較廉，且製造方便。利用**熱電冷却** (thermal-electric cooling) 在小型的直接冷却亦甚有效，此冷却系統其操作原理爲熱電偶的反用，故所用材料與熱電偶相同。熱電冷却亦可達甚低的溫度，但在應用時應注意電的絕緣。

(二) 眞空與大氣相接的外部機件所用材料

第三節所討論的材料均係眞空主體所用的結構材料如眞空室、眞空罩、眞空管、眞空幫浦或眞空計等的外殼、外套或外壁等，本節將敍述連接在此些主體上的機件所用的材料。因爲這些機件有大小不同，但多數均不在眞空儀器內部，故其材料多屬於結構材料。只是有些機件並不能承受很大的力或有某些特殊的要求，故所用材料亦可異於結構材料。茲將常用的外部機件分述於下：

1. 接頭 (connector 或 flange)，**電導引** (electric feedthrough 或 lead-through) 及**機械導引** (mechanical feedthrough)

眞空儀器的主體與管路、幫浦、眞空計，或各種活門等的連接其相連的地方我們稱之爲接頭。接頭分爲可折性接頭與不可折性 (永久性) 接頭，在儀器的機件一旦連接後就不需折開處的接頭多用永久性接頭，在有折開可能的機件連接則多用可折性接頭。不可折性接頭多採用焊接，通常電焊或氣焊均可使用，錫焊因熔點低且有放氣可能， 故很少採用 (有關眞空機件的焊接將在第六章中詳細討論)。玻璃類的眞空儀器其接頭可直接燒熔連結。可折性的接頭在玻璃儀器多採用磨沙接頭 (玻璃接玻璃或玻璃接金屬) 或抽氣嘴 (玻璃接橡皮管)，在金屬製機

件最常用接頭為**法郎盤** (flange) 而此法郎盤則用焊接方法接於機件上。利用各種**襯墊** (gasket)、**O形圈** (O-ring) 等及螺旋固定的接頭以連結機件亦為常用。通常接頭的材料多與機件或儀器主體的材料相同,而焊接材料或襯墊材料則視各種情況而不同,但熱膨脹係數為主要的考慮。在不同的材料相接時如其熱膨脹係數相差頗大,則應選擇中間連接物其材料的熱膨脹係數介於兩者之間。表 5.8 列舉一些常用的接頭材料,焊接材料及接頭間所用的襯墊材料。

表 5.8 常用接頭、焊接及襯墊材料

接頭的材料	焊接接頭所用的材料	可折性接頭間所用的襯墊材料
不銹鋼-不銹鋼	1. AISI347 不銹鋼焊條	無氧高導性銅,純鋁,O 形圈
	2. 308 ELC 不銹鋼焊條	**維通** (viton) **橡皮**,
	3. 銀銅焊條 (含 5-15% 鎘) 用 Easyflo 作焊劑	金,銦,銀
銅-銅	Eutetic 銀銅焊條 (Ag:Cu=72:78 熔點 779°C) 用 Easyflo 作焊劑	O 形圈及維通橡皮
科哇-不銹鋼 (或銅)	與銅接銅相同	與銅接銅相同
銅-不銹鋼	中間連接物用科哇	與銅接銅相同
玻璃-玻璃	直接燒熔連結,不用焊劑及焊接材料	玻璃磨沙後用**矽脂** (silicone grease) 或用 O 形圈
玻璃-科哇	中間連接物用康甯 7052 號玻璃或**菲力浦** (Philips) 28 號玻璃	O 形圈或維通橡皮
玻璃-不銹鋼 (或銅)	中間連接物康甯 7052 號玻璃與科哇相接	O 形圈,維通橡皮,或銦絲

表 5.8 所列不過舉幾個例子說明接頭相接所用材料的情形。金屬焊接除用電焊及氣焊外亦有應用錫焊者,但錫焊所用的焊錫必需避免含有鋅、鎘等金屬,

表 5.9 襯墊材料

名　　稱	在 20°C 時蒸氣壓（托爾）	一　般　應　用　要　點
天然橡皮 (natural rubber)	$\sim 10^{-5}$	彈性好，可溶於礦油及溶劑，高滲透性，易放氣
丁基橡皮 (butyl rubber)	$< 10^{-6}$	襯墊材料，可抗溶劑及礦油，滲透性低
矽橡皮 (Silicone rubber)	$\sim 10^{-5}$	在較高溫度下（到約 400°F）用作襯墊較大滲透性，放氣性佳
尼奧普林橡皮 (neoprene rubber)	$\sim 10^{-5}$	會放氣，低滲透性，抗一般溶劑及礦油，用作襯墊
亥卡耳橡皮 (hycar rubber)	$< 10^{-5}$	同上
邁哇思耳橡皮 (myvaseal rubber)	$< 10^{-5}$	同上
璐賽 (lucite)	$< 10^{-5}$	熱塑性，加工性能佳，具有可應用的光學性能
尼隆 (nylon)	$\sim 10^{-5}$	電絕緣，易吸濕
鐵氟隆 (teflon)	$< 10^{-6}$	化學性鈍，可作絕緣及襯墊材料，耐溫可達 500°F，不放氣，室溫下有冷流的性質，可用於低溫
聚烯塑膠 (polythene)	$\sim 10^{-6}$	電絕緣，高直流電阻，會放氣
聚乙烯 (polyethylene)	$\sim 10^{-6}$	電絕緣，高直流電阻
聚苯乙烯 (polystyrene)	$\sim 10^{-6}$	電絕緣，熱塑性，高直流電阻
克耳-F (Kel-F)	$< 10^{-5}$	電絕緣，襯墊材料，化學性鈍
醋酸纖維 (cellulose acetate)	$\sim 5 \times 10^{-6}$	熱塑性，加工性佳
茄洛克 8773 號 (Garlock No. 8773)	$\sim 10^{-5}$	80 度硬度矽橡皮，襯墊材料，適用於較高溫度
維通 (viton)	10^{-9}	襯墊材料，不放氣，滲透性低可耐 250°C

因其易揮發造成眞空系統中長期的放氣並無法用烘烤方法消除此放氣的原因 (因焊錫的熔點低不適於加高溫)。在實用時對於焊接材料如焊條等以及焊劑的選擇應參考市場供應的各種產品以及所採用焊接的技術。應特別注意者,有些焊接材料內含微量易高溫揮發的雜質或成份,在焊接時會造成微細孔或遺留在系統內造成長期放氣來源,故選擇商品及焊接技術時應詳加考慮。

襯墊材料其中所用的**彈性體** (elastomer) 材料如維通橡皮、O 形圈等最爲常,其他類似性質的材料亦在各種儀器部分應用,表 5.9 列舉一些彈性體材料及**可塑體** (plastics),其蒸氣壓及應用的要點以作參考。

電導引亦稱**電通導** (electric passthrough) 爲介於眞空內部與外界的導電體,其主要的用途爲將電流或電壓經由此導引傳到眞空儀器內部。在玻璃儀器的電導引較爲簡單,只需選擇與所配玻璃有相同熱膨脹係數的金屬導線直接經由儀器穿入並焊於玻璃上 (玻璃與金屬相接見表 5.8)。在金屬儀器所用的電導引必需考慮絕緣的問題,尤其在高電壓更爲重要。在電流甚大時除應考慮熱膨脹問題,而且要考慮熱傳導,有時尙需另加冷却裝置。電導引的製作需高度技術,除在材料的選擇外,製造過程需考慮多種因素,通常多採用陶瓷或玻璃 (亦有用石英) 爲絕緣物,而導體則視用途而選擇不同的金屬或合金。高電流導體多採用無氧高導性銅 OFHC,而鎢、鉬、鎳鉻姆、科咓、或**杜麥合金***(Dumet metal) 則常用作電壓的傳導。在製作電導引時通常在絕緣體,如陶瓷與金屬間加一層黏膠,如**氫化鋯** (zirconium hydride) 加**硝化纖維** (nitrocellulose) 溶液及**硬焊劑** (hard solder)(銀或銀銅焊劑),然後在眞空中或乾燥的氫氣或氮氣中加熱到 800 至 1000°C 冷却後即可完成。黏膠亦有用**氫化鈦** (titanium hydride) 及 85% 銀加 15% 鋯製成以膠合陶瓷、鑽石、藍寶石及**碳化物** (carbide)。

注意,有些金屬如鎢過去曾用作電導引,但因其易於滲透氣體,故在較高眞空處已改用其他金屬如科咓。通常科咓尙不能直接與**派來克司** (pyrex) 玻璃焊接而需用中間物如**科代耳** (Kodial) 玻璃或康甯 7052 玻璃等來連結。

機械導引係用以將機械動作從眞空儀器外部傳入內部。常用的機械運動爲直線運動與旋轉運動,在直線運動有 X,Y,Z 三個方向,在旋轉運動可爲弧形運動或連續 360 度旋轉。運動的快慢,時間的長短,力的傳遞的有無均爲

---

*杜麥合金爲鐵鎳合金,約 42% 鎳,58% 鐵,通常製成線外包以銅。

必要的考慮，關於機械導引的構造等將於第六章中討論，本節僅介紹機械導引的材料。一般機械導引的主件多用不銹鋼製造，其進入真空儀器處以用不銹鋼 (或銅合金) 的**彈簧箱** (bellow) 爲最佳，但在運動量大或傳力甚大處彈簧箱有時不易應用。利用墊圈、滑環等既作傳動支承又作氣密襯墊在很多地方常甚需要，此種墊圈或滑環多用鐵氟隆製作，**維通** (viton) 亦可使用但因其磨擦係數甚大故必需用潤滑劑如矽脂等，鐵氟隆本身有滑潤作用故不需潤滑劑，但因其有冷流性故使用一段時間後常需調整或更換襯墊。彈簧箱的焊接以銀銅焊為最常用，因彈簧箱材料均甚薄，故其焊接甚需技術。

用間接方法傳動，尤其是旋轉運動利用磁力帶動亦爲甚有效的機械導引。在真空內部的機件其材料除一般的考慮外受磁力驅動的部分必需用磁性材料如鋼、鐵，或磁性不銹鋼等，在真空外部傳動處則用強磁力永久磁鐵。磁力機械導引在傳力不甚大處應用甚便，又因其傳動不穿過真空儀器外殼故絕無漏氣的機會。

2. 管路及活門

真空系統所用管路除於前第 (一)4 節內已討論冷却水管外，本節僅就真空管路的材料分別討論。真空管路按照其中的真空度可分爲高真空管路及粗略真空管路，前者係連接真空系統中高真空的各部分如高真空幫浦、真空計、活門等所用的管路，後者則爲連接前段幫浦、真空計及活門所用的管路。因爲真空度的不同，故管路所用的材料也可以不同，高真空管路幾乎均採用不銹鋼無縫管，銅管在一些特殊情形下也有採用，管路的焊接可用電焊或氣焊視管的厚薄而選擇焊接方法。粗略真空管路因真空度不高且所接的幫浦抽氣率高故可用真空橡皮管 (人造橡皮)、**泰宮** (tygone) 管、鐵氟隆管等。不銹鋼管及銅管當然可以應用，但粗略管路常需彎曲及移動故用金屬管時有時還需加彈簧箱管 (即利用與彈簧箱同樣構造的管子，可以彎曲或移動) 故價格較貴。塑膠管如 **PVC** (polyvinyl chloride) 管在低真空亦有應用，因其價廉，但甚易放氣故用時應注意此點。

真空儀器所用活門有內部用的活門如幫浦與管路間的活門、真空計前的活門、分隔真空室的活門等，也有與大氣相通的活門如放氣活門、大氣隔絕活門等。活門的材料大致與結構材料相同，但因其常需開閉，故必需配以襯墊或彈簧箱等。高真空活門多用維通橡皮及不銹鋼彈簧箱製成 (活門的構造見第六章)，銅合金及鋁合金甚至鑄鐵亦有用作普通真空活門，而鐵氟隆、O 形圈或矽橡皮

等亦常用作其襯墊材料。

3. 真空黏填及潤滑劑

　　真空黏填劑 (bonding and sealing compound) 主要是用來黏著一些真空件如透明玻璃或石英窗，真空計的測壓管或敏感子等以及添加臨時性物件如電極、接頭等。在真空儀器的漏氣地方亦用以堵漏 (見第七章)。利用黏填劑不論是膠固機件或者是填塞漏氣孔均屬於暫時性的辦法，在設計良好的真空儀器應不用此類物質，因黏填劑通常不耐高溫，有放氣的可能 (多數由於其中殘餘溶劑的氣化)，且使用不當時會有氣泡。黏填劑的材料多屬**樹脂** (resin) 或**蠟** (wax) 類及**水泥** (cement) 類，按照其使用方法可分成冷結及熱結兩種。冷結材料的黏填劑在常溫為膠狀或固體，經加熱後變軟或熔化，經塗在所需工作的地方冷却後就硬固黏結。此類材料如黑蠟及黃蠟等在 50 到 60°C 時變軟即可應用，其蒸氣壓約在 10^{-6} 托爾範圍，故在中度高真空應用頗為方便，但因其質軟且在過冷溫度時又會脆裂，故只在粗略真空或臨時性找漏工作 (見第七章) 用之。日本昭和理化株式會社所出的一種高真空膠係加熱應用冷卻後可耐 10^{-7} 托爾高真空，其加熱的溫度為 100°C。美國 GE 公司所出的**高真空堵漏劑** (vacuum leak sealer) 為一種液體，加熱到 200°C 變乾而堵住漏孔亦可耐真空度 10^{-7} 托爾。樹脂類的黏填劑常將樹脂物質與溶劑分開，只在應用時混合，一經混合後就必需使用，因其乾燥後即變硬，此類黏填劑通常稱為**環氧樹脂** (epoxy resin)。環氧樹脂通常屬於熱結的一種，因其加熱後即變乾硬，美國**阿爾特凱** (Ultek) 公司所產的**真空填劑** (Vac-seal) 即為其中的一種。此外屬於水泥成份的真空黏填劑成份常含陶瓷材料，因此當結固後就非常堅硬，美國**邵爾萊申水泥公司** (Sauereisen Cement Co.) 所產的一種**附著水泥** (adhesive cement) 即屬此類。此種材料係用水滲和後使用，先徐徐加熱到 150°C 使大部分水份乾燥後再盡高加熱至完全乾透為止，乾燥後使用情況良好無放氣現象，應注意此種材料一旦變乾後即無法再用，又此種材料氣密程度不夠。

　　好的黏填劑可耐真空度到 10^{-10} 托爾，且結固後不易被水、酸、鹼及有機溶劑所溶解，但一般多不能耐高溫，故如若除去此黏填劑可用火燒到 300°C 以上則大多數均會被燒去。

　　真空潤滑劑多數用在各種襯墊或 O 形圈，其作用使此些襯墊柔軟而在受

表 5.10 真空黏填劑及潤滑劑

名　　　稱	熔　點 (℃)	20℃ 時的蒸氣壓 (托爾)	一 般 應 用 的 要 點
阿匹松油脂 L (Apiezon grease L)	47	$10^{-10}-10^{-11}$	配合精良的磨沙接頭 (非龍頭活門) 安全操作溫度為 30℃
阿匹松油脂 M	44	$10^{-7}-10^{-8}$	一般用途，安全操作溫度為 30℃
阿匹松油脂 N	43	$10^{-8}-10^{-9}$	玻璃龍頭，安全操作溫度為 30℃
阿匹松油脂 T	125	10^{-8}	安全操作溫度為 110℃，可用於較高溫處
矽脂 (玻璃龍頭用)	215	$<10^{-5}$	可用於高溫，在玻璃儀器用之
高真空矽脂	—	$<10^{-10}$	在高真空 O 形圈，維通橡皮等處用之
邵爾萊申附著水泥 (Sauereisen adhesive coment)	可用到 590℃		固著真空管，黏合玻璃或陶瓷於金屬，氣密不佳可溶於沸水及鹼，或為陶瓷粉溶於水、玻璃中
盧柏利思 (Lubriseal)	40	$<10^{-5}$	一般真空油脂用途
阿匹松蠟 W-40	45	10^{-3}	中度柔軟蠟，安全溫度 30℃，用於有振動的接頭
阿匹松蠟 W-100	55	10^{-3}	中度硬蠟，安全溫度 50℃，用於有振動的接頭
阿匹松 Q	45	10^{-4}	軟蠟，安全溫度 30℃，臨時堵漏，真空罩用
阿匹松蠟 W	85	10^{-3}	硬蠟，安全溫度 80℃，用於永久性接頭，溶於甲苯
派申 (Picien)	80	$10^{-6}-10^{-8}$	佳電絕緣，黏填劑，用於黏雲母窗，填小漏，在 50℃ 時變軟，對有機液體及無機酸鈍，為黑蠟
邁哇蠟 (Myvawax)	72.5	1×10^{-6}	軟碳氫蠟，可溶於石油，乙醚，四氯化碳，及苯，但不溶於酒精，丙酮等，易黏附於玻璃及金屬
色哇生 (Celvacene)	90	10^{-6}	用於真空加熱處的黏填劑，淡黃透明色 (輕級)
色哇生 (中級)	120	$<10^{-6}$	一般真空用途，用於加熱處，棕黃透明色
色哇生 (重級)	130	$<10^{-6}$	用於橡皮襯墊，金屬接橡皮接頭，可加熱，紅棕色氧化鋁加水成糊狀然後燒結，用以固定電熱絲如鎳鉻姆等
阿隆頓水泥 (Alundem cement)	燒結溫度 1100		

壓力下流動填塞到不平的孔、痕等處。現在最通常的潤滑劑為**矽脂** (silicon grease)，多數可用於高真空。應注意此等潤滑劑並非用作黏填作用，在應用時用的量不需太多，過多的潤滑劑如存在於真空系統中會有放氣的可能。用在真空罩、玻璃磨沙接頭、玻璃**龍頭活門** (stop cock) 的潤滑劑的黏滯性需較大，用在 O 形圈、維通橡皮襯墊等處則黏滯性較小。有關真空黏填劑及潤滑劑的性質見表 5.10。

4. 真空用油

油用在真空中除在第三章中介紹真空幫浦時敘述機械幫浦與蒸氣噴流幫浦所用的油外，其他地方均未見有用。擴散幫浦油的性質已在第三章中的表 3.1 介紹過，故在此不重複敘述。至於機械幫浦所用的油則多為礦油，應注意各廠商所出產的機械幫浦其成份常不相同，故絕不可混合使用。又若更換不同廠牌的幫浦油亦必將舊油清理乾淨，否則即使少量不同油的混合就會影響抽真空的效率，甚至會損害幫浦。

5. 真空用乾燥劑 (drying agent)

乾燥劑通常係指吸水份的材料，其與第三章所述吸附幫浦所用的吸附劑不同，吸附劑通常除吸附水氣外，各種蒸氣及氣體亦均可能吸附。有些乾燥劑亦具有吸附劑的作用，但在乾燥劑的應用多以吸除水氣為目的，例如在各種真空計的校正或幫浦的抽氣速率測定等所用的乾燥氮氣或空氣多先經過乾燥劑除去水份。有關吸附劑 (亦可用作乾燥劑) 部分已在第三章中討論吸附幫浦時敘述過故在此不重複，本節將重點討論幾種常用的乾燥劑。

矽膠凝體 (silica gel) 為脫水的**矽酸** (silicic acid)，其不僅能吸收水氣而且對各種氣體及蒸氣均有吸收能力，不過其吸附能力不如前述的吸附劑如活性碳及活性沸石等。矽膠凝體呈藍色，但吸收水氣後藍色變淡，飽和後呈白 (帶淡紅) 色，可加溫烘烤 (100°C 以上) 使水氣蒸發而復原變回藍色再使用。此種乾燥劑用途甚廣，使用處理方便。

氧化鋁 (alumina) 吸水性甚強，亦為優良的氣體吸附劑，可加熱到 1000°C 左右，純氧化鋁製造成本較貴，故用作乾燥劑時多係與其他物質混合製成顆粒狀應用。氧化鋁因其具有氣體吸附作用故亦用作吸附幫浦的吸附劑。

硫酸 (濃) 為強烈的吸水劑，在清潔眞空儀器時可用以吸除殘餘水分，但必需注意其腐蝕性，且殘餘的硫酸也必需除淨不可留在眞空系統內。

無水酒精亦為良好的吸水劑，尤其在清潔眞空儀器時用以除去水及水氣均甚有效。用無水酒精吸水後，因酒精易揮發故若稍加溫或令其自然揮發就可除去殘餘的酒精，即使仍有少量殘餘在眞空系統內亦甚易被眞空幫浦抽除而不造成困難。

五、眞空零組件

眞空系統不論是用在粗略眞空範圍，或者是用在超高眞空範圍，均需要用**眞空零組件** (vacuum element and component) 來組成。在一般眞空界人士所謂的眞空零組件包含有**眞空元件** (vacuum elements) 及**眞空組件** (vacuum components)。具體而言元件多指單一體如**法蘭盤** (flange)，**接頭** (connector)，**導引** (feedthrough)，或**窗** (window) 等，其本身不能單獨用為一**裝置** (device)，而裝置、系統，或組件常需要用元件來組成。至於組件多半已經為一個裝置，它可以由一些元件來組成，如**閥** (valve)，**陷阱** (trap)，**阻擋** (baffle)，**眞空計** (vacuum gauge)，眞空室，以及**眞空幫浦** (vacuum pump) 等。組件雖然為一裝置，而且也可能自己操作，但是通常組件並不能獨立應用。眞空組件通常是用來組合**系統** (system) 的，單獨一個組件有時不能操作，或者即使能操作也不能產生實用的功效。例如一個眞空計如果不接在一個眞空系統上，單獨一個眞空計就不作用，或者一個**液態氮冷凝陷阱** (liquid nitrogen cold trap) 單獨並不能應用，必需與眞空幫浦相連結才有作用。眞空零組件應用在不同的眞空範圍時其設計要求及操作原理常有不同，因此其構造也會不同。因為眞空零組對眞空系統的性能影響最大，所以選擇眞空零組件必需愼重，有時除考慮眞空範圍外還要考慮其他因素如用於磁場附近，或者有化學腐蝕性物質處等。以下除眞空計與幫浦已介紹過外，將介紹常用的眞空元件及眞空組件。

㈠ 眞空法蘭盤與襯墊

法蘭盤 (flange) 為機械工業界的音譯通俗名稱，通指盤狀有凸出邊緣的元件。用在眞空者屬於**可拆性接頭** (demountable connector) 的一種。在較大型的眞空系統常以較小尺寸的分件組成以便於製造、按裝、處理，及修護，或者在

任何真空系統其中某些部分常需拆開以進行內部工作或變換分件等,以法蘭盤接合為最有效的連接各分件或分件與主系統 (如真空室等) 的方法。法蘭盤的連接必需有**襯墊** (gasket 或 seal) 介於相對的兩盤間以達到真空緊密的要求。一般所用的襯墊可分為**彈性體** (elastomer) 與金屬兩大類,法蘭盤的設計視襯墊的不同亦有不相同的構造。

1. 法蘭盤與襯墊的一般要求

(1) 法蘭盤的一般要求:法蘭盤必需具有能氣密的**襯墊面** (sealing surface),施於該襯墊面的壓力必需均勻而且在真空系統處於不同的溫度及壓力下仍維持不變。即令真空系統的壓力或溫度循環變化或突然變化該襯墊面的緊密程度仍應不變。兩相配的法蘭盤必需易於對正接合且無性別,以**螺栓** (bolt) 或**夾具** (clamp) 使兩盤連接後應可傳遞機械力而不會損壞襯墊或造成漏氣。此外在有些設計尚要求法蘭盤為**可轉動式** (rotatable type) 使裝配時調整位置方便或法蘭盤按裝時易於對正及保持襯墊在正確的位置,襯墊面在按裝前及按裝時應不易被碰傷,以及可適用不同種類或形狀的襯墊等。

(2) 襯墊的一般要求:氣密襯墊應在兩法蘭盤間緊密填塞其襯墊面,且能在法蘭盤所拖的**緊密壓力** (fightening force) 盡可能小的情形下亦能使漏氣率減到最低。襯墊應不會放氣,其表面要求光滑以減低吸附氣體的機率。應能以最小的襯墊面或**襯墊寬** (seal width) 達到緊密的功效如此亦可減低可能的放氣。襯墊材料受溫度的變化應維持其原有的性質及所承受的壓力。一般常用的襯墊材料可分為金屬與非金屬兩大類,非金屬中則以**彈性體** (elastomer) 為主,任何一類襯墊材料均無法完全符合上述的各項要求。例如金屬襯墊可產生甚佳的緊密無漏的襯墊面,其吸氣與放氣的量亦可減至極小,且可烘烤至較高溫度,及不會變質等,但必需加較大的緊密壓力且因無彈性回復力,故在烘烤或降低溫度時其所受的緊密壓力可能變更。彈性體襯墊可符合前述諸條件,但在過高或過低溫度下會變質,又較易吸附氣體及放氣,故亦非完全符合理想。

2. 用彈性體襯墊的法蘭盤

法蘭盤的設計視所採用的襯墊材料而異,在用彈性體襯墊時,通常均製成圓

形斷面的圓環，稱為 O 形圈 (O-ring)。法蘭盤的設計主要使 O 形圈受壓縮變形填塞在襯墊面上因機械加工所餘留的**微通道** (micro-size channels) 內以堵住漏氣路徑。有關彈性體 O 形圈的材料除前述真空材料一般性質外，在此將討論常用的彈性體材料如**維通** (viton) 等的性質及其配合法蘭盤的設計。

⑴ O 形圈槽式 (O-ring groove type) 法蘭盤：O 形圈槽式法蘭盤主要將 O 形圈置於槽內，當受壓時可達到緊密的作用。槽的設計要求有足夠的體積以供 O 形圈受壓後填塞其間而不致溢出槽外。一般的設計原理分為**有限壓縮密塞** (limited compression seal) 或稱為**定變形密塞** (constant deflection seal) 與**無限壓縮密塞** (unlimited compression seal) 或稱為**定負荷密塞** (constant load seal) 兩種：

(甲) 定變形密塞：法蘭盤接合時使螺栓或夾具上緊至兩盤的金屬面相接觸，O 形圈在法蘭盤槽中受有限度的壓縮故其變形為一定。此種設計通常 O 形圈受壓縮至原有斷面直徑的 70% 如圖 5.1 所示。圖中 (a) 表示法蘭盤接合的情形，圖 (b) 為 O 形圈斷面在 O 形圈槽中的情形及各部分的尺寸，其中 d 為 O 形圈斷面的直徑，(c) 表示實際 O 形圈變形後的情形。此種設計最簡單的 O 形圈槽為長方形斷面環形槽，O 形圈在其中並不完全塞滿故不易損壞而可重複

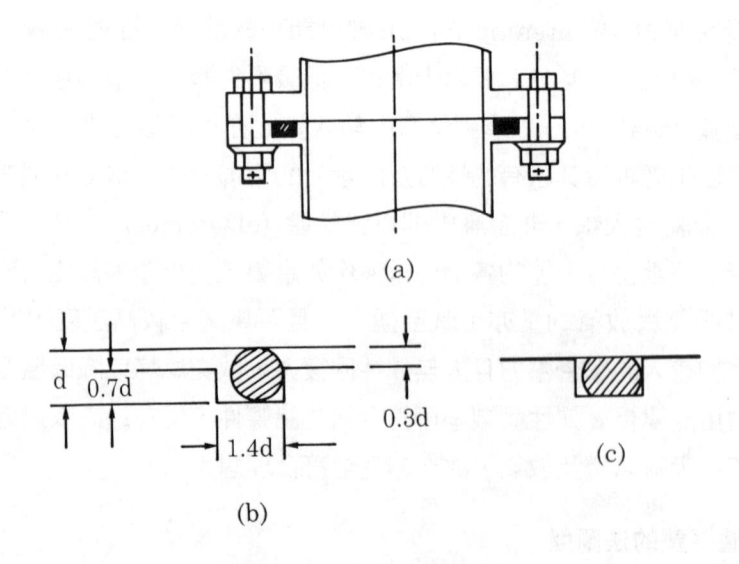

圖 5.1　定變形密塞法蘭盤

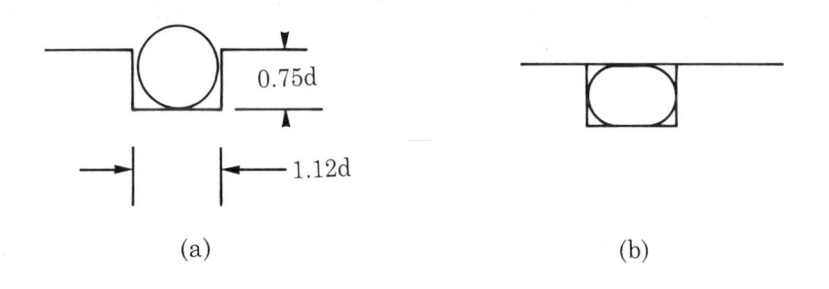

                                    第五章　真空用材料及零組件　161

(a)　0.75d　1.12d

(b)

圖 5.2　定變形密塞法蘭盤

使用。又通常 O 形圈的斷面直徑應選擇最小者以維持最小的襯墊面而減低可能的放氣。若襯墊材料及其處理適當則放氣的機率甚小，故 O 形圈亦可選用較大的斷面直徑使法蘭盤上 O 形圈槽的精確度要求可以降低。此種情形槽寬可以減小如圖 5.2 所示，但仍以不會將整個槽內體積塞滿為原則。O 形環槽及與其相接合的法蘭盤至少應加工至 1.6 微米平均表面精度，如能達 1 至 0.8 微米表面精度則更佳。O 形環槽壁的傾斜度應不超過 5 度，槽底緣的弧度 R 約為 O 形環斷面直徑的五分之一以便於

FIG.4.

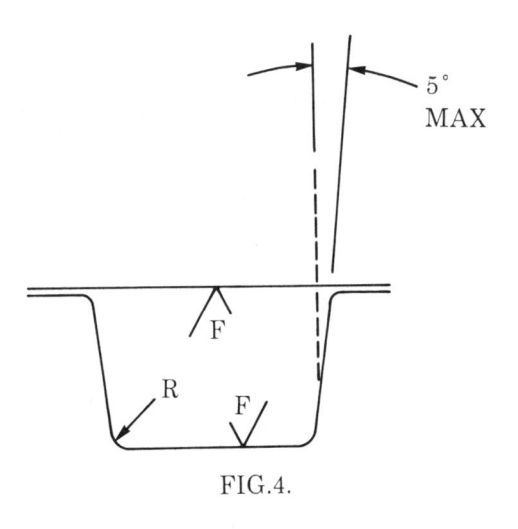

圖 5.3　法蘭盤槽口緣倒角

加工，槽口緣應稍作倒角並加工光滑以防按裝 O 形環時被刮傷，O 形環槽的加工尺寸限制如圖 5.3 所示。長方形斷面環形槽雖然加工比較簡單，但在有些場合並不適合，例如直立或向下的開口若用此種 O 形環槽則 O 形環按裝時很難維持在槽內，又如裝在真空閥的閥體上每當拉開閥體時必需 O 形環維持在閥體上的 O 形環槽內而不致黏在閥座上等，諸如此類的應用常採用**鳩尾槽** (dovetail groove) 以維持 O 形環在槽中不致脫落。鳩尾槽可分為單邊鳩尾及雙邊鳩尾兩種如圖 5.4(a) 與 (b) 所示。O 形環槽一般多為圓形，但在有些用途如長方形真空室的門，或者大型的真空設備的通口等亦有用橢圓形，長方形或其他形狀

者，其所配的 O 形環可用一般市面所售的圓形 O 形環配合適當的尺寸依槽的形狀裝設即可。若無適當尺寸的 O 形環可選時亦可用長條的圓形斷面彈性體如**維通** (viton) 等截取適當長度以伊士曼 910(Eastman 910) 膠對接膠合。此種膠合方法技術上頗困難，而且根據著者的經驗此種膠合的 O 形環很難維持較高的眞空度，故在設計眞空裝置時最好先選定有供應的 O 形環再決定 O 形環槽的尺寸。在確有需要時可委託製造廠商代爲製造或接合所需尺寸的 O 形環，因製造廠商所用熔融接合方法可得較佳的成品。

長方形斷面的 O 形環槽其槽寬 W 與槽深 H 可用下式計算：

$$WH = k\pi d^2/4 \tag{5.6}$$

及

$$H/d = Kr \tag{5.7}$$

其中 d 爲 O 形環的斷面直徑，K 稱爲**呆容積因子** (dead volume factor) 即槽斷面積與環斷面積之比。Kr 則爲襯墊材料的**壓縮比** (compression ratio) 代表 O 形環被壓縮的量。例如用彈性體 O 形環其**呆容積** (dead volume) 設計爲 5% 或呆容積因子 K 爲 1.05，而一般硬性在 40-60 度**邵氏硬度** (Shore hardness 簡稱 Hs) 範圍內的彈性體其 Kr 約爲 0.72。以此些數據可得 W=1.15d 及 H=0.72d，與前段所述的窄槽（圖 5.2）比較兩者的計算數字很接近。槽口緣的倒角一般以圓弧狀爲佳，弧的半徑通常以下式作限制：

$$0.15d \leqslant R \leqslant 0.22d \tag{5.8}$$

但亦有採用 45° 倒角者則加工較易。

雙近鳩尾槽的尺寸如圖 5.5 所示，其兩斜邊的交角爲 40°，槽深 H 與槽口寬 W 有下列的計算公式

$$H/d = 0.75 \sim 0.80 \tag{5.9}$$

$$W_1/d = 0.9 \tag{5.10}$$

(乙) 定負荷密塞：上述的法蘭盤多係平面與 O 形環槽相配合，有一種深槽又稱爲**閉槽** (closed groove) 其主要設計要點爲將 O 形環全部落入槽內而與其相配的法蘭盤上則俾有長方形斷面的凸緣，此凸緣正好壓入槽中以壓縮 O 形環。此槽寬即等於 O 形環的斷面直徑，而槽深則較環斷面直徑大 15~30%。環置於

(a) (b)

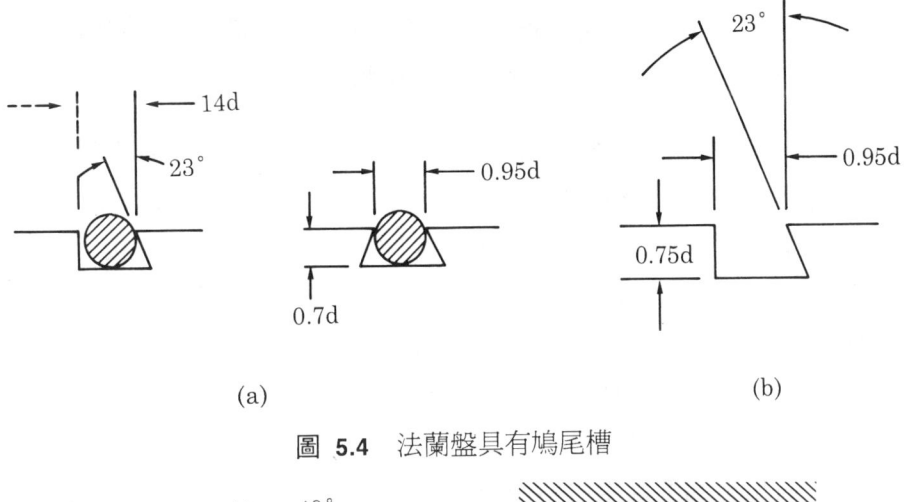

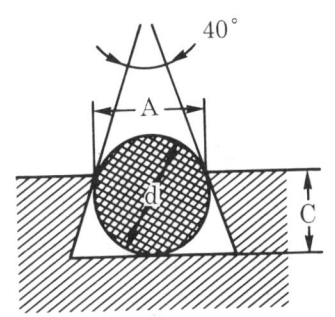

圖 5.4 法蘭盤具有鳩尾槽

圖 5.5 法蘭盤雙邊鳩尾槽   圖 5.6 法蘭盤具有深槽

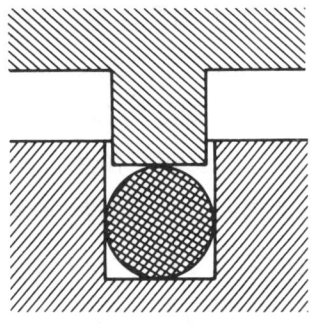

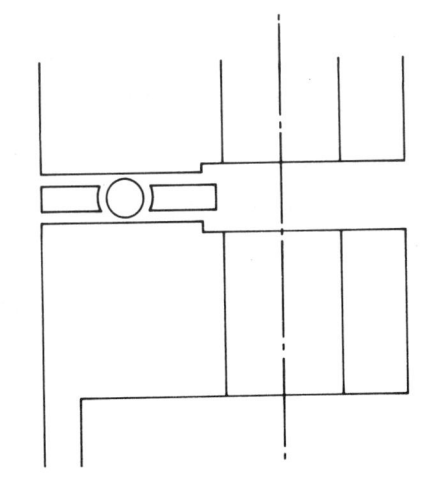

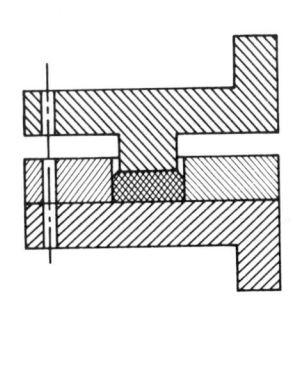

圖 5.7 平面法蘭盤扣盤   圖 5.8 定壓力密塞法蘭盤

槽中時即使爲直立的開口亦可以維持不脫落，但因環在槽內不易取出，故更換 O 形環或清潔此深槽頗多不便。此種深槽法蘭盤的配合見圖 5.6。

(2) 平面法蘭盤 (flat-faced flange)：在有些設計爲求加工簡單而法蘭盤僅有平面並無任何溝槽。兩法蘭盤相接合亦無性別區分，其緊密墊襯仍係以彈性體如 O 形環等爲主而以緊密扣環維持 O 形環在適當位置，此種法蘭盤接合多屬定變形密塞其構造如圖 5.7 所示。另一種雖仍屬平面間以彈性體作緊密襯墊，但爲定壓力密塞。其構造係一平面法蘭盤配合另一刻有長方形斷面凸緣的法蘭盤，如圖 5.8 所示，其間以緊密扣環維持 O 形環使該凸緣壓在 O 形環上。此種配合與上節所述的深 O 形環槽相似，但裝拆方便易於淸潔及更換 O 形環。

　　O 形環有用各種彈性體材料製成者，但適合高眞空用者多以**維通** (viton) 爲最佳選擇，因其可在 125°C 溫度下受長時間壓縮及短時間烘烤達 250°C。維通的硬度約爲邵氏硬度70度，所需的密封壓力約爲 2.4×10^6 帕。**矽橡皮** (silicon rubber) 亦爲眞空用彈性體，尤其在高溫應用如高溫爐等，但其氣體滲透性高故其他非高溫眞空系統甚少應用。另一種稱爲 Buna-N 亦爲高眞空用的彈性體，但其放氣程度較大且釋放出碳氫分子氣體故使用時應注意。O 形環除圓形斷面外其他如長方形、正方形、或 L 形斷面均有使用，此類 O 形環可用在平面法蘭盤、普通的 O 形環槽、深槽，或者**鐘形罩** (belljar) 的底盤與罩底緣的密塞 (如 L 形環)。因爲斷面積爲正方或長方形，彈性體接觸法蘭盤的密封面積較圓形斷面者大，故放氣的機會亦較大。另一種彈性體襯墊爲薄片狀亦可視爲長方體斷面的極限，通常係用在不常裝拆的接頭、蓋子、不規則形狀的密封面，及一些低溫接頭等處。例如一些眞空閥的外殼其上蓋爲圓環狀薄維通襯墊，或者迴轉油墊幫浦的幫浦本體上的密封蓋用長方形的薄襯墊。圖 5.9 爲在液態氦低溫處用的襯墊及接頭的情形，其薄片狀襯墊用 0.08-0.25 毫米厚的**多元酯** (polyester) 或**聚醯亞胺** (polyimide) 以代指維通，因維通及 Buna-N 材料在液態氦溫度下會變硬且收縮。此種法蘭盤的錐形部分可產生一些彈性以補償襯墊材料在低溫下的收縮。

3. 用金屬襯墊的法蘭盤

　　金屬襯墊可爲金屬絲、金屬圓環、薄金屬片、及特殊形狀等。一般常用的金

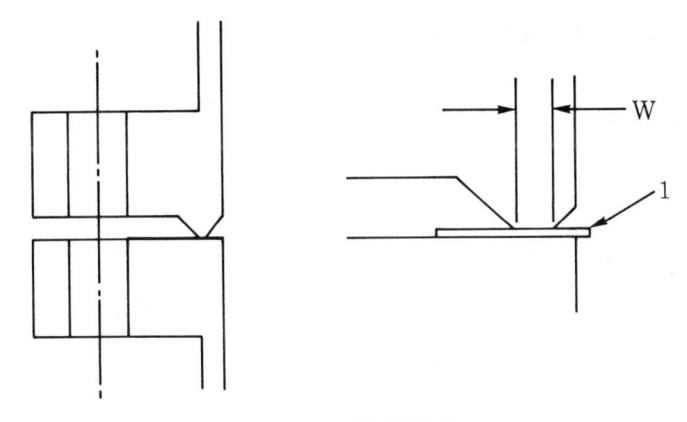

圖 5.9　低溫用接頭襯墊

屬為**無氧高導性銅** (oxygen-free high conductivity copper 簡稱為 OFHC)，多製成圓環狀斷面為長方形。鋁亦可作相同的襯墊圓環，或製成其他形狀如四角為圓弧的長方形環或橢圓形環等，在特殊的應用亦有用鋁箔作為襯墊者。**銦** (indium) 作為襯墊時多採用金屬態狀，使用時將其繞成圓圈並將兩端重疊，在法蘭盤施壓下此兩端的銦絲可互相結合。此種結合作用亦稱為**冷焊** (cold weld)，即金屬在常溫下只要施加壓力即可使其產生融焊的效果。銦雖有冷焊性質應用方便，但在施壓時亦會黏在法蘭盤的金屬材料上，故在拆卸時頗有困難，只有在不常拆卸及永久性的接頭比較適用。又鋁絲亦可用作襯墊，但需用融焊連接，鋁絲受壓亦會黏於金屬法蘭盤上，而且因其可能會滲透氣體，故現很少使用。純金為極佳的襯墊材料，一般可採用約 0.05 厘米直徑金絲環繞成圈在其兩端用噴燈或本生燈的火燄燒融接合，經法蘭盤施壓力後該接合處完全緊密並無加其他種金屬在焊接處變質而產生可能的漏孔或裂縫的情形。

⑴ 平面法蘭盤：用金屬襯墊的平面法蘭盤與用彈性體者完全相同，但用彈性體 O 形環時必需用緊密扣環以維持其位置及防止任何一處的壓力不均勻會遭受不等的外界壓力而有內陷的情形。在用金屬襯墊則可只用金屬絲，因金屬絲有相當強度雖無彈性，但可壓縮以配合法蘭盤面，故受壓後即相當緊密。純金及銦均相當軟，金壓縮後其直徑約可達原有的 1/2.5 倍，銦壓縮後可達原有的 1/4 倍，至於鋁壓縮後只達原有的 1/2 倍。用金屬絲的法蘭盤均屬較大型者，用純金作襯墊因所用的絲可相當細且每次拆卸後金仍具價值，又平面法蘭盤製造容易，故

相對的價格較用其他金屬襯墊者為低。

(2) 刀口凸緣密封 (knife-edge seal) 法蘭盤：刀口凸緣密封係利用硬金屬製成的銳利刀口壓陷入較軟的金屬襯墊中以達到襯墊面小而所施壓力亦不太大的要件。此種技術要求刀口面上加工精密及墊襯金屬材料需回火使其變軟。如圖 5.10 所示的刀口凸緣密封法蘭盤，其中 (a) 為雙刃面凸緣環，其刃面與垂直面成角度 α，其值約在 45 度至 70 度間，其頂上刃峯可為寬約在 0.1 至 0.2 毫米的平面，或可為半徑約在 0.1 至 2.5 毫米的圓弧。刀口凸緣的高度 h 約在 0.7 至 2 毫米左右。環形刀口凸緣法蘭盤多用不銹鋼製成，但亦有用鋁製成者，因鋁太軟故多於刀口凸緣上鍍上氮化鈦以增加其硬度。襯墊環則以平圓環 (即斷面為長方形者) 的無氧高導銅 (OFHC) 其厚度 T 約為 1 至 2 毫米，其刀口陷入深度約在 0.2 至 0.4 毫米間。圖 (b) 為單刃面凸緣，即其一面為垂直而另一面與垂直面成 70 度角，此種刀口凸緣密封法蘭盤商品名為 conFlat 法蘭盤係美國維利安公司 (Varian Associates) 所發展者，在歐洲則稱為 CF 法蘭盤。

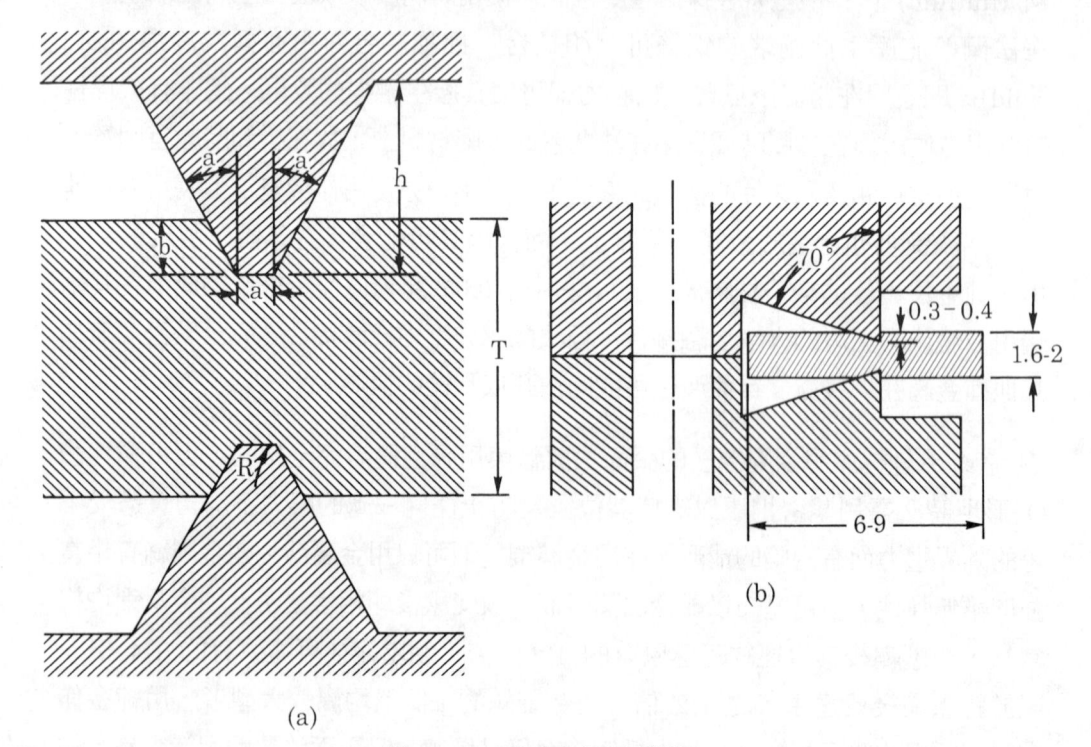

圖 5.10 刀口突緣法蘭盤

因為真空用法蘭盤最初發展時以美國領先，故其尺寸多係英制即以英寸為單位，現在雖然世界各國均改用米制，但因無法更換所有的真空系統，故法蘭盤雖標示米制尺寸但實際上僅係由英寸換算的尺寸，使用時均可與舊式英制者互相配合。

(3) 台階密封 (step seal) 法蘭盤：台階密封法蘭盤主要係利用施於襯墊上**剪應力** (shearing stress) 以達到密封效果故亦稱為**剪力密封** (shear seal)。此類法蘭盤用成型的薄鋁片或無氧高導銅片作為襯墊，其厚度約為 1 毫米。台階法蘭盤有兩種，即**重疊式** (overlapping steps) 與**間隙式** (steps with clearance) 如圖 5.11(a) 及 (b) 所示。此種台階密封法蘭盤因所用的襯墊材料多係經回火軟化者，故裝接法蘭盤時所加的壓力應注意不可過度，通常加壓使襯墊受剪力變形

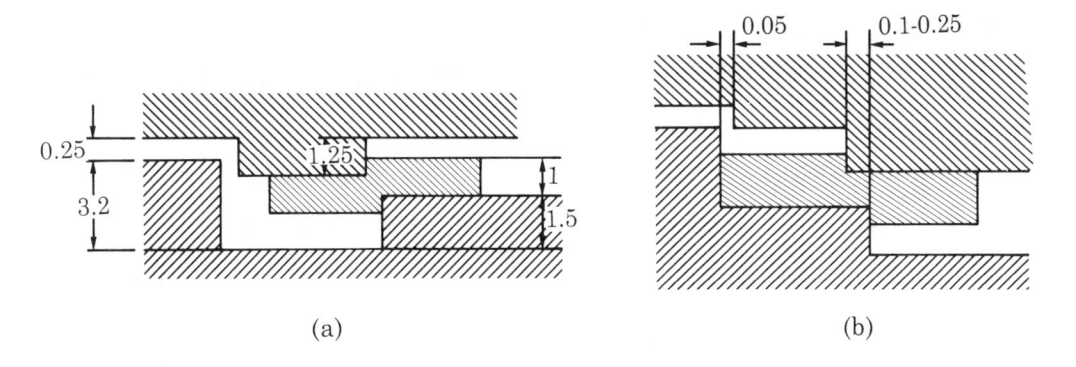

圖 **5.11** 台階密封法蘭盤

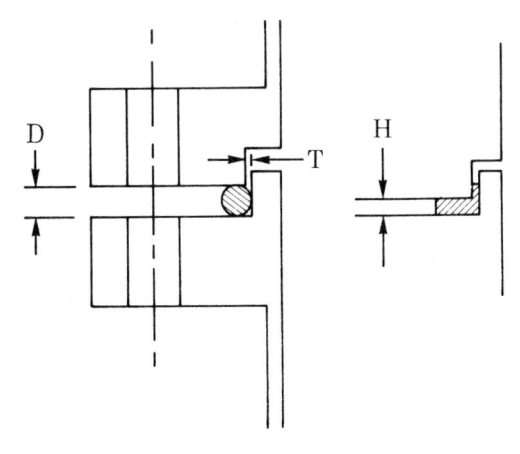

圖 **5.12** 角隅密封法蘭盤

達其原有尺寸三分之一到二分之一，太大的壓力會使襯墊剪斷或接近斷裂邊緣而失去密封功效。此種台階密封可用薄彈性體如維通等以代替金屬襯墊，因彈性體可重複使用在常需拆開的接頭若不要求特別高的眞空度時頗為方便。

(4) 角隅密封 (corner seal) 法蘭盤：角隅密封主要係利用兩法蘭盤相對應的角隅 (通常爲直角) 如圖 5.12 所示。兩角間應精密加工，配合時徑向的間隙 T 應在 0.06d 至 0.12d 範圍內，d 爲襯墊的斷面直徑，壓縮後約變爲 0.4 至 0.5 倍。此種密封常用 24K 的金或其他金屬絲作襯墊，但亦有用維通 O 形環以作襯墊者，惟應注意兩者的尺寸大小有別，故同一角隅密封法蘭盤若設計用金屬絲作爲襯墊時並不適合用維通 O 形環作爲襯墊。

4. 法蘭盤的螺栓孔與螺栓的扭力矩

　　法蘭盤的結合多採用螺栓結合，因不論爲彈性體襯墊或金屬襯墊在按裝時應避免其在法蘭盤上轉動而遭到刮傷或被推出襯墊面範圍，若法蘭盤用螺旋方式接合則有此種可能的情形。螺栓孔的數量與大小隨法蘭盤的直徑而不同，在小型法蘭盤 (管口直徑一英寸半以下) 有四到六個螺栓孔，孔間距離約在一英寸左右。在大型法蘭盤的螺栓孔有八到十二個，更大者有二十四個或更多，孔間距離約在二英寸左右。螺栓孔的大小係以能施於法蘭盤上足夠壓力的螺栓尺寸而定，通常數量多而較小尺寸螺栓較數量少而較大尺寸螺栓施力更爲均勻。螺栓上所施的扭力矩決定螺栓上緊的程度，亦即螺栓對法蘭盤所施的壓力，此壓力大約有十分之一傳至襯墊上而產生密封作用。螺栓與法蘭係採用同種材料以防溫度變化時不同的膨脹造成的鬆動或產生漏氣。螺栓加墊圈可防止鬆脫及保持螺栓在螺栓孔的中心位置。若此接頭處需常用高溫烘烤則其螺帽處可塗以**硫化鉬** (molybdelum disulfide) 高溫潤滑劑以防螺牙咬住不易拆卸。上緊螺栓時應採取對稱位置逐次施以扭力矩，例如依次將上下左右諸螺栓分別旋緊。但應注意絕對不可一次就將某一螺栓完全上緊，應先上至某一適當緊度俟其他螺栓均已上至同樣緊度後再增加扭力矩使其更緊，如此重複最後可達到所需要的緊度。爲達到均勻施力起見可用**扭力矩扳手** (torque wrench)，或利用**厚薄規** (thickness gauge) 以測定兩法蘭盤間的空隙使螺栓上緊後各方面的空隙距離均相等。如果不按照前述方法施力矩於螺栓則會造成襯墊上的壓力不均、移位、產生雙壓槽等情形而會使氣密不

佳或者漏氣。在用彈性體襯墊的法蘭盤亦應採用同樣的方法上緊螺栓，但所施的力矩通常不必如金屬襯墊者，此點在前節已經敍述過。金屬襯墊因無彈性回復力故原則上使用一次後就必需更新，在超高眞空系統中尤應遵守此原則。在一般眞空系統或普通高眞空系統，如果能正確對正兩法蘭盤及被用過的金屬襯墊，則增加螺栓上的扭力矩後仍可獲得適當的氣密。

㈡ 眞空閥

眞空閥 (vacuum valve) 亦稱爲眞空活門，其功用主要爲可開閉而允許氣體或物體的通過。眞空閥除有阻抗會影響抽氣速率外，亦有放氣及漏氣的可能，而且價格高，故設計眞空系統時應考慮其必要性。

1. 眞空閥的一般要求

眞空閥的一般要求爲不論在開、閉或在操作開閉時均不會漏氣、閥內部應不易吸附氣體及不會放氣、關閉要確實雖有外力如震動等亦不會鬆開漏氣。眞空閥用在高眞空與超高眞空系統時應可加熱烘烤，或者用在抽氣管路時閥的氣流阻抗應有限度的小等。眞空閥用在眞空系統不同的位置或不同的用途時除上述的一般要求外尚有其特別的要求，在介紹各類眞空閥時再予討論。

2. 眞空閥的分類

眞空閥可以其形狀構造、操作原理，及用途等來分類，但習慣上又常將其區分爲普通眞空閥、高眞空閥，及超高眞空閥三大類。此種區分主要不同處在於**閥塊** (valve block) 與**閥本體** (valve body) 的連接以及氣流通道密封**座** (seat) 的襯墊等所用的氣密設計及材料選擇。普通眞空閥所有的氣密襯墊均用彈性體材料，傳動到閥塊的**機械導引** (mechanical feedthrough) 亦係以彈性體材料作爲氣密襯墊。一般的高眞空閥除密封座，**主體上蓋** (body cover) 等的襯墊多採用蒸氣壓低可耐烘烤的彈性體如**維通** (viton) 等，而其連接閥塊與閥本體的機械導引則多採用**彈簧箱** (bellow) 式密封傳動。在超高眞閥其主要設計重點爲可耐高溫烘烤，故要用在非常低壓力的超高眞空系統最好用**全金屬閥** (all metal valve)，即所有氣密襯墊均用金屬以代替彈性體。事實上在超高眞空範圍亦可用高眞空閥只要所用的彈性體材料適當，著者曾用以維通爲襯墊材料的高眞空

閥(以不銹鋼彈簧箱爲閥塊傳動的機械導引) 用於 10^{-8} 毫巴的超高眞空系統，經加熱烘烤後亦可進入 10^{-9} 毫巴眞空範圍。不論其爲高眞空閥或者爲普通眞空閥，在用途上均有很多種如隔斷氣流、放氣、導入物體等。在閥的設計時又常考慮當閥關閉時閥塊兩側受力的情形，即壓力向一個方向例如一側經常爲大氣壓力而另一側爲眞空，或兩側均有受壓力的可能例如用在先抽眞空再充氣的系統的閥。在某些特殊用途如閥塊一側爲眞空另一側爲液體的眞空閥用在眞空室內需輸入液體進行某些反應過程如眞空染色等，此種閥的設計則必需防止液體在抽氣時可能殘留在閥內以免影響眞空度，但在需要輸入液體時打開眞空閥應可使液體順利流入眞空室內，而且常需要能控制流速等，故根據用途及設計原理區分眞空閥比較能符合實際需要。茲將常用的眞空閥分類敍述如下：

(1) 隔斷閥 (isolation valves)：此類閥爲眞空系統中最常用者，可用來隔斷管路、眞空幫浦、眞空計、或眞空室等。閥的密閉作用主要靠機械力量而不靠閥塊兩側的壓力差，故閥的進出口一般並不選擇方向，此類眞空閥亦可用來作爲眞空系統對外界大氣壓力的封閉，一般又稱爲**封閉閥** (seal-off 或 cut-off valve)。

(2) 門閥 (gate valves)：門閥顧名思義其作用爲一大門，一般用途不但可進氣而且可以通過物體，故其通道均比較大而且多爲直通式。門閥亦可兼作隔斷閥用途，一般用作通往外界大氣的門、眞空室與**樣品更換室** (sample lock) 間的門、眞空室與幫浦 (如擴散幫浦等) 間的隔斷閥，或眞空系統各**分段** (section) 間的門。門閥打開時其開口與所接通路的斷面積幾近相等故其氣流阻抗很小幾可忽略，因其應用的位置常爲閥塊一側壓力大於另一側者，故其設計常利用此壓力差以增加閥關閉後的緊密程度。門閥通常體積較大且重，因爲要將閥塊從通道移開故必需有足夠的空間位置供閥打開時置放閥塊，有關其構造的不同設計將於下節討論。

(3) 進氣閥 (gas-inlet valves)：進氣閥主要功用爲將氣體從眞空系統外界引入眞空系統內部。進氣閥其氣流通量較大但不需特別控制流速者稱爲**放氣閥** (gas admittance or release valve)，主要係用於將空氣或某種氣體很快放入眞空系統或眞空某部分內部以達到開啓的目的。放氣閥雖不必特別控制流速，但仍需作進氣大小的調整以免氣體突然沖入眞空系統中壓力太大而造成損害。進氣閥的流速要求能控制，氣體的氣流通量不大者稱爲**漏氣閥** (leak valve)。漏氣閥不但要

能控制氣體流速的大小而且還需要保持穩定的流速故其構造需要機械精密度高，使用時應特別小心以免過度施力於密封面造成損壞。

(4) 喉閥 (throttling valve)：喉閥主要係用以控制抽氣速率而達到控制系統中壓力的大小，故亦可稱為控流閥。通常喉閥具有一可變更氣流通量的喉，將其關閉時實即一隔斷閥。有些隔斷閥亦可調整通道的大小以控制抽氣速率而當作喉閥使用，但其控制不準確且難獲得穩定控制的抽氣速率故並不能取代喉閥。

3. 常用的真空閥

真空閥種類繁多無法在此逐一介紹，現僅就前述的分類選擇代表性的閥作為示範。

(1) 隔斷閥：隔斷閥其進氣口與出氣口可在同一直線上亦可成某一角度。成 90

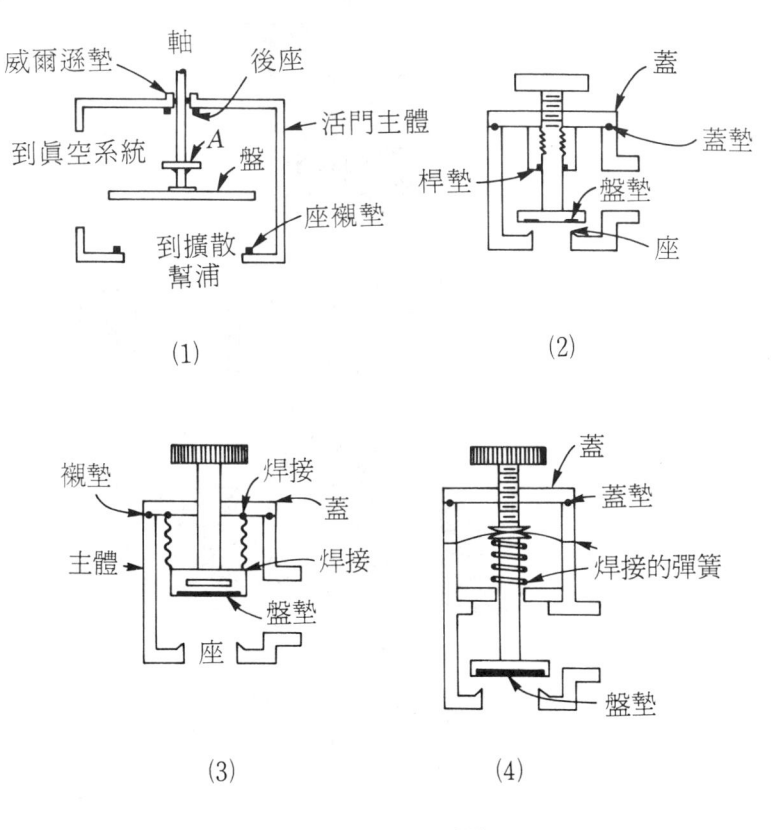

圖 5.13　直角斷隔閥

度者又稱為**直角閥** (right angle valve)，其構造如圖 5.13 所示，此種閥可用於一般的高真空，其閥上蓋與閥本體間常以彈性體襯墊作密封，傳動的機械導引部分係以銅或不銹鋼材料的彈簧箱作密封。用作控制閥關閉的**閥塊** (valve block) 其氣密襯墊係用彈性體 O 形圈或彈性體圓盤襯墊配合不同形狀的閥座如平面或刀口狀凸緣等組成。用於超高真空的直角閥其構造大致與上述者相同，但其氣密襯墊均採用金屬如圖 5.14 所示。此種超高真空閥又常稱為全金屬閥，其閥塊與閥座的配合要求高機械精密度以使每次關閉時在金屬墊圈上的壓痕位置不變，故其開閉次數有一定限制。

另一種隔斷閥稱為**球狀閥** (globe valve)，其進氣與出氣口約為 180 方向，故可用作沿管路直通閥。其構造原理約與直角閥相同，僅閥本體，進出氣口及閥

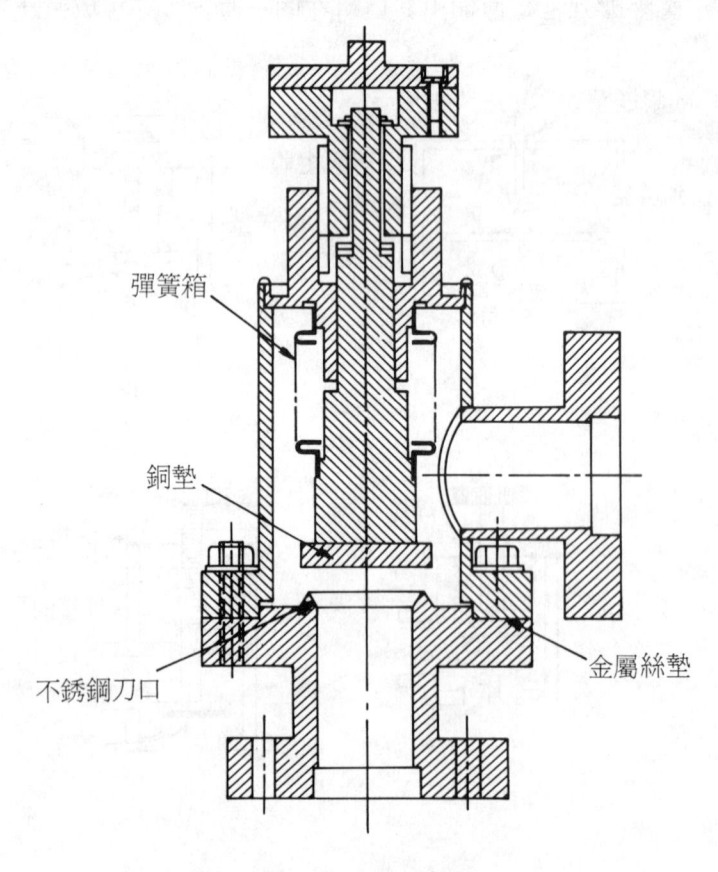

圖 **5.14** 全金屬直角閥

座的安排不同，且外形略作球形而已。圖 5.15 所示為一種用於高真空隔斷用途的球狀閥。

塞柱閥 (plug valve) 為直通式隔斷閥，其閥塊一般均為圓柱體中間穿孔，閥本體上進氣與出氣口在同一線上，當閥塊轉動時可使其上的穿孔對正進出氣口此時即為全通。若閥塊轉動使穿孔偏離此方向則可控制氣流通量，當穿孔完全轉至進出氣口範圍外則成為關閉狀態。塞柱閥的構造如圖 5.16(a) 所示，若閥塊為圓球形亦稱為**球閥** (ball valve) 如圖 5.16(b) 所示，此種閥多用於前段管路或較小型管路。

在玻璃真空系統常用一種俗稱為**龍頭閥** (stopcock) 作為隔斷閥，此種閥係以玻璃製成，其氣密面係以磨沙再塗以高真空酯，其構造如圖 5.17 所示。(a)圖為直通式，(b) 圖為三通式即可選擇兩 (上下) 通路，(c) 為直角式。此種閥亦可控制氣流通量，其作用與前述的塞柱閥相似。

(2) 門閥：最常用的門閥有三種即**吊耳閥** (flap valve)，**蝶閥** (butterfly valve) 與**門栓閥** (sliding gate valve)，前兩種有時並不歸類於門閥，吊耳閥只有如圖

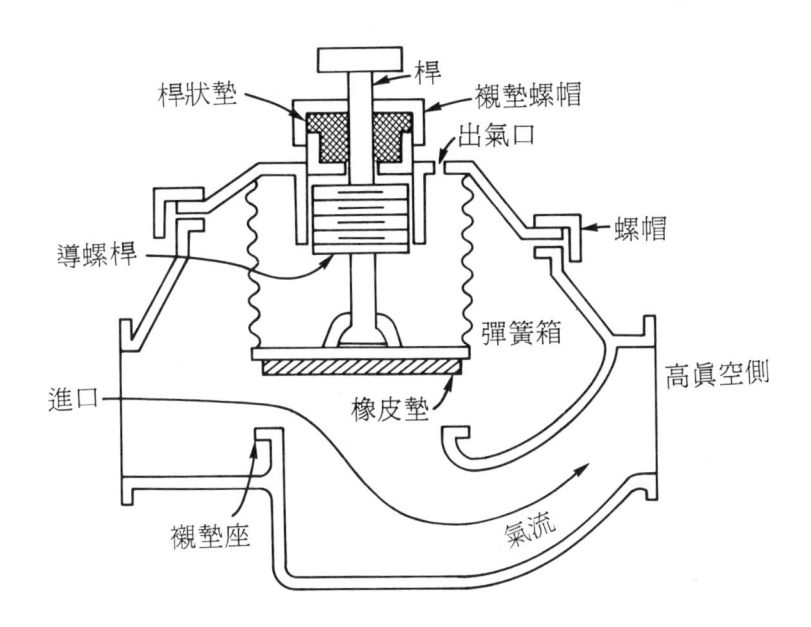

圖 5.15　球狀管路閥

174　眞空技術

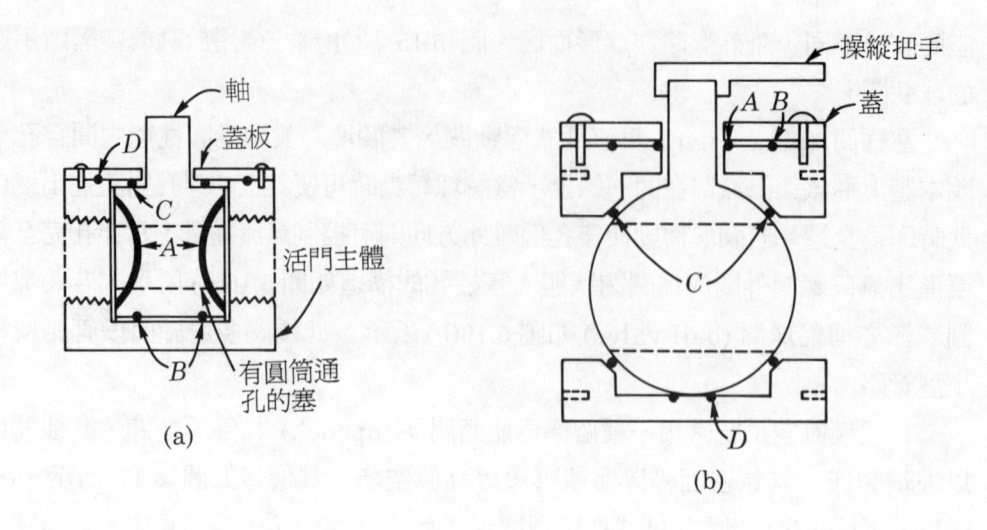

図 5.16　(a) 直通式塞柱閥；(b) 直通式球閥

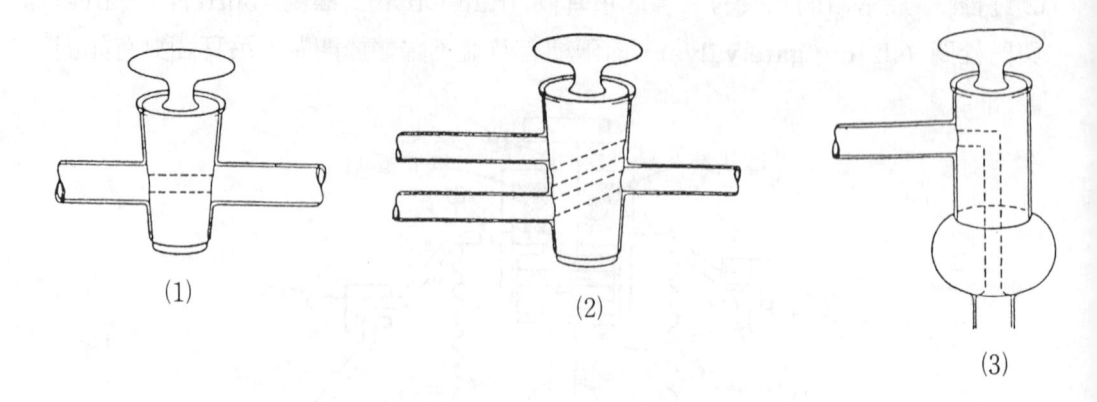

図 5.17　玻璃眞空閥

5.18 所示的構造其閥塊可轉 90 度而使通道暢通，才有門的作用。吊耳閥大型者其閥塊多用電磁或馬達帶轉，氣密部分多用 O 形圈爲襯墊，但因閥塊在打開通道時要成 90 度故閥本體的高度必需大於閥塊的直徑。在小型的吊耳閥如用於迴轉油墊幫浦中者其作用僅需使氣體通過閥打開的程度不大，故其所佔的位置並不大。蝶閥與吊耳閥應屬同類型，僅其閥塊的轉動係以通過閥塊面上的直徑爲樞軸，故閥打開時閥塊仍處於通道間因之會產生氣流阻抗。又因此種閥塊位置妨礙物品在通道出入故蝶閥並不常用作有實物進出的門閥。蝶閥的構造如圖 5.19 所

示,此種閥的氣密係利用彈性體 O 形圈裝在閥塊的圓周而與圓柱面的閥座緊密配合,閥的開閉係受轉軸的旋轉力使圓盤狀的閥塊一半向上一半向下,在 90 度位置時氣流通量為最大,在 180 度位置時為完全關閉。此種閥的機械傳動機構為旋轉機械導引,因其構造及應用的限制很少有用彈簧箱式的密封 (見本章第三節)。蝶閥通常應用在擴散幫浦的進氣口與真空室間,

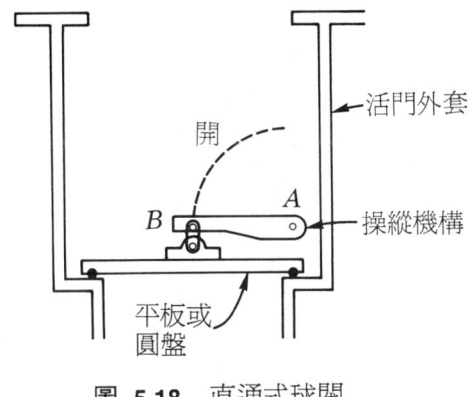

圖 5.18　直通式球閥

因一般所用均屬較大型者且形如一旋轉門故歸類於門閥,但其實際作用為隔斷幫浦的進氣口,故亦可認為其為一隔斷閥。

最常用的門閥為門栓閥,主要係用作真空室通至大氣的門,或用作兩相鄰真空系統間的門,一般可供氣體流通亦可供物品經過。門栓閥的構造如圖 5.20 所示,閥的開閉係由閥塊的直線滑動故需要足夠的位置供閥塊完全滑出通道口範圍。通常閥的機械傳動亦係用彈簧箱機械導引,但在帶動閥塊的機構上多設計成具有兩種動作,即先直線運動將閥塊從開的位置移到通道口閥座上,此時閥塊已與閥座接觸關閉通道口但不夠緊密,當機械軸再傳動時有一凸輪機構將直線運動轉變為向下施壓使閥塊在閥座上密封。在閥塊上有 O 形槽裝有 O 形圈作為氣密襯墊,用維通 O 形圈者亦可用於超高真空系統且可烘烤至 150°C 溫度。用於普通真空系統的門栓閥其機械傳動的機械導引部分可不用不銹鋼彈簧箱而用一

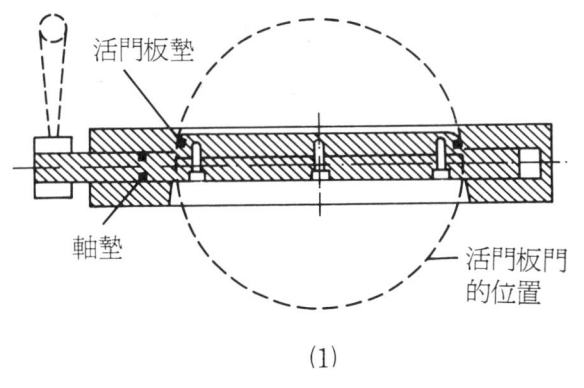

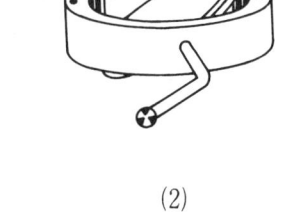

圖 5.19　碟形門閥

176 真空技術

(1)

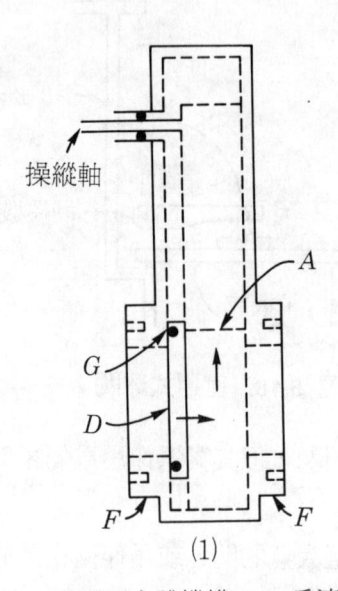

(2)

A 為活門本體機構，D 為連在 A
上的圓盤，G 為 O 形圈襯墊，
F 為活門與真空系統相接的法郎盤

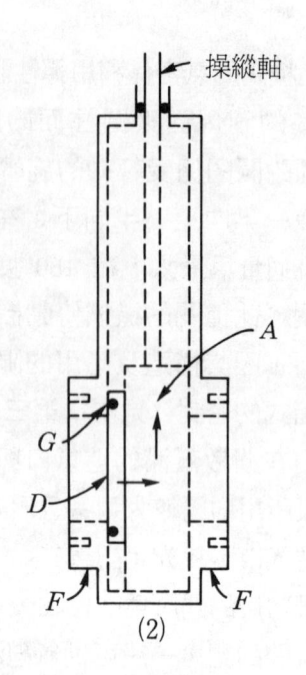

圖 5.20 門栓閥

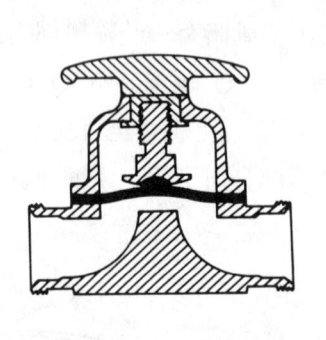

圖 5.21 薄膜閥 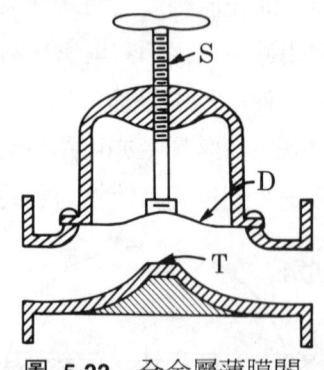　　圖 5.22 全金屬薄膜閥

般的彈性體滑動襯墊 (見下節)。門栓閥為最常用的門閥，因其構造及應用的普遍故一般所稱的門栓多指此門栓閥。

(3) 放氣閥與喉閥；放氣閥與喉閥並不屬於同一類已如前述，但有些放氣閥對氣流通量亦可控制故可兼作喉閥，或者有些喉閥亦可用作放氣用途。一般而

圖 5.23 放氣閥

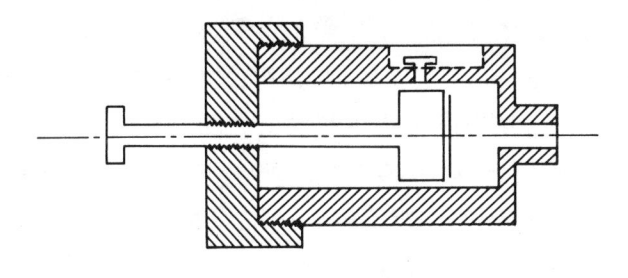

言放氣閥最好不僅能進氣及切斷進氣而且要能控制氣體放入的速度或者氣流通量，因為很多真空系統對突然進入大量的氣體會有不良影響甚至會造成損壞，故放氣閥應緩緩打開以防突然的大氣壓進入真空系統中。喉閥、隔斷閥，或門閥等均可作放氣閥用，但此等閥的氣流通量均比較大，除喉閥外其能對氣流控制的量非常粗略故並不適宜作精密控制流量的漏氣閥 (或進氣閥)。常用的放氣閥有**薄膜閥** (diaphragm valve) 如圖 5.21 所示，其薄膜 D 可為金屬或彈性體，其主要功用為閥關閉與開啓的氣密及閥對外界大氣的密閉。氣流通量隨薄膜的彈性限度而不同，用金屬薄膜其彈性限度較小故閥的開口亦不大。一種全金屬的薄膜閥如圖 5.22 所示，其薄膜 D 係用 0.13 毫米的 302 不銹鋼製成，薄膜的緊密結合係用高導無氧銅 (OFHC) 墊圈 C 經法蘭盤以八個不銹鋼螺栓壓縮而固定。轉柄推動鋼球 B 使壓桿 R 下壓經薄膜而將閥塊 H 緊壓在閥座 S 上的緊密金屬襯墊工上以關閉通路，當轉柄反旋時彈簧推動閥塊向上而打開氣體通路。另一種放氣閥為著者自行設計製造者如圖 5.23 所示，其構造非常簡單不需用彈簧或薄膜，僅在閥塊底部以一螺絲固定一圓盤形維通彈性體襯墊，而該閥塊為一圓柱體在側面上裝一限位螺絲使其在閥本體上的槽內上下移動。當旋轉旋柄時閥塊被推下壓而關閉通氣口，當反轉旋柄時則將閥塊拉離通口，外界的氣體即可進入。

喉閥通常有一可控制氣流通量的喉部，因一般要求其能精確調整流量故機械精密度通常要求均甚高。喉閥與漏氣閥的區別為漏氣閥需精確控制漏入系統中氣體的流率，但漏過的氣流通量通常並不大。喉閥則為精確控制抽氣的流率 (即抽氣速率)，但通過的氣流通量並不一定很小。一般所謂的**針閥** (needle valves) 即屬於喉閥，雖然很多地方用針閥作漏氣閥，但是一般的分類均將其列為喉閥，故本書介紹喉閥時即以針閥為例。針閥的主要構造有一錐狀的針，通常為硬質材

料的細針其直徑約在 1 至 5 毫米間，錐形的斜度約在 1/30 至 1/50 間與其配合的**針座** (needleshape seat) 則爲較軟的材料製成與針相配合的針槽。針在槽中移動即作爲氣流通量的控制。針閥的構造圖如圖 5.24 所示，閥體氣密係用彈簧箱連接而閥的啓閉係由粗調螺絲套筒與細調螺絲頂桿推動，此種構造可使閥針直線運動而能得到可重複設定流量的操作。針閥因閥座材料很軟故使用時應盡量避免粒子等雜質進入而遭致磨損漏氣。

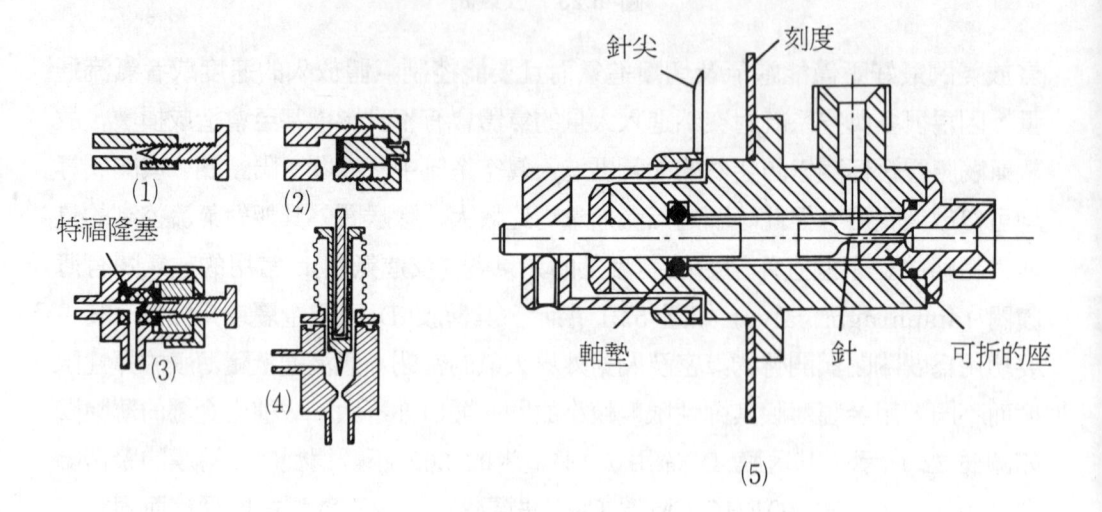

圖 5.24 針 閥

(三) 眞空導引

眞空導引 (feedthrough 或 leadthrough) 爲將電、流體、溫度、或機械動作等由眞空系統外部傳送入其內部的裝置。眞空導引一般的要求爲氣密，即不論有機械運動或者有溫度變化，導引與眞空系統的連接處均不能發生漏氣的情形。最常用的眞空導引爲**電導引** (electrical feed through) 與**機械導引** (mechanical feedthrough)，導冷及導熱的導引雖然亦有應用但不太普遍，至於流體 (氣體與液體) 直接導引入眞空系統者除特殊場合外甚少應用，但將液體 (或液化氣體) 以管路導入眞空系統內某些部位再導出作爲熱交換冷却的流體導引則應用頗多。

1. 機械運動導引

機械運動導引簡稱為機械導引，可為**直線運動** (linear motion)、**旋轉運動** (rotation)，或直線運動加旋轉運動。機械導引主要的要求為動態的氣密，亦即傳動機件從大氣中進入真空系統內非但要有靜態的氣密，而且因機件的運動會使機件與器壁連接處不氣密，故動態氣密應屬首要。機械導引所用的傳動技術不同其氣密的方法也不同，最能保證氣密者為利用**彈簧箱** (bellow) 兼作氣密及傳動，此類機械導引在高真空以上的系統最為需要。利用磁力隔真空室壁間接傳動為絕對不漏氣的機械導引，但其使用範圍有限制尤以強磁力對其附近所產生的影響，及其所能傳遞的力受距離的影響等故應用者不多。此種機械導引常用作由真空系統外部控制內部機件作角度轉動，因其利用磁力故又稱為**磁力導引** (magnetic feedthrough)。

(1) 利用襯墊的機械導引：以彈性體襯墊在驅動桿或軸上氣密迫緊同時並具有潤滑作用而使該機件可作機械運動，但氣體被阻止不會被其帶入真空系統中。最簡單的襯墊為 O 形環，套於機械軸桿上，軸桿上可開有 O 形環槽或不開槽而將槽開在軸承上，如圖 5.25 即為一種簡單的機械導引。此種機械導引有用兩條 O 形環亦有用一條 O 形環者，用兩條 O 形環的優點為可將軸正確支持在中心位置，但缺點為在兩 O 形環間會有陷存的氣體，在軸滑動時有可能使氣體進入真空系統中。此外有一種導引在兩 O 形環間加**間隔圈** (spacer) 而另加套環對 O 形環施壓力，如此可增加襯墊的緊密度，但若壓力過大則機軸即難於運動。O 形圈應塗覆高真空油脂以作潤滑，油脂的量不可過多，因其作用為潤滑而非堵塞空隙，過多的油脂並不增加氣密的效果反而有污染真空系統內部的可能。

用鐵氟隆作為襯墊的機械導引亦為常用的一種，因鐵氟隆本身具有潤滑性，

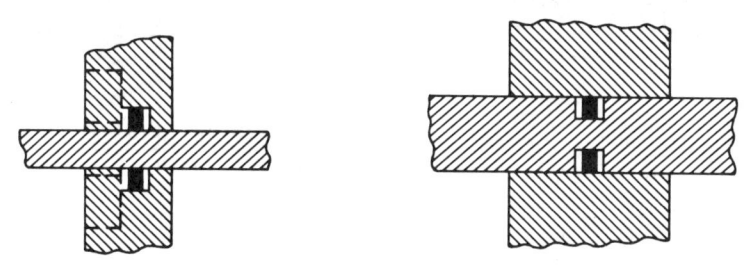

圖 **5.25** O 形環襯墊機械導引

180 真空技術

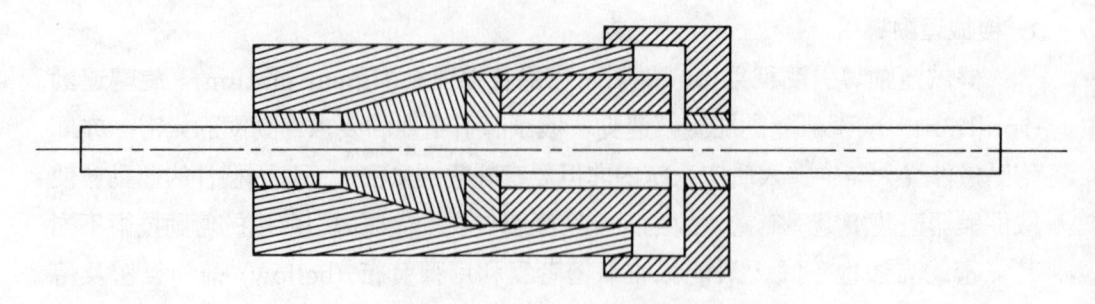

圖 5.26 鐵氟隆襯墊機械導引

故不需用任何潤滑油脂。鐵氟隆襯墊雖可用鐵氟隆材料加工製成，但機械加工切削刀痕對氣密會有影響，故最好直接模鑄成一定形狀的襯墊。鐵氟隆有**冷流** (cold flow) 性質，即對其施壓時會順壓力的方向變形而壓力消除後仍有繼續變形的趨勢，故使用時常需隨時注意可能因變形而產生的微漏。又當機械導引在較高溫下鐵氟隆會剝片，即成為薄片黏在機軸桿上隨其運動而撕脫，尤其在高溫烘烤後最易發生。圖 5.26 為著者設計的一種用鐵氟隆為襯墊的機械導引，該襯墊為截頭錐體，中心穿通圓孔使機械導引軸桿通過，一具有外螺牙的套環套過軸桿螺合予襯墊承座上。該承座有一錐形孔可容納鐵氟隆襯墊，其一端則有內螺牙可配合套環。因套環的施力可使襯墊壓緊在軸桿上，若使用多次後襯墊變形較鬆時可再旋緊套環以增加其壓力。

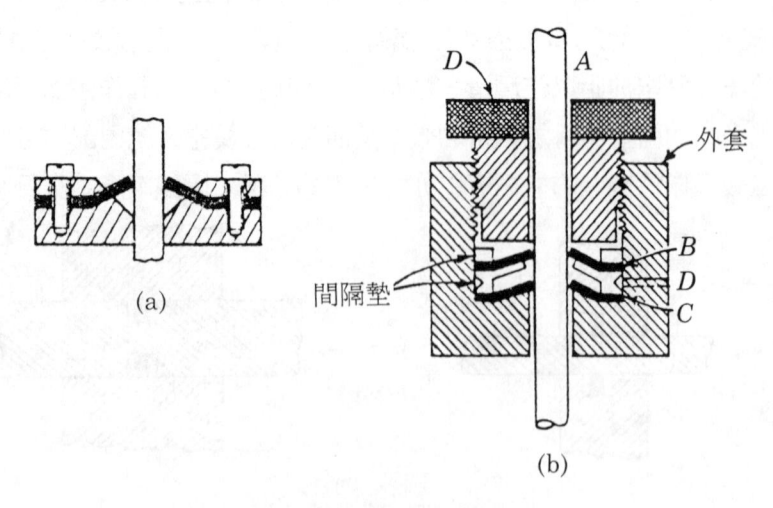

圖 5.27 威爾遜襯墊機械導引

用**威爾松襯墊** (wilson seal) 的機械導引如圖 5.27 所示。最簡單型為在一橡皮墊上開一個洞，洞的直徑較傳動軸者為小，一般設計約為 0.65 至 0.8 倍軸的直徑。軸穿過孔後該孔緣形成唇狀緊密迫緊在軸上以保持真空緊密同時可允許該軸轉動或滑動。為使此橡皮襯墊固定不隨軸運動，一金屬環受一螺帽環旋緊推壓於襯墊的周緣部分。此種機械導引可作直線運動及旋轉運動，使用時常需加潤滑劑如**阿匹松** (Apiezon) 高真空油等。襯墊通常為厚度在 1.4 至 1.6 毫米範圍的橡皮其硬度約在**邵氏** (Shore) 硬度 50 至 60 間。襯墊上所開的孔必需平滑，軸亦必需平滑無刮痕，軸最好經過研磨，襯墊開孔時可用肥皂液來作潤滑液再以沖磨沖製。此種機械導引在連續八小時抽真空後，其靜態漏氣率可介於 1 至 2×10^{-3} 路色克，但是在軸緩緩轉動時 (例如每分鐘六十轉) 則漏氣率增至 4×10^{-3} 路色克，若係往復運動則漏氣率隨行程的長短成比例，而向內推時漏氣率約為向外拉時的六倍。威爾松襯墊可用兩片或多片組成，各片襯墊間可抽真空或填以真空油脂。

另一種用稱為**山形襯墊** (chevron seal) 的機械導引如圖 5.28 所示，其構造與用威爾松襯墊者相似，僅襯墊的斷面威爾松襯墊為長方形，而山形襯墊為 V 形。該 V 形之底 (山峯) 係裝於真空側。此種機械導引與前節的威爾松機械導引均屬往復運動或較慢速的旋轉所用者，其轉速可達到約每分鐘 100 轉。

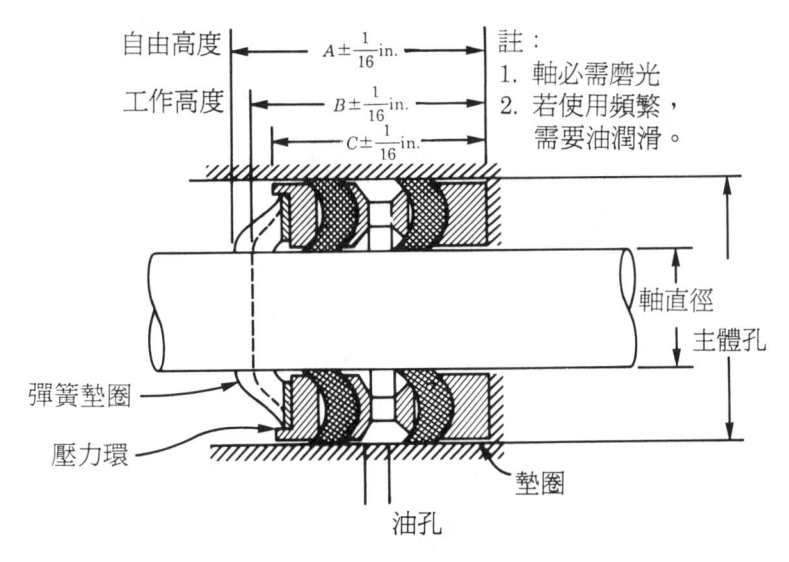

圖 5.28 山形襯墊的機械導引

182　真空技術

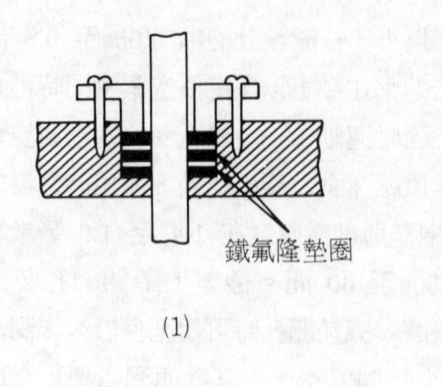

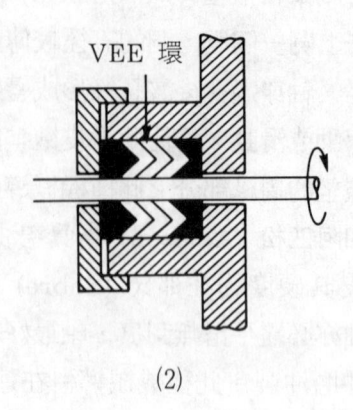

(1)　鐵氟隆墊圈

(2)　VEE 環

圖 5.29　高速轉動機械導引

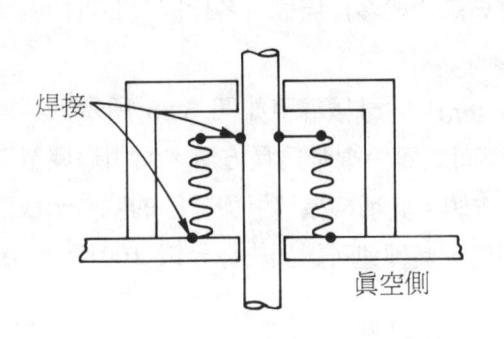

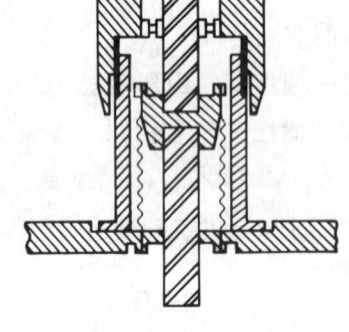

焊接　真空側

圖 5.30　彈簧箱襯墊機械導引　　圖 5.31　彈簧箱襯墊機械導引

　　高轉速機械導引係用多數個金屬墊圈及鐵氟隆墊圈交互裝在軸上並受彈簧圈的壓力以保緊密及可允許其軸作旋轉達轉速為每分鐘約 2000 轉。其構造如圖 5.29 所示。

　　以上利用彈性體襯墊兼作氣密迫緊及運動潤滑作用的機械導引均具有相當程度的漏氣。雖然在有些真空度要求不高的設備中可以適用，但因需用潤滑劑或在襯墊間需抽真空，故其應用受限制。在超高真空系統或要求高度清潔的真空系統中現多採用下節所述的利用彈簧箱作氣密及傳動的機械導引。

(2) 利用彈簧箱的機械導引：所謂**彈簧箱** (bellow) 亦稱為彈簧接頭，其形狀如圖 5.30 所示可為金屬或其他彈性體如橡皮等所製成。普通的彈簧箱為一體成型

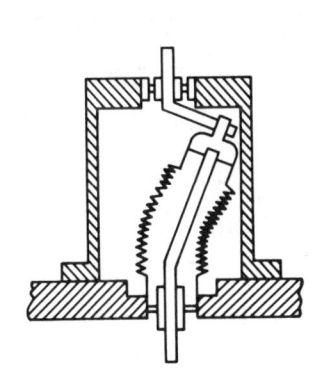

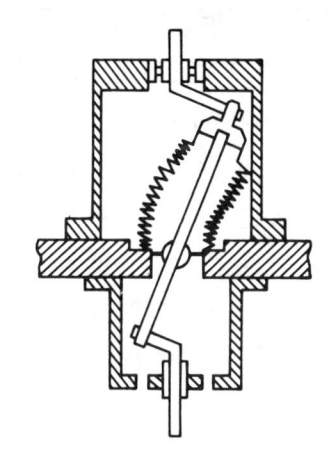

圖 5.32　彈簧箱襯墊機械導引　　圖 5.33　彈簧箱襯墊機械導引

的具有連續互相間隔大小直徑的管。以彈性體如橡皮等製成的彈簧箱具有相當的撓性，可伸縮及彎曲，以金屬製成者則能彎曲及伸縮的程度較小。用在高眞空及超高眞空的金屬彈簧箱係由很多薄不銹鋼片製成的圈焊接而成如圖 5.31 所示。作爲直線運動的機械導引其金屬彈簧箱沿軸向的行程可爲其長度的百分二十至三十。直線運動的頻率通常不能太快，運動最快者約爲每秒一次。直線運動機械導引最常用在眞空閥的閥塊啓閉及由眞空系統外操作眞空系統內機件位置的氣密傳動。

彈簧箱亦可用於旋轉運動機械導引或作傾斜角度的轉動機械導引等如圖 5.32 及圖 5.33 所示。傾斜角度一般不能太大，但旋轉如上圖的設計可連續方向作 360 度轉動。

2. 電導引

電導引主要功用爲由眞空系統外將直流或交流電傳入系統內。通常以電壓區分則有高、中、低三種電壓，亦有以電流區分爲高、低電流等導引。電導引的構造有三部分，即導線、絕緣體與外殼。導線常用者有**高導無氧銅 (OFHC)**，**英科鎳 (Inconel)**，**科哇 (Kovar)**，**鉬 (Mo)**，**鎢 (W)** 等。絕緣材料以**陶瓷 (Ceramics)** 爲最佳，玻璃或可塑體亦屬常用，**環氧樹脂 (epoxy resin)** 或**眞空蠟 (wax)** 在有些場合亦可應用。至於外殼常視實際需要或應用的方便而可用銅，不銹鋼等製成，有些直接裝在法蘭盤上而不需外殼。

電導引有可拆式與固定式兩種，可拆式者主要可拆開更換導線或絕緣體。其絕緣體通常亦為氣密襯墊，最簡單者就用 O 形圈為絕緣體。在高電壓用的電導引則常以鐵氟隆為絕緣體。陶瓷材料因不具有彈性不能作氣密襯墊故不常用於可拆性電導引。可拆式電導引亦有設計其氣密襯墊所受的緊密壓力可以調整，例如用鐵氟隆為襯墊兼作高電壓絕緣，因鐵氟隆有**冷流** (cold flow) 性質，在使用一段時日後其緊密程度會變低，此時可調節緊密壓力以增加其緊密度。一種簡單的 O 形環襯墊另加絕緣體環的電導引如圖 5.34 所示，圖中 O 為 O 形環，中心導體的圓盤壓於置在 O 形槽底座上的 O 形環。該圓盤上下均有絕緣體環 D 與 E，故 O 形環的壓縮量受其限制。O 形環的壓力係以套於底座外部與其螺接的鎖環來調整。利用彈性體 O 形環作氣密襯墊或者直接用鐵氟隆作為氣密襯墊兼作絕緣體者均不適於超高真空應用。圖 5.35 及圖 5.36 為兩種為利用**高導無氧銅** (OFHC) 為氣密襯墊，而以**陶瓷材料** (ceramic material) 如**氧化鋁** (alumina) 作為絕緣材料。圖 5.35 中係以具有刀口緣的法蘭作為電導引的接頭，其刀口緣壓於無氧銅襯墊上，而該襯墊的另一面則壓於焊於真空系統的另一具有刀口緣的法蘭盤上。其導線係用無氧銅而絕緣體係用氧化鋁或氧化鋯。圖 5.36 亦為用陶瓷絕緣體及無氧銅氣密襯墊的電導引，其導線有四根可為無氧銅或鎳。此種多導線電導引除可導送電流及電壓外亦可傳導不同頻率的電源或信號，有時稱為**儀器電導引** (Instrument electric feedthrough)。此類電導引屬於固定式，即若電導引有問題時只有拆卸更換，通常無法修理。

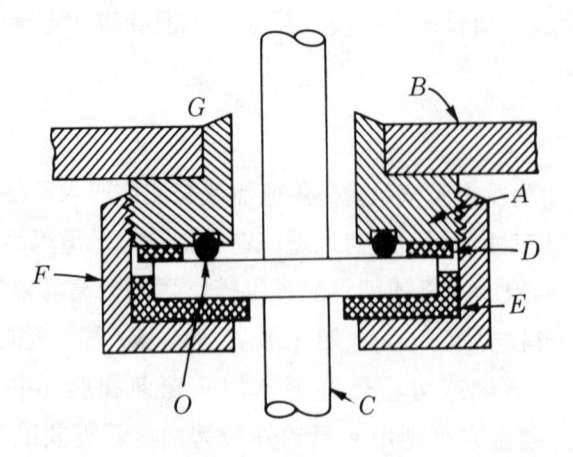

圖 5.34 O-形環襯墊電導引

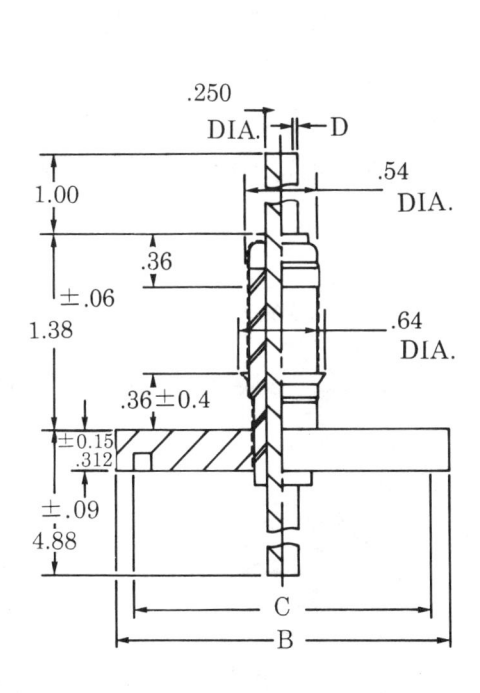

圖 5.35 陶瓷絕緣電導引
(圖中所標尺寸單位為英寸)
電流：150 A，電壓：5 kV，
導線：一根無氧銅導線。

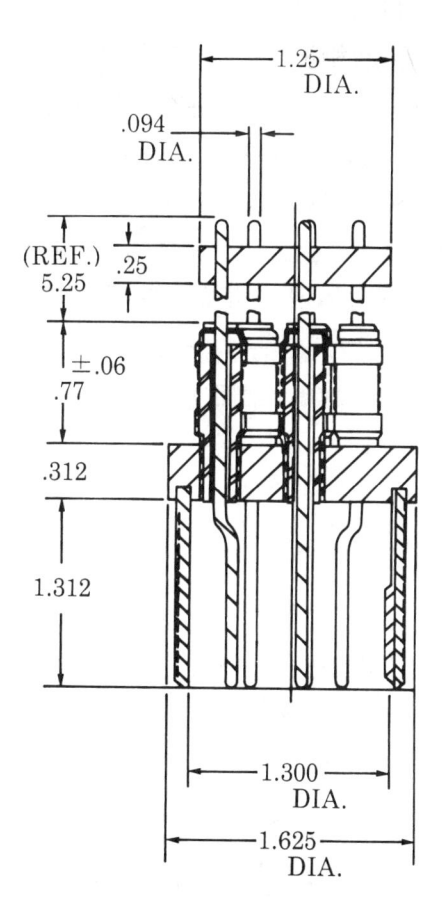

圖 5.36 陶瓷絕緣電導引
(圖中所標尺寸單位為英寸)
電流：15 A，電壓：700 V，
導線：五根無氧銅或鎳導線。

　　固定式電導引主要技術上的重點為金屬與絕緣材料的結合。一般用於電導引的外殼多為不銹鋼，而不銹鋼的**溫度膨脹係數** (temperature coefficient of expansion) 約為：$17\times 10^{-6}/°C$，而常用作絕緣材料的玻璃或陶瓷其溫度膨脹係數約在 3 到 $9\times 10^{-6}/°C$。因為溫度膨脹係數的差異，此兩種材料結合後受溫度的變化而有不同的體積膨脹或收縮，故結合處就會變成不夠緊密而漏氣。選用不同的合金如 50% 鎳與 50% 鐵的合金可與**軟玻璃** (soft glass) 的膨脹係數相配，或者科哇 (鎳鐵鈷比例為 54:29:17) 合金可與**硬硼玻璃** (borosilicate glass)

的膨脹係數相配。科哇亦可與高強度的**氧化鋁陶瓷** (alumina ceramics) 相匹配，故常用作電導引的導體。有些電導引利用可抵抗溫度變化產生變形所施的應力的高強度陶瓷及具有柔性 (展延性) 的金屬以補償兩者溫度膨脹的變形差異。例如銅棒以**燒焊** (braze) 結合陶瓷絕緣體製的電導引，其外殼則用薄不銹鋼，此種電導引可經過大電流發熱而不漏氣故適用於超高眞空。圖 5.37 為單一導線的高電流電導引。用於高電壓的電導引其在眞空外側的絕緣體係用**上釉的陶瓷** (即俗稱的瓷礙子)(glazy ceramics)，因為其不會吸濕故可維持高絕緣性。圖 5.38 為單一導線的高電壓電導引。

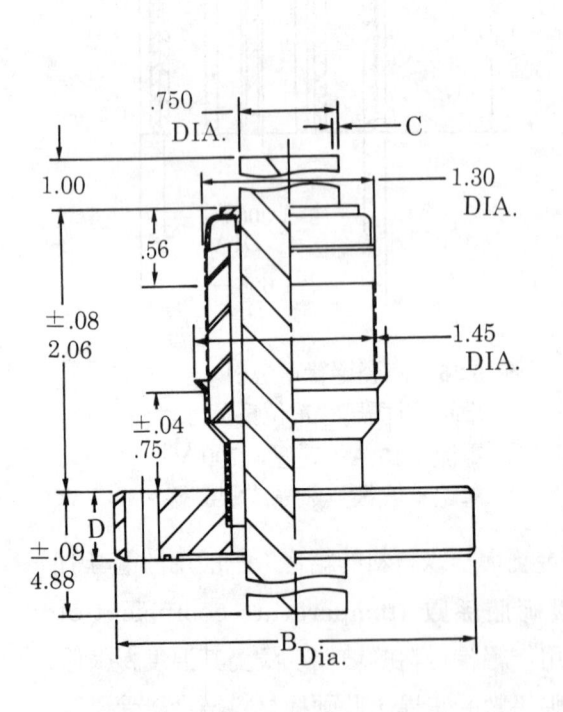

圖 **5.37** 單線高電流電導引
(圖中所標尺寸單位為英寸)
電流：600 A，電壓：3 kV，
導線：一根無氧銅導線。

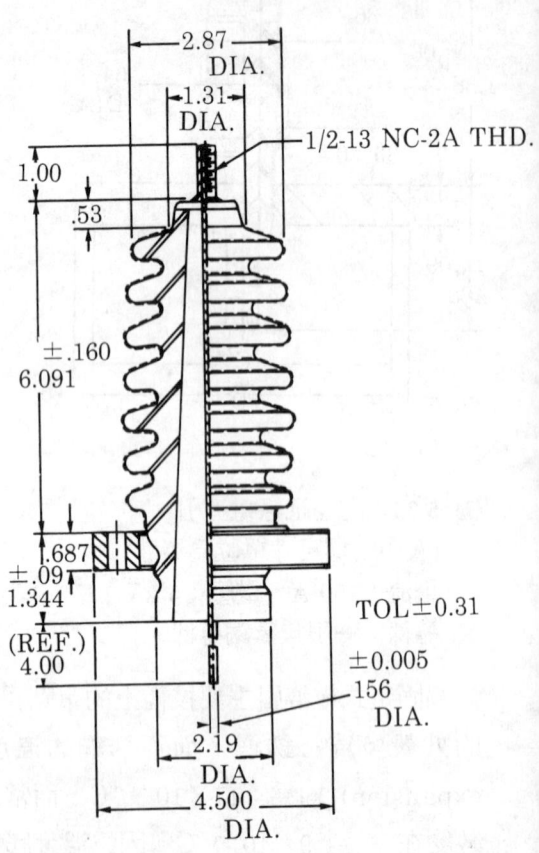

圖 **5.38** 單線高電壓電導引
(圖中所標尺寸單位為英寸)
電流：60 kV，導線：一根不銹鋼導線。

用環氧樹脂作為絕緣體的電導引可以自己製作。在一時缺少電導引而又急需時可用環氧樹脂塗在導線四周再黏在不銹鋼 (或鋁) 法蘭盤的開孔內，俟樹脂結硬後即可使用。真空蠟亦可依照同樣方式作為絕緣體製作電導引，但因蠟強度不夠除非在低溫，一般的情形並不能用。

真空電導引因製作技術不易，故至今仍屬高價位的真空分件，尤其以高電流、高電壓、或多導線者其價格均甚昂貴。我國要發展高科技高附加價值的產品，真空導引應該符合開發的條件。

3. 其他特殊用途的真空導引

其他真空導引如**流體導引** (fluid feedthrough) 主要為一種以高品質不銹鋼管製成的可通入真空系統的管路。其要求不銹鋼材料無氣泡、雜質、或內部缺陷以防止氣體的滲透，或者管壁承受液體壓力的不均勻而造成管路破裂或穿孔等問題。流體導引通入真空系統可由器壁開孔直接焊接，焊接時以在真空系統內部表面焊接為宜。利用環氧樹脂黏接屬暫時性亦可使用。可拆性流體導引則可用 O 形環方式作氣密，但若用作冷凍劑的導引因溫度變化很大，故最好用焊接方式。一般常用的真空冷凍流體如液態氮或低溫氦氣，此種**冷凍劑導引** (cryogenic feedthrough) 常用套管在冷凍劑管外層，而焊接時係在套管上焊接，如此可減少由真空系統器壁上的熱流流向冷凍劑管。另一種傳冷的方法並不直接將冷凍劑由管路通入真空系統內部，而係以熱傳導性能佳的金屬如鋁等通入真空系統而以固體直接將低溫傳入，此種導引亦稱為冷指。在有些特殊需要將真空系統中產生的熱傳出以維持某部分溫度不致過高，但又不能用冷却裝置，此種情形有時可用**熱導引** (heat feedthrough) 即用傳熱的金屬將熱傳出，此種導引亦稱為**熱沉** (heat sink)。此外尚有將光傳入真空系統內部某特殊位置的**光導引** (light feedthrough) 係用**光導管** (light pipe) 或**光纖** (optical fiber) 作為光的傳導，其氣密的要求與其他種真空導引大致相似。

㈣ 窗

提到**窗** (window) 大多數人都會認為是透明可以透過光的裝置，認為真空系統的窗透過它可以看到內部，或內部發的光可以傳到系統外面。其實這種可以透過可見光的窗只屬於窗的一種，通常稱為**視窗** (viewing window)。真空系統

所用的窗簡單來說是一種可以穿透**輻射** (radiation) 的分件。此輻射為廣義的輻射，包括電磁波從**加馬射線** (gamma ray) 到**紅外線** (infra red radiation)，及**粒子** (particles) 如**貝他粒子** (beta particle)(或電子)，**阿爾伐粒子** (alpha particle)，**中子** (neutron)，以及其他如**宇宙線輻射** (cosmic ray radiation) 或**質子** (proton) 等。

真空系統的窗基本要求為高機械強度可承受一大氣壓力的壓力差、氣密、蒸氣壓低、不會放氣、可穿透所需要的輻射而不受**輻射損害** (radiation damage)、而且最好能阻止其他不需要的輻射透過。

1. 窗的構造

除了非常特別的情形外，真空系統所用的窗多數為**可拆卸式** (demountable type)。商品出售的窗多係裝設在一不銹鋼 (或其他真空用金屬如鋁、無氧銅等) 的**法蘭盤** (flange) 或**接頭** (connector) 上，故可裝卸自如。固定式窗則直接將透輻射材料的窗以適當的氣密焊接或黏合於真空系統的開孔上。

窗的主要構成為透輻射材料部分，因輻射種類的不同此種材料可以為玻璃、石英、半導體、或金屬等。此種材料通常均製成光滑的平面，最常用者為圓盤形狀，但亦有為方形或長方形或凹、凸面等形狀。窗材料通常裝於一**框架** (mounting) 上，框架可直接製成法蘭盤或間接裝設於法蘭盤或接頭上。輻射穿透材料與框架的氣密接合必需考慮熱膨脹可能造成的漏氣問題，輻射產生的熱的散熱問題，以及真空系統內外壓力差對輻射穿透材料所施的壓力問題等。有些材料可直接用焊接或黏合於框架，有些材料則必需經過另一中間材料間接焊接或黏合，此中間材料的熱膨脹係數介於窗材料與框架材料兩者之間。用 **O 形環** (O-ring) 或其他氣密襯墊將輻射穿透材料製成的窗可拆卸性的裝於框架上為一般常用的間接按裝方法。

2. 視窗

視窗主要用於**可見光** (visible light)，一般即為白光，但亦可視需要而選擇單色光如紅光、藍光等。視窗的材料主要為玻璃。最好用**光學玻璃** (optical glass) 如 BK7 玻璃等，普通鉛玻璃，鈉玻璃在要求真空度不高及僅作觀察等用途時亦常用。一般玻璃不論其為**軟玻璃** (soft glass)(即鈉玻璃類) 或**硬玻**

璃(hard glass)(即硼玻璃 (borosilicate glass) 類)，或鉛玻璃，其對可見光的穿透率均差不多，而在短波長約為 320 nm 左右其穿透率均甚低已接近切斷。在長波長範圍則各種玻璃的穿透率頗有差異，硬玻璃在波長約為 400 nm 時其穿透率已降至約 10% 以下，而軟玻璃在此波長尚可穿透超過約 50%。當波長超過 500 nm 時，一般玻璃均難穿透此種輻射 (紅外線範圍)。

玻璃的蒸氣壓其實並不高，一般玻璃的蒸氣壓實際上低到 10^{-15} 到 10^{-25} 毫巴範圍，所以玻璃本身的蒸氣並不需考慮。但因玻璃成型時常會陷捕氣體，而其表面又很會吸附氣體，特別是水蒸氣、二氧化碳、及氧氣等，又因玻璃窗按裝在框架上係用**彈性體** (elastomer)O 形環作氣密襯墊，而其氣密面要用**磨砂面** (ground surface) 塗**真空油脂** (vacuum grease)(詳見下段)，該處亦最易吸附氣體，故玻璃視窗的放氣為一項主要考慮因素。玻璃的烘烤除氣在 150 到 200°C 的溫度時大部分吸附的氣體可被驅出，當溫度達 300°C 左右則玻璃表面的 Si-OH-Si 會脫水變成 Si-O-Si＋H_2O 而釋放水蒸氣。

⑴ **永久密封式** (permanently sealed type) 玻璃視窗：若玻璃有相當的厚度足以抵抗一大氣壓力的壓力差，通常將玻璃製成平板而密封在一金屬管端或陶瓷管端。密封的方法採玻璃與金屬焊接法，硬玻璃窗用膨脹係數匹配法焊接於**科哇** (Kovar) 管端，而軟玻璃窗 (硬玻璃窗亦可) 用膨脹係數不匹配法。即當溫度變化時因玻璃與金屬的膨脹係數不同所產生的**應力** (stress) 由金屬所產生的**彈性** (elastic) 或**塑性** (plastic) **變形** (deformation) 來抵消，或所產生的應力為只有**壓縮** (compression) 力，故不致發生漏氣。此種焊接通常係將玻璃焊接在銅管端，利用**羽毛邊緣技術** (feather edge technique)(亦稱為 Housekeeper 密封) 焊接。此永久密封的玻璃窗其金屬管再焊接在不銹鋼法蘭盤上可烘烤達 400°C，可適用於高真空及超高真空。圖 5.39 為永久密封玻璃視窗其玻璃永久密封於科哇管端為膨脹係數匹配式，而玻璃永久密封於無氧銅管端為膨脹係數不匹配式，利用羽毛邊緣式結合技術以達到永久密封的效果。

薄玻璃窗以特殊技術製作可薄到 10 到 0.1 微米，通常係用**吹玻璃** (glass blowing) 技術在玻璃或石英管口吹出氣泡狀 (半球狀) 的薄玻璃窗。一般的燈泡亦可認為係薄玻璃窗，玻璃窗薄可以減少光穿透時被吸收的損失，故有些光源的窗需要很薄。

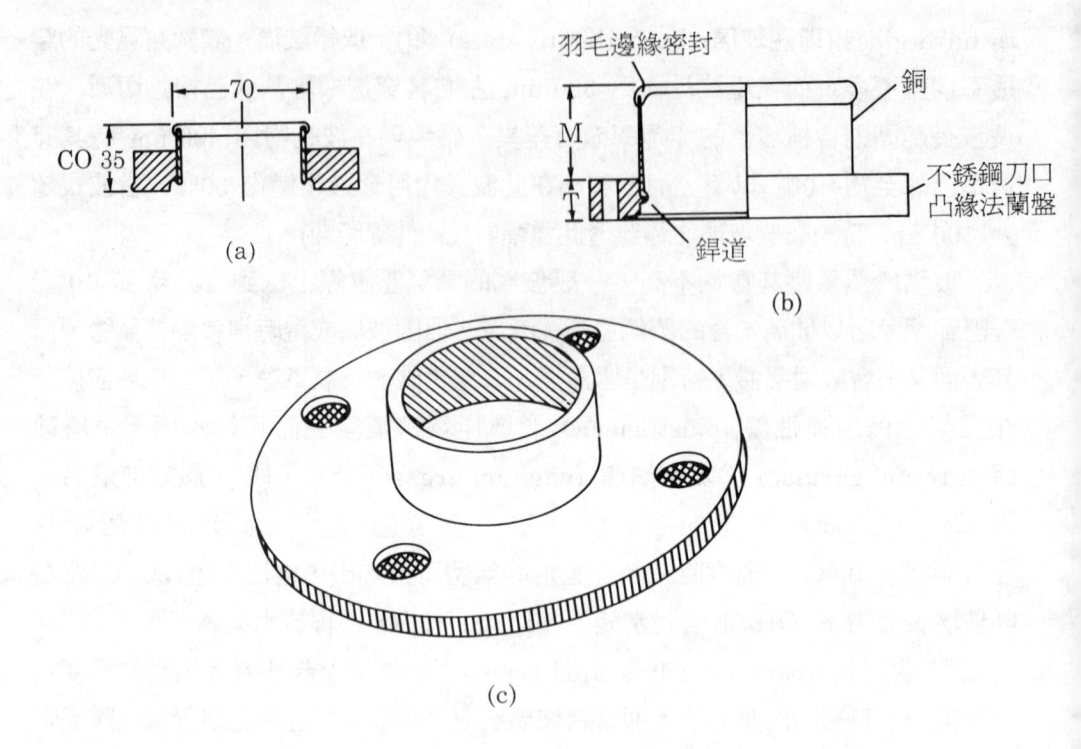

圖 5.39　永久密封玻璃視窗
(a) 玻璃永久密封於科哇管端與氧銅管端
(b) 玻璃永久密封於科哇管端與氧銅管端
(c) 玻璃視窗實圖

(2) 可拆卸式密封玻璃視窗：可拆卸式密封玻璃視窗可直接按裝在已製好視窗口的真空系統上，亦可按裝在法蘭盤或接頭上再裝配到真空系統上。可拆卸式玻璃視窗最常用者係以彈性體 O 形環作密封，其技術與其他用 O 形環密封的接頭者相同，僅在玻璃壓 O 形環的面係將玻璃磨砂，按裝時塗以**高真空矽脂** (high vacuum silicone grease) 薄膜以潤滑接觸面。玻璃係受一金屬壓環的壓力，但此壓力不可過大，原則上不應將玻璃面壓到接觸 O 形環槽面，否則玻璃會被壓破。壓環施力要均勻壓在玻璃四周，通常為避免壓環的金屬 (如不銹鋼) 直接壓在玻璃上，常在其間加一墊圈，墊圈可用較軟的材料如銅、鋁等製成其直徑要與 O 形環者相同，如此則可使窗的兩側受力在相同的直徑上而不會使窗受彎曲變形。可拆卸式密封玻璃視窗用 O 形環在方形斷面槽及錐形斷面槽內密封如圖 5.40 及圖 5.41 所示。

圖 5.40　O- 形環襯墊視窗　　　圖 5.41　O- 形環襯墊視窗

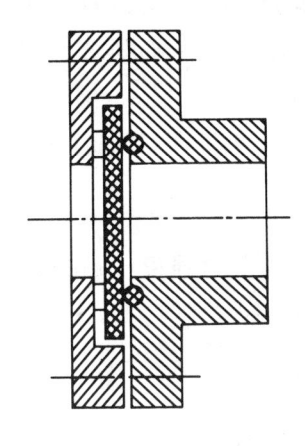

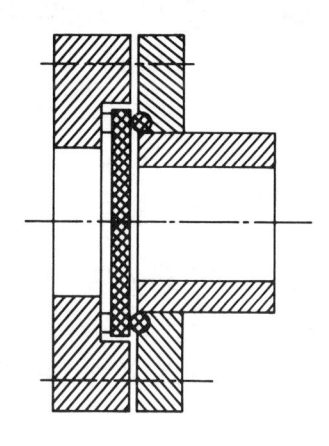

　　上述視窗係以玻璃為輻射穿透材料，但在有些特殊需要時亦可能用**石英** (guartz) 或**藍寶石** (sapphire)。**石英單晶** (single crystal) 可穿透紫外線達 180 到 120 nm 範圍，而長波長的穿透可延伸到遠紅外線範圍。藍寶石在波長從 150 nm 到 6000 nm 範圍內的輻射均可穿透，故此兩類材料的視窗可作觀察，亦可作紫外線及紅外線的穿透。又此兩種材料均可耐高溫，在很多真空系統應用高溫處的視窗用一般玻璃常會破裂故必需用石英或藍寶石視窗。可拆卸式密封石英或藍寶石視窗與玻璃視窗可用相同方法，即用 O 形環密封，惟不用磨砂面。至於永久密封式石英或藍寶石視窗現均有商品供應，其製作係採用**壓縮密封技術** (compression seal technique)，例如以一內徑小於石英窗外徑的薄**鈦** (Ti) 金屬環套於窗上，然後再以高溫熔焊以銀銅合金焊條焊接，或用**融合技術** (fusion technique) 如將藍寶石窗邊緣與玻璃環 (或管) 或金屬 (如銅) 在融熔狀態下結合。

3. 薄膜窗

　　很多固體材料很薄時可以穿透輻射包括電磁輻射、粒子及可見光等。**薄膜窗** (thin film window) 的主要應用目的並不是作為視窗，大多數的薄膜窗係用來穿透高能粒子輻射如阿伐粒子、貝他粒子及中子等。有些電磁輻射如紫外線或 X 光等為減少窗材料的吸收也常用薄膜窗。

　　薄膜窗的材料可以為金屬、陶瓷、塑性材料、雲母、及玻璃等，視其用途而

有不同的選擇,其厚度約在微米的範圍。**自身支撐** (self-supporting) 的薄膜窗必需考慮該薄膜能抵抗的壓力差 (通常為一大氣壓力)。約略估計薄膜窗的直徑 (D) 與厚度 (t) 的比可引用 Roth 書上的公式即:

$$\frac{D}{t} \leq 200 \frac{\sigma}{p} \tag{5.11}$$

式中 D 與 t 均以毫米為單位,σ 為薄膜材料的**張力強度** (tensile strength) 單位為 Kg/mm^2,p 為壓力差,單位為**大氣壓** (atm)。

幾種常用作薄膜窗的材料的張力強度如下表:

表 5.11 薄膜材料的張力強度 (Kg/mm^2)

材　　料	張力強度 (σ)
鋁	9
金	10
鈹	20
氧化鋁 (Al_2O_3)	26
邁拉爾 (Mylar)	16
柯洛東 (Colloidon)	4.5

例如金薄膜的窗,直徑為 10 毫米,則可用上式計算出最小的膜厚要有 5 微米。(假定用在一般的眞空系統,其壓力差約為一大氣壓力)。如果係用作穿透粒子的薄膜窗,另一重要的條件為該粒子在此薄膜材料中的最大**行程** (range) 應大於此最小膜厚。

阿伐粒子在空氣中的最大行程隨其能量而變,如 2 MeV 的阿伐粒子在空氣中的最大行程約為 1.1 厘米、5 MeV 者為 3.6 厘米、8 MeV 者為 7.4 厘米。在各種物質中則各有不同,例如 5.4 MeV 的阿伐粒子在**玻璃紙** (cellophane) 中的最大行程為 25 微米,在鋁中為 22 微米,在雲母中為 17 微米,在鉭 (Ta) 中為 9.3 微米,在金中為 8.4 微米。

貝他粒子 (高能量電子) 的最大行程常以**厚度密度** (thickness density) 表

示，單位為 mg/cm^2。例如空氣一米長的厚度密度為 120 mg/cm^2。不同的能量的貝他粒子，其厚度密度不同，如 0.3 MeV 貝他粒子的厚度密度為 77 mg/cm^2，1 MeV 者為 400 mg/cm^2，3 MeV 者為 1500 mg/cm^2 時。若窗材料的密度已知，則可計算出貝他粒子在其中的最大行程。薄膜窗的厚度應較貝他粒子在其中的最大行程為小，厚度愈小則粒子的穿透率愈大。表二為電子束在各種材料中穿透率為 50% 時的薄膜厚度。

表 5.12 電子束穿透各種材料薄膜的厚度 (微米)

電子的能量 (KeV)	塑膠	SiO$_2$	鋁	Al$_2$O$_3$
10	0.55	0.35	0.3	0.2
20	1.8	1.1	0.96	0.68
40	5.8	3.7	3.1	2.2
80	17.8	11.3	9.6	68

　　金屬薄膜用作高能量粒子的穿透窗其厚度必需很小，尤其用於貝他粒子 (電子) 則厚度要更小。通常金、鋁、鉭等金屬均可用作薄膜穿透窗，但金屬膜太薄時常變成多孔性，應用時可用多層薄膜以避免小孔的穿過。

　　非金屬如雲母、三氧化二鋁、尼龍、邁拉爾等均可用作薄膜窗以穿透貝他粒子，但應考慮抵抗壓力差的強度。又塑膠類的薄膜窗在太強的輻射下會因輻射損害而變質失去其機械強度，故應考慮此限制。

　　中子穿透的窗一般用含有**中子吸收斷面** (neutron absorption cross section) 小的玻璃製成。早年的玻璃權威孫觀漢博士曾研究出含 Al$_2$O$_3$，PbO，MgO 及 SiO$_2$ 的玻璃對中子具有高穿透率。中子窗應避免高中子吸收斷面物質的雜質，因中子被吸收常會引發其他種輻射如加馬射線等，對於操作人員及儀器均有影響。純鋁及聚乙烯膜亦可用作中子窗。

　　加馬射線及 X- 光穿透窗所用的薄膜以輕金屬如**鈹** (Be)、鋁等、塑膠如邁拉爾等、含硼、鋰、鈹等金屬氧化物的玻璃、及雲母等均常用。重金屬對加馬射線及 X- 光的吸收較強故穿透膜中應不含重金屬。

薄膜窗在一般的真空設備雖不常見，但在很多應用輻射的真空系統如 X 光、中子等則必需用此種窗。又輻射偵測儀器如**游離腔** (ionization chamber) 等亦係用各種不同的薄膜窗以穿透不同的輻射。

4. 其他類窗

前面提到窗並不一定要穿透可見光，換句話說我們雖然可以從窗中穿透過某種輻射，但我們並不一定可以看見窗裡面的情形。有時可穿透可見光的窗反而不能穿透某種輻射。紫外線與紅外線所用的穿透窗就會有這種情形。

紅外線窗的種類很多，主要因為紅外線的波長範圍很廣，各種材料能穿透紅外線的波長範圍也不同。普通玻璃視其含**氧化鐵** (FeO) 的成份而能穿透的紅外線波長有所不同，不含氧化鐵者可穿透**近紅外線** (near infrared) 波長達約 2000 nm，硼玻璃可穿透波長達 3500 nm 的紅外線。再長的波長的紅外線 (**中紅外線及遠紅外線**) (mid and far infrared) 普通玻璃就不能穿透。石英、雲母、藍寶石，及一些鹽類如 NaCl、KBr、CsI 等或金屬**鍺** (Ge) 及金屬化合物 ZnSe 等均屬可穿透較長波長的紅外線材料。鹽類大多數易吸濕，當此類材料製成的窗吸濕後表面變成不光滑霧狀，其對紅外線的穿透率會大為減低。有些材料如 ZnSe 等質軟易受表面磨傷或刮痕，表面若有損傷則對紅外線的穿透率亦會減低。

紫外線窗在近紫外線 (波長在 300 到 400 nm) 範圍可用一般所稱的紫外線玻璃、雲母、或塑膠玻璃 (如**璐賽** lucite) 作為窗。紫外線波長再短到 200 nm 則只有石英、藍寶石以及一些鹽類如 NaCl、KCl、CaF_2 及 LiF 等可用作穿透窗。紫外線玻璃應不含鐵、鉻、鉛、鈦、銻等，或為具有特別的成份如**磷酸玻璃** (phosphate glass)。紫外線的照射會使一些材料變質，如塑膠材料或一些玻璃經高強度紫外線照射後會變棕黃色而會影響其穿透率。

摘　要

物質在真空中的性質與在我們日常生活所處大氣壓力環境中的性質並不相同，金屬在真空中也會蒸發，很多非金屬尤其是有機物質在真空中很易蒸發。

影響真空度的主要原因為：材料的放氣，昇華或蒸發，擴散與滲透。選擇材

料爲設計眞空系統最重要的工作。

眞空結構材料主要爲金屬與玻璃。 金屬以不銹鋼最常用， 碳鋼及純鐵（鑄鐵）在普通眞空或超大型眞空系統中亦常用。銅以無氧高導性銅最適合眞空用。金屬或合金中含有鋅、鎘等易在眞空中蒸發的元素者應避免使用。玻璃以硼玻璃應用最廣，石英亦可製眞空儀器。玻璃或石英因其有滲透性故很少用作超高眞空儀器。

眞空內部用材料以不會蒸發，不會放氣爲先決條件。內部用材料分爲絕緣體、導體、電熱體及冷卻系統等。絕緣體以陶瓷、玻璃、石英等爲最常用，導體以無氧高導性銅、科哇、不銹鋼、鎳鉻姆等爲最常用。電熱體在一般性的加熱常用鎳鉻姆，在高溫加熱常用鎢、鉬、鉭、錸等。至於冷却系統則常用銅、鋁或不銹鋼製作。但此三種材料均有缺點並不理想。

眞空與外界相接的材料大多數與結構材料相同。唯接頭處常需用無氧高導性銅、純鋁、純金、銦，或彈性體材料如維通、鐵氟隆等作爲氣密襯墊。

眞空黏塡劑爲樹脂、蠟及水泥類的各種材料。主要係用以膠接或塡塞眞空機件或小孔細縫等。眞空潤滑劑主要爲低蒸氣壓的油脂，多用在各種橡皮或維通所製的襯墊。其作用爲使此類彈性體潤滑，使其在受壓力下易於流動以塡塞小孔細縫等而達到氣密襯墊的目的。最常用的眞空油脂爲矽脂，因其蒸氣壓甚低故可用於高眞空。

眞空零組件亦稱爲眞空元件與眞空分件，零件包括有接頭、電導引、機械導引、窗、活門、冷凍陷阱、冷凝阻擋、管等，組件通常指包含有零件組成的裝置。眞空零組件視其用途有不同的構造，其組成的材料多包含有金屬與非金屬材料。除了材料的性質要考慮外，加工與組合的要求也有特別的要求。主要的考慮因素爲材料的蒸氣壓、機件表面光滑度、氣密、以及受力的程度等。

第 6 章　真空設計

一、真空系統設計通則

㈠ 全盤考慮

各真空系統其使用目的不同故所需考慮的要求也不盡相同。一般來說，任何真空系統不論是低真空或是高真空，不論其使用的目的如何，在設計時我們可通盤的逐項考慮下列諸事項：

1. 真空室 (即主要用來達到使用目的的真空儀器空間) 的尺寸大小，可能的形狀如圓筒形、長方形、球形或特殊要求的形狀。
2. 真空工作室的操作溫度，是否需加熱或冷却？有無因某些化學或物理反應而產生熱量或吸收熱量的可能？
3. 真空儀器內部是否需接電？所要用的電流、電壓的大小，以及需要多少根導線？
4. 真空儀器內部的機件是否需要從真空儀器外部操縱？如果需要機械傳動，是何種機械運動？直線運動或旋轉運動？或二者兼有？
5. 真空度的要求，以及是否需要精確測定真空壓力？
6. 是否一次抽真空系統 (閉合系統) 或為可開閉系統？
7. 將真空抽到所要求的真空度所需要的時間。有些實驗儀器對於抽真空時間的要求並不太重要，但在閉合系統，尤其大量生產者，或者在應用真空製造過程的生產儀器則抽真空時間甚為重要。

8. 儀器的安全以及其複雜的程度。

(二) 粗略計算

　　真空工作室的大小及形狀經選定後大概的體積可以計算出來。再根據要求的真空度以及抽真空時間，可約略計算所需幫浦的抽氣速率。有了此些基本數字後，再選用幫浦的種類。選定了幫浦的種類後，則需估計所用的管路、活門、真空計等，以及是否需用冷凝捕捉陷阱或油氣阻擋等等附件？此些選擇決定後，再計算管路阻抗。由算得的管路阻抗後再計算幫浦在儀器進口的有效抽氣率。根據上述計算的結果來選擇幫浦的負荷能力。再從幫浦的負荷能力，有效抽氣率等複算真空室的真空度。如果所得的結果不合要求，可改變設計數字再算。如此反復計算可得一最初的設計結果，計算的方法見第二章。

(三) 細節設計

　　當真空室的大小形狀、抽氣用的幫浦，以及管路活門或有關的油氣阻擋、冷凝陷阱等大致選定後，再按照規格尺寸作詳細設計。此時應決定接頭的種類、大小、是否需使用法郎盤？或直接焊接？電導引及機械導引的選擇及按裝位置的安排。如係可開閉的系統，應注意儀器開口位置的選擇及放氣活門的安排。必要時用**門栓活門** (gate valve) 以保持某些部分的真空。此外備用**出口** (port) 在很多真空儀器上常考慮預為按裝，以免儀器製成後因需要再加裝設備或改變用途時發生困難。除有些真空幫浦 (如離子幫浦) 本身可兼作真空計外，通常真空儀器均必須有量度量真空度的設備。真空計裝設的位置，是否經常操作或間斷操作？真空計適用的真空範圍，以及防止因壓力突然增高而損壞真空計的安全裝置等均需詳加考慮。在真空儀器及其附件的材料選擇時要考慮是否需加熱烘烤及冷凍？高真空儀器常需烘烤除氣，油氣阻擋及冷凝陷阱等除使用時要冷凍外，在應用一段時間後為消除其中附著過多的油或水氣故必需停用並予以烘烤以增加其效率。在這種需烘烤及冷凍的真空系統，其接頭與襯墊材料均需考慮適合此種溫度的要求。

　　最後尚有關於各種安全互鎖裝置亦應考慮。諸如停電及停水 (在需用水作冷卻的儀器) 時的自動切換裝置等，在設計需長時間操作而無人看守的真空系統或較複雜的真空儀器多以裝置為宜。

細節設計多以按照儀器實際要求的性能以及所擔負的工作為準則，因此各個儀器均不盡相同。以上所述不過是一般較詳細的考慮，實際上常需更多的考慮在此無法一一詳述。應注意者，有些簡單真空儀並不必有如此詳細的設計，過份的設計有時會增加儀器成本甚至還會使儀器太複雜操縱保養困難。

二、設計真空系統對於真空零組件的考慮

真空系統的零組件除真空幫浦、真空計、真空閥 (活門)、真空導引、窗等，已在前述各章節中詳細介紹過，在此將僅就其配合真空系統設計應考慮之處作重點討論。此外固定接頭的設計及冷凝阻擋與冷凍陷阱亦將詳細介紹。

㈠ 真空閥的選擇

真空系統管路的設計其中一項重要的考慮即為真空閥。在何處需要裝真空閥？閥的種類及功用如何？此等問題均在系統設計時預先作決定。一般而言，真空室所用的閥多屬門閥、放氣閥、漏氣閥、連接幫浦或管路的斷隔閥等。而真空管路則視其為前段管路、高真空管路、進氣管路、或冷卻系統管路而選擇不同氣導及操作原理或控制方法的斷隔閥或進氣閥。因為真空閥的價格隨其功用及品質要求而懸殊，故在選擇時應考慮其必要性才不致造成浪費。此外閥在管路中的位置也很重要，設計時應考慮使用者操作的方便以及維修的需要。

㈡ 真空幫浦及冷凝阻擋、冷凍陷阱

真空幫浦的選擇主要根據真空度的要求及真空系統的主要功能來決定，在本書的真空幫浦的一章中已經論過何種幫浦適合用於何種真空系統，故在此不再重複。但在選擇真空幫浦時應考慮如果所選的真空幫浦係使用幫浦油或具有潤滑油者，則要考慮配置冷凝阻擋或冷凍陷阱。以下將對冷凝阻擋及冷凍陷阱作詳細討論。

1. 冷凝阻擋

在第三章討論蒸氣幫浦時曾介紹冷凝阻擋及捕捉陷阱的作用及需要，冷凝阻擋主要係用作消除蒸氣幫浦中油蒸氣的回流到真空系統，通常用冷水，固體二氧

化碳 (俗稱乾冰) 或冷媒等來將油或水銀蒸氣冷却成液體流回蒸氣幫浦的蒸發室。阻擋的冷却溫度以不冷凍到油或水銀凝結成固體為原則，否則即等於逐漸損失蒸氣幫浦的幫浦液，如此會減低抽氣效果。一般的阻擋設計以不論蒸氣來自任何角度均不能直接通過阻擋而進入眞空系統內，此種設計亦稱為**光學阻擋** (optical baffle)。冷凝阻擋的種類甚多，簡單來說一片金屬其上通過冷却水管或冷凍機的冷媒管即成為阻擋。能阻止百分之百的蒸氣回流的阻擋實際上為不可能，因為如此則抽氣率實際等於零。故設計阻擋時應以回流對眞空系統影響的許可程度來決定可阻擋的油氣的百分比。光學阻擋的設計使來自蒸氣幫浦的油氣不能直接進入眞空室，但油氣在阻擋中碰撞散射而未被冷凝者仍可進入眞空室內。顯然此時進入眞空室的油氣的分壓力即為在該冷凝阻擋溫度下的飽和蒸氣壓，因為溫度低時油的飽和蒸氣壓也低，故冷凝阻擋的溫度設計時應考慮此點 (但不可冷到使油或水銀凍結成固體已如前述)。幾種常用的冷凝阻擋如圖 6.1 所示。通常均以水冷却即可，但使用冷凍機設備可達較低溫度，且不會消耗水，故在缺水的地方常採用。唯其購價較貴且保養亦較困難，故應用並不普遍。圖 (1) 與圖 (4) 均為內外均冷却的阻擋。其不同處為接頭用法郎盤的方法為直接焊接或間接配合。圖

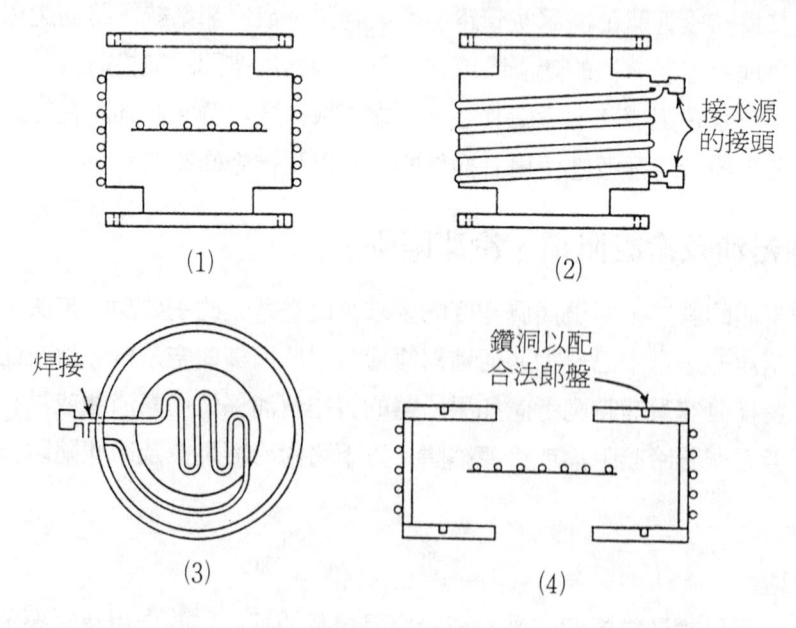

圖 **6.1** 簡單的冷凝阻擋

(1)　　　　　　　　　(2)

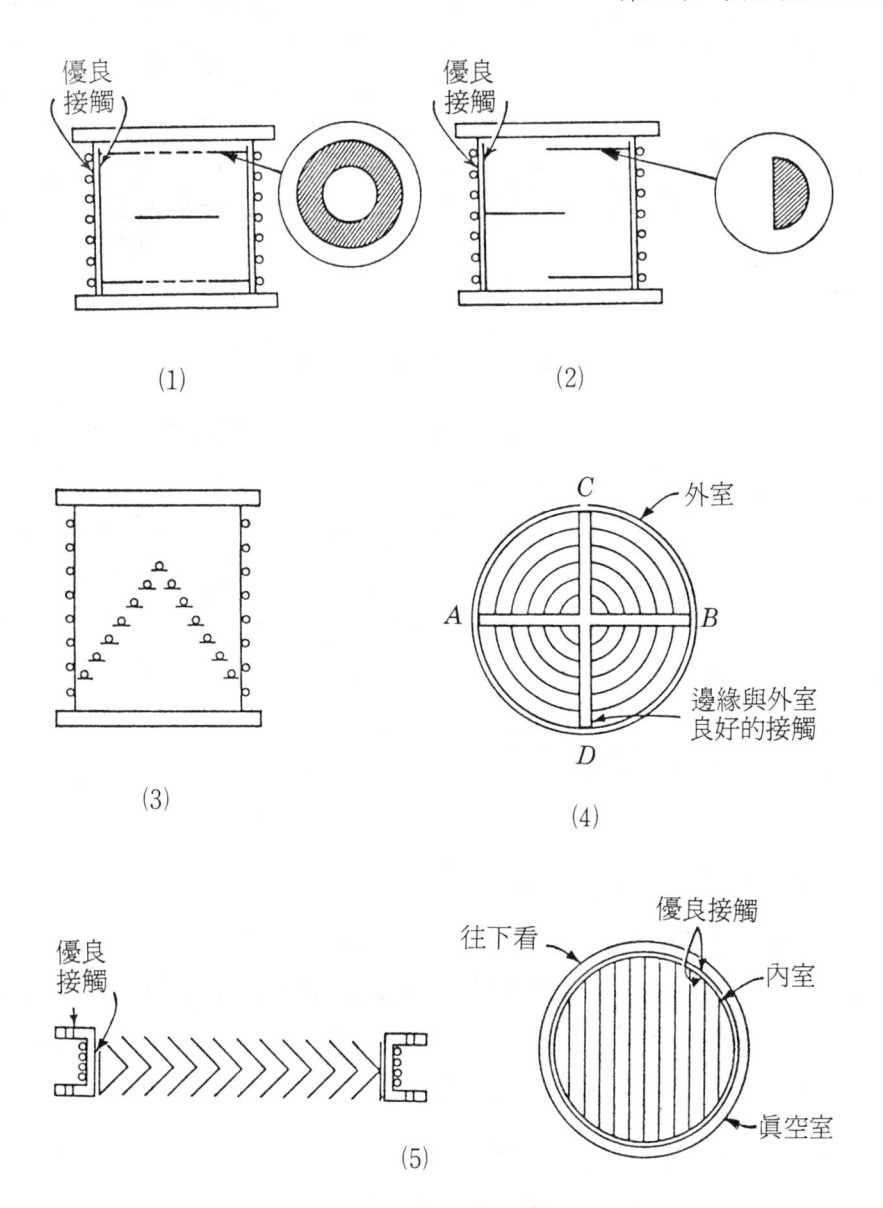

(3)　　　　　　　　　(4)

(5)

圖 6.2　較複雜的冷凝阻擋

(2) 為簡單外殼冷却的阻擋，圖(3)為冷却圓盤形的阻擋。顯然以上四種阻擋太過於簡單，故能消除油氣回流的百分比並不大。

　　較複雜的冷凝阻擋的構造如圖 6.2 所示，其中圖 (1) 為三圓盤阻擋，圖 (2) 為三半圓盤阻擋，圖 (3) 為多重環阻擋，圖 (4) 為另一種形式的多重環阻擋，圖

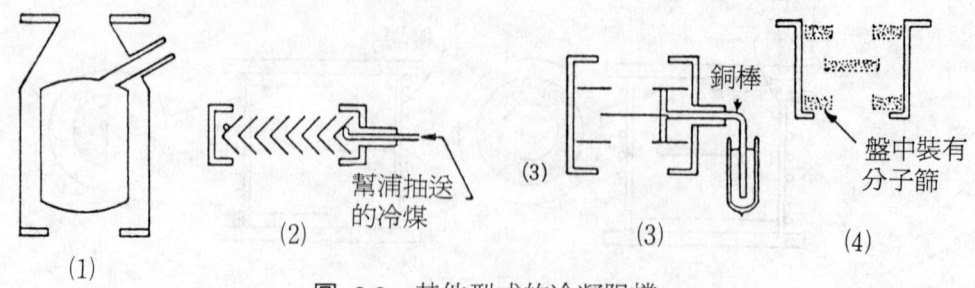

圖 6.3 其他型式的冷凝阻擋

(5) 爲山形阻擋或光學阻擋。此些阻擋因其構造較爲複雜故可消除回流油氣的百分比亦高，其冷却除一些係用冷却管路直接進入真空內部外，利用金屬的導熱而間接由阻擋片或環等將熱導至器壁再由外界的冷却系統將熱量吸走，而使冷凝面溫度降低亦爲最常用。圖 6.3(1)，(2) 及 (3) 爲利用冷凍方式的阻擋，其中圖 (1) 實際爲一內部的陷阱，視實際需要可用水、液態氮、冷凍機的冷媒等作冷却。圖 (2) 爲用冷凍機冷媒循環冷却的山形阻擋。圖 (3) 爲利用銅棒導冷外界冷凍的阻擋。有些應用有時可不用冷却而僅用吸附劑亦可消除油氣回流如圖 6.3(4) 所示，此阻擋中裝有分子篩盤以吸收油氣，此種阻擋使用一段時間後應將吸附劑活化再用。

2. 冷凍陷阱

因爲冷凝阻擋不能完全阻止油或水銀蒸氣，故若需更高的真空則必需在阻擋與真空室之間再加一捕捉陷阱以捕捉剩餘的油或水銀蒸氣。捕捉陷阱的作用實際即爲一冷凍或吸附幫浦，因其主要作用係吸收油氣，故其幫浦能量常較小。捕捉陷阱的設計要求除與幫浦相似外，應注意下列三重點：

1. 選擇材料其外殼材料必需能高溫烘烤，不會與油或水銀化合。其吸附材料必需能與油或水銀結合 (物理吸附) 吸收力要強而且速率要快。但在高溫時必需容易將所吸的油或水銀放出。
2. 易於裝拆、清潔或更換吸附材料。
3. 可用於擴散幫浦的前段真空處 (與機械幫浦間) 及高真空管路處 (與真空室間)。

使用冷凍捕捉陷阱者應注意當操作時應不斷冷却，一旦冷凍作用停止 (冷凍

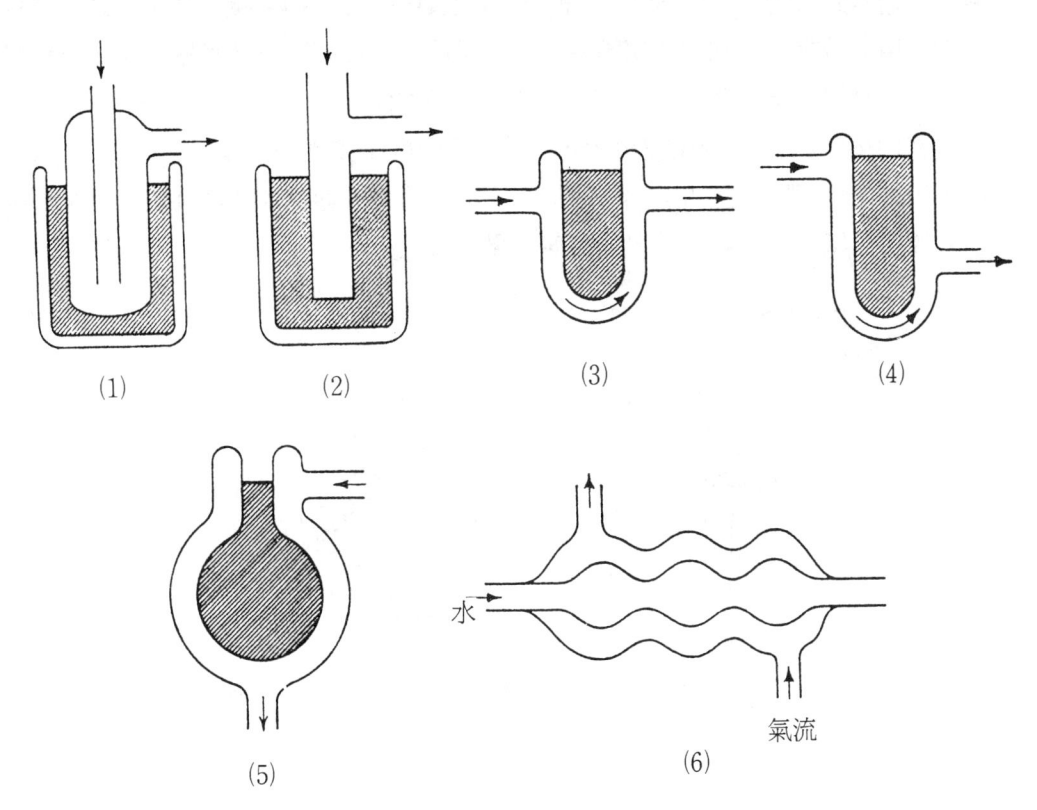

圖 **6.4** 冷凍捕捉陷阱

劑消失或冷却管路故障) 則陷阱中被冷凍的油氣或水銀 (亦有凍結的水及其他有機性蒸氣) 會蒸發進入眞空系統而破壞眞空。僅用冷凍的捕捉陷阱如圖 6.4 所示，冷凍劑可爲冷媒 (氟利昂 Freon 12 或 22 號)，乾冰 (固體二氧化碳)，液態氮等。因溫度愈低冷凍效果愈佳，故液態氮最有效。若以經濟價値而論，使用流水冷却最便宜，用冷凍機冷却雖亦便宜，但設備費用較高。冷凍機冷却一段冷却可達 $-40°C$，複合冷却可達 $-100°C$ 對水蒸氣及水銀蒸氣的捕捉均有效。乾冰的溫度約爲 $-78°C$，在此溫度的水銀蒸氣壓約爲 $3×10^{-9}$ 托爾故在水銀擴散幫浦使用乾冰冷却即可獲得較佳效果，但在此溫度下水的蒸氣壓約爲 $0.6×10^{-3}$ 托爾，故眞空系統中如有水氣存在則用乾冰冷却其效果即不佳。設計捕捉陷阱僅用冷凍作用者，除考慮選擇冷凍劑外，在結構上應考慮減少冷凍劑揮發的機會而且冷却面要大。圖中 (1) 及 (2) 均爲利用杜華瓶盛裝冷凍劑的陷阱，亦爲最簡單

型式，通常此瓶可取下然後烘烤陷阱本體使其中捕捉的物質氣化逸出。為增強效果亦可用機械幫浦在陷阱烘烤時抽氣。此種冷凍捕捉陷阱其杜華瓶亦可用不銹鋼製成，在烘烤時可不必取下該瓶，故使用較為方便。圖 (3)，(4) 及 (5) 均為冷凍劑裝在內部，如此則冷凍效果大，且冷凍劑的消耗較慢，但陷阱的外界必需絕緣，故製作較困難。圖 (6) 為一種流水冷凍的陷阱，通常用玻璃製成，因其冷凍面大故對油氣的捕捉頗有效但無冷凍效果，故並不常用。

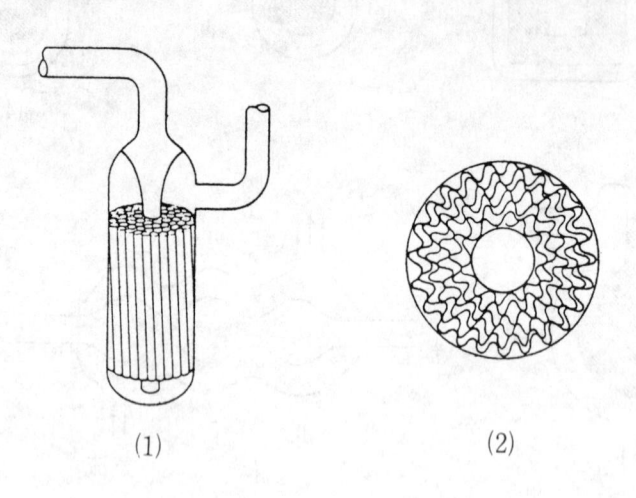

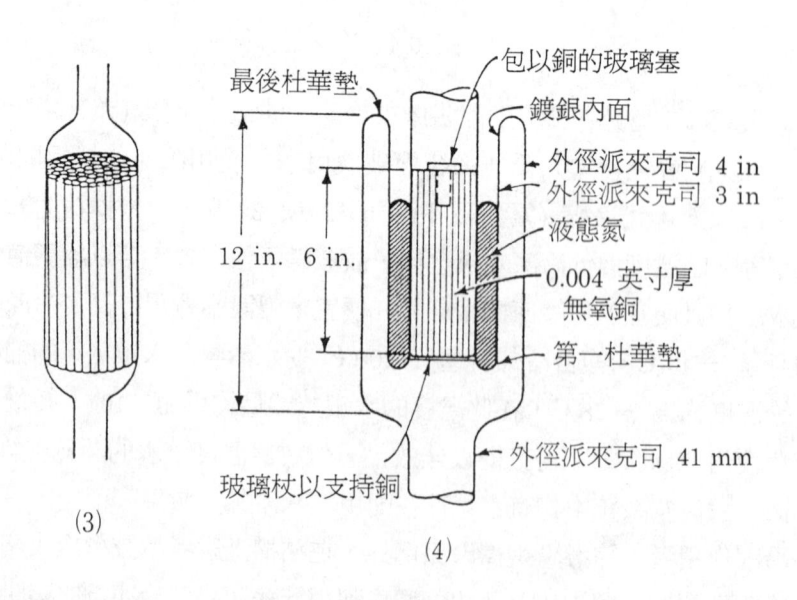

圖 6.5　用銅管及銅皮製成的捕捉陷阱

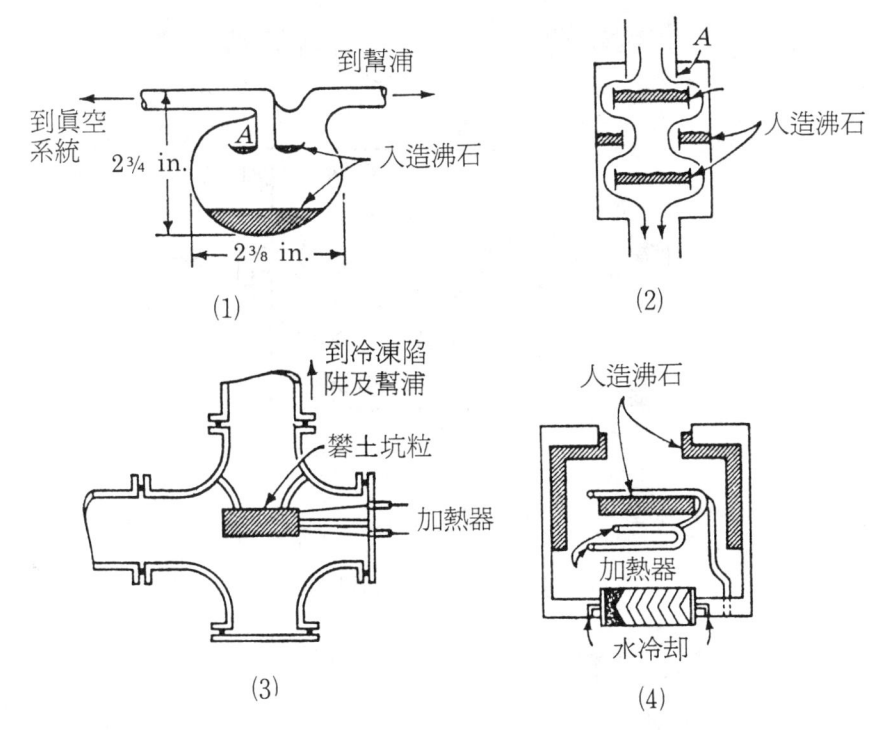

圖 6.6 吸附陷阱

　　用無氧高導性銅管或 0.003 英寸厚的銅皮壓製成如圖 6.5 的幾種形狀做成的陷阱對吸收油氣很有效，若再加以冷却則效果更佳。但其對氣流的阻抗大，且需常烘烤除氣，而且對水銀蒸氣的吸收效果不大，故現漸不常用。用人造沸石作爲吸附劑的捕捉陷阱現最常用，其優點已在第三章中吸附幫浦介紹時敍述過。用吸附劑陷阱的設計如圖 6.6 所示。此類設計的陷阱氣流通量較大，但吸收效果稍差。較新式的陷阱設計使用小型粒狀的沸石作吸附劑，氣流從充滿此些沸石顆粒中通過故吸收效果甚佳，只是氣流阻抗稍大。此種捕捉陷阱如圖 6.7 所示，可用於消除機械幫浦或擴散幫浦的油氣甚爲有效。此種陷阱亦可於其外部用液態氮冷却則效果更佳。當吸附劑的效果漸減低時，可用加熱烘烤並以幫浦所吸收的油氣抽去，如此即可重覆使用。如沸石使用過甚必需更換，圖 6.7 的設計有裝塡孔的蓋可打開更換沸石。據著者的經驗，如非日夜經常使用此捕捉陷阱，此種沸石可重覆使用幾乎不必更換。

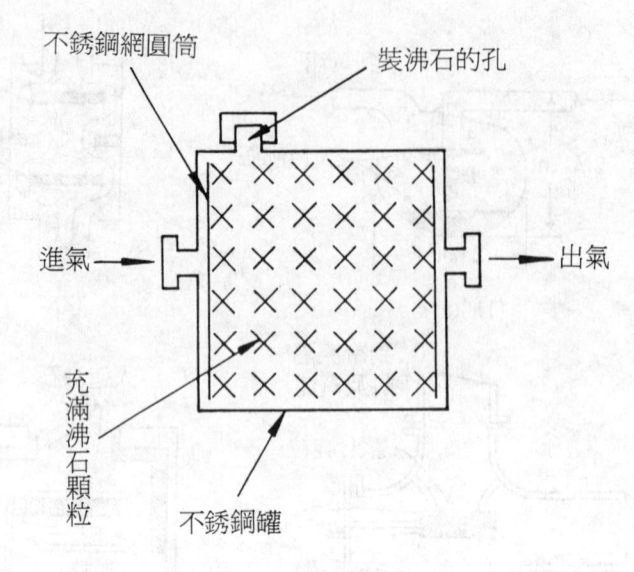

圖 6.7　沸石吸附陷阱

(三) 設計眞空導引、窗、管路及固定接頭

眞空導引、窗及管路可設計用可折式接頭如法蘭盤等連接按裝在眞空系統各處，但在有些不需拆卸之處採用固定接頭可得更佳之氣密程度。在超高眞空系統及需要高溫烘烤的設備這種設計常有必要。眞空導引、窗及可拆式接頭如法蘭盤等在前章已有討論在此不再重複，以下將對固定接頭作詳細討論。

1. 固定接頭

焊接是眞空技術上的一件重要工作。金屬眞空機件相連結，除有拆開的可能外 (例如機件過大在製造或運輸以及按裝修護均以可拆開爲方便，又如儀器太複雜亦以可拆開比較易於製造)，均以焊接爲宜。金屬材料的性質以及機件的大小決定所用的焊接技術。通常**電 (弧) 焊** (arc welding)、**氣焊** (gas welding)、**銅焊** (brazing) 以及**錫焊** (soldering) 均可用於眞空儀器焊接。茲將各種焊接法以及接頭的設計列舉於下：

2. 金屬焊接

(1) 電焊：通常高眞空系統的焊接多用電焊。在焊接的部分其溫度均甚高能使金

屬熔融接合。電焊亦有需用焊條焊接，其材料與需焊接的金屬相同或性質非常接近，當焊接時焊條在焊接處與兩相接部分熔融接合成一體。普通用**焊藥** (flux) 的焊條對真空焊接頗不合適，因焊接處常會有氣泡、微裂等，尤其焊藥渣若不除盡則影響高真空甚巨。根據實驗結果發現即使真空中 (約 1×10^{-3} 托爾) 電焊所造成的金屬膨脹比可達 760000 比 1。因此就會有少量的氣體被陷捉於焊接附近，微裂痕亦會產生。此些被陷捉的氣體雖短時間不會被覺察，但終究會透過焊接處而放出氣體影響真空。使用鈍氣焊接如**氬電弧焊** (argon arc welding) 或**氦電弧焊** (heliarc welding) 利用惰性的氬氣或氦氣 (純度在 99.5% 以上) 以防止在焊接時空氣中的氧或氮與金屬作用產生氧化物或氮化物。在此種焊接多用無焊藥的焊條，在氬氣 (或氦氣) 的籠罩下受電弧高溫熔融流入焊接處而與其互相熔合。鈍氣電弧焊其結果甚佳，現在所有的高真空儀器均多採用此種焊接。此類焊接法最常用的為**鈍氣屏障鎢極電弧焊** (inert-gas-shield tungsten arc

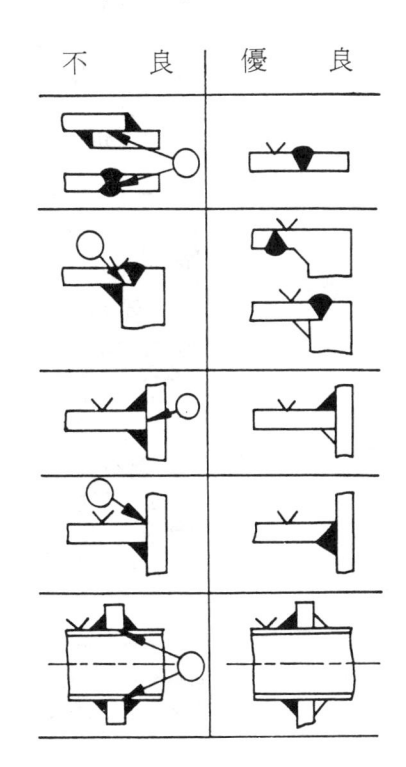

∨　真空側
◣　連續焊
◸　間隔焊
○　陷入的髒物

圖 **6.8**　焊接接頭的設計與焊接法

welding) 簡稱爲 TIG(tungsten-inert-gas) 焊接，因鎢熔點極高 (3382°C) 作爲電極可耐高溫。

電焊眞空機件接頭的設計基本要求焊接的部位應在眞空內部，如此則焊接金屬材料底部上有不可避免的雜質氣泡及細孔等不至曝露在眞空中。如果不能在眞空的內側焊接，則必需盡量使焊熔的金屬完全穿透焊接處，如此可避免產生氣泡或空隙。兩側焊接 (即焊完一側後又在另一側再焊一次) 應盡量避免，因爲此種焊接會造成焊接內部的小空隙。即使焊接時用以固定位置的數點點焊亦必需於焊好後將其除去，否則亦將造成不良結果。優良的設計及不良的設計的焊接法其比較如圖 6.8 所示。圖的左側爲各種不良的接頭，其相接處常會有髒物陷入而無法清除。幾個常用的眞空機件焊接接頭的設計如圖 6.9 所示，圖 (1) 爲厚度小

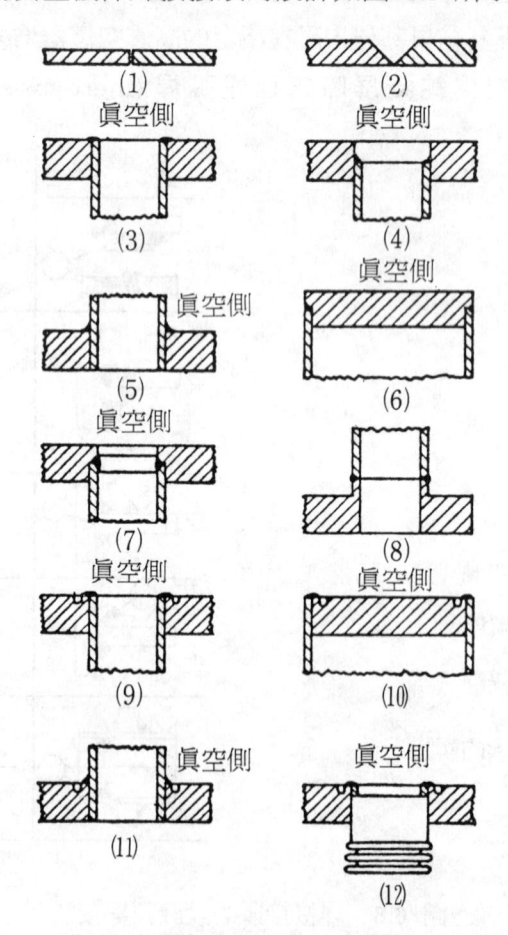

圖 6.9 電焊焊接接頭的設計

於 0.125 英寸的平板或管子的**對接** (buttjoint)，圖 (2) 為較厚的平板或管子的 **V 形對接** (bevelled buttjoint)，圖 (3) 到圖 (7) 為法郎盤與管子的各種焊接，圖 (8) 到圖 (11) 為薄管子與較厚的法郎盤的焊接，其中除圖 (8) 為管子直接焊接於法郎盤所帶的一段管子外，其餘均係在法郎盤上切一圈槽以免除焊接時的內應力變形。圖 (9) 與圖 (10) 的焊接法可合用於管子壁薄到 0.030 英寸，如果管子再薄則最好加上一個內圈如圖 (12) 所示。在焊接薄管子於法郎盤時，尤其是焊真空用彈簧箱，因其管壁太薄如使用圖 (11)的方法必會燒穿管壁。在此種情形，只好在管端焊接如圖 (9) 的接法，只是此時的焊接彈簧箱 (相當該圖的管子部分) 在真空內側，故焊接處在真空外側。此種焊接法雖與基本要求不合，但在此特殊情況亦只有採取此種方法，故焊接時應十分小心以免除雜質的存留。

　　焊接處的機械加工用普通的俥光即可。如有表面粗糙處可以無油脂沙布或**油石** (oil stone) 磨平再以鋼絲刷刷淨然後再予清潔。焊接前必需清除油污及氧化物，焊條亦需以丙酮或 MEK (methyl-ethyl-ketone) 清潔後使用。焊接後除使表面清潔外，多以不加工為宜。在超高真空系統或有些焊接處需要俥光或磨平等加工，在焊接時必需絕對小心使焊接處均勻無細孔。圖 6.10 為**正接焊** (square butt weld) 與**角接焊** (corner weld joint) 的焊接法及繪圖標示符號，此種焊接法多用於較薄的材料其厚度達 0.1 英寸以內。圖 6.11 為超過 0.1 英寸厚度材料對接焊接設計，在較薄的材料焊接開 90 度 V 形槽，較厚則開圓頭形槽而槽角 A 隨材料的厚度而減少。在圖 6.12(1) 為法郎盤與管子焊接的尺寸設計，圖 6.12(2) 為法郎盤與大型槽壁焊接的尺寸設計。注意在前述諸圖中均標示氦氣測漏，其意義為焊接完畢後應經過氦氣測漏儀 (見第七章) 檢查有無漏氣。

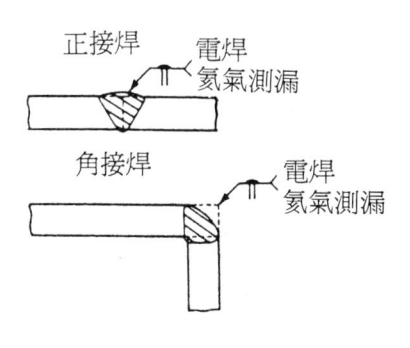

圖 6.10　焊接設計

210　真空技術

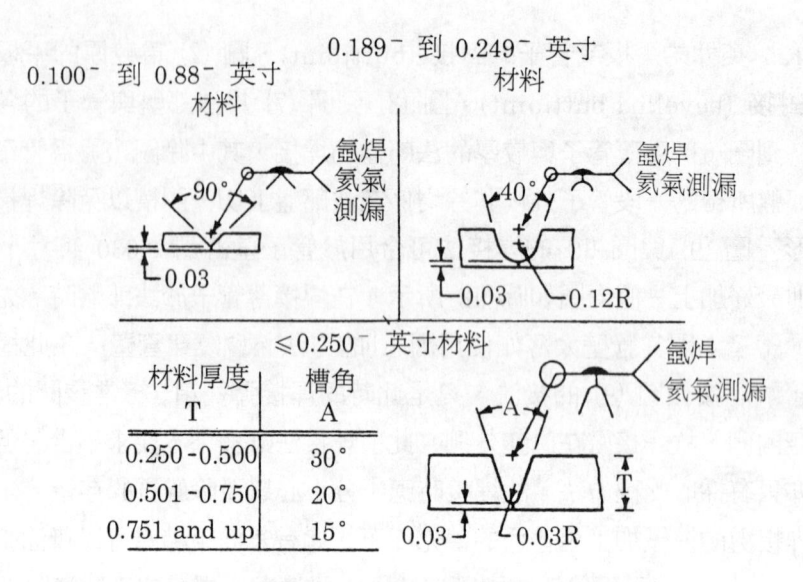

圖 6.11　焊接設計

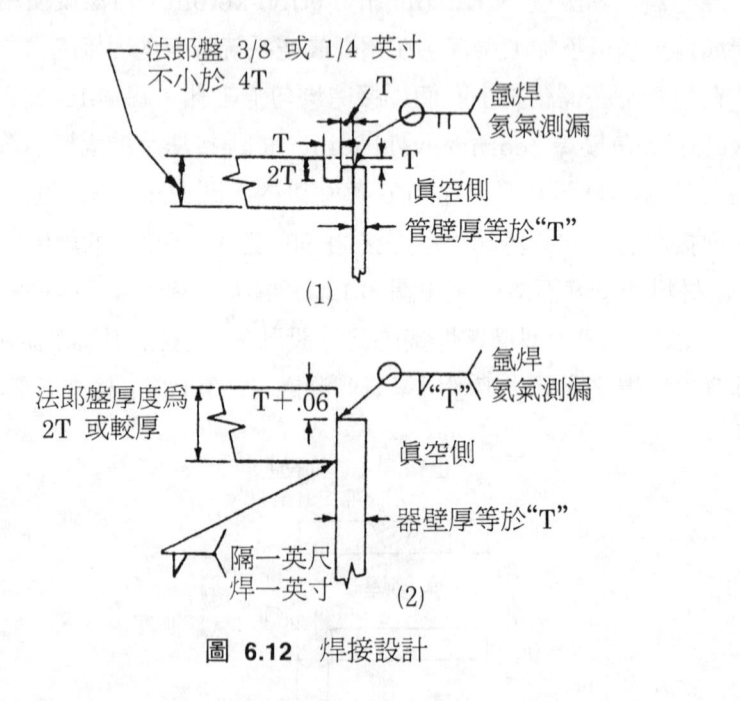

材料厚度 T	槽角 A
0.250–0.500	30°
0.501–0.750	20°
0.751 and up	15°

圖 6.12　焊接設計

(2) 氣焊：通常所指的氣焊是指用氧炔燄或氫氧燄的高溫焊接，所用焊條亦多與接頭的材料相同。一般所稱的銅焊或銀焊亦係使用氣體火燄加熱，但我們不稱其

為氣焊 (見下節)。氣焊的情形與電焊相同故大致的接頭設計亦相似。但應用氣焊為使相接處的金屬熔化，需要燒的時間也比較長。因之氣焊常會使焊接物的附近會受熱而變形。氣焊多使用焊條焊接，在眞空焊接所用的焊條多以不包焊藥的為宜。氣焊用在眞空焊接不如電焊，故現多為電焊所取代。

(3) 銅焊：銅焊的不同於電焊或氣焊者，在於被焊接處均被燒熱到溫度雖低於接頭材料的熔點，但却足以使焊條金屬熔融流入兩焊接物接頭之間。此熔融金屬流入兩焊接物接頭間除了填塞空間外並擴散到這接頭金屬表面及內部，當其冷却時就將兩接頭焊住。銅焊亦有稱為銀焊者，在銀焊只是以銀焊條代替銅焊條而已。事實上銅焊或銀焊很難與下節所述的錫焊有明確的區別。通常錫焊又稱為**軟焊** (soft soldering)，其焊接溫度多低於 400°C。錫焊所用的焊錫只擴散到金屬表面故結合不牢機械強度弱。銅 (銀) 焊的加熱法可用**火炬** (torch)、噴燈、加熱爐或感應電爐在空氣中，惰性氣體中，還原性氣體 (如氫氣等)，或眞空中操作。火炬最適合局部加熱且操作方便價廉，但其加熱不均匀會造成機件內部應力以致變形。用加熱爐可得均匀的溫度，但需考慮機件的其他部分可否加熱，機件的大小等。設計銅焊的接頭時通常使其尺寸略大以便於焊接後可以加工到所需的精密尺寸。銅焊多用來焊接小機件、管路、薄管、電導引等。圖 6.13 為銅焊焊接薄壁機件的設計。圖 6.14 為銅焊焊接的正確與不正確方法。在難焊接的機件，常可將一小坑或一小圈焊條預置在焊接的位置，然後再用焊條燒焊。應注意

圖 **6.13** 薄壁間的氣焊

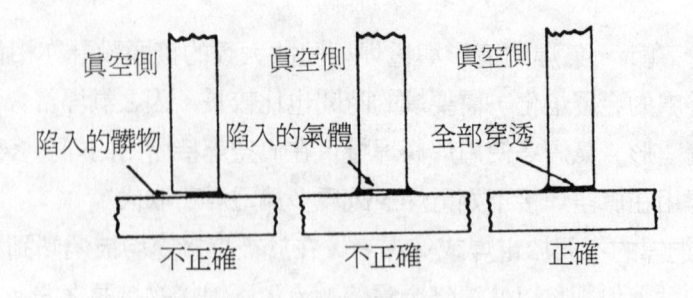

圖 6.14 銅焊焊接法

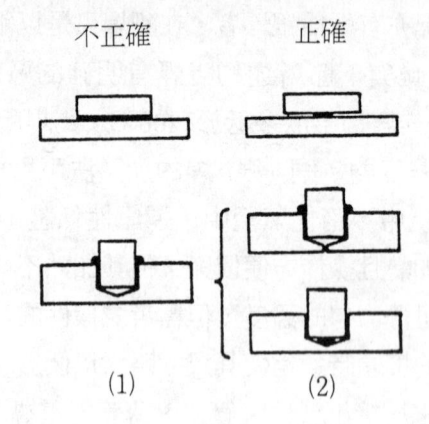

圖 6.15 預置焊條焊接法

焊條預置的位置及其大小應詳加考慮，否則易造成陷捉的氣泡或雜質。圖 6.15 為預置焊條焊接法的正確與不正確情形。

一般的銅焊使用黃銅焊條含 54% 銅，46% 鋅，其熔點為 875°C。此種焊條可用於鋼鐵、銅等。銀焊所用的焊條多含有焊劑 (又稱焊藥)，商品的種類頗多，但常含有鋅鎘等高蒸氣壓的金屬，故不適用於真空。**易流二號** (Easy-flo No.2) 銀焊條的熔點在 608°C 到 617°C 之間可焊接各種金屬從不銹鋼到鋁。不用焊劑的銀焊條可用來焊接銅及其他非鐵金屬，應注意此類焊條有時含有少量的高蒸氣壓物質如磷等，故選擇時必需小心。如果使用焊劑焊接，必需小心除去殘渣，多數焊劑均可溶於水，故用熱水洗刷常甚有效。有時用肥皂水洗後用熱水清洗再用其他溶劑如酒精丙酮等擦拭通常可以使焊接處清潔。另外一種可免除焊劑的焊接法為在鈍氣中焊接。一般使用充乾燥氮氣的加熱爐焊接可防止在焊接處產生氧化膜，此種方法被焊的金屬必需先予清潔並除去其表面上的氧化部分。另一

種焊接法為在氫氣下焊接，如此可還原焊接處的氧化層，此法可適用高真空儀器焊接。普通的銅在氫氣下焊接會變脆及呈多孔性，此由於其晶體邊界上氫與氧結合成水的緣故。現在最廣用的焊條為銅銀合金焊條 (含 71.5% 銀及 28.5% 銅) 其熔點為 778°C，特別適合於焊接銅、銀、鎳以及合金如科哇、莫湼耳等。此種焊條多用於加熱爐法焊接。不銹鋼亦可用前述焊條焊接或用純銅或鎳焊接。鎢及鉬可用較低溫度的銅焊或銀焊，鎢亦可用普通的火炬焊及普通的焊條焊接，但必需先以 15% **亞硝酸鈉** (sodium nitrite) 及 85% **氫氧化鈉** (sodium hydroxide) 在 300°C 下浸蝕後施焊。其他貴重金屬均可用作焊條，但價格太貴故應用不普遍。鋁通常可用**鋁矽合金** (aluminium-silicon alloys) 在 570°C 到 640°C 的溫度範圍內燒焊，只是鋁在高真空中很少用。

(4) 錫焊：錫焊又稱為軟焊，我們常稱其為烙鐵焊，因為此類焊接多半應用燒紅的烙鐵或電焊鎗等使焊錫熔融填入所焊接的接頭間。實際上錫焊並不一定全用錫，而加熱法亦可用火炬或煤氣噴燈，較大的機件焊接甚至可用加熱爐加熱。錫焊或銅焊或銀焊主要不同處為所用的焊接材料 (焊條) 熔點較低，其成份一般多為錫的合金。高真空系統，尤其是需要加熱烘烤或有高溫應用的儀器，錫焊不宜使用。因所用的焊錫其成份中常含有較高蒸氣壓的合金，而且其焊接所需用的焊劑 (如焊油、松香等) 如焊接後未曾除盡則將永遠放氣。但有些真空系統要求真空度不高，或者有些真空中機件的連接 (如細銅絲等的焊接) 用錫焊比較方便容易，故用錫焊的真空接頭設計仍值得考慮。

　　錫焊接頭設計的要點為要使焊接後的機件避免在焊錫承受張力或剪力。必要時應於承力處另加機械加強支承物以承受可能的力。接頭以**重疊接頭** (lap joint) 為佳，**對接接頭** (butt joint) 應予避免。一般金屬如銅、青銅、軟鋼等機件相接時，其接頭間應留約 0.005 英寸的空隙以使焊錫填入以達最佳的剪力強度。如機件焊接有內角時，當空隙填滿後可加一層焊錫於其上以增加其強度。(此與電焊及氣焊的情形不同，見本節 (1))。焊接的金屬如其膨脹係數不同，則膨脹係數大者應置於外側，否則當加熱時空隙會變太小而不能完全填滿焊錫。焊接以一邊焊接為原則，必需將空間填滿，兩側均焊易導致氣泡污物及焊油等存在於其中而影響真空。圖 6.16 為管子與平板或法郞盤的焊接法，其中 (1) 為不良設計，(7) 不能承受剪力，(4)，(5) 及 (10) 為最佳設計。錫焊焊接前必需先除去油

脂，可用溶劑或鹼清洗表面。蒸汽去油法為最佳除油脂法，其次為浸洗法，最簡單者為用布沾拭法。經除油污後通常再以水洗淨，然後用噴沙、沙布或鋼絲刷以清除表面氧化物。有時兩焊接機件先各自於焊接處先塗一層焊錫，如此則可於焊接時增加焊錫的穿透入被焊物內的程度。通常此法多用焊膏或焊漆 (即為焊錫粉與焊油或焊藥的混合物) 塗於其上再加熱使錫熔融黏連於金屬上，然後用熱水或熔劑以除去剩餘的焊藥。錫焊所用的焊劑可分為有腐蝕性，略有腐蝕性，及無腐蝕性三類。無腐蝕焊劑多為松香或**樹脂** (resin) 及有機類，多限用於金屬表面的氧化膜極少處如銅、黃銅、錫、鎳及銀等。或預先塗以焊錫的接頭。通常電子儀器所用的電烙鐵焊錫即屬於以此種焊劑為心的一類。此類焊劑可用酒精或**三氯乙烯** (trichlorethylene) 等溶劑以清除之。腐蝕性焊劑最常用者為**氯化鋅** (zinc chloride) 加**氯化銨** (ammonium chloride) 以減低其熔點。此類焊劑多用於焊接軟鋼、銅、青銅等，如加以**鹽酸** (hydrochloric acid) 則亦可用於不銹鋼。此類焊劑多以熱水加 2% HCl 以刷洗之，然後再用熱水加微量的鹼清洗。茲將可用軟 (錫) 焊的金屬，其所用焊接材料以及焊劑舉例列表於表 6.1。特殊的焊

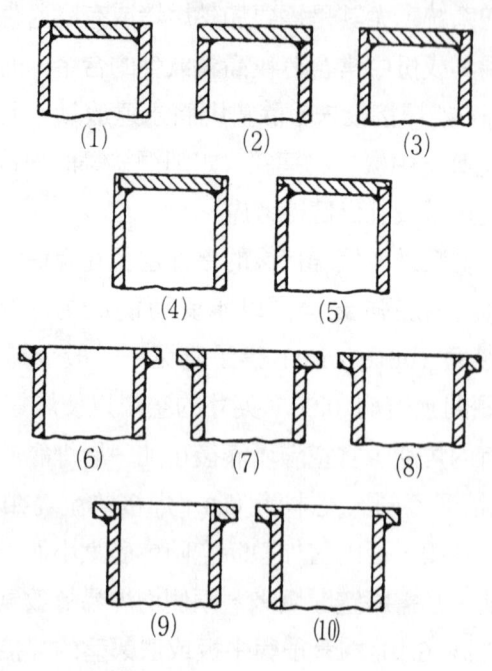

圖 **6.16** 錫焊接頭設計

表 6.1 可軟焊的金屬及其焊接材料與焊劑

金屬	焊接材料	焊劑	附註
銅及銅合金	一般用一比一的錫鉛合金，電烙焊用六比四的錫鉛合金	純銅用松香，黃銅用松香或略腐蝕性焊劑，銅鎳合金用有腐蝕性焊劑，銅鋁合金用強腐蝕性焊劑	銅最易焊接，銅鋁合金需先鍍錫後再焊
鋼及不銹鋼	一般用四比六錫鉛合金，材料強度高者需加較多的錫成份	中碳鋼及低碳鋼用有腐蝕性焊劑，不銹鋼需加過量的塩酸於有腐蝕性焊劑中	高碳鋼極難用錫焊
鎳	與銅鎳合金同	與銅鎳合金同	
莫湼耳及印科湼耳合金	與不銹鋼同	與不銹鋼同	鉻的合金
鋁及鋁合金	軟焊用九比一錫鋁合金 (熔點 200°C－210°C)，八比二錫鋁合金 (199°C－267°C) 硬焊用九十五比五鋅銀合金(熔點 400°C－500°C) 或九十五比四比一的鋅鋁銅合金 (熔點 350°C－500°C)	無腐蝕性有機焊劑如亥追辛 (hydrazine)	用有機焊劑應取空隙 0.005－0.015 英寸，用略有腐蝕性焊劑取 0.002－0.01 英寸，錫鉛焊接材料不可用，因不抗腐蝕且日久會失材料強度

接材料如**銦錫合金** (indium-tin alloy) 商品名**色洛思耳** (Cerroseal) 35 號者，其在溫度 127°C 時呈液態，可用來焊接任何可用錫焊的金屬，而且尚可黏連於非金屬如玻璃、石英、陶瓷及雲母等。此種焊接材料可用於各種眞空緊密接頭，且可抗低溫，在用於焊接相同的金屬時，接頭間空隙取 0.002 英寸到 0.004 英

寸，但焊接不同的金屬其膨脹係數有差異者，空隙多用 0.006 英寸或較大。

3. 金屬與玻璃焊接

在許多眞空儀器中常需將玻璃與金屬相連，除可拆性接頭將另作討論外，關於玻璃與金屬焊接的材料曾在第五章討論過，故本節將討論接頭的設計以及焊接的要求。應注意此處所指的「焊」接並不一定必需加熱，有些地方實際上等於膠接，故用「焊」字並不太恰當。本書沿用習慣語仍用焊字，只是其意義中包括不加熱的膠接。

大多數純金屬其熱膨脹係數均較玻璃的為大，因此除極少數純金屬如鎢鉬等外多數金屬焊接於玻璃多需使用中間材料 (即合金其熱膨脹係數與某特別成份玻璃相接近者)。如果兩相接材料的熱膨脹係數在 20% 的差異以內，則此兩材料可以配合焊接。又若金屬非常細薄 (如細絲等) 且其展延性甚佳則即使兩材料的膨脹係數相差甚大，此金屬仍可焊於玻璃。此種焊接接頭當溫度改變時，其金屬可承受因溫度變化材料不同的膨脹所產生的張力而玻璃不會受力破裂。另一焊接法為利用金屬其表面形成一層氧化膜後再與玻璃相接，此金屬氧化物即為中間材料。利用此法可使玻璃與金屬牢結，但氧化膜的厚度必需十分恰當，太厚容易剝脫，太薄則不能牢結在玻璃上。

金屬與玻璃相接可分為下列三種情形：甲、玻璃眞空系統的電接頭：金屬絲、棒，或線穿過玻璃進入眞空內部；乙、玻璃系統連接金屬系統：主要為玻璃管路與金屬管路相連接；丙、玻璃窗：金屬眞空系統所用透光或觀察內部的玻璃窗。

實用金屬焊接玻璃法：先將玻璃表面鍍上一層金屬薄膜然後將金屬焊於其上。玻璃鍍金屬膜的方法為先將玻璃磨沙，然後清洗乾淨再以銀膠 (銀懸浮在一種油內) 約候五分鐘後置於爐中烘烤到接近玻璃的**軟化點** (softening point) 的溫度 (約 500°C) 五分鐘，如此則銀會均勻黏連在玻璃上。鍍銀膜完成後最好再用電鍍鍍銅於其上。電鍍用飽和的**硫酸銅** (cupric sulfate) 溶液，白金為陽極，通過電流為三毫安培 (mA)/平方厘米。鍍銅完畢經熱處理後再予加工可焊金屬於其上。利用此種方法鍍金屬於可拆性玻璃接頭上可用金屬襯墊。此種焊接法顯然其強度不夠，且有賴於塗金屬的技術，因此用途不廣。

最常用金屬焊接於玻璃的方法為利用特種合金直接焊接於玻璃上，此種合金

如**尼羅克** (Nilok)，**費立科** (Fernico)，或科哇 (均為鐵鎳鈷的合金) 可與硼玻璃如康甯 7052 或科代耳等相接，因為此些合金與硼玻璃的熱膨脹係數均約在 4.75 到 $5.1 \times 10^{-6}/°C$。但用此種方法接合必需預先清潔及驅氣且操作步驟繁瑣非一般實驗室可以實行，所幸真空儀器廠商針對此困難而生產各式尺寸的玻璃與金屬接頭，如科哇接科代耳等。在應用時此接頭的金屬端焊於金屬部分，玻璃端焊於玻璃部分。科哇通常可錫焊或銅焊，用銀焊常會產生微細孔故應特別注意。用氫電弧焊接法可將科哇直接焊在不銹鋼上以作高真空用。科代耳焊接玻璃以派來克司玻璃最適合。焊接此種玻璃與金屬接頭時應注意使用的火燄要盡量在接頭另一側焊接如圖 6.17(1) 所示，如此可免使玻璃受熱。如情況不許可如此焊接時，應以石棉布包住接頭的金屬部份如圖 6.17(2) 所示，再行焊接，如此可避免火燄的熱從金屬管側傳至玻璃而使其軟化變形甚至破裂。用法郎盤焊接於科哇管的接頭設計，盤上所開的孔以與管的外徑大小相同為原則，不可太緊以**推合座** (push-fit) 配合為宜。科哇管裝於法郎盤時必需保持其圓筒狀不變，否則其所接的玻璃 (科代耳) 在焊接時會受力裂開。如將玻璃窗焊接於科哇－科代耳接頭時，此接頭的管必需保留相當的長度以免焊接時接頭受熱變形，所需保留管的長度隨玻璃窗的大小而不同。商品用科代耳玻璃製成玻璃窗焊接在科哇上已有各種尺寸供應，故除必需使用特種玻璃窗 (如需透過紅外線或紫外線等) 外，最經濟有效的方法就是選擇合適的商品來設計真空系統。圖 6.17(3) 為一種科代耳玻璃窗連接在尼羅克合金管的商品。

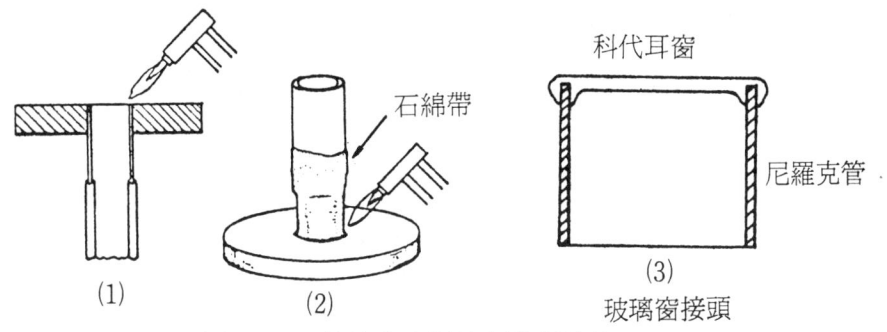

圖 6.17 玻璃與金屬接頭的焊接法

純銅的膨脹係數為 $16.6 \times 10^{-6}/°C$ 而派來克司玻璃的膨脹係數為 $3.2 \times 10^{-6}/°C$，此兩者雖有差異但因銅可與派來克司玻璃黏連，故有數種方法可用來將銅與派來克司玻璃焊接或膠接為接頭。**浩司基帕兒** (Housekeeper) 所創的接頭為一

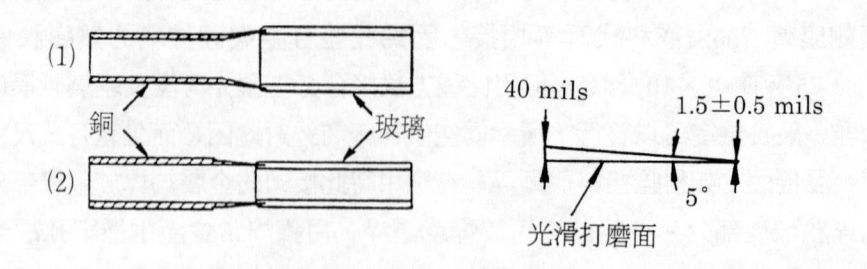

圖 6.18　浩司基帕兒接頭

種**羽毛尖狀邊緣的可變形銅套管** (deformable copper sleeve of feather-edge-seal) 如圖 6.18 所示。其中 (1) 圖係將銅管端緣旋成薄片外張，此種方法多用於四分之一到一英寸直徑的管。第 (2) 圖係採用機械將銅管的一端俥薄並磨光，此種方法多用於較大型的管。浩司基帕兒接頭當溫度變化時所產生的膨脹或收縮均由此較薄的管緣承當，故不致產生裂縫破壞眞空。普通的純銅因其易吸氣且常有微細孔，故以用**無氧高導性銅** (OFHC) 製造的銅管爲宜，此種銅應以最低純度爲 99.96% 者爲最合適。

鎢、鉬、科哇、費立科等金屬絲可直接焊封於硬玻璃 (硼玻璃) 上。一般的操作步驟爲：先將金屬絲清潔並使其表面無刮痕，然後套以一玻璃套管，在管外金屬絲部分取與管長相等的長度以火燄燒之直到絲的表面呈氧化，然後燒紅約 10 到 15 秒 (切勿使金屬絲燒過久) 就很快將玻璃套管送到此氧化的金屬絲部分，玻璃即熔融而黏連於金屬絲上。此種接頭，鎢絲呈草黃色，鉬絲呈絳紫色，科哇或費立科絲呈深棕色。此類接頭其金屬絲的直徑可達超過二毫米粗，故用途甚廣。鎢絲常呈直纖維組織，易沿絲的長度方向滲透氣體，故必需選擇專作眞空用途的鎢絲，而且最初清潔時常需加熱到紅熱並以 $NaNO_2$ 或 KNO_2 棒擦之，亦可用**電解浸蝕法** (electrolytic etching) 在濃 KOH 或 KNO_2 溶液中通以 0 到 10 伏特的交流電以除去其表面氧化層。焊接完成後必需使此接頭**退火** (annealing) 以除去應力。爲免除鎢絲沿長度方向的漏氣，鎢絲在大氣中的一端常以鎳或其合金封蓋其上。各種金屬絲的實際焊接的細節不盡相同，並與技術的熟嫻甚爲有關，上述的鎢絲焊接只是一個實例，其他金屬絲焊接玻璃可參考各種眞空手冊。

鉑及鎳鐵杜麥合金其膨脹係數約為 $9 \times 10^{-6}/°C$，可與軟玻璃相配合。此類金屬 (尤其是鉑) 可抗氧化，故常用作電燈及電子管的燈絲。杜麥合金所製的金屬絲最大直徑限於 0.8 毫米，因其沿半徑及沿長度方向的膨脹係數相差頗大，太粗就會發生配合困難。

以上所述只是一些實例，實際上除有以玻璃設備及相當的技術外很難自行製作此類接頭。在半永久性的接頭或臨時性的接頭採用膠合亦頗有效及方便。利用真空膠可將金屬絲與玻璃膠合製成接頭，若真空膠選擇適宜則其強度頗佳且可耐熱達數百度及可冷凍達液態氮溫度。應注意膠接時絕不可有陷入接頭處的氣泡，並應考慮是否要求電絕緣。膠接良好的接頭可應用於高真空，著者曾利用高真空膠膠接不銹鋼與玻璃，曾用於 10^{-8} 托爾真空而無漏氣現象。

三、普通真空系統設計

儀器的設計，經濟條件必需考慮。真空度愈高的儀器其造價亦愈高。在要求真空度不太高的應用若使用高真空系統固然可得較佳的效果，但以價格來論實屬浪費。此種情形在工廠或生產單位雖屬重要，但在一般的研究實驗單位亦應考慮，有些學者在設計其研究儀器時因缺乏此觀念，故浪費研究經費、人力、物力，甚至時間。舉例來說，某一種化學反應用的真空室要達到其所需的真空度可使用厚度為 0.5 到 1.0 毫米的不銹鋼板製造其真空室。如欲達更高的真空，真空室壁的厚度常需設計為 5 到 10 毫米，如此徒增加成本及製造的困難，而且其增高的真空度對實際的應用增進有限。根據此種觀念我們對於普通真空系統的設計可作下述的考慮。

普通真空系統為一般工業方面以及實驗室等常用的真空系統，雖然我們將高真空及超高真空系統的設計分在另一節討論，實際上我們所謂的普通真空系統至少仍可達到高真空的真空度。換句話說，我們所謂的普通真空系統其壓力可從稍低於大氣壓力到 10^{-6} 托爾範圍甚至到 10^{-8} 托爾，但一般應用範圍多在壓力大於 10^{-6} 托爾範圍。

普通真空系統設計的特徵為：

1. 不考慮加熱烘烤除氣 (有時可局部加熱烘烤)。

2. 可容忍有限度的滲透氣體。
3. 不適用於超高眞空系統的較高蒸氣壓材料在普通眞空系統仍可考慮使用。
4. 有時可考慮用錫焊焊接。

一般的設計及計算的方法與第一節所述相同。在詳細設計時應先確定眞空系統使用的目的及所需的眞空範圍才可實際選擇結構材料及所需的眞空幫浦。普通眞空系統原則上雖不考慮加熱除氣，但有時可使用冷凍以阻止放氣而達到較高眞空。在設計時爲了經濟原則可考慮採用較廉的材料，簡單的結構或製造較不精密的機件等。玻璃材料在超高眞空時雖會有滲透惰性氣體的可能，在普通眞空系統則此種影響甚小故可不必考慮。其他如電導引、機械導引，各種接頭等在設計時均可選用較爲價廉的產品或自製。在選擇幫浦的大小時，除計算眞空室的大小，管路阻抗等外，在普通眞空系統設計常將材料的滲透氣體，接頭及導引等可能的漏氣或滲透氣體，以及系統內部的可能放氣均併入考慮。此種放氣或漏氣其影響眞空的程度較管路阻抗等尤甚，在設計時甚難計算，通常只有根據經驗以及實驗的結果來估計所需採用幫浦的大小以包含此些因素而達到所要求的眞空度。以下將分別介紹眞空系統各部分實際設計的要點：

1. 眞空系統本體

即眞空室等主要儀器內部作工作的空間。通常若眞空度要求維持在 10^{-3} 托爾以下 (即大氣壓力到 10^{-3} 托爾範圍)，採用材料如玻璃、金屬，甚至塑膠均可。其接頭可用彈性體襯墊、眞空膠膠合，或各種焊接。在特殊情形如眞空乾燥及眞空高溫灰化等，因其眞空室需能耐高溫，且又需經常開閉眞空室的門以更換樣品，故材料應能耐高溫而門的襯墊需用耐高溫的彈性體如矽橡皮等。眞空壓力如在 10^{-4} 托爾以下普通塑膠即不宜用，眞空壓力若小於 10^{-5} 托爾則金屬以銅及不銹鋼，玻璃以派來克司玻璃爲宜。放氣及漏氣現象在此時對於眞空度的影響很大，故設計時應設法避免。

2. 管路及幫浦

任何設計管路以愈短愈好，如此則可盡量減少阻抗。接頭及活門亦以愈少愈好，因爲主要的阻抗、漏氣及滲透氣體通常均發生在活門及接頭處。幫浦以接近眞空室爲宜，但應注意在使用機械幫浦時幫浦的振動有時對某些眞空系統有妨礙

故此時幫浦的位置以及連接的管路必需慎重設計。必要時機械幫浦可以放置在另一處而以軟管如眞空橡皮管或可彎曲的金屬管相接而幫浦則放置於吸震裝置上。使用擴散幫浦亦以愈接近眞空室爲宜，但擴散幫浦必需直立按裝才可作用，故通常均按裝在眞空室的下方。大型的眞空系統因需用較大的擴散幫浦，若裝在眞空室的底部下方則常需將眞空室架高，如此對於操作頗不方便。使用**彎管** (elbow)連接而將擴散幫浦裝在側下方可補償此種缺點，但如此會增加管路阻抗。連結擴散幫浦到眞空室較佳的方法爲使用帶有油氣阻擋的直角活門，此種活門實際將油氣阻擋、彎管及活門三機件併爲一體，如此可減少管路阻抗，及可能的接頭處漏氣，而且按裝操作均容易。使用其他種眞空幫浦的裝連情形亦差不多，一般應注意的要點爲必需方便操作，易於保養裝拆或更換內部機件及幫浦油等。

3. 常用眞空附件計算

有關眞空系統的計算已於第二章中敍述過，故不重覆。本節將介紹幾種常用眞空附件如管路及活門的氣導約略計算方法。

(1) 管路：在計算管路阻抗時通常視其操作時的眞空範圍而定所需應用的公式。

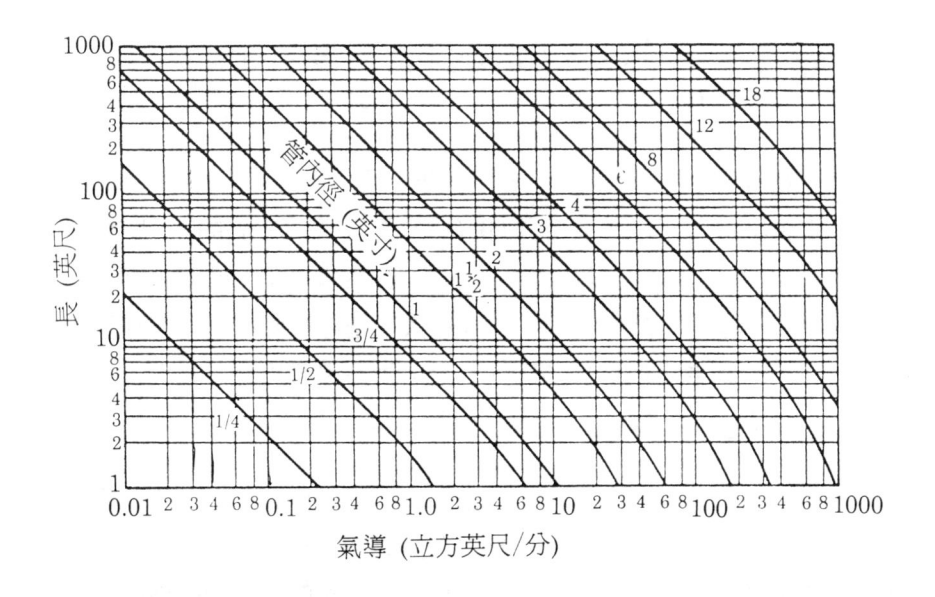

圖 6.19 分子氣導與管長的關係曲線

關於氣導的計算公式在第二章中已敍述過，但此些公式均甚複雜計算不易。在實用時因管路最常用的不外前段眞空管路與高眞空管路，在前段眞空管路中所遭遇的氣流多爲黏滯氣流，故管路的氣導爲**黏滯氣導** (viscous conductance)，在高眞空管路中所遭遇的氣流爲分子氣流，故管路的氣導爲**分子氣導** (molecular conductance)。分子氣導除可從第二章的公式計算外，亦可從圖 6.19 中的曲線求得，該曲線爲常用各種尺寸管路在不同長度下的氣導在溫度爲 20°C 時的乾燥空氣適用。其他種類的氣體在 20°C 時可由上述圖中所得的空氣的氣導求得如下：

$$L_g = \frac{5.4}{\sqrt{M_g}} L_a \tag{6.1}$$

其中 L 爲氣導，a 表示空氣，g 表示某種氣體。M 爲該氣體的分子量。

黏滯氣導雖可直接計算，但較複雜，通常可利用下式從分子氣導來計算。

$$L_V = 0.04 \times L_M \times D \times P \tag{6.2}$$

其中 L_V 爲黏滯氣導，L_M 爲分子氣導，D 爲管的直徑單位爲英寸，P 爲氣壓單位爲千分托爾。兩氣導的單位相同，在此均用立方英尺/分爲單位。

上述氣導的計算只考慮管路而未包括接頭彎管等，在計算抽氣速率時，若只考慮管路本身，設計時粗略管路的抽氣速率損失以最高不超過百分之二十爲原則。

(2) 彎管：通常對於彎管的計算多以相當長度的直管來比照，因爲在前段眞空管路中所用的彎管多採用連續性逐漸彎曲的管，故其阻抗性質與直管頗相近。在前段管路因其氣流形態多爲黏滯氣流故不宜採用突然彎曲 90 度的彎管以免增加阻抗。計算彎管所造成抽氣速率的損失亦以最大不超過百分之二十爲設計限度。在高眞空管路，因係分子流範圍管路阻抗不大，故採用直角彎管對阻抗的增加並不多仍可以相當的直管來計算。

(3) 活門：活門的種類很多，各廠商的出品依其設計的不同各有其計算阻抗的實驗公式可供選用活門時的參考。一般來說在高眞空系統所用的活門如門栓活門、直角活門、塞子活門等，在設計時均可以相當於等長的直管來考慮其阻抗。至於

用在較低眞空管路如前段幫浦處的活門 (管路活門、龍頭活門、球形活門等) 則設計時通常以五倍相當於等長的直管的阻抗來考慮，因爲此時的氣流多爲黏滯性氣流，故抽氣速率受活門路徑上阻抗的影響頗大。

(4) 阻擋與捕捉陷阱：阻擋的氣流阻抗頗難有簡單的估計方法，因各種設計不同其阻抗的計算亦不同，在實用時阻擋的阻抗常可從實驗求得。一般來說阻擋的阻抗設計以對幫浦的抽氣速率減少百分之三十到百分之三十五爲原則。經過阻擋後的抽氣速率 S_B 與管阻抗 W_B 以及幫浦的抽氣速率 S_P 有下列的關係。

$$S_B = \frac{S_P \times W_B}{S_P + W_B} \tag{6.3}$$

至於捕捉陷阱亦難於估計其阻抗。商品均有其實驗的數字可供參考。一般來說設計捕捉陷阱以損失抽氣速率最多不超過百分之四十到百分之五十爲原則。自行設計者可以此原則來假定數字，再以實驗求其實際阻抗。

從上述幾種眞空分件的情形來綜合討論可見如一機械幫浦的抽氣速率爲 S_M，假定其連接於一擴散幫浦，而此幫浦在其最終壓力 P_D 時的氣流通量爲 Q_D，其前段壓力爲 P_F，則於此擴散幫浦出氣口處的抽氣速率應爲 Q_D/P_F。但機械幫浦經過前段管路其抽氣速率損失約百分之二十，故若此機械幫浦要維持擴散幫浦出氣口的抽氣速率必需：

$$S_M - \frac{1}{5}S_M = \frac{Q_D}{P_F}$$

或即
$$S_M = \frac{5}{4}\frac{Q_D}{P_F} \tag{6.4}$$

以上爲根據擴散幫浦的條件約略計算所需機械幫浦的抽氣速率的公式。

假定從擴散幫浦經過阻擋及捕捉陷阱直接接於眞空室略去相連的管路及活門，如眞空室要求抽氣速率爲 S_L 而擴散幫浦的抽氣速率爲 S_D，則若分別考慮百分之三十及百分之四十的抽氣速率損失於阻擋及捕捉陷阱，其結果如下：

$$[1-30\%] \times [1-40\%] S_D = S_L$$

或
$$0.42\ S_D = S_L$$

故擴散幫浦的抽氣速率應爲

$$S_D = 2.4\, S_L \tag{6.5}$$

如再加入從捕捉陷阱到眞空室間的管路阻抗及必要的活門的阻抗，則所選的擴散幫浦其抽氣率應更大。通常以四倍眞空室所需的抽氣速率爲擴散幫浦抽氣速率的粗略估計。此倍數四在此種使用擴散幫浦的眞空系統並不算太大，因尙有其他情形如可能的漏氣、滲透氣體，或放氣等均未曾予以考慮。

四、高眞空及超高眞空系統設計

前述的普通眞空系統如將所用的材料加以選擇，製造裝配時加以小心，再採用較佳的幫浦則系統的眞空度可達 10^{-6} 托爾範圍。如再作部分烘烤除氣則可達更高眞空度。但此種眞空系統如欲達到 10^{-8} 托爾的眞空度就實在很困難，除應用時操作必需小心外，通常需要很長的抽氣時間，有時即使長時間的抽氣亦無法達到超高眞空範圍。一般來說，高眞空及超高眞空系統均需要使用烘烤除氣法以驅除眞空內部可能的吸附氣體，烘烤的溫度愈高則效果愈佳，所需烘烤的時間也可減短。通常烘烤的溫度多取從 150°C 到 450°C 之間，溫度過高對材料性質等會有影響，故很少有烘烤超過 500°C 的設計。高眞空系統與超高眞空系統實際其設計與製造均大致相同，只是在選擇材料時應考慮可以加熱烘烤，低溫冷凍，以及對氣體的滲透性，在製作精度方面超高眞空系統應更精確嚴格。

超高眞空系統的設計其基本原則以及計算方法與普通眞空系統均相同，只是在高眞空及超高眞空系統有幾件事應特別注意而已。

1. 放氣及漏氣在超高眞空系統的重要性

放氣及漏氣對超高眞空系統的影響可由下例來說明。假定一不銹鋼圓筒形的眞空室其直徑爲 10 厘米，高爲 20 厘米，圓筒的上下底均爲用焊接製造，幫浦則直接從底部抽氣。此不銹鋼眞空室經加熱到 400°C 烘烤除氣約 16 小時後在室溫維持所要求的眞空度 10^{-10} 托爾。不銹鋼材料在此種情況下的放氣率約爲 3×10^{-14} 托爾－公升/秒・平方厘米，若計算整個眞空室面積（包括抽氣口在內）則總放氣率約爲 0.24×10^{-10} 托爾－公升/秒。又假定眞空室的焊接處及管路連接處有細微的漏氣及滲透氣體，若焊接技術良好則其漏氣率可低於 1×10^{-10} 托

爾－公升/秒。根據此些數字可知若需維持 10^{-10} 托爾的超高眞空，此系統所用的眞空幫浦其抽氣率 S 應爲：

$$S \times 10^{-10} = 1 \times 10^{-10} + 0.24 \times 10^{-10}$$

或
$$S = 1.24 \text{ 公升/秒}$$

上例說明若要維持一個超高眞空系統在一定的眞空度，主要即爲平衡該眞空系統內的放氣及漏氣。不論任何材料，不論製造技術如何改進，此兩種因素均無法絕對避免。在實際設計超高眞空系統時應注意其他可用材料的放氣率遠較不銹鋼爲高，選擇時不可不愼。上述實例中採用不銹鋼焊接，故漏氣甚少，但若用可拆性接頭以彈性體 O 形圈作襯墊，則漏氣的機會很高。有些材料如派來克司玻璃等除本身會放氣外，對於惰性氣體的滲透率亦頗高，在超高眞空系統若此些微量的惰性氣體滲透入系統內對眞空的影響就很大，故超高眞空系統多不用玻璃類材料製造。超高眞空系統應避免可拆性接頭，若必需使用時，則應採用金屬襯墊。

2. 眞空分件及零件

所有眞空分件及零件如活門、導引等均以特別設計用在超高眞空系統的製品爲原則，而且應能烘烤除氣或冷凍。每一分件或零件在按裝前必需先作氣密測試，並予烘烤。如用可拆性接頭，金屬襯墊爲唯一可用的氣密材料。任何眞空油脂均應避免。機械導引、活門等均以採用不銹鋼彈簧箱作連接者爲佳，在電導引則以用陶瓷爲絕緣材料者較理想。

3. 眞空幫浦

在高眞空系統若使用油擴散幫浦配有冷却阻擋及液態氮冷凝捕捉陷阱就可得到甚高的眞空。但此種系統的設計及製造必需精密才能有效，眞空系統需常烘烤除氣，尤其是阻擋與捕捉陷阱因吸有油氣故操作到某程度時若不予以烘烤除氣則眞空度即會變壞。因之此種眞空系統的維護及操作均頗麻煩。除大量生產的高眞空儀器爲減低成本而採用擴散幫浦外，大多數高眞空及超高眞空系統用作研究實驗用途的儀器多用離子幫浦以抽高眞空。應用離子幫浦的眞空系統設計簡單，構造較不複雜。在製造、操作以及保養各方面均無困難。而且因不需用幫浦工作液

如油及水銀等，故系統清潔。又因離子幫浦附有安全裝置在眞空有問題時可自動切斷幫浦電路或在電源故障時可自動停止及電源恢復時可自動啓動。且因離子幫浦爲閉合式，故不論任何情況均不會使系統暴露在大氣或油氣中。離子幫浦雖價格昂貴但維護費用非常低，尤其用在超高眞空系統幫浦的壽命極長，故眞空系統一旦按裝完畢後，幫浦即可使用多年而不需如擴散幫浦需要更換幫浦液及使用冷却劑等的困擾。在高眞空系統的設計若用離子幫浦爲高眞空幫浦則較簡單，系統只需如圖 6.20 所示的安排即可。如不需精確測量眞空室的眞空度，則用離子幫浦本身即可測定眞空，否則應另裝 $B-A$ 眞空計或其他改進型的離子眞空計 (見第四章第二 3 節)。本系統的捕捉陷阱主要係用作吸收水氣及機械幫浦回流的油氣，亦有捕捉陷阱上加液態氮來冷凍，但一般所用的沸石分子篩陷阱已夠有效。整個系統均用不銹鋼製造，所用的活門均爲高眞空活門。此種眞空系統著者曾設計製造完成，系統未經烘烤已可抽眞空達 10^{-8} 托爾範圍。

以上所述的離子幫浦僅係採用通俗名詞此類幫浦的總稱 (見第三章)，事實上因惰性氣體在超高眞空系統中所佔的比例常不能忽視，故現在所用的離子幫浦多採用各種新型如微分幫浦、三極幫浦等 (即所謂惰性氣體離子幫浦) 以增強抽惰性氣體的能力。很多超高眞空系統採用冷凍幫浦配合，先用離子幫浦將系統抽到很高的眞空然後再由冷凍幫浦加強抽眞空的力量使眞空度達到超高眞空的範圍。其他如用鈦昇華幫浦、渦輪分子幫浦等，均係數種高眞空幫浦相配合。幫浦的選擇除視儀器的需要而不同外，各儀器製造廠商依其生產的條件，經濟的要求而有不同的設計。

4. 其他

超高眞空或高眞空的內部機件，儀器的內面等，不論其爲金屬或非金屬，均以表面愈光滑愈佳。光滑的表面不易藏污垢故淸潔容易，又粗糙的面積常會比光滑的面積表面會大數倍，此因粗糙面有小孔、陷坑、痕紋等均增加其表面積。光滑面對於氣體的吸收較粗糙面少，因光滑面除吸收氣體的面積比較少外，且因氣體碰撞在光滑面上易被反射而無粗糙面上的多次散射或被陷困捕捉的情形。由於此種影響，故光滑面的放氣率遠較粗糙面爲低。此外眞空儀器的烘烤除氣對於系統內的放氣率亦有甚大的影響，例如一平方厘米的不銹鋼面未經加熱烘烤除氣則其放氣率約相當於 10^7 平方厘米的經過澈底烘烤除氣的不銹鋼面。

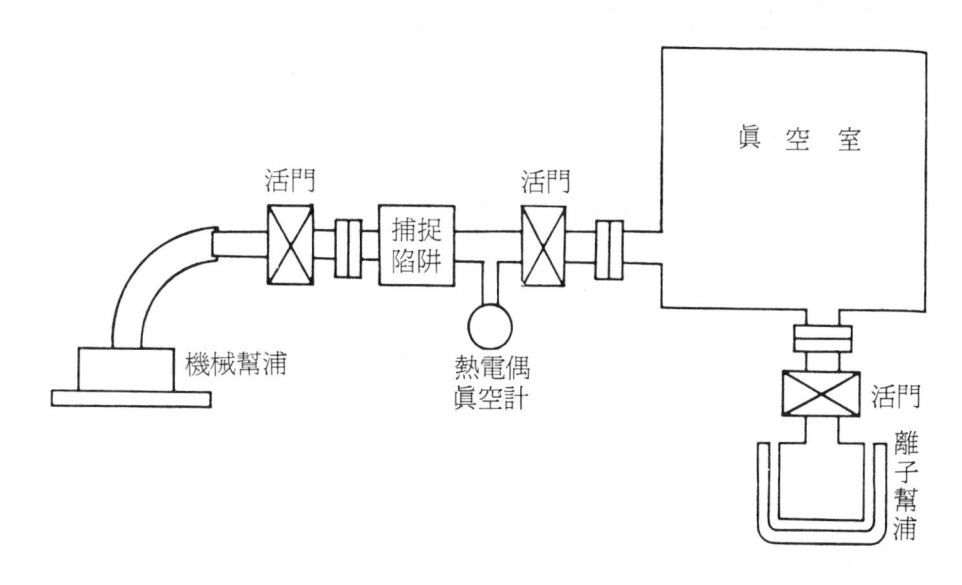

圖 6.20　簡單的高真空裝置

　　真空焊接處的超微裂隙或細孔，襯墊的變形所造成的微縫，材料受冷縮熱脹所生的空隙等，在普通真空甚至高真空有時真空幫浦的能力夠大時就可以補償在這方面的漏氣，但在超高真空則其影響就甚大。有些漏氣僅在溫度變化時發生，亦有些漏氣在受機械振動時發生，故在超高真空系統對於溫度、機械振動等均應考慮。

　　在超高真空系統中，機件的面與面間的摩擦會很大，因普通的機件表面均有被吸收的氣體、水氣，或其他污染物如有機性物質等，此些物質為產生表面潤滑作用的主要因素，即使在普通真空中仍然存在，故面與面接觸部分尚可運動。在超高真空中則因此些表面物質已被消除殆盡，故表面上已無任何潤滑作用，故面與面間常會**緊結** (seize) 即俗稱的**冷焊** (cold welding)。因為此種情形，故超高真空系統中的機件運動其潤滑必需另作考慮。高真空油脂固然不可用，石墨亦失去其潤滑作用，在超高真空系統中可用的潤滑劑有所謂的**乾潤滑劑** (dry lubricant) 如硫化鉬 MoS_2，但其有分解產生硫的趨向對有些需要很清潔的系統頗有妨礙。採用低蒸氣壓，**非活性** (non-reactive) 以及易受剪力的金屬做成薄表面可產生潤滑作用，金即為此類金屬。在有些軸承或機械運動支承面可選擇兩種互相緊結程度極微的金屬相配合使用亦可達到潤滑的效用，例如純鐵製的軸可用銀

作軸承在超高眞空系統內可得甚佳的潤滑效果。

摘　要

　　眞空系統設計通則在全盤方面應考慮眞空室的形狀，尺寸大小，操作時的溫度，實際用途，所需機械運動或電的傳導，以及系統是否需開閉等情形。系統的眞空度與抽眞空時間爲設計的主要條件，其他如安全，構造的複雜或簡易，儀器的壽命亦均爲全盤考慮的重點。眞空系統的形態經全盤考慮決定後即可作粗略計算。應從眞空室尺寸及所要求的眞空度來估計需抽氣速率，然後考慮管路阻抗而選擇眞空幫浦及眞空分件。從粗略計算決定所選擇的眞空幫浦、管路、接頭、導引，以及阻擋、捕捉陷阱等，然後作細節設計。包括實際各種眞空分件阻抗的計算，幫浦及眞空室抽氣速率的精確計算，活門的作用及其阻抗的配合，以及接頭間襯墊的選擇，各種導引的安排連接以及可能漏氣及滲透氣體的判斷。

　　眞空分件大多數均有成品出售可直接配合眞空系統各部分應用，例如各種活門、接頭、電導引、機械導引、油氣阻擋及捕捉陷阱等，設計者可就實際需要來選擇。眞空分件的設計及製造常非一般應用眞空系統者所必需，故除在特殊情況下均以選購配用爲原則。

　　設計活門應要求氣密，氣流阻抗小，不會放氣，以及在高眞空應用時可加熱烘烤。活門依其功用可分爲高眞空活門、粗略管路活門、放氣活門、隔斷活門、噴喉活門，及漏氣活門等。但在選用活門時常依照活門的設計構造的不同而分爲門栓活門、直角活門、管路活門、針活門、龍頭活門及特種活門。此些活門常爲一種活門兼有數種用途，在實際設計時應參考各廠商所做的說明以作合適的選擇。

　　接頭分爲固定接頭與可拆性接頭。在金屬與金屬相接的固定接頭可採用焊接如電焊、氣焊、銅焊及錫焊等。接頭的設計視焊接法的不同而異。在眞空系統中接頭以電焊及銅焊焊接最普遍，氣焊及錫焊用途受限制故不常用。金屬與玻璃的連接因膨脹係數的不同常採用中間材料亦即特種玻璃配合特種合金，然後再予焊接、燒接或膠接。

　　可拆性接頭間均需用氣密襯墊，襯墊有金屬及彈性體兩類。在高眞空及超高

真空系統的接頭多採用金屬襯墊，因其可耐加熱烘烤且不會滲透氣體及放氣。普通的真空系統，特別用途的真空系統，以及常開閉的真空系統等常用彈性體襯墊，維通彈性體及矽橡皮最常用。

電導引的設計以通過的電壓及電流為準，高電壓的電導引要求絕緣體可耐高電壓，高電流的電導引要求導線的電阻小而且絕緣體需耐較高的溫度。導體與絕緣體間的接合必要氣密，且因溫度的變化亦不致產生微裂或細孔。電導引的設計及製造均非一般使用者能力所及，故設計真空系統時以選購市產品為原則。按裝電導引可用焊接，亦可用可拆性接頭如法郎盤等，其設計應視實際物品的構造及真空系統的性質而定。

機械導引可分為轉動、直線運動，或二者兼有的運動。除用彈簧箱連接的機械導引外，其他用彈性體襯墊兼作支承的機械導引均有漏氣的可能。在設計時應考慮平衡此漏氣後的真空最終壓力。機械導引可自行設計製造使用，但用彈簧箱連接者則製造困難，以市購成品使用較便。另一種磁力機械導引為間接傳動的機械導引，因其不直接穿過真空系統，故絕對無漏氣的可能，但因使用磁力故有很多限制。

油氣阻擋及冷凝捕捉陷阱的設計要點以真空系統可忍受回流的油氣量為準，油氣回流量愈小則阻抗愈大，百分之百的消除油氣為完全不可能。油氣阻擋可分為水冷却式、冷凍劑冷却式，及液態氮冷却式。在要求不甚嚴格的系統可僅用吸附劑如沸石的油氣捕捉陷阱，此種陷阱如再加液態氮冷却即成為優良的捕捉陷阱。不用吸附劑的冷凝捕捉陷阱種類甚多，市場均有商品供應，設計者可根據其規格規用，唯裝接時應注意接頭的配合。因多數捕捉陷阱及油氣阻擋在使用時均溫度要低但在維護保養時常需加熱烘烤以消除存留在其中的油粒、水，及有機物質，故設計者應注意材料的選擇以配合此溫度的變化。

普通真空系統設計的重點在於實用，符合經濟原則，在材料的選擇方面限制較寬。若真空度要求不高，有時可用可塑體材料製造。在接頭方面亦可用錫焊或膠接，視儀器的操作溫度而定。計算管路，油氣阻擋以及捕捉陷阱等的阻抗通常可用增大真空幫浦抽氣速率以補償管路阻抗損失來考慮，約略的計算包括全部阻抗，幫浦的抽氣速率應為真空室出口的抽氣速率的四倍。

高真空系統及超高真空系統的設計主要應考慮放氣及漏氣兩現象，故材料選

擇很嚴格。真空系統必需能加熱烘烤且有時亦需冷凍。系統內部的機件及內壁均以愈光滑愈佳，全金屬的系統可得最高真空度。幫浦必需能抽除惰性氣體，真空分件以及真空計亦必需可以烘烤除氣，其接頭以高真空焊接為宜，若用可拆性接頭則必需用金屬襯墊。

第7章. 真空實用技術

一、污染物與真空的關係

(一) 真空機件上污染物的種類及其影響

我們所稱的**污染物** (contaminants) 在此係指不屬於所用材料成份的任何物質。污染物通常係附著在機件或儀器壁的表面,但亦有在製造過程中被陷於機件的內部,例如焊接時的焊劑被陷於焊的內部,或者由機件表面吸收經擴散作用進入內部。一般來說所用材料的雜質不屬於污染物,但被材料吸附的氣體則為污染物。新製的機件與已在真空中使用的機件其污染的情形不同,茲分別討論如下:

1. 新製的真空機件

用機械俥、銑、鉋、磨,或焊接所製成的機件其表面上常留有油膜、磨粉,或焊劑等,此外機械製造時的切屑、焊渣以及油污等亦會存留在孔隙凹角等處。機件表面在高溫時吸收氧氣或形成氧化膜,或者材料熱處理時使用氫氣表面吸附氫氣,此外使用惰性氣體電焊焊接時表面吸附的惰性氣體如氬氦等均為新製機件的污染物。此些新製的真空機件在按裝使用前必需先予以澈底清潔,必要時應加熱烘烤除氣。玻璃製品較金屬製品不易污染且易於清潔,只是玻璃會吸收 (或溶解) 氣體,故應考慮此點影響。

2. 使用中的真空機件

新的真空系統的各部分機件在按裝前應已充分清潔,故可認為無污染。但若

儀器使用一段時間後則系統內部仍會有污染發生。此污染與各系統的用途以及所用的眞空幫浦有關。例如眞空乾燥系統，使用日久後則內部會附著各種蒸發出的物質，又如眞空蒸鍍系統其內部器壁常會被鍍膜材料污染，此外各種應用電子發射的眞空儀器，其**電子槍** (electron gun) 的燈絲經高溫蒸發常會使附近污染一層金屬膜。使用擴散幫浦的眞空系統的內部會被幫浦液如油或水銀所污染，僅用廻轉油墊機械幫浦的眞空系統中亦常有大量的油氣污染等等。此些污染量少時並不影響儀器操作，如果量多時則對眞空系統的性能頗有影響，有時甚至會損壞內部機件。根據著者的經驗，眞空儀器中若使用鎢絲或錸片通以電流加熱產生電子，因所需的溫度甚高，故鎢或錸會蒸發氣化，其結果爲在鄰近的陶磁電絕緣體上會附著一層金屬膜，故使用日久後絕緣體會變成導體而使電路短路或接地。應特別注意者，通常在此些地方均係接高電壓，故若造成短路或接地則常會產生火花放電而破壞眞空，甚至燒毀高壓電源供應器。因此，在使用中的眞空儀器亦應隨時注意污染的可能，如果發生污染時應予以淸潔。另一例爲在高眞空系統中若有紫外線，高能電子、質子或**宇宙線** (cosmic ray) 則儀器使用日久會產生一種類似高分子有機體的薄膜，此種膜最顯著的爲附在儀器內部的光學鏡面上的棕黃色薄膜。著者曾作太空紫外線照射的模擬實驗，在眞空室中約 10^{-6} 托爾的眞空度經約一個月的照射，樣品表面發現被紫外線照到的部位其表面上附上一層黃色薄膜。同時用以反射紫外線的鍍鋁鏡面上亦有類似的膜，但在未被紫外線照射處則仍爲原狀並無類似的膜產生。此類的污染對眞空度並無影響，但在儀器操作性質上影響頗巨，此種薄膜對光學系統的影響很大，有時若附在導體上會影響導電的程度，故應用時應予注意。

㈡ 清潔要領

對於眞空儀器或機件的清潔方法甚多視機件的構造情形及材料而各有不同，並無一定的準則，但必需注意下列四要點：

1. 不可損壞或改變機件的構造及性能。
2. 不可留有清潔劑的殘痕。
3. 清潔劑不可被機件吸收或與其材料起作用。
4. 使用清潔劑應注意其毒性及易燃性。

二、清潔真空機件的方法

㈠ 機械方法

1. 打磨

　　打磨用機械亦可用手工，以愈光滑愈好，機件製作完成後，用在真空的內面應以磨光為原則。表面磨光除可消除污染外，其表面的氧化膜亦可用打磨除去。應注意精密尺寸處必需小心，只可除去表面污染物決不可因打磨而改變其尺寸。脆弱的零件如燈絲等很難用打磨方法除去表面污染或氧化層，除較粗的燈絲在繞製前其金屬絲材料可用砂布打磨以除去表面氧化膜外，燒過的燈絲非常脆弱不能承受震動或應力，故決勿試用打磨以作清潔。

2. 噴沙

　　極細的金鋼砂利用高壓空氣的壓力從噴嘴噴出對清潔金屬、陶磁等絕緣體均極有效。通常真空儀器內所用的絕緣物常會被金屬膜或有機體所污染，一般的打磨方法均無法使其清潔，若使用溶劑則效果並不佳而且溶劑常會被其吸收，故亦不適用。最佳清潔絕緣體的方法即為噴沙處理 (特別的表面光滑絕緣體如藍寶石等除外)。噴沙所用的磨粉可用金鋼砂、玻璃珠、鐵珠等，視機件為金屬或非金屬，其表面的情況以及污染的情形而定，砂粒可為珠狀或多角形均屬有效。應注意不論打磨或噴沙均常有磨粉、油、脂等存在，故清潔工作完畢後必需清除此些殘餘物。用壓縮空氣通常可以除磨粉及磨下的污渣，但應注意所用的壓縮空氣必需是乾燥無油的空氣。普通的空氣壓縮機所供應的壓縮空氣必需先通過濾油器及乾燥器才可使用，因空氣壓縮機中必需用潤滑油，故送出的空氣多含有微量的潤滑油。對於油、脂或水氣的清除可用脫脂的不起毛棉布或紙來擦拭，有時可用溶劑如酒精、甲醇及丙酮等，視機件的材料而定。有些機件經過噴沙或打磨只需用布或紙擦淨或用壓縮空氣吹淨即可使用，不必再用溶劑擦拭或清洗，尤其是陶瓷類的絕緣體因有吸收溶劑的可能，故通常經噴沙清潔後多不再用任何溶劑清潔。

(二) 溶　劑

　　水爲清潔眞空儀器的一種常用溶劑，普通的自來水因其中常含有雜質使用後會在眞空儀器或機件的表面留下沉澱的污染物。故用水清洗後應使用淨化的水或蒸餾水作最後冲洗。肥皂水或洗滌劑亦爲常用的清潔劑，應用時應採用品質優良的產品，因品質較差者常不完全溶解而在水中成爲懸浮體，故易沉澱在污染眞空儀器表面。有機溶劑中如酒精、甲醇、丙酮、以及 MEK (methyl ethyl ketone) 等均可用作清潔溶劑，其中以酒精、丙酮、及甲醇最常用。在清潔效果來說甲醇較酒精爲佳，丙酮的溶解力較酒精強，塑膠或油漆的表面應避免被沾上，否則會被丙酮溶解。甲醇與酒精均有除水作用，通常在用水清洗後可用其作最後的清洗或擦拭。此三種溶劑均有毒性、易揮發、易燃，故使用時應極小心。丙酮的毒性較大，應避免被吸入肺中，如誤入口中會使唇舌燒破，故其在美國已受限制使用。MEK 對油漆類的溶解力強，較丙酮尤易揮發，可用作除油脂的用途。通常用來除油脂的溶劑多有毒性，使用時應有各種安全設施如通風設備、戴口罩、手套等。**四氯化碳** (carbon tetrachloride) 雖爲甚佳的溶劑，但其毒性過大在美國已禁止使用。**三氯乙烯** (trichloroethylene) 在溶除焊油、焊劑等很有效，雖有毒性但若注意安全仍可無慮。

　　使用溶劑清潔的一般步驟爲：

1. 機件表面如有污染、銹蝕、焊渣等，則最好在用溶劑前先用機械方法如砂布打磨等清潔。
2. 以肥皂水或**洗滌劑** (detergent) 清洗。
3. 再用熱水 (或滾水) 冲洗，然後以蒸餾水或淨化的水清洗或浸泡。
4. 如有難除的油脂或焊劑等可用 MEK 或三氯乙烯溶解清洗。操作時應注意戴手套及口罩並用適當的通風設備。
5. 最後用純酒精或丙酮清洗。

　　使用溶劑應注意事項：

1. 一般溶劑多有毒性，對呼吸器官多有妨礙。若與皮膚接觸或誤被吞食常會傷害身體，溶劑本身或其蒸氣接觸眼部亦會造成嚴重傷害，故使用時應注意安

全防範。
2. 有些溶劑如酒精、丙酮等揮發性極高，易燃，且在空氣中混合至某一比例時遇有火花常引起爆炸。故使用此類溶劑時附近應嚴禁煙火。更應特別注意在附近有無產生電火花的儀器在操作。
3. 有些真空儀器或其機件污染並不嚴重，故只需用紙或布沾酒精或丙酮擦拭即可。所用的紙或布必需為脫脂**無毛頭** (lint-free) 的材料。擦拭時手指應避免與機件接觸，因無論如何洗手均不能完全除去手指上的油脂。若戴手套可用外科醫生用的薄橡皮手套，但此類手套的材料會被丙酮等溶劑所溶解，故不可與其直接接觸。
4. 最後清潔完畢後必需使機件表面上附著的溶劑如酒精、丙酮等或水份揮發乾淨。用乾燥的熱空氣吹淨或加熱烘烤均為有效的方法。烘烤可置於加熱爐中烘烤或用**加熱帶** (heating tape) 繞於機件上加熱，有時亦可用紅外線燈加熱。

(三) 其 他

1. 酸浸 (pickling)

此種方法主要多用在鋼鐵類的金屬，通常在進行酸浸之前先用一般性溶劑清潔。酸浸所用的酸以濃硫酸 (濃度 95% 以上) 或鹽酸 (35%) 為最常用主要成份。鹽酸使用的溫度不可超過 40°C。在鑄件表面上因常有砂或矽化物附著或形成鑄渣，故常將氫氟酸滲入上述的酸中以使其溶解。此種酸浸法亦可用以溶解焊接的焊渣。通常經浸後的機件應先以高壓噴水沖洗，再在流水槽中浸洗，最後再以高溫的水浸洗以除去吸附的化學藥劑。應注意者，上述的酸類均為危險的強腐蝕劑，操作時必需小心。當將酸與水混合時應將酸徐徐倒入冷水中並予攪拌以防濺潑。氫氟酸必需用石蠟、硬橡皮、塑膠，或聚乙烯容器盛裝，氟化氫氣體在室溫甚易逸出，對肺部及眼部均甚有害，故必需緊蓋容器。一切酸類均應在通風設備內使用。

以下為用於數種金屬的酸浸化學藥劑成份：

(1) 鑄 鐵

濃硫酸　　　　　　　1 品脫 (pint)
濃氫氟酸　　　　　　1 品脫

　　　　蒸餾水　　　　　　1 加侖

　　　　溫度：室溫或較高溫度

(2) 鐵及鋼

　　　甲、濃硫酸　　　　　3 英兩/加侖

　　　　硝酸鉀　　　　　　3 英兩/加侖

　　　　溫度：約 70°C

　　　乙、磷酸　　　　　　10%-15% 水溶液

　　　　溫度：約 70°C

(3) 莫涅耳合金

　　　　濃硫酸　　　　　　1 品脫/加侖

　　　　硝酸鈉　　　　　　$\frac{3}{4}$ 磅/加侖

　　　　氯化鈉　　　　　　$\frac{3}{4}$ 磅/加侖

　　　　溫度：82°C－88°C

(4) 印科涅耳合金

　　　甲、濃硝酸　　　　　1 加侖

　　　　濃氫氟酸　　　　　1 品脫

　　　　蒸餾水　　　　　　2 加侖

　　　　溫度：66°C－74°C

　　　乙、濃硫酸　　　　　13 英兩/加侖

　　　　岩鹽 (rochelle salt)　　13 英兩/加侖

　　　　溫度：71°C－82°C

(5) 不銹鋼

　　　不銹鋼如表面污染較厚則通常先用濃硫酸 (12 英兩/加侖) 在 85°C 溫度下將污染泡鬆再用下列藥劑酸浸：

　　　甲、濃硝酸　　　　　1 加侖

　　　　濃氫氟酸　　　　　$1\frac{1}{2}$ 加侖

蒸餾水 $2\frac{1}{2}$ 加侖

溫度：50°C－65°C

乙、濃鹽酸　　　5 加侖
　　濃硝酸　　　1 加侖
　　蒸餾水　　　14 加侖

溫度：50°C－70°C

不銹鋼被酸浸後必需再經過另一次化學處理以使其表面形成一層非常穩定的膜而使其能有高抗蝕作用，此種化學處理係用一加侖的濃硝酸溶於四加侖的蒸餾水中，然後在 50°C 溫度下處理 20 分鐘。

在上述的各種酸浸處理過程中常用所用的酸內加入少量 (通常為體積的百分之零點幾) 的**阻抑劑** (inhibitor) 以減少酸對機件金屬材料的腐蝕。此類藥劑如**吡啶** (pyridine)，**喹啉** (quinoline)，以及**苯胺** (aniline) 等。

2. 電解磨光 (electrolytic polishing)

事實上電解磨光除利用電解作用將機件表面蝕平外，其中並包括電解清潔過程，亦即當電解時機件表面上所產生的氣泡運動使污染物或焊渣等鬆脫。一般來說電解磨光所處理的機件多為陽極，但有時只利用電解清潔作用時機件亦可為陰極。在電解磨光前，機件應先作機械清潔。電解磨光的設備以及電解液均有商品全套出售，金屬材料的不同其所用的電解液及電極亦各不同。茲將幾種常用金屬材料的電解磨光方法列舉於下：

(1) 銅及黃銅：此類金屬一般可用濃度 25% 到 60% 的正磷酸在室溫以二伏特的電解槽作電解磨光。下列的電解磨光方法可得較佳效果，此法的電解液為：

　　　濃磷酸　　　59%
　　　濃硫酸　　　4%
　　　濃鉻酸　　　0.5%
　　　蒸餾水　　　36.5%

通過的電流密度約 3.5 安培/平方英寸，溫度為 38°C，電解時間由 5 分鐘

到 10 分鐘。

此種電解液亦可用以磨光鎳、鋼以及其他合金。

(2) 不銹鋼：因為不銹鋼頗難用機械方法磨光，故很多地方均採用電解磨光。其所用電解液包括磷酸與硫酸的混合溶液，有時亦加以**鉻酸** (chromic acid)。下列為兩種常用電解磨光的方法：

甲、濃磷酸　　　　60%
　　濃硫酸　　　　20%
　　蒸餾水　　　　20%

電流密度 4 安培/平方英寸，溫度不超過 80°C，時間約數分鐘。

乙、濃磷酸　　　　15%
　　濃硫酸　　　　60%
　　濃鉻酸　　　　10%
　　蒸餾水　　　　15%

電流密度 4 安培/平方英寸，溫度 50°C，時間 30 分鐘。

上述的電解液亦可用以電解磨光**軟鋼** (mild steel)，在作此用途時其表面需先經機械磨光，其電流密度約為 0.7 到 3.5 安培/平方英寸的範圍。若用甲法的電解液時其溫度可提高到 90°C。

3. 局部加熱

新製品或吸附氣體（或溶劑）過多的眞空機件常需利用加熱烘烤以除去此些吸附的污染。機件在加熱爐中受均勻的溫度烘烤為最理想，但僅新製品或拆卸下的機件可能放入爐中烘烤，若機件體積過大或全套儀器不便拆卸清潔，或儀器有些部分不能加熱烘烤，則需使用局部加熱法以作除氣。利用紅外線熱燈、火炬、熱吹風機、電阻絲，或加熱帶等加熱均為常用的局部加熱法。但此些方法的加熱溫度多在 300°C 以內，若在超高眞空系統則加熱溫度嫌不夠高，故有時可用**感應電熱** (induction heating) 來加熱如圖 7.1 所示。感應電熱所用的無線電頻率從 500 仟週到 600 仟週（通常低於一仟仟週），被加熱的物品依其材料性質不同而能達到的溫度亦各不同。

表 7.1 物質的最高加熱除氣溫度

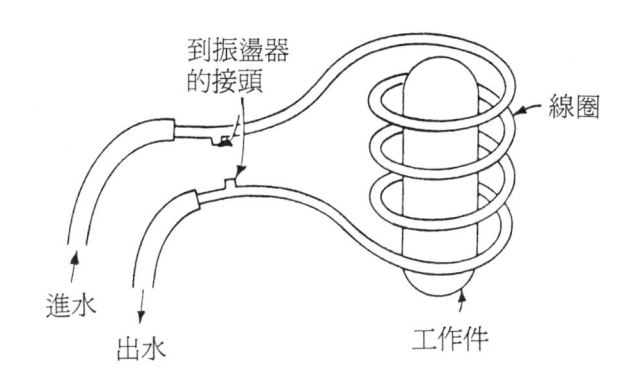

物　　質	最高溫度 ℃	備　　　註
鎢	1800	
鉬	950	可達 1760°C 但易脆
鉭	1400	
鉑	1000	
銅及其合金	500	鋅合金不可加高溫因鋅會蒸發
鎳及其合金	750～950	如莫涅耳合金等
鐵、鋼，及不銹鋼	1000	
石　　墨	1500～1800	
拉　　哇	800	燒製品如 1137 號

圖 7.1 感應電熱

加熱除氣原則上溫度愈高效果也亦佳，但應注意材料的性質不可因加熱而改變。茲將幾種常用物質加熱除氣最高可達的溫度列表如表 7.1。

4. 玻璃與水銀的清潔

　　玻璃在真空儀器中佔很重要的地位，玻璃的清潔常視其實際的用途而要求的程度亦不同。例如一般的玻璃真空儀器如玻璃分餾器、玻璃擴散幫浦等其要求的

玻璃表面清潔無污染物的程度較光學鏡片作眞空蒸鍍所要求的清潔程度爲寬，而顯微鏡的鏡片、試片等要求清潔的程度則較嚴，此因在肉眼或普通放大鏡下看不見的污染物在顯微鏡下觀察仍相當可觀。

清潔玻璃的方法甚多茲舉例說明一種最常用的清潔眞空儀器用的玻璃的方法如下：

以 35 份的飽和**重鉻酸鉀** (potassium dichromate) 溶液混以 1000 份的濃硫酸所形成的鉻酸溶液爲洗滌劑。注意混合時應徐徐將硫酸注入重鉻酸鉀溶液中並隨時攪拌。此溶液在熱時最有效，應在 110°C 左右應用。溶液的顏色以紅色爲佳，變成帶靑色混濁時即不可用應棄去。通常洗滌玻璃的方法先用肥皂水洗然後繼以蒸餾水清洗，再用鉻酸溶液清洗 (或煮泡)，最後用熱蒸餾水清洗。玻璃的清潔程度以水在玻璃面上不形成水珠而成均勻水膜覆蓋整個面積爲要求。清潔完畢後應讓水自行乾燥或用乾燥清潔的熱空氣吹乾，不可再用擦拭。有時採用純酒精沖洗以吸去水份。

水銀在眞空系統中亦常應用，諸如水銀擴散幫浦，水銀眞空計，或水銀控制的開關活門等。眞空用水銀必需爲化學純淨 (CP) 級。使用過的水銀或普通的商品水銀因有污染常需經過清潔才可使用。清潔水銀的步驟如下：

(1) 將水銀從**羚羊皮** (chamois leather) 中擠過以除去大顆粒的污物。

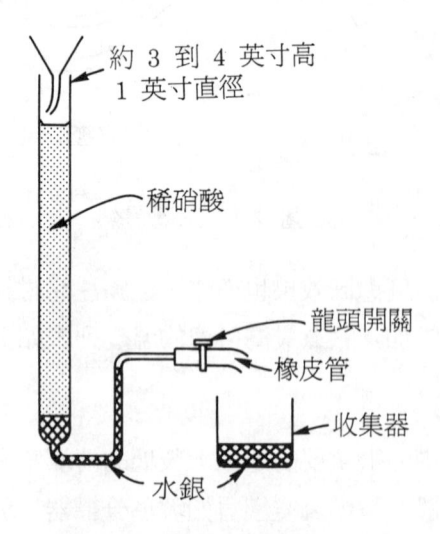

圖 7.2　水銀清潔裝置

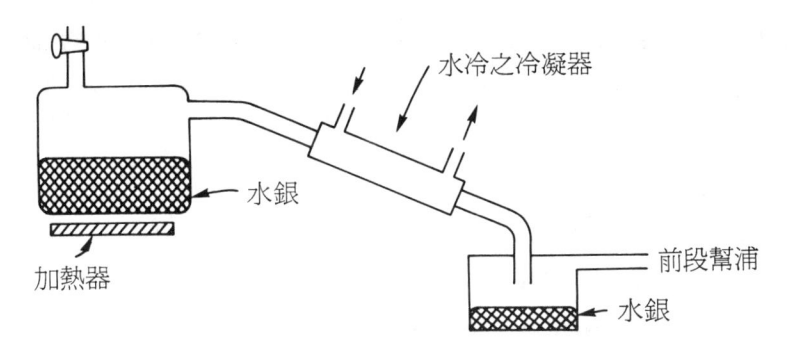

圖 7.3　水銀蒸餾裝置

(2) 在玻璃瓶中 (或分離漏斗中) 混以鉻酸，用機械或手將瓶澈底搖震以使鉻酸清潔水銀的污染物，清潔畢放除鉻酸然後換以蒸餾水作同樣的搖震清洗。

(3) 用如圖 7.2 的設備將水銀從漏斗灌入，水銀經由噴口落入稀硝酸 (25% 硝酸加 75% 蒸餾水) 柱中而沉澱在底部。當其量足夠時龍頭開關打開，水銀即由此從橡皮管溢出進入收集槽中。注意該清潔裝置右側的管高應略大於 1/13.6 左側管 (硝酸柱) 高，以防止硝酸溢出進入收集槽。

(4) 應用同樣設備以蒸餾水代替稀硝酸作同樣的處理。

(5) 在約 350°C 溫度下使水銀乾燥。

(6) 將水銀在真空中蒸餾，蒸餾水銀的設備如圖 7.3 所示。

若水銀的污染不太嚴重，則以上清潔水銀的方法可省去 (1)，(2) 兩步驟。

5. 特殊清潔法

本節特別提出幾種特殊困難的附著物清除的方法，或使用專門設備的清潔方法：

(1) **焊劑的清除法**　軟焊的焊劑常具有腐蝕性，故需澈底除去。一般所用的酸類或氯化物類的焊劑可以熱水溶解清洗。如果不損壞機件的性質，最好能將焊接的機件放置在水中煮沸，同時水應更換至清潔為止。焊油或**樹脂** (resin) 可以油脂溶劑來溶解，**松香** (rosin) 可溶於甲醇。有些焊油為糊狀，其中含有氯化物，清除時可以油脂溶劑及沸水作交互處理。

硬焊的焊劑多為硼砂及硼酸類，有時含有氟化物及其他藥劑。此類污染可以沸水溶解清洗。若以鋼絲刷或鋼絲棉擦磨焊接處，則可使污染易於除去。

(2) 鐵銹的清除法　以 50% 的鹽酸加以阻抑劑，將機件浸泡約五分鐘再以水澈底沖洗清潔。使用鋼絲棉或刷擦磨可增加效果。機件清潔後應予乾燥以防再銹。

(3) 銅綠的清除法　銅綠為氧化物的一種，如僅在表面形成一薄層，則用普通打磨即可除去。如氧化物太厚，則可用溫熱的 75% 鹽酸加阻抑劑浸泡數分鐘再以水澈底冲洗，然後再予乾燥。

(4) 鎢、鉬等電熱絲或燈絲的清潔法　使用 20% 的氫氧化鉀 (300 克氫氧化鉀溶於一千二百立方厘米的蒸餾水中) 按下列步驟處理。

　　甲、將機件浸於此溶液中煮五分鐘。

　　乙、徹底以溫水浸洗。

　　丙、再以冷蒸餾水浸洗。

　　丁、以乾燥熱空氣吹乾。

　　應注意此些鎢、鉬等材料尤其製成燈絲狀均甚細小脆弱，故處理時必需小心，不可加力以免受損。

(5) 電子或電離子撞擊清潔法　電子或電離子撞擊清潔法係在眞空中進行，利用高能量的電子或電離子對機件表面碰撞使表面上附著物脫離以除去污染。此種方法對金屬機件很有效，但對非金屬機件如絕緣體等則除有特別裝置外，大多數無法應用。此種方法常用於眞空儀器中機件的直接清潔或樣品的前處理如蒸鍍物的前清潔處理，物品在眞空中經電子或電離子撞擊清潔後即在該眞空儀器中使用故可避免再污染如吸收氣體及水氣等。因設備的價格高昂故除前述的應用外，使用此法作機件的清潔多限於要求非常高而且機件不太大的清潔處理，一般的清潔均甚少使用此法。

(6) 超音波清潔法 (ultrasonic cleaning)　超音波清潔法為近年來廣用的清潔方法，此種方法旣有效而且速度高，並且不會損傷機件。對於難清潔的物品如有小孔、窄槽、螺紋等用此法較一般方法更有效更澈底。超音波清潔通常用液體介質作為聲波的傳送，視材料的不同所用的介質也不相同。茲將超音波清潔原理敍述如下：

　　甲、清潔液 (介質) 交變的撞擊與離開被清潔物的表面。例如用 20 仟週的聲波則此種冲洗動作每秒鐘發生兩萬次。

乙、有一部分的聲波能量傳到物品表面而使其表面物質發生振動。

丙、半真空的氣泡的形成與崩潰造成無數對被清潔物表面的強力小碰擊。尤其當此半真空的氣泡在物品表面崩潰時能將污染物及穿透入材料微細孔中的溶劑等吸出。

以上三種作用以最後一種為此種清潔法的最重要的依據。

超音波清潔法的優點：

甲、清潔效率高：油脂、油漆，以及甚難清除的固體附著物甚至表面粗糙均可除去。

乙、清潔速率快：即使最難清潔的物件只需數秒鐘即可清潔乾淨。

丙、小孔、窄槽，甚至裂縫等均可由半真空氣泡在其中形成而清潔乾淨。機件如醫用注射針、鐘錶零件、電子線路板等均可用此清潔法清潔乾淨。有些機件組合因此清潔法可清潔到內部 (如機件相接觸處，螺絲連結等) 故可不必拆卸機件即可澈底清潔。

丁、一般清潔法所用的酸或鹼等清潔劑均有危險性，若用超音波清潔則可免除應用此類清潔劑。

超音波清潔法所用的聲波多採用 20 仟週到 50 仟週的頻率。因為避免對人的煩擾故頻率多採取可聽的聲波以上。通常要採取半真空氣泡的功率在 15 仟週的頻率時約為 0.2 到 2.5 瓦/平方厘米，頻率若超過 50 仟週則所需形成半真空氣泡的功率突增。小型 1/8 加侖洗淨槽的超音波清潔器需用功率約 35 瓦，大型 20 加侖洗淨槽則可能需要用一個五仟瓦的功率供應器操縱若干個超音波換能器來產生超聲波振動。

超音波清潔法所用的清潔液 (介質) 主要要求液體的性質為可維持半真空氣泡的產生。一般來說較為質密的液體傳送聲波較為有效，而且可在較低的功率下形成半真空氣泡。易揮發較輕的液體如苯、汽油等則效果較差，黏度大的液體易吸收能量而使其溫度升高且半真空氣泡的形成亦少故應避免使用。通常半真空氣泡及其效用當清潔液的溫度升高而減少，當液體達其沸點時則完全消失，故清潔槽應保持在某一溫度。若用水為清潔液則溫度保持在 50°C 為最有效。用水為清潔液在一般應用已可有效，若加入一些清潔劑可增加效果。酸或鹼水 (lye) 的稀

溶液可用以產生半眞空氣泡對物品淸潔的化學作用。若對油、脂或焊劑的淸除則可用淸潔液如**三氯乙烯** (trichlorethylene)，**三氯甲烷** (trichlorethane)，酒精，或甲醇等，**冷媒** (freon) 亦爲常用的淸潔液。各廠商亦有專門配製的淸潔液出售，此些商品多係在上述的各種淸潔液中加一些添加劑以增進其彈性性質，或設計專用於淸潔某類材料。

三、眞空系統的漏氣現象

㈠ 漏氣現象在高壓系統與在眞空系統的比較

在談到漏氣，一般人的觀念常認爲眞空系統的漏氣與高壓系統或者水壓系統的漏氣 (水) 相同，因之常可應用同樣的方法來測漏。事實上在高壓系統的極微量漏氣 (在壓力計已無法可測定) 雖對系統內壓力的影響可以忽略，但同樣的漏氣若在眞空系統則可能成爲嚴重的問題。舉例來說，一個眞空系統若其中的眞空度保持在 10^{-3} 托爾，若每小時可漏入一立方英寸在該氣壓 (即 10^{-3} 托爾) 下的氣體，則其漏氣率 (見下節) 爲 10^{-3} 立方英寸－托爾/小時。若此系統改爲充以壓力較大氣壓力爲高的高壓系統，假定壓力爲 1000 托爾 (略高於大氣壓力 760 托爾)，則在相同的漏氣率 (10^{-3} 立方英寸－托爾/小時) 下其漏出氣體的量可由下式計算：

漏氣率 (立方英寸-托爾/小時)
＝漏氣速率 (立方英寸/小時)×壓力 (托爾)

即　　$10^{-3}=S\times 1000$

故　　$S=10^{-6}$ 立方英寸/小時

換句話說在壓力系統每小時僅漏出 10^{-6} 立方英寸的氣體。如此可見其漏出的氣體量極微，對壓力的改變即使用極精密的氣壓計亦無法量測出。上例就說明同樣的系統用在眞空時其漏氣量影響眞空度甚巨，但用在高壓時則可認爲是相當氣密。

由以上討論可知，若將眞空儀器充以高壓氣體而在系統外利用各種方法測漏(如用肥皂泡膜等)，除對極大的漏氣孔可能偵測外，對足以影響眞空度的微漏將無法用此法測出，此種觀念常易被忽略故實用時應注意。

(二) 氣密程度、眞漏與假漏

1. 氣密程度

一般氣體原子或分子的直徑多在 10^{-8} 公分左右，任何微小的孔均足以讓氣體分子穿過，故眞空儀器雖然在肉眼甚至顯微鏡下看不見有小孔存在，但仍能有十足漏氣的微細孔。因之絕對氣密的眞空系統實在是不可能，換句話說，一個眞空系統經抽氣達到某一眞空度後予以緊密封閉，經過長時間的時日後其眞空度自會減低。這也就是眞空儀器如需維持在某一眞空度時則必需有幫浦連續抽氣，密閉的眞空系統不可能永遠維持在預定的眞空度。

既然沒有完全絕對氣密的眞空系統，則我們實無必要來找尋各種可能的漏氣而予以一一堵塞緊密。實用上我們對眞空儀器的氣密程度所要求的只需要在合理的抽氣時間以內可達到並由眞空幫浦維持在預定的眞空度即可認爲無漏氣。當然在有些情形下氣密程度愈佳儀器的眞空度就愈高，而且對有些眞空幫浦的效率及壽命也會增加 (如離子幫浦等)。因此能減少儀器的漏氣應屬更佳，只是極細微的漏氣非常難找，而且有時爲了堵塞小漏而需經大的裝拆或重新焊接等，常不經濟且得不償失，尤其在缺少有經驗技術人員時此種工作常會產生反效果而造成更大的漏氣。在此種情形下應以不大動手續爲原則。

2. 眞漏與假漏 (true leak and virtual leak)

當眞空抽到某程度時眞空度即不能再增高，但按照幫浦的性能應可抽到更高的眞空，在此種情形多數人的結論是眞空系統漏氣。事實來說，漏氣應該是眞空系統外面的氣體經由系統的外殼如管壁、器壁及接頭等處進入眞空系統的內部。此種實際氣體進入的情形稱爲眞漏。如果此眞空系統整個放在一個大的眞空室中，則由於儀器外界與其內部的壓力差甚小或爲負值，故經過漏孔漏入儀器內部的氣體量極微或無氣體可漏入。換句話說，眞漏此時變成極小或沒有。應用此種方式測定眞漏甚爲有效且可靠，但因此種設備並非一般實驗室或工廠所常有故無法作爲一般的應用。應用此法的測定如顯示出待測的儀器中的眞空度仍然繼續變

壞，則顯然不是由於儀器外界氣體的滲入，必然有氣體在系統內自行產生，此種情形我們稱為有假漏。

假漏實際上有兩種，其一為儀器內存在有高蒸氣壓的物質，當真空度達到其蒸氣壓時此時此物質即蒸發成氣體。除非此種物質完全揮發而被真空幫浦抽除完盡，否則真空度只能達到此蒸發物質的飽和蒸氣壓。例如水在室溫時的蒸氣壓為 17 托爾，若真空系統中有水份存在，真空度將不能再高，壓力將維持在約 17 托爾。另一種假漏為儀器內所吸附的氣體，此些氣體可能為器壁吸收，亦可能被陷在一些接頭處，如焊接邊或襯墊等處，如系統未經加熱烘烤除氣，或烘烤的時間不夠，則此種被陷捉的氣體仍會存在。當真空系統中的壓力下降時，此些氣體會突然被釋放而產生短時間的壓力驟增，有時可使壓力升高到一百倍以上。此種假漏常會損壞真空儀器內部的機件、工作樣品、真空計，以及真空幫浦等，故在儀器操作時應特別注意以作預防。例如一個新的真空系統或者真空儀器打開使內部曝露在大氣壓力下較長時間，則當此系統抽粗略真空時應較長以使此些吸附的氣體盡量被抽除，必要時並可烘烤以增加除氣的效果。雖然有時在粗略真空計上的讀數已顯示真空度到達可啟動高真空幫浦的範圍，但因多數的高真空幫浦對此種突然的氣體釋放所造成的壓力驟增常不能忍耐，例如離子幫浦在此種情形下會超載發熱進而放氣使真空壓力增大，而壓力增大後使幫浦更為超載，如此循環最後使真空系統中壓力過高超過幫浦安全限度而自動切斷電源。第二種假漏若吸附或陷捉的氣體如上述的方式成氣團放出，則不難偵測。但此些氣體亦可緩慢逐漸放出，此種情形極似真漏不易判斷。

在進行找漏及堵漏工作以前必需先找出假漏盡量予以消除。如果只從真空度不能達到理想的情形而判斷為真空系統有漏氣，則可能會浪費很多的時間及精神在找實際不存在的漏孔，對儀器的真空度毫無幫助。

四、漏氣率 (leak rate) 及漏氣的測定

(一) 漏氣率

真空系統的漏氣率通常以由漏氣孔漏入氣體的氣流通量來表示，其單位為**托**

爾－公升/秒 (torr-liter/sec)，大氣壓－立方厘米/秒 (atm-cc/sec 或 std-cc/sec)，以及千分托爾-公升/秒 (μ-ℓ /sec)，後者亦稱爲路色克 (lusec) 爲歐洲國家常用的漏氣率單位。一般來說真空系統的外部爲大氣壓力，而內部較大氣壓力甚小，故漏氣率實際代表單位時間內漏入該真空系統內的氣體分子數。假定在溫度 20°C 時，真空系統內部的壓力爲一托爾，則當漏氣率爲一托爾－公升/秒則約有 3.27×10^{19} 個氣體分子/秒進入此真空系統。假定一真空系統的漏氣率爲 U 托爾－公升/秒，則該系統如欲維持一托爾的真空度，則必需真空幫浦的抽氣率 S 大於 U 公升/秒。如欲維持 0.1 托爾的真空，則真空幫浦的抽氣率應大於 10U 公升/秒。此種計算可用於任何真空系統及任何真空幫浦。應注意若真空系統中的假漏包括在內，同時管路等的阻抗、漏氣及放氣等亦計算在內，則真空幫浦的抽氣率應加大。

(二) 漏氣的測定

實際來說漏氣的測定與找出漏氣的所在常爲同一件事。時常在測定系統是否漏氣時即已找出漏氣的所在，故不必另費手續，但有時系統很大或較複雜，局部去找漏孔非常麻煩，而且是否真漏或假漏尚難決定，故常先測定整個系統是否真有漏氣？如有漏氣其漏氣率有多大？然後再決定局部找出漏氣的所在。測定漏氣的方法可分爲下列四種：

1. 真空計法

此種方法爲最簡單而且最常用。主要利用真空系統原有的真空計以作漏氣的測定儀。由於此法係從各局部可疑處去找漏孔，故測定漏氣與找漏孔同時進行。利用真空計測漏的方法爲先用真空幫浦將整個真空系統抽到真空度不能再增高的程度，然後在真空系統外部可疑有漏處如焊接接頭、可拆性接頭、各種導引、玻璃窗，以及活門等處以偵測的氣體或揮發性液體噴洒。由於此類氣體或蒸氣易於從漏孔或裂隙滲透入儀器的內部，故若真空儀器內可見顯著的壓力變化，即表示該處有漏。另一法則以真空蠟或真空膠臨時將可疑處堵塞，如真空計顯示壓力下降則該處即爲漏孔。利用真空計測漏的方法與真空系統的真空度甚有關，除真空計應適合其應用的真空範圍外，所用偵測氣體及液體均與真空度有關。換句話說，使用某種真空計及某種偵測液體對某真空度有效 (或對某程度的漏氣有效)，

但對其他的真空度則未見得可用。

通常真空壓力在等於或大於 10^{-3} 托爾附近時為派藍尼真空計或熱電偶真空計可測漏的範圍。使用丙酮、酒精、乙醚等揮發性液體作偵測劑對一般的漏氣探測甚為有效。當此些液體噴灑在可疑的地方時，若有漏孔存在則在噴上液體最初的瞬間真空系統中的壓力會略為下降，因為此時液體進入漏孔暫時堵塞漏氣而幫浦繼續抽氣故壓力下降。但壓力隨即因進入的液體蒸發而迅速上升，由此現象就可判斷漏氣的所在。應注意在使用冷凍幫浦的系統或真空儀器有冷凝設備則系統中的壓力會繼續下降而不顯示出上升的現象，此由於揮發性液體進入真空系統中雖蒸發成蒸氣但迅即被冷凝成液體故結果並未增加氣壓，而同時液體仍堵塞住漏孔故經幫浦抽氣後壓力乃繼續下降。

在使用揮發性液體作偵測劑時應注意此類液體多有毒性或麻醉性，故應避免吸入其蒸氣，亦不可接觸眼部或食入口中，使用時最好戴口罩。水亦可用作偵測劑，但反應較慢因其揮發性較差。應注意水會使金屬生銹或使電線漏電對真空系統會造成不良後果，不似其他揮發性液體瞬時即揮發乾燥不會有後遺的影響。應用派藍尼真空計或熱電偶真空計測漏在較高的壓力 (大於 0.1 托爾) 則效果甚差。在較高的壓力或漏氣甚大時應用放電管測漏非常有效，因為放電管中放電所呈的顏色隨漏入液體的蒸氣性質而不同，從放電管放電顏色的變化可確定有蒸氣進入真空系統，故對漏氣的判斷較易。

如果漏氣的程度較小，而真空壓力維持在 10^{-4} 托爾左右，則用液體偵測劑常不見顯著的效果。此時因壓力通常已在離子化真空計使用的範圍，故可利用其為測漏儀。在此種範圍內通常使用氣體偵測劑較有顯著的效果。常用的氣體有氫氣、氦氣、氧氣、氬氣、二氧化碳，以及一種商品名**卡洛爾** (Calor) 的氣體。卡洛爾的成份為**丁烷** (butane) 78%-84%，**丙烷** (propane) 15%-20%，以及**丁烯** (butene)1%-2%。因各種氣體的分子量及其黏滯性不同當用作偵測氣體時其進入漏孔的速度亦各不同，故各氣體漏氣的氣流通量亦不相同。由真空計上觀察壓力變化率的改變即可測知漏氣。通常在漏氣率大於 10^{-5} 托爾－公升/秒時，可假定漏氣為黏滯氣流，故使用偵測氣體時真空計上顯示壓力變化率 (相當於漏氣率) 的改變約為下列的比值，即：

$$K_V = \frac{空氣的黏滯性}{偵測氣體的黏滯性} \qquad (7.1)$$

但若漏氣率小於 10^{-8} 托爾－公升/秒，則可假定漏氣為分子氣流。故使用偵測氣體時真空計上顯示漏氣率的變化約為下列比值：

$$K_M = \sqrt{\frac{空氣的平均分子量}{偵測氣體的平均分子量}} \qquad (7.2)$$

實際上在高真空系統的漏氣亦可使用液體偵測劑如丙酮、酒精等，但其靈敏度較差。因液體塞入漏孔中雖暫時堵塞漏氣，但真空系統內進入的液體揮發成蒸氣需要長時間始可被抽除，故使判斷困難，必需有豐富操作經驗始可運用自如。在應用離子幫浦的真空系統，若用液體的偵測劑通常會使系統內的壓力升高，在漏氣率較大的情形此法亦可有效。

使用真空膠或真空蠟來堵塞可能漏氣的地方對於焊接處或其他固定接頭的漏氣偵測亦頗有效。但此法頗費時間，而且漏氣處經測定出後常需將所塗的膠或蠟清除乾淨才可重新焊接補漏。在有些真空系統不需加甚高的溫度者則常可用永久性真空膠堵塞漏孔。此種找漏的方法通常用高真空膠塗在真空儀器可能有漏氣的地方，若漏孔甚小則當膠塗上後即可堵住漏氣。若漏氣較大時則必需等膠乾燥結硬後才能有效。用此種方法找漏實際亦同時堵漏，故當儀器的真空度已改進時即代表漏氣處已被堵住。雖然確實的漏孔尚未能確定，但實際上可不必再去找，因真空儀器經塗真空膠堵漏後即可保持所需的真空度不變。

以上所述用真空計測漏的方法多係利用真空系統已有的真空計，但若有些真空系統設備簡單不曾配有真空計或其所用的真空計不適於此用途，則可專門接一真空計以作臨時測漏用。在利用離子幫浦作為測漏的真空計時，用氦氣及氫氣作測漏氣體常會使幫浦內壓力增加，用氧氣及二氧化碳則情形相反，至於氫氣則最好不用，因其對一些離子幫浦在測漏時的壓力下表現頗不正常。

用離子幫浦測漏主要當偵測氣體進入真空系統中被離子幫浦抽入幫浦中而使其離子電流改變，由此電流的變化即可判斷出漏氣。但若漏氣量甚少時，此電流的變化也很小，在電流表上很難看出變化，故有一種**聲響測漏儀** (Audible

Leak Detector) 可直接接於離子幫浦的電源供應控制器將此微弱的電流變化信號變成聲波由耳機送出。當偵測氣體或液體噴灑在漏孔時，此些蒸氣或氣體進入真空系統使偵測儀所發出聲音的頻率改變，由此即可判斷出漏孔的存在。

2. 質譜儀法

任何質譜儀其作用為氣體部分壓力分析儀者，均可用作真空儀器漏氣的偵測儀。通常因較輕的氣體如氫、氦等最易滲透漏孔，故質譜儀用作此用途者多操作於低質量的質譜範圍。最簡單的質譜儀測漏儀多係將質譜分析器固定在某一種質量，通常為氦氣的質量，所用偵測氣體即為該質量的氣體 (如氦氣)。從可疑處噴氦氣，若儀器測得進入系統的氦氣即表示該被測處有漏。

使用質譜儀測漏可用局部噴以偵測氣體，或將整個真空儀器置於充滿該氣體的氣罩內，質譜儀則接於真空系統上。由質譜儀測得偵測氣體的質量信號 (通常為離子電流) 與漏氣率 U 有直接的關係。通常儀器外噴灑的氣體多在一個大氣壓的壓力，故漏氣率 U 可以下式表示：

$$U = P_o L \tag{7.3}$$

其中 P_o = 大氣壓力 = 760 托爾，而 L 為漏孔處的氣導。

實際上因儀器的真空幫浦繼續抽氣，故漏入的氣體亦被幫浦繼續抽去。因此到達質譜儀的偵測氣體的部分壓力 (相當於質譜儀所測到的質譜信號) 與幫浦的抽氣率有關。此外真空系統的容積對進入的偵測氣體的部分壓力亦有關，故總和的效應為質譜儀所測得到的信號與下列時間常數有關，該常數為

$$T_c = \frac{V}{S} = \frac{真空系統的容積}{抽氣速率}(秒) \tag{7.4}$$

若 t_s 表示對漏孔處噴灑偵測氣體的時間，P 表示偵測氣體在質譜儀中的部分壓力，則真空系統中偵測氣體的流量可用下式表示，即

$$d(PV) = (P_o L - PS)\, dt \tag{7.5}$$

若 $t < t_s$ 則

$$P_t = \frac{L}{S} P_o \left(1 - e^{-\frac{S}{V}t}\right) \tag{7.6}$$

若 $t > t_s$ 則

$$P_t = \frac{L}{S} P_o \left(1 - e^{-\frac{S}{V}t}\right) e^{-\frac{S}{V}(t-S_t)} \tag{7.7}$$

若氣體噴洒的時間很長，真空系統中的壓力達到一平衡值，則 $t_s \to \infty$，$t \to t_s$

故
$$P_\infty = \frac{L}{S} P_o \tag{7.8}$$

上述的結果可用下例來說明。若噴洒偵測氣體的時間為一秒鐘 ($t_s = 1$ 秒)，質譜儀測得該氣體的質譜信號隨真空系統的時間常數而不同。如圖 7.4 所示，顯見時間常數愈小 (圖上的數值為時間常數的倒數) 則信號強度愈大，而且信號的時間也愈短，故對於漏氣的判斷及重複的試驗均有利。由此可知，用質譜儀測漏時抽氣速率愈大愈好，有時質譜儀本身亦裝配有抽真空的幫浦，故抽氣速率可加大。

應注意一般的**氦測漏儀** (helium leak detector) 在使用時多係接於真空系統的高真空部位，故其應用的範圍多在 10^{-4} 托爾以下的壓力，換句話說在真空度較差的儀器即無法用此測漏儀來測漏。新式的氦測漏儀將其操作的理論改變，而接於真空系統的較高壓力處，例如接在擴散幫浦的前段管路位置。此種接法

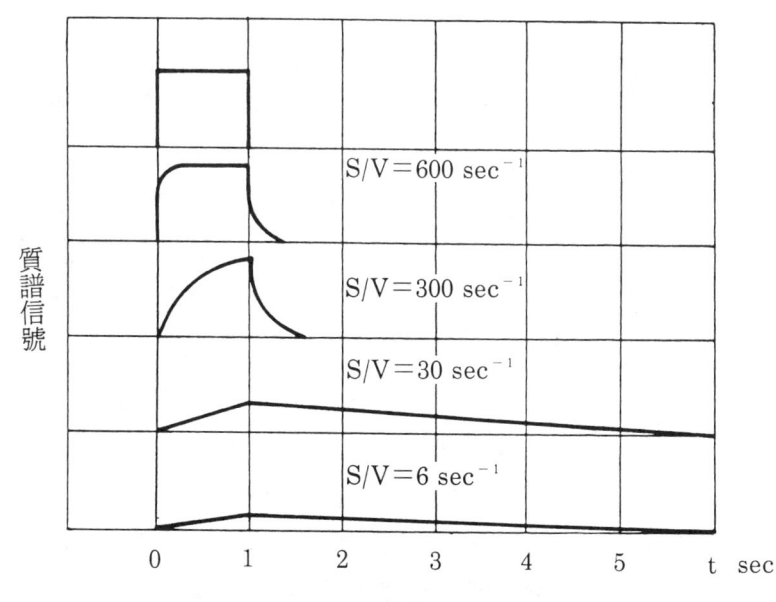

圖 **7.4** 質譜信號與時間常數的關係

不但增加其敏感度而且可用於較低眞空度的系統。

3. 眞空壓力上升法

如將眞空系統用眞空幫浦抽至其最低可達到的眞空度，然後將幫浦隔斷，眞空系統中的壓力若隨時間直線上升，通常有漏氣的可能。眞空系統中若有假漏存在，亦有此種壓力上升的可能，故應用此法應先偵測假漏。如果眞空系統裝置有冷凍的設備如眞空室的壁有液態氮冷却裝置，或眞空系統中有冷凝面等冷却的裝置等，則在壓力升高後可將冷凍劑如液態氮等注入，若系統中壓力會下降，則顯示出眞空系統內有水氣或某些揮發性蒸氣存在。如壓力下降的程度甚大甚至眞空度回復到接近原有壓力的程度，則此漏氣實際爲假漏。應用此種冷凍法判斷假漏並非易事，因若有眞漏與假漏同時存在則甚難決定，而且並非多數的眞空系統均有此類冷凝設備可供使用，故使用眞空壓力上升法測漏前應盡量先找出假漏而予以消除。

假定一個無假漏的眞空系統，其體積爲 V 公升，當其被抽眞空至某壓力後將眞空幫浦予以關閉隔絕若經過 t 秒時間後系統中壓力的變化爲 ΔP 托爾，則其漏氣率爲：

$$U = \frac{\Delta PV}{t} \text{托爾}-\text{公升}/\text{秒} \tag{7.9}$$

一般來說眞空系統的漏氣甚慢，故用眞空壓力上升法測定漏氣的時間單位常以小時甚至天爲計算單位。此種測漏方法的優點爲簡單不需其他設備，而且可應用在任何壓力範圍，缺點是甚難判斷是否爲假漏。

當漏氣一旦確定後，眞空壓力上升法亦可用來找尋局部漏氣所在。通常所用的方法係將系統中各部分分別隔斷 (假定有活門可供使用)，再測局部的壓力上升。如該局部系統恰好裝有眞空計，則可直接觀察而無問題。但若該處無眞空計，則可用下列方法來推算壓力的上升。

假定整個系統的體積爲 V，而被隔斷的局部系統的體積爲 V_1。若最初整個系統中的壓力爲 P_0，當局部系統被隔斷後其中的壓力經過 t 時間後升爲 P_1，此時將斷隔活門打開則整個系統中的壓力變爲 P_2。假定此眞空系統的其餘部份無漏氣，故經過 t 時間後其中壓力仍爲 P_0。故壓力 P_2 應爲兩部分，即體積 V_1(壓力 P_1) 中的氣體膨脹成體積 V 的壓力 $P_2^{(1)}$ 與體積 $(V-V_1)$ 中的氣體膨

脹成體積 V 的壓力 $P_2^{(2)}$。由波義耳定律可得

$$P_1V_1 = P_2^{(1)}V$$
$$P_o(V-V_1) = P_2^{(2)}V$$

因 $\quad P_2 = P_2^{(1)} + P_2^{(2)}$

故前兩式相加可得

$$P_o(V-V_1) + P_1V_1 = P_2V$$

由此可得在局部系統中經過 t 時間後的壓力為

$$P_1 = \frac{P_2V - P_o(V-V_1)}{V_1}$$

$$= P_2\frac{V}{V_1} - P_o\frac{V}{V_1} + P_o \qquad (7.10)$$

或該局部系統經隔斷後其壓力上升率為：

$$\frac{P_1 - P_o}{t} = \frac{1}{t}\frac{V}{V_1}(P_2 - P_o) \qquad (7.11)$$

舉例：一個真空系統的總體積為 1000 公升，隔斷某局部系統其體積為 100 公升，若最初整個系統的壓力為 50 千分托爾，而經隔斷後 20 秒鐘再打開活門整個系統中的壓力變為 60 千分托爾。則該局部系統內的壓力上升率為

$$\frac{1}{20} \times \frac{1000}{100}(60-50)$$

$$= 5 \text{ 千分托爾/秒}$$

而該局部系統的壓力在隔斷期間曾升高到

$$P_1 = \frac{1000}{100}(60-50) + 50$$

$$= 150 \text{ 千分托爾}$$

由此可見該局部系統有漏氣 (假定其他部分不漏)。

相反的若該局部系統無漏氣，當隔斷後其他部分的壓力仍繼續上升而此局部系統內的壓力保持為 P_0。此種現象實際可由真空系統的真空計直接觀測到。此時可再隔斷其他的局部系統繼續試驗，最後可找到有漏氣的局部系統。

4. 充氣法

除非真空系統有很大的漏氣，用充氣法測漏對細微的漏氣多不大有效，有關此點已於前第三 (一) 節中解釋過，在此不重覆。充氣法測漏最常用者係將真空系統中充以某壓力的氣體 (通常為大於大氣壓力的乾燥空氣) 再放在水中或肥皂水中觀察漏氣處的氣泡產生。此種氣泡測漏的敏感度大約在 1 托爾－公升/秒 (用水測氣泡) 到 0.1 托爾－公升/秒 (用肥皂水測氣泡)。

用一個大氣壓力以上的**氨氣** (ammonia) 充入真空系統中，可在系統外界用**奧莎里紙** (Ozalid paper) 偵測漏出的氣體。若有漏出的氨氣，則紙會變黑，故可測得漏孔處。此法敏感度頗高，測定漏氣率可小到 10^{-11} 托爾－公升/秒，只是需時間較久通常約需數小時，而且應注意氨氣有腐蝕性，有些系統不宜使用。

用大於大氣壓力的**鹵素** (halide) 氣體，通常用**冷媒** (Freon) 等充入真空系統中，再在系統外界用所謂的**鹵素火把** (halide torch) 來偵測。此火把係用不含鹵素的氣體如乙炔等燃燒而成，當真空系統漏出的鹵素氣體遇到火把中燒熱的銅板即會產生明亮的綠焰。常用的鹵素氣體除冷媒外，尚有**氯甲烷** (methyle chloride)，**二氯甲烷** (methylene chloride)，四氯化碳，及**氯仿** (chloform) 等。

5. 其他

測漏的方法及儀器甚多，其他尚有較常見的測漏儀兩種特別介紹於下：

(1) 鹵素二極管偵測器 (halide diode detector)：此二極管用可加熱的白金絲作陽極，其周圍為圓筒形的陰極。兩極間加電壓約為數百伏特。當加熱時白金絲陽極放出鹼金屬正離子，此離子電流對有機鹵素極為敏感 (有鹵素存在時離子電流增高)。因此將此二極管接於真空系統後，在系統外界噴洒鹵素的偵測氣體，如有漏氣時此鹵素氣體進入系統中即會被測出。用鹵素二極管偵測器測漏時其敏感度可達 10^{-7} 托爾－公升/秒。此測漏法使用的範圍可從大氣壓力到 10^{-6} 托爾的真空度。其缺點是系統內如有鹵素類氣體存在，或有可能產生鹵素氣體的物

質，則此法會發生干擾或無效。

(2) 忒斯拉 (Tesla) 測漏器：利用**感應線圈** (induction coil) 產生高電壓送到測漏器的偵測尖端。當此偵測尖端接觸到漏孔處時則會產生高電壓放電的火焰。火花的顏色由真空系統內的氣體而定，如用偵測氣體時，則當其進入系統中後火花即呈該氣體放電顏色。此種測漏器只能用在玻璃類的真空系統，因玻璃係電絕緣且透明易見火花。忒斯拉測漏器應用的範圍可從 2 托爾到 5×10^{-2} 托爾的真空度，其敏感度可達10^{-3} 托爾－公升/秒。此測漏法的最大缺點為若玻璃儀器壁太薄則可能因火花放電將漏孔處擴大，尤其是使用較低的感應電頻率時，此種情形常會發生。

以上所述漏氣測定的方法各有其適用的範圍及敏感度，在實用時各有其限度，故使用者當視真空系統的情形而作選擇。表 7.2 特別介紹幾種常用測漏的方法，其應用的真空範圍，以及可測的漏氣率等：

表 7.2 測漏儀的敏感度

測漏儀	壓力範圍 (托爾)	漏氣率範圍 (路色克)	測漏劑
忒斯拉測漏器	$5 \times 10^{-2} \sim 1$	—	丙酮、甲醇、酒精、氫、二氧化碳
放電管	同 上	—	同上
派藍尼，熱電偶真空計	<0.1	7.6×10^{-2} $\sim 7.6 \times 10^{-4}$	丙酮、甲醇、酒精、氫
熱離子化真空計	$<5 \times 10^{-4}$	7.6×10^{-3} $\sim 7.6 \times 10^{-5}$	氫、氧、氦、有機氣體
鹵素偵測器	<0.2	7.6×10^{-4}	冷媒 12，22 號
氦測漏儀	$<10^{-4}$	7.6×10^{-8}	氦
肥皂水氣泡	4 大氣壓	3.8×10^{-2}	空氣、氮

五、找漏與堵漏

㈠ 決定漏孔的所在

在前節討論漏氣的測定時，有些方法在應用時即已直接找出漏孔的所在，故不必另去找漏。但亦有數種方法係先決定真空系統有否漏氣，然後再去局部找漏。找漏的工作實際上並無一定的程序及步驟，多憑個人工作經驗來判斷。但大體上說，新製成的儀器可能的漏孔處多在焊接處，如水管或液體導管、活門、電導引或機械導引等的接頭，真空計的測壓管，冷凝阻擋與油氣捕捉陷阱等接於真空系統處，玻璃窗等處。故在新儀器未按裝前如能預先測驗各分件的氣密程度，如此則可省去許多測漏的時間。在按裝可拆性接頭時，若所用的襯墊圈放置偏心，或所用的金屬襯墊有刮痕，或所施的壓力不均勻等，均有漏氣的可能。已使用的真空儀器雖然在新製成後測試過沒有漏氣，但在用久後就可能產生漏孔。最主要可能產生漏孔處如冷却水管，尤其是進入真空系統內部的水管部分因不易覺察，故若因所用水質不佳而發生腐蝕或沉澱物太多牢結在管壁上產生不同的溫度膨脹，則會造成小孔或裂縫。又如機械振動或衝擊力亦可能使真空系統的可拆性接頭或其他管路的連接處鬆開造成漏氣。此外儀器經高溫烘烤或低溫冷凍，原來緊密的接頭經重覆的膨脹與收縮亦會產生漏縫。故若真空系統使用過久發現漏氣時，應先察看此些接頭及焊接等處。

找漏為一件費時且需有耐心的工作，往往因儀器使用不當而會造成不正確的判斷。有時因製作真空儀器零件的人員稍一疏忽即可能造成極難找的漏孔，而此類漏孔通常根據常理判斷會認為不可能存在。著者曾在工作中遭遇此類問題數次。例如一管路活門在關閉時及完全打開時均不漏氣，但在開關的中間過程發生漏氣。又如滑動機械導引在滑動時漏氣，在停止時不漏氣等。較大的漏氣通常比較容易找，而極小的漏氣多非常難找，有時漏氣孔有數個，其總和的漏氣若已非常小則單獨每個漏孔的漏氣更小，故使找漏更為困難。權衡是否應繼續找漏，或是容忍此小漏而使真空儀器在較高的壓力下操縱為使用者自己的考慮，並非任何漏孔必需找出予以堵塞，此點使用真空儀器者應能瞭解。特別要強調真空度不能再增高的原因並不一定是有漏氣，假漏及真空幫浦抽氣效率的降低，油氣阻擋或

冷凝捕捉陷阱的失效均可能造成此現象。故找漏前應檢查此些項目，以免浪費時間在找不存在的漏孔。

(二) 堵漏

　　嚴格來說，真空儀器若有漏氣應該予以修理。修漏在對於固定性接頭的漏來說不外是重新焊接或焊補，通常如果漏在焊接處，利用重複的焊補多半效果不佳，最好是將原有焊接處清除重焊。電導引、機械導引或活門等如有漏氣最好整個換新，因此些真空分件修理困難且很難有效。用彈簧箱連接的真空分件除工廠有合適的設備可以焊接修理外，通常僅可作更換零件的修理如換襯墊或彈簧箱等。可拆性接頭最好不用堵漏，因堵住後若要再拆開必需將堵漏劑清除，如此只是增加困難麻煩。通常發現漏時應將可拆性接頭拆開校正襯墊位置及壓力，金屬襯墊應予更換再行按裝，因可拆性接頭除接頭的法郎盤焊接處或盤上的凸緣、刀口、凹槽等有缺痕需修理外，通常所發生的漏氣多由於襯墊按裝的不正，壓力不均勻過大或過小，襯墊的損傷或所用的襯墊不合適。堵漏通常用在不加高溫烘烤或低溫冷凍的真空系統，或者有些一經按裝完成後要拆開修理就非常困難或不可能的巨大真空系統。一般來說堵漏可分為臨時性及永久性，臨時性者多係因時間關係不能立即修理但仍需真空系統工作者，或利用臨時堵漏以測漏孔，或者此真空系統係臨時性質，用後即不再用，故不必修漏或作永久堵漏。

　　臨時性堵漏常用真空膠、真空漆，或真空蠟等，此類物質或為液狀、膠狀，或為固體、可塑體等，當施塗在漏孔處變乾硬後即可堵住漏氣。如漏孔極小時可在真空系統操作下堵漏，但若漏孔太大，則真空系統必需在大氣壓力下將漏處堵塞好，俟堵塞物變硬後才可抽真空。真空蠟通常不適合作堵漏用，尤其漏孔大時更不能用。堵塞材料已於第五章敍述過，故不重複。實用時因商品種類甚多，應選擇高真空用的堵塞材料可得較佳效果。至於永久性堵塞的方法與臨時性者大致相同。永久性堵漏材料通常可耐較高的溫度而不致氣化或放氣，在空氣中日久亦不會變質如脆裂等，硬結後有適度的韌性及彈性，可承受適度的機械力。此類材料亦已於第五章中敍述過。

　　使用堵塞材料應特別注意氣泡問題。因塗敷時氣泡極易陷入材料與真空儀器間，如此則可能造成以後的假漏。此外如儀器的漏氣以後有修理的可能則最好不

用永久性堵漏,否則在修理時要除去此些堵漏材料會頗為困難。臨時性堵漏材料通常多可用有機溶劑溶解清除,大多數堵漏材料均可加高溫或用火燒以除去。

摘　要

　　真空實用技術除在本書前六章中分別敍述有關真空幫浦、真空計、真空分件以及真空材料等的實用問題外,本章重點在於對真空系統的清潔、找漏與堵漏。

　　真空機件的污染對真空度的影響甚大,不論新製的機件或正在使用的真空儀器內部均有污染的可能,故清潔真空系統為一重要的技術。清潔真空儀器或機件的方法有機械打磨、噴沙、手工擦拭、溶劑清洗、酸浸、超聲波清潔、電子或電離子撞擊等方法。通常清潔完畢後常需烘烤以除去殘餘的清潔劑、水份及氣體等。

　　真空系統的漏氣現象與壓力系統的情形不同,在壓力系統中小到不能偵測的漏氣孔可能在真空系統中造成大漏。漏氣的程度不同測漏的方法亦不同,真空系統測漏方法有真空計法、質譜儀法、真空壓力上升法、充氣法等,各種方法的應用範圍不同,測漏的敏感度亦不同。在測漏前應先檢查有無假漏,或真空幫浦、油氣阻擋、冷凝陷阱等的失效。並非所有的真空度不能升高就是有漏。

　　漏孔的處理分為修理與堵漏,修理多為重新焊接,更換零件、分件或襯墊等,故修理完畢後儀器與新製成的情況相同。至於堵漏則分為暫時性與永久性兩種,暫時性堵漏用真空膠、真空蠟等暫時性封住漏孔,然後再作修理。而永久性堵漏則係將漏孔用永久性堵漏材料堵住後就可使用而不必再修理。

第8章 真空的應用

一、引言

真空的應用非常廣,我們日常生活中所用的真空就相當多,在第一章中我們已經介紹過一些常用的例子,所以在此不必重複。歸納起來真空的應用可分為兩方面:

㈠ 儀器(或物品)在使用時有真空存在。

㈡ 儀器(或物品)在使用時不一定有真空存在,但在其製造或處理過程部份或整個在真空中進行。

在第㈠種情形多數為我們所熟悉的真空儀器或物品。其主要係利用真空以達到某種作用,或係使某種工作在真空中進行。例如電視映像管中抽真空使電子可在其螢光幕上繪出圖形,又如食品罐頭利用抽真空以防止腐敗細菌生長蔓延。

在第㈡種情形,我們使用這些儀器或物品時也許並無真空存在,或者看不出其與真空應用有關,但此類儀器或物品的製造確與真空應用有關。例如有一些電絕緣體係在真空中製造而成,又如有一些金屬製品必需在真空中加工如焊接等。最常見的例子為很多光學儀器的鏡片其上所鍍的膜,裝飾品上的各種金銀彩色等均係在真空中蒸鍍完成,可是我們使用時並無真空,因此很少人想到其與真空有關,也很少人知道這些都是應用真空的結果。

二、真空用作電絕緣體

很多電容器,**繼電器** (relay),電路開關,安全開關等常係利用空氣為絕緣

體，但在電壓較高時空氣的絕緣性並不太佳，因此開關在操作時常會產生巨大的火花，使用日久後會燒壞電接觸點，電容器亦因同種原因需將其體積增大以免電火花將其擊穿。尤其當天氣潮濕時，如果此類電器未能與外界隔絕，則當水氣進入其絕緣的空間後常造成漏電或短路等情形。利用眞空作絕緣因眞空中的放電電壓較空氣中爲高，故非且所製成的電器可耐高電壓，而且可減少火花放電燒壞的機會，通常在體積上亦可大爲減小。例如電容器的電容量從 10 到 10^3 **微微法拉 (picofarad)**，可耐**尖峯電壓** (peak voltage) 從 3 到 30 仟伏 (KV)，若以眞空度約在 10^{-7} 到 10^{-8} 托爾的眞空作絕緣，則兩極板（或兩筒）間的空隙僅需數毫米而已。

在繼電器尤其用在高電壓而且開關頗頻繁處，若利用眞空絕緣則可大爲減低開閉時的火花，因此其壽命可延長甚多。電壓高達 50 仟伏 (直流) 使用眞空的繼電器已有商品製成出售，至於電路安全開關等使用眞空絕緣已可用到電壓高達 132 仟伏。

三、眞空用作熱絕緣

利用眞空隔熱已爲衆所共知的事實，我們日常生活中所用的保溫或保冷的水瓶即爲利用眞空絕緣的例子。

氣體的導熱係數 K 通常可約略表示如下：

$$K = \frac{1}{3} m \lambda n \bar{v} C_v \tag{8.1}$$

C_v 爲定容比熱，$\bar{v}$ 爲氣體分子的平均速率其與溫度的關係爲

$$\bar{v} = \left(\frac{8kT}{\pi m}\right)^{\frac{1}{2}} \tag{8.2}$$

k 爲波滋曼常數，m 爲氣體分子量，n 爲單位體積內的分子數，λ 爲氣體分子的平均自由動徑，λ 可約略爲

$$\lambda = \frac{1}{n\pi\sigma^2} \tag{8.3}$$

σ 為氣體分子的直徑，一般約為 10^{-8} 厘米。

由 (8.3) 式可見，在一般情況下 $(n\lambda)$ 為一常數，又若溫度不變則 $\bar{v}$ 亦為一常數，故由 (8.1) 式可見 k 與 n 無關。在一定溫度下 n 與氣壓 P 直接有下列關係即：

$$P = nkT \tag{8.4}$$

由此可知在平常的情況下，氣體分子的導熱係數與壓力無關。但在真空中則此情形改變，因當壓力降低到某一程度時氣體的 λ 將大於容器的尺寸。此時即使 n (相當於壓力) 再降，λ 將維持一定值 (即等於容器尺寸)，故由 (8.1) 式此時 K 隨壓力的降低而降低。由此關係可以說明用真空以減低熱傳導的理由。

用真空隔熱只能減低熱的傳導，為要完全隔熱尚需設法以減少輻射所傳的熱。在熱水瓶中利用鍍銀面將輻射熱反射除去即為一種辦法。有一種大型的液態氮瓶，其真空夾層中放有一種熱絕緣粉，此種粉的平均直徑較氣體分子的平均自由動徑 λ 為小故可減低熱傳導，又因其形成一連串的輻射熱屏障故亦可將外界直接傳入的輻射熱隔絕。

四、真空蒸餾與乾燥

(一) 真空蒸餾 (vacuum distillation)

利用各種物質的不同蒸氣壓將混合物中各成份以蒸餾的方法分開為淨化物質或分餾的常用方法。此種蒸餾的方法常可在大氣壓下應用，但是同樣的方法若在真空中實施有下列諸優點：

1. 在大氣中蒸餾因空氣阻礙蒸餾物從蒸發面到凝結的途徑，在真空中則無此阻礙，故蒸餾速度會加快。
2. 蒸餾物經過空氣可能吸收其中的水份或氣體如二氧化碳等，且有被空氣中氧氣氧化的可能，故所得產品不如在真空中蒸餾所得者純淨。
3. 在空氣中蒸發所需的**潛熱** (latent heat) 較在真空中者為大，因其需對大氣壓力膨脹作功而在真空中所作的功甚小。因此，用真空蒸餾所需的熱能較在

空氣中者爲小，或者在眞空中可於較低溫度得到與在大氣中相同的蒸餾速率。蒸餾時的溫度對於蒸餾有機物分子甚爲重要，因爲有機分子在分子量爲 200 到 300 原子質量單位時 (沸點在 250°C 到 300°C)，其從固體轉變成液體所需的能量與使其分子破裂的能量相當，故若需保持其分子結構則必需在較低溫度下蒸餾。例如從素菜油或魚類中抽取維他命，如蒸餾時將氣壓從大氣壓力減到 10^{-4} 托爾的眞空，可使蒸餾在 200°C 溫度下進行，而蒸餾速率仍爲經濟有效。如此可避免維他命在較高的溫度蒸餾時造成分子破裂的缺點。

(二) 眞空乾燥 (vacuum drying)

眞空乾燥分爲兩種，一種爲加熱乾燥，另一種爲**冷凍乾燥** (freeze drying)。加熱乾燥除將物質中的水分除去外，所有揮發性物質亦將被蒸發逸去。故此種乾燥法多係用在除去物質中的水分及其中的有機溶劑等。眞空加熱乾燥的乾燥速率快，乾燥時不受氧化，且可於較低溫度下施行，此些均爲其較在空氣中加熱乾燥的優點。

冷凍乾燥主要是將物質中的水分除去，例如食物及生物樣品的脫水等。非且經脫水後此些物質可在室溫下貯藏很久，而且經再加水後又需回復其原狀。當一含水分的物體若其中含有溶解或懸浮的物體，在用普通方法乾燥時常會變形及改變其結構，故乾燥後再以水浸泡時多不能回復其原狀。用冷凍乾燥方法處理先將此物體先予以凍結，然後在眞空中使其中的水 (已結成冰) 昇華，如此則物體結構的相對位置不會改變，而且其中所含的其他成份仍可保留在此物體內。如此經脫水後若再加水通常可恢復其原狀。冷凍乾燥並非不需加熱，因一克的冰使其昇華約需 700 卡的熱能，故用此法乾燥亦必需用傳導或輻射等方法以供應所需熱能。醫學研究或生物學實驗等多用冷凍乾燥法保存血漿、皮膚等等。在食品工業上例如製造咖啡精等亦即利用此法的實例。

五、真空金屬冶煉 (vacuum metallurgy)

由於金屬冶煉時多牽涉有熱 (加熱或放熱)，而多數金屬受熱時易與空氣起

作用，因此較純品質的金屬冶煉已逐漸採用在真空中進行，而真空冶煉技術也成為近代重要科技之一。真空冶金有兩大重要作用，即除去金屬中溶解的氣體及揮發性物質，以及防止空氣在冶煉過程中對金屬所產生的不良效果。

在金屬冶煉過程中，空氣中的氧、氫，甚至氮等均能影響金屬的性質，例如微量的氫存在於金屬中 (特別是高強度的鋼) 就會使其性質變脆。利用惰性氣體充於冶煉爐中亦可防止空氣與金屬的作用，此法在充氣前通常用此惰性氣體連續沖洗以除去空氣，或先將冶煉爐抽真空到粗略真空度再用惰性氣體沖洗。假定所用的惰性氣體純度甚高，約為 99.998% 純度，而爐中的空氣完全被沖盡，則至少仍然存在有 2/100000 的不純氣體存在。若考慮原有空氣未被沖盡，則可能所含的不純氣體量更高，再加上爐中爐壁等處吸附的空氣則此比例可能還要高十百倍。今若改用抽真空的方式，若爐中維持一千分托爾的真空度，則可能所含的不純氣體 (剩餘空氣) 的比例將不會超過 1/760000，故較用充氣的方法所含不純氣體的量要低約十六倍。若真空度到達 10^{-6} 托爾，則剩餘空氣的比例降為 1/760000000。而空氣中氧氣所佔的比例約為 20%，故剩餘氣體中能對金屬起作用的氧所佔的比例僅為 1/3800000000。如此即使再活性的金屬對此微量的氧已不能造成任何影響其性質的結果。至於氫氣在空氣中的比例更小，故在真空爐中的影響更微不足道。將金屬在真空中熔融以除去氣體如氫、氧等或金屬氧化物，目前已成為金屬鑄製的重要工作。此法所需真空度約在 1 托爾到一千分托爾間，金屬從熔融、攪拌到傾鑄均在真空中施行。大塊鑄件達 250 噸重已可用此法製成。此法的鑄製因常有大量的氣體產生，故以用噴射幫浦為宜。

冶煉**高溫金屬** (refractory metal) 的過程中常採用在真空中的處理方法。此類金屬的冶煉通常將礦石以化學方法變成金屬鹽類，然後再加以還原劑如鎂、鈉等使與此金屬鹽作用而將金屬還原。例如金屬鈦的冶煉，從礦石 (或沙) 中提出的**氟化鈦** (titanium hexafluoride) 鹽以熔融的鎂來還原而得鈦。此種處理的過程最後所產生的金屬呈固體海棉狀，而主要的還原產物可以從容器底部排出。但有些還原劑以及其鹽類與所煉的金屬相結未被排除而造成分離的困難，此種情形常應用真空蒸餾法以作解決。此些還原劑及其鹽在真空中加熱而蒸發逸出最後凝結於冷凝槽內，留下純粹海棉狀金屬。應用此種方法於各種高溫金屬的冶煉其效果好，純度高，而且損失小。此種技術亦應用於**金屬蒸餾** (metal distillation)，即用真空蒸餾方法將一些低熔點的金屬如鎘、鉛、鋅等予以純化。因此類金屬在空氣中頗易氧化，尤其在蒸發時更甚，故應在真空中進行蒸餾。

在金屬冶煉工作採用**真空電弧再熔** (vacuum arc remelting) 法將金屬材料作為電極在真空中用電弧再熔以得均勻性質的鑄塊。此法用於製高級合金、高級合金鋼，以及特殊金屬如鈦、鉭、鈮、鉿、鉬、鎢等均甚有效，其所用的大型真空電弧爐可煉金屬達約 100 噸。在**粉末冶金** (powder metallurgy) 的工作，其金屬粉末原料係在真空的**原子化室** (atomizing chamber) 中用氬氣噴射或機械方法製成。粉末經熱壓成形，再加高溫燒結而製成物品，此燒結工作亦係於真空爐中完成。此種粉末冶金可用於硬金屬、高溫金屬，以及永久磁鐵等物品的製造。

電子束 (electron beam) 熔鑄在高真空中施行，對於高熔點金屬，**活性金屬** (reactive metal) 及其合金，鎳，**鈷基合金** (cobaltbase alloys)，**超導體** (superconductor)，以及高級特種鋼的製造甚具重要性。此法利用電子的能量轉變成熱能在高真空中進行可使金屬在高度清潔的環境中熔製，故可得極純的產品。

六、真空鍍膜 (vacuum filming) 及電子零件製造

真空鍍膜為應用真空技術的一項主要工作，目前幾乎超過百分之四十以上的真空應用屬於真空鍍膜。蒸鍍用的真空儀器種類很多，從小型用手操縱的實驗室用的真空罩，到大型生產用的全自動鍍膜設備，甚至大到可鍍**帕羅瑪山** (Mt. Palomar) 天文台 200 英寸天文望遠鏡的鏡片的蒸鍍機均為真空鍍膜的技術的應用。

真空鍍膜最大多數的應用為在塑膠、陶磁、金屬等類製品上鍍以鋁膜使產生高反射率而有貴重金屬的外觀。例如玩具、裝飾品、燈、傢具、汽車零件等，現多以價格較低的物質如塑膠、鑄鋅、鋁等製成然後再鍍以鋁膜以增其美觀。此種鍍膜方法常在鍍鋁前先鍍一層膠以幫助鋁的附著，而在鋁膜鍍上以後再鍍一層膠以防鋁受氧化腐蝕。銀色外觀的製品只需鍍以透明膠即可，至於金色或其他種顏色則於膠中加以相當的顏色即可獲得其外觀。在光學反射鏡的鏡面鍍鋁時，若表

面上鍍一層膠則易於吸收光線故不適合。通常係在鏡面上鍍一層**一氧化矽** (siliconmonoxide) 膜,當此鏡片從真空中取出,一氧化矽即經氧化變成透明耐磨的**二氧化矽** (SiO_2)。光學儀器如照像機、望遠鏡、顯微鏡等的鏡頭用玻璃製成,因其鏡面的反射故可能有百分之五或更多的入射光線會因反射而損失。在鏡面上鍍膜可以減少光的反射,通常採用**氟化鎂** (magnesium fluoride) 或一氧化矽蒸鍍於鏡面上,所鍍的厚度約為 10^{-5} 公分。

利用真空鍍金屬亦為近年來真空應用的重要工作。除前述鍍鋁膜外,鍍金、銀、銅、鉻、鎳、銻、鈦,以及各種合金如鎳鉻合金等均可用此技術。真空鍍金屬現在已大量取代化學電鍍,因其所鍍成品較純且不含氣體,結合力強不易脫落,質地均勻無微細氣孔。在操作過程因其不使用化學液體,無化學或電化反應,故無空氣污染及廢水污染的問題。例如鋼板上鍍鎘,過去係採用電鍍,但因電解時常有氫氣產生而吸附在鋼板上使其強度減弱,尤其是高強度鋼,故用電鍍鍍鎘並不合適。用真空鍍鎘普通只需要在 10^{-4} 托爾的真空度下進行即可,其所得成品無此種氫氣吸附的問題。鍍金屬的目的可為美觀、防腐蝕、耐磨、導電、反光、反射熱等,所鍍的厚度與材料視實際的用途而不同。例如用於紅外線的反射鏡係鍍以金,其效果較鍍其他金屬如銀或鋁為佳。

電子元件的製造成為真空技術在近代電子工業上的重要應用。在真空管的時代,高真空已扮演電子元件製造的主要角色。今日電子儀器已進步到**電晶體** (transistor),**積體電路** (integrated circuitry),以及各種複合集體電路。從簡單的**二極整流器** (diode) 到複雜的複合集體電路,其製造均有賴於真空技術。最普通製造電子元件的方法為真空鍍膜法,應用此法可在很小的玻璃、水晶、石英或其他晶體片鍍上複雜結構的物質如金、銀、鋁、石墨、鎳鉻合金、一氧化矽等。有時兩種或數種物質同時鍍或先後鍍在晶體片上。因所鍍的元件均為精密細小的線路等,其位置必需正確不能有超過 0.001 英寸的誤差。所用的真空系統並不一定要很大,但因被鍍物表面必需極清潔,鍍上的物質必需非常純淨,故真空系統必需清潔,其中的壓力及溫度必需精密控制。為使被鍍物表面清潔,通常真空系統內備有電子 (或電離子) 撞擊清潔設備以作鍍前清潔。為避免任何可能的有機物質污染,真空幫浦以採用離子幫浦、鈦昇華幫浦、冷凍吸附幫浦,或渦輪分子幫浦為佳,有時可用數種幫浦聯合使用。

真空鍍膜或電子元件的製造可利用電熱蒸發、電子束撞擊加熱、離子撞濺等法將要鍍的物質在控制的情況下精確的鍍在預定的位置，其所鍍的量或厚度亦需嚴格控制。加熱蒸鍍的設備簡單，可鍍的量及蒸鍍率均相當高，其最大的缺點在鍍合金如鎳鉻合金等有困難，因各金屬的熔點不同，在蒸發時熔點低的金屬先行逸出，而熔點高的金屬後蒸發，故結果所鍍的合金其中熔點低的金屬成分甚高而且不同厚度的合金比例亦不相同。為消除此種困難，用加熱鍍合金常應用兩處不同的蒸發器將兩種金屬分別依合金成分比例同時蒸發以使其同時鍍在工作物上。此種方法控制困難，設備亦複雜而成品中合金的均勻程度亦頗有問題。利用加熱蒸發鍍膜法製造電子元件所用的真空要求真空度在 10^{-4} 托爾到 10^{-8} 托爾或更低的壓力。

　　利用離子撞濺方法將所需鍍的物質用高能量的離子撞濺出鍍在工作物上。此法現應用甚廣，對高熔點金屬、非金屬等物質效果均很好，且因金屬的**撞濺率** (sputtering rate) 並不與金屬的熔點有關而僅略與其重量有關，故用此法鍍合金較加熱蒸鍍法為易。應用離子撞濺法時常將真空系統抽真空達 1×10^{-6} 托爾，然後再充以純氬氣。氬氣在真空系統中的壓力約從 1×10^{-2} 托爾到 1.2×10^{-2} 托爾。視所要求的氬離子的量而定。此種方法必需用極純的氬氣，並且應避免在此種低真空度可能產生的污染。

　　真空鍍膜從小的電子元件到大捲的**鍍鋁邁拉兒** (aluminized mylar)，從一層的光學保護薄膜到**多層的雷射鏡片** (multilayer laser mirror)，其應用的範圍非常廣，在此不勝枚舉。

七、燈泡及電子管

　　燈泡為應用真空的一項工業產品，各種燈泡其用途不同故要求的性質也不同，但燈泡的壽命為一共同要求的條件。普通電燈泡若在空氣中操作則空氣中的氧及水氣會很快的與燈絲 (通常為鎢絲) 起作用而使其燒毀。舊式的燈泡利用燈泡內抽真空以消除此問題，但鎢在真空中尤其在高溫時易於昇華，為延長其壽命故在抽真空後再充入鈍性氣體如氮及氬等以抑止鎢的蒸發。有些特製燈泡如霓虹燈充以氖氣使發紅色光，鹵素燈泡充以鹵素氣體使其光度更強。此類燈泡在充氣

後常封入一些**結拖物質** (getter) 如紅磷等，利用電熱使其在燈泡內燃燒以除去最後殘存的微量氧氣或水氣等而增長燈泡的壽命。

電子管的種類甚多，包括一般收音機用的二極管、三極管、多極管、電視機的映像管、各型示波器的陰極射線管，以及一些產生高電壓、高頻率、高電流的眞空管等。各型的眞空管的製造方法不盡相同，但一般來說眞空度以維持在 10^{-8} 托爾的範圍爲原則。爲求達到其要求的功用與壽命，眞空管中的氣體必需盡量減少，因爲任何的剩餘氣體或放氣均足以損壞眞空管中加熱燈絲的壽命並影響其電子的放射。眞空管爲一種閉合式眞空系統，通常係用機械幫浦配合擴散幫浦將其抽到 10^{-5} 托爾以下的眞空壓力，然後予以封閉再用封在管內的**結拖** (getter) 物質如鈦、鋯、鋇或此類金屬的合金等用通電流加熱使其蒸發以吸收 (結拖) 剩餘的氣體達到 10^{-8} 托爾的眞空度範圍。一般來說此結拖物質留在管內，當其加熱時形成一層薄膜積附在管壁上以達成其結拖作用。但此些物質常會被電子管中的電子撞擊而將所吸附的氣體放出使眞空度變壞，故使用日久後眞空管的效率會降低。電子管的製造應盡量避免油氣的進入管內，若使用矽油擴散幫浦抽眞空則必需備有良好的冷凝捕捉陷阱以消除油氣。大量生產連續製造的用途的眞空系統使用矽油擴散眞空幫浦其優點爲在高溫下矽油短時間內可曝露在空氣中而不會變質，故更換工作物時可節省時間。

八、眞空焊接與熱處理

(vacuum welding and heat treatment)

焊接技術在第六章中曾介紹過，對於一些**高溫金屬** (refractory metals) 或特殊合金通常以鈍氣焊如鎢極鈍氣焊 (TIG) 或**金屬鈍氣焊** (MIG 或 metal inert gas welding) 等利用噴流的惰性氣體籠罩在焊接處以隔絕空氣。但應用此法仍有可能存留少量空氣或被氣流帶來一些空氣到焊接處，故對於有些嚴格要求的工作件仍不理想。新法則採用鈍氣室焊接，即將密閉的眞空室先抽眞空達到 1×10^{-5} 托爾，然後再充以鈍性氣體，如此則可避免少量的空氣滲入焊接處。充鈍氣法若所用的鈍氣不夠純，或含有微量的雜質，則對某些特殊的製件仍有影響，完全在眞空中焊接則不會有此類的問題。利用**電子束** (electron beam)

加熱焊接為真空焊接常用的技術，將高能量的電子束射在要焊接處，電子被阻止後其動能變成熱能而使金屬熔化。利用電子束焊接不用焊劑，焊接位置準確，加熱影響的範圍極窄，而且可焊甚小的零件亦可焊大型的機件。兩吋到三吋厚的鋁板一般焊接法頗不易焊接，應用此法可一次焊成。電子束焊接通常在 1×10^{-4} 托爾到 1×10^{-5} 托爾的真空中進行，對於某些特殊金屬如鋯等在焊接的溫度極易氧化或與其他氣體結拖，故在真空中焊接可得最佳的效果。

除電子束焊接外，一般的電(弧)焊、銅(銀)焊等在真空中進行亦可得更佳的效果。銅(銀)焊常係將焊接材料安置在焊接處於真空加熱爐中加熱而完成焊接，其結果非常均勻，無氣泡或氣孔產生。此種銅焊法常用以製造真空儀器分件。

熱處理 (heat treatment) 在真空中進行者包括有**回火** (annealing)，**除氣** (degassing)，**碳化** (carburizing)，**表面硬化** (hardening)，**除蠟** (dewaxing)，**燒結** (sintering) 等。純金屬、合金，或非金屬需要在控制的環境下熱處理者多用真空熱處理，因為真空中可免除空氣對材料的作用，可使處理時所需加的材料的量正確而無損失。如此可使熱處理的方法簡化，成品的品質精良，而且可得到其他方法不能得到性質。

九、實驗室真空儀器

實驗室中所用的真空儀器種類繁多，從巨大的**粒子加速器** (particle accelerator) 到微小的電子管多可以算在內。故在此不能一一舉例，亦無法予以分類。現僅舉例介紹幾種典型的實驗室真空儀器以作參考：

(一) 粒子加速器 (particle accelerators)

在核子物理研究及醫學應用等將電子、質子、阿爾伐粒子或各種離子加速以擊裂原子核探求其構造，提高其能階以產生輻射能，或造成**核轉變** (nuclear transmutation) 等。粒子加速器有各種型式，其構造及原理並不相同，此類加速器有**廻旋加速器** (cyclotron)，**直線加速器** (linear accelerator)，**同步加速器** (synchrotron) 等等，雖原理各不相同，但對真空的要求一般多在真空

度1×10^{-8}托爾或更高。粒子加速器通常體積大，且常需有各種輔助系統，故構造較複雜。除眞空幫浦應能維持其超高眞空外，製造儀器的材料必需選擇高級材料以免有放氣或蒸發等現象，在各種活門、導引、眞空計等的裝接亦必需注意氣密緊塞以防漏氣。

(二) 質譜儀與同位素分離器

質譜儀 (mass spectrometer) 將元素的**同位素** (isotopes) 依其質量的不同而分開，其應用範圍甚廣，可測定原子量、分子量、同位素比，可研究原子核結構、分子構造，亦可分析核反應、原子反應、分子反應等。大型的質譜儀體積甚大可達半徑一百英寸以上的儀器裝置面積，小型的質譜儀可小到放置在手掌中。質譜儀主要應用高眞空以達到產生離子，分析同位素質譜及離子信號的接受，其眞空的要求視用途而定。普通應用，其眞空約在 10^{-6} 托爾範圍內，高精確度及高敏感度的質譜儀則需在 10^{-8} 托爾或更低的壓力範圍操作。質譜儀的種類甚多，有永久磁場式、電磁場式、雙焦集電場磁場式、飛行時式、四極式、擺線式等等複雜簡單不盡相同，爲教學研究、工業生產、分析控制等的重要眞空儀器。

同位素分離器 (isotope separator) 爲大量生產高濃度同位素的儀器。不論是用**氣體擴散** (gas diffusion) 原理，或是**離心機** (centrifuge) 原理，或是**電磁分離** (electromagnetic separation) 來分離同位素，主要的工作均需在眞空中進行。利用電磁分離的同位素分離器其原理與電磁式質譜儀相似，僅其產生的電離子電流高，所分離的同位素的量大可從每日若干毫克達到公斤以上的量。通常此種同位素分離器使用時專作某一些質量範圍的同位素的生產，故其眞空幫浦可採用擴散幫浦，擴散幫浦的油氣回流因質量範圍不同故不會產生妨礙產品純度的影響。

(三) 電子顯微鏡與離子測微儀

電子顯微鏡利用高速電子碰撞到物體上反射及折射而觀察其形狀，或用電子與原子的作用所產生的 X 光來定其元素成份。待測樣品需在眞空中受電子的碰撞，故電子顯微鏡亦爲眞空儀器的一種，其眞空度要求通常在 10^{-6} 托爾或更低的壓力。

離子測微儀 (ion microprobe) 與電子顯微鏡的作用略相似,使用高能量的電離子通常如氫、氖,及氙等撞擊物質以探測其成份。應用離子主要係靠撞濺作用使物質成原子或離子狀態再經分析儀以分析此樣品的成份。離子測微儀常在眞空度 10^{-6} 托爾的範圍或更高的眞空下操縱。

㈣ 分析儀器 (analytical instruments)

分析儀器除前述的質譜儀、電子顯微鏡,及離子測微儀外,對於元素的測定、晶體的構造、表面微量的分析、蒸發與凝結、光電、熱電,以及化學結構等的研究所用的眞空儀器尚有多種,現僅選擇幾種重要儀器介紹於下:

1. **X 光光電子分析儀** (XPS 或 X-ray photoelectron spectroscope) 及**紫外線光電子分析儀** (UPS 或 Ultra-violet photoelectron spectroscope):利用 X 光或紫外線照射樣品表面,由光電作用產生光電子,此光電子能量的分佈可表示被照射物質的成份。光電子的產生及測定均需在眞空中進行,故其爲眞空儀器的一種。

2. **低能電子繞射儀** (LEED 或 Low energy electron diffraction system):利用能量從 0 到 475 電子伏 (eV) 的電子在物質表面上所發生的**繞射** (diffraction) 以檢查**單晶體** (single crystal) 表面結構,氣體吸收的情形,氧化與腐蝕,**接觸過程** (catalytic process),**化學動力學** (chemical kinetics),**熱電子放射** (thermionic emission) 等等。因其主要分析固體表面,故表面的清潔甚爲重要。即使在 10^{-6} 托爾的眞空下固體的表面亦會在一秒鐘內就覆蓋一原子層的氣體,故通常要在超高眞空 10^{-8} 托爾到 10^{-10} 托爾的範圍中操作。通常此種儀器多採用離子幫浦以抽高眞空。

3. **俄歇電子分析儀** (AES 或 Auger electron spectrometer):俄歇電子分析儀大致與 LEED 相似,主要用以研究固體表面數原子層的物質成份。此儀器係應用電子來打擊固體表面而使其產生**俄歇電子** (Auger electron),此俄歇電子的能量係由各個原子的**能階** (energy levels) 所決定而與電子打擊的能量無關,故從俄歇電子的能譜即可分析物質的成份。此種分析儀亦以在超高眞空中運用可得最佳的效果。

4. **高能電子繞射儀** (HEED 或 High energy electron diffraction system):

應用 10 仟電子伏 (KeV) 到 100 仟電子伏的高能量電子射擊物質表面，電子經**前向散射** (forward scattered) 所產生的**繞射分佈圖** (diffraction pattern) 可表示出該物質的原子性質。HEED 較 LEED 的用途為廣，可測**複合晶體** (polycrystal) 及單晶體表面，並可測定樣品表面的**粗糙度** (roughness)，但因高能電子的穿透性強，故常需以斜角射向樣品。此儀器亦需在超高真空約 10^{-10} 托爾的壓力下操作。

5. 低能離子散射分析儀 (ISS 或 Low energy ion scattering spectrometer)：利用低能量的正電離子撞擊物體表面，當離子受**彈性散射**(elastic scattering) 後其能量發生變化，此能量的變化與所撞擊的原子有關，從此能量的變化即可分析物質的成份。此法最大的優點為可測最表面的成份，所用離子的能量在三仟電子伏以下，故不會深入表面下層，亦不會發生撞濺作用。通常均用氬、氦等惰性氣體作離子，當儀器抽到高真空後再將惰性氣體放入使其離子化。此儀器的敏感度與最初所抽的真空有關，亦與所放入氣體的純度有關。

(五) 太空模擬設備 (space simulation equipments)

太空 (space) 實際上為超高真空區域，舉例如在地面 600 公里上空的氣壓已在 10^{-10} 托爾以下。故模擬太空的各種實驗必需在高真空或超高真空中進行。在進行太空船實驗時，通常係要求太空船的內部氣壓在 10^{-5} 托爾以下，其外部氣壓在 10^{-6} 托爾以下達一般**熱平衡** (thermal balance) 的實驗。大型的太空模擬設備其真空室可容納整個的太空船，故抽真空時多使用巨大的擴散幫浦及前段幫浦再加以液態氮冷凍以維持真空度在 10^{-6} 托爾或更高。

十、真空貯藏與真空包裝

保存食物最佳的方法到目前為止仍為真空貯藏。罐頭食品利用抽真空以保存食物，其作用為防止腐爛發酵等細菌的繁殖，或食品因氧化而變性。除食物外很多物品亦可用真空貯藏，例如名貴古物的保存、文件的收藏、特殊儀器或零件的貯放等均採用抽真空法以達到長久保存的目的。採用抽真空後再充以一大氣壓力

的鈍性氣體如氮、氬等亦為貯藏物品的方法，現代有關食品如肉類及蔬菜等的貯藏及運輸已逐漸不用冷凍法而改用抽真空後充以氮氣，如此可保持食物的新鮮及色彩且可貯藏長時間不會敗壞。

真空包裝 (vacuum packaging) 為近年來物品及材料運輸的一項重要技術。電子元件、晶體、金屬材料，或藥品等為避免潮濕、污染或氧化等，多採用真空包裝。此種真空包裝常使用金屬（鋁）箔黏附在塑膠（尼隆等）上所製成的袋盒等，經抽真空後封閉，在運輸及貯藏均甚經濟方便。

十一、其他

真空的應用甚多，未包括在前述各項用途的應用尚有多種，例如**晶體培養** (crystal growing) 利用一粒晶體種子 (seed) 在真空中接觸熔融的該物質的表面，然後徐徐拉開，一連串的胡蘿蔔狀的晶體即隨後長成。所有形成的晶體均與原晶體種子的排列相同。又如**區域精製** (zone refining)，係在真空中將所需精製的棒狀材料如半導體物質**矽** (Si)，**鍺** (Ge) 等從一端加熱熔融，慢慢推及到另一端，如此則材料中的雜質會從熔融區推向棒的一端，如此的過程棒的中段部分的物質可甚為純淨，其純度可達 $1/10^9$。

此外有**真空過濾** (vacuum filtering) 利用真空（或減壓）以增加過濾的速度。**真空濃縮** (vacuum concentration) 利用真空將溶液中水份蒸發而使其濃縮。**真空填充** (vacuum impregnation) 將材料在真空中填塞絕緣、防火、防水等物質，例如馬達的繞線、電容器、電纜等填塞絕緣物質以增強其電介性質，紡織物、紙、木等填塞防火物質使其製成衣物或建築物裝飾等可以防火。諸如此類的真空應用日新月異，不勝枚舉。

摘　要

真空技術為近年來應用甚廣的科技，真空的應用不論是在日常生活方面、工業方面，或是科學研究方面均已佔甚重要的地位。

真空的應用可分為直接與間接兩種，直接的應用為在真空中處理某些工作或

靠真空達成某種目的。間接的應用為應用真空的產物。

　　真空可用作電絕緣及熱絕緣。利用在真空中蒸餾及乾燥可以淨化物質，抽取某些成份、分餾、冷凍乾燥保持物質的結構等等。真空金屬冶煉可得非常純的金屬、合金，可免除氣體的影響，亦可除氣及除雜質等。真空鍍膜為近年來最大的真空應用，超過 40% 以上的真空工作即屬於此類。玩具、裝飾品、傢俱、汽車零件、各式鏡片，以及各種電子元件等各係利用真空鍍膜來增加美觀，增強表面抗磨蝕強度，減少光的反射、導電等。燈泡及電子管為促進真空技術的重要應用，目前雖然真空管已逐漸被電晶體所代替，但各種電子管的生產量仍非常巨大。實驗室的真空儀器如粒子加速器、質譜儀、同位素分離器、電子顯微鏡、離子測微儀、太空模擬設備，以及各種分析儀器等多屬高真空或超高真空的應用，也是價格高昂的設備。真空焊接、真空熱處理、真空貯藏，以及真空包裝等所要求的真空度不高，但係大量的應用，對於工業生產，民生必需均有甚大的貢獻。其他如晶體培養、區域精製、真空過濾、真空濃縮、真空填塞等等均為真空技術的應用。總之，科學愈進步，真空的應用也愈廣，不論在學術研究、工業生產，或是民生必需，真空技術已成為非常普遍的科技。真空技術已不再是少數專家們的特長，而將是多數從事實際工作人員所必需具備的學識。著者因感到此需要，故特編寫此書以供各界人士的參考。

附 錄 一
習 題

1-1 有一個 5 公升的塑膠瓶中充滿空氣，若利用抽氣機抽氣，使它的氣壓變為原來的一半，那麼瓶中的各種空氣 (如氮、氧等) 的比例是否與原來的情形一致呢？

1-2 1 atm 等於多少牛頓/平方厘米？1 bar 等於多少托爾？
1 μHg(簡稱 μ) 等於多少微巴 (μb)？

1-3 通常為何不以水柱高度差來代表氣壓大小？說明 1 大氣壓力等於多少水柱高？

1-4 舉出你所知道實際的例子來粗略地說明普通真空、高真空和超高真空。

1-5 在室溫 (25°C) 將 0.01 公克的氫氣盛於 10 公升的容器中，試問容器的氣壓是多少托爾？並問是屬何種真空度？

2-1 請問靜態的真空系統，若其外界溫度發生變化，會不會影響其真空度？

2-2 說明氣導 (L) 與幫浦的抽氣速率 (S) 的關係，並導出增加幫浦的抽氣速率與抽氣效率 (efficiency) 的關係。

2-3 一個真空室容積是 20 公升，若利用真空幫浦抽氣由 0.9 大氣壓抽到 2.5 托爾，平均抽氣速率是 5 公升/分鐘，並且考慮漏氣率是抽氣速率的 10% 估計所需抽真空的時間是多少？

2-4 討論影響管路的阻抗大小的有關項目。

2-5 寫下氣導 (L)、氣流通量 (Q)、漏氣率 (S_l)、阻抗 (W) 及質量流率 (G) 的單位。

3-1 試問下列情形應使用那種或那些幫浦 (包括前段幫浦)：
(a) 由 1 大氣壓力抽到 5 托爾。
(b) 由 1 大氣壓力抽到 3×10^{-5} 托爾。
(c) 由 50 千分托爾 (μ) 抽到 7×10^{-6} 托爾。
(d) 由 10 托爾抽到 10^{-9} 托爾。

3-2 畫出略圖比較擴散幫浦與噴射幫浦，並加以說明之。

3-3 為什麼噴射幫浦和擴散幫浦連接使用時，多將噴射幫浦置於擴散幫浦和機械幫浦之間？

3-4 吸附幫浦和冷凍幫浦是不是都經常保持在低溫狀態？請你分別敍述它的理由。

3-5 (a) 真空幫浦的抽氣工作效率多與時間不成線性函數，你能不能列舉幾個理由出來？(b) 真空幫浦的抽氣工作效率與使用幫浦的級數 (numbers of stage) 是否有關？

3-6 想一想在使用貯氣式高真空幫浦時為什麼等到真空系統的真空度達到高真空時，即應把機械幫浦的活門關閉，改由貯氣式幫浦抽真空？

3-7 討論**路持幫浦** (Roots pump) 的抽氣效率與前段幫浦的抽氣速率之關係，並指出它的優劣點。

3-8 (a) 指出超高真空系統很少使用蒸氣噴流式幫浦的主要理由。(b) 試舉出減低或消除蒸氣回流的方法。

3-9 以前段幫浦抽真空達到 5×10^{-2} 托爾，再接著使用冷凍幫浦抽真空，問若冷凍劑是 (a) 液態氫和 (b) 液態氦則其最終氣壓可達到何種真空度？

3-10 用一個 500 公升/秒的離子幫浦是否可以比用一個 500 公升/分的機械幫浦更快的將一個真空系統從大氣壓力抽到 10^{-2} 托爾的真空度？為什麼？

4-1 就麥克利我得真空計的兩種測量氣壓的方法；即平方比例法和直線比例法，若我們在 10^{-2} 托爾可得水銀柱的高度是 $h=34$ 毫米，而長度刻度的讀數誤差是 0.5 毫米，估計達到多大的真空壓力會使其測誤差超過 50% (大於應用範圍之外)？

4-2 利用熱傳導的真空計，如**派藍尼** (Pirani) 真空計，可否對那些與溫度有關

的幫浦，如冷凍幫浦或擴散幫浦串聯使用時具有選擇性？抑是祇需考慮真空計和幫浦兩者操作的真空範圍的配合即可？

4-3 圖 4.7(2) 和圖 4.8 中的燈絲 G 改成具有**負溫度係數** (negative temperature coefficient)，能不能改變測量壓力範圍？或者會有什麼好處？

4-4 討論一下：圖 4.18 中放電管中放電時呈現明暗條紋區域的成因。

4-5 那些真空計具有對不同氣體會有不同的反應？

4-6 麥氏真空計管壁引起因靜電作用的誤差是不是與影響水銀本身內聚力有關？

4-7 依圖 4.20，若 $V_1 = 35$ ml，$V_2 = 15$ ml，$V_3 = 10$ ml，且把 1.005 大氣壓力由放氣口進入，試問校正的氣壓 10^{-5} 托爾要膨脹幾次？而真空系統至少要能抽到什麼範圍才合乎校正的原則？

4-8 想一想圖 4.21：動態法真空計校正設備中真空計 G 的作用為何？

5-1 從那些性質可判斷某些物質如塑膠、特殊的金屬 (見表 5.1) 等在真空中可顯著地蒸發？

5-2 石墨原為層狀結構常用作滑潤劑，但是置於真空之中是何作用力致使其變成摩擦劑？又金屬原子間的鍵力是否也在高真空中有所改變？

5-3 利用本章的經驗公式來加以說明通常非金屬材料較金屬材料易於蒸發。

5-4 如果單以材料的觀點來看，欲維持一個超高真空例如 10^{-12} 托爾的困難處該是什麼？

5-5 請你解釋材料的結構如何造成電絕緣體和熱絕緣體的原因，並指出如 BeO、Al_2O_3 是電絕緣體而非熱絕緣體的成因。再想想絕緣體和溫度是否有直接關係，譬如存在一個**臨界溫度** (critical temperature) 使絕緣體大於此溫度即變為非絕緣體。

5-6 討論一下**熱電偶** (thermocouple) 是否依其直線性函數指示溫度？若超出其使用的溫度範圍 (如表 5.6 所示) 是何原因造成不準確？

6-1 請問那些不正常的操作情況下，最容易使真空系統的活門受到損壞？

6-2 回憶前面章節中有關**氣流阻抗** (impedance) 的部分，試討論當活門具有最

小氣流阻抗時，甚長度、截面、外形及材料等應該如何設計？

6-3 各種活門的活門體可以採用玻璃、金屬，或有機聚合體製造，請說明這些材料的特點及一般被採用於製造那些型式的活門？並指出其應用時各別所用的潤滑油脂為何？

6-4 請問你能否由圖 6.25 預置焊條接法中，指出正確與不正確方法的理由所在？

6-5 當我們實施焊接的時候，發覺焊接處有誤，欲分離原來已焊接一部分的兩個機件，則我們應該怎麼處理？

6-6 焊接鎢金屬時，必需預先以 15%NaNO$_2$ 和 85%NaOH 在 300°C 下浸蝕後施焊，試討論此步驟的必要性？

6-7 下列情形可用什麼方法來施焊 (甲) 電子儀器的線路板，(乙) 電燈泡中的鎢絲，(丙) 真空計中的燈絲 (filament)，(丁) 前段管路與粗略幫浦的法郎盤接合處，(戊) 真空系統中**冷凝陷阱** (cold trap) 或**真空鐘罩** (bell jar) 外殼的接合處。

6-8 用螺栓緊接法郎盤的兩側，但必須注意千萬不可把螺栓旋得太緊，否則反有漏氣的現象，其原因何在？

6-9 試導出 (6.3) 式子：$S_B = \dfrac{S_P \times W_B}{S_P + W_B}$，其中 S_B 為經過阻擋後的抽氣速率；S_P 為幫浦的抽氣速率；W_B 為管阻抗。又若預算捕捉陷阱 (trap) 損失抽氣速率最多限制是 40%，則 W_B 和 S_P 的關係是什麼？

6-10 設計真空室的抽氣速率決定為 15 l/sec，而整個系統對於阻擋、捕捉陷阱，以及滲漏使抽氣速率損失的比率各為 25%、35%，以及 15%，則擴散幫浦的抽氣速率應為多少？如果再多加考慮整個管路和活門的阻抗，而使擴散幫浦的抽氣速率改為 60 l/sec 則求出管路和活門的阻抗所損失抽氣速率的百分比？

6-11 假若我們現在要設計一個真空系統其真空度可以達到中度真空、高真空及超高真空，試由經濟上和實用上來討論我們應是直接建立一個真空系統，或者分別建立幾個不同真空度的真空系統。

6-12 假想我們把真空系統中真空室、管路、活門、阻擋，以及捕捉陷阱等的尺

寸 (dimension) 均加倍放大，其真空幫浦 (離子幫浦、擴散幫浦或機械幫浦) 的抽氣速率是否有變化？

7-1 解釋甲醇和乙醇 (俗稱酒精) 何以具有除水作用。

7-2 一般的電鍍和電解磨光有何不同處？又酸浸是不是一種「靜態」的電解磨光呢？

7-3 電解磨光過程中，準備被磨光的機件何時放置於陽極或陰極，是否有特別的選擇原則？又若其放置陽極時則另一極 (即陰極) 應置何物？

7-4 觀察圖 7.1 感應電熱的裝置，為何感應線圈本身還需要有冷水的循環？而感應線圈的兩端接上的電壓是一般實驗室電壓 110V，抑是經過放大的高電壓？

7-5 觀察圖 7.2 水銀清潔裝置，簡單地說出為何右側管高度要略大於 1/13.6 的左側管的高度，才不致使 HNO_3 溢入收集槽中？

7-6 在真空中蒸餾清潔水銀，如圖 7.3 之裝置，想一想為何水銀蒸氣不會被前段幫浦抽走而造成損失呢？

7-8 利用**超音波清潔法** (ultrasonic cleaning) 其清潔液即聲波之介質，試問此清潔液如何選定其酸鹼性、密度、操作溫度，以及沸點？

7-9 請你提出一些消除**假漏** (virtual leak) 的方法。

7-10 漏氣率與真空度的高低可否有直接的關係？例如真空度為 10^{-3} 托爾與真空度為 10^{-4} 托爾的真空系統，若其漏氣均為每小時 0.1 公升，其漏氣率是否相同？

7-11 利用揮發液體噴灑在可疑的漏洞處測漏的方法中，請你畫一略圖表示真空度和時間的變化關係，並說明它的理由。

7-12 回憶一下第四章，你能不能說出為什麼利用離子幫浦作為測漏的真空計時，利用鈍氣如氦、氬等作測漏氣體，常會使幫浦內壓力增加而用氧氣或二氧化碳則情形相反呢？

7-13 綜合 (7.6) 式、(7.7) 式及圖 7.4，你認為噴灑時間 t_o 的大小那種對於質譜信號的強度較為有利？抑是毫無關係？請指出你的看法。

7-14 一個真空系統總體積是 1,200 公升，隔斷某局部系統的體積是 250 公

升，最初的整個系統壓力是 80 毫帕，若該局部系統內的壓力上升為 3 毫帕/秒，問經過半分鐘該局部系統漏進的壓力為原來的幾倍？若把活門打開則整個系統的壓力變為多少？

7-15 若在真空系統中欲邊抽真空邊堵一個很大的氣漏孔，則有那些不便的地方？對於幫浦本身是否有損壞的可能？

8-1 電容器或**繼電器** (relay) 若抽真空後再充些鈍氣於其中，可否增加其壽命？

8-2 在真空中物質的沸點會比一大氣壓時為高抑是為低？此特性有否應用的價值？

8-3 **真空乾燥** (vacuum drying) 的處理過程中，為何有些物質如血漿、皮膚、食品等必需預先經過冷凍的手續？

8-4 市面上出售的變色眼鏡和彩衣眼鏡乃是利用那種真空技術呢？

8-5 說明為什麼金屬的**撞濺率** (sputtering rate) 與金屬的熔點無關而略與其重量有關？若高能量之 λ 射離子其所攜的能量愈大則對撞濺率有否改進？又若真空度愈高又是如何？

8-6 固體在高真空中 (10^{-6} 托爾) 其表面仍會很快覆蓋一層氣體分子，試問其間是什麼作用力？會不會比**凡得瓦爾引力** (Vander Waals force) 大呢？

附 錄 二
真空系統與零件圖

282　真空技術

圖 1.　廻轉油墊幫浦 (Rotary Oil-Sealed Pump)
正常抽氣速率 10～20 m^3/hr。

圖 2.　廻轉油墊幫浦

附錄二 眞空系統與零件圖 283

圖 3. 路特幫浦 (Roots Pumps)
正常抽氣速率 153～2050 m³/hr。

圖 4. 路特幫浦切面圖 (cut-away view)

284　真空技術

圖 5. 路特幫浦系統 (Roots Pump System)
工作壓力範圍 10 Pa～10^{-2} Pa(1 帕＝0.1 達因/厘米^2)

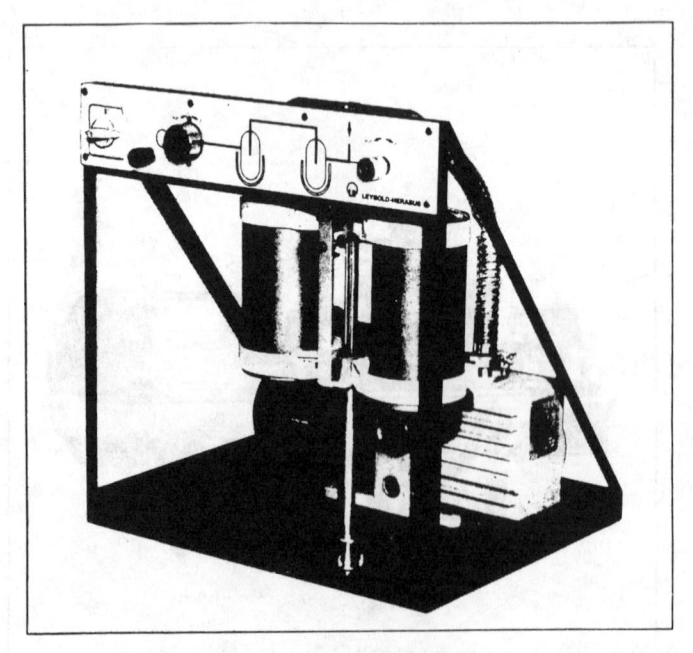

圖 6. 中度真空系統

附錄二 眞空系統與零件圖 285

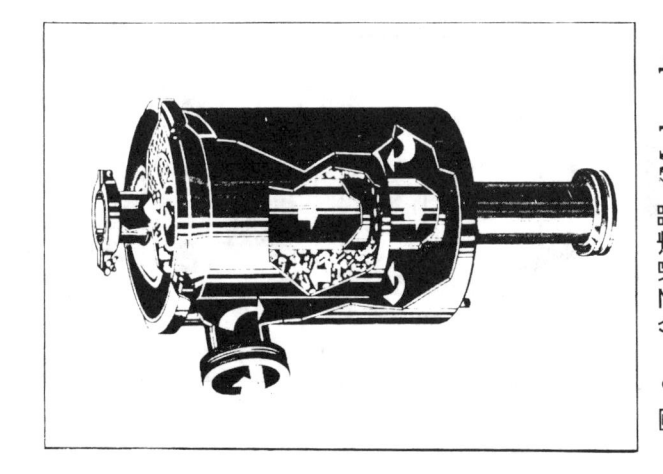

圖 7. 冷凝陷阱 (Condensate Traps)
廻轉眞空幫浦的附件。

圖 8. 分子過濾器 (Molecular Filter) 塵埃過濾器 (Dust Filter)
廻轉眞空幫浦的附件。

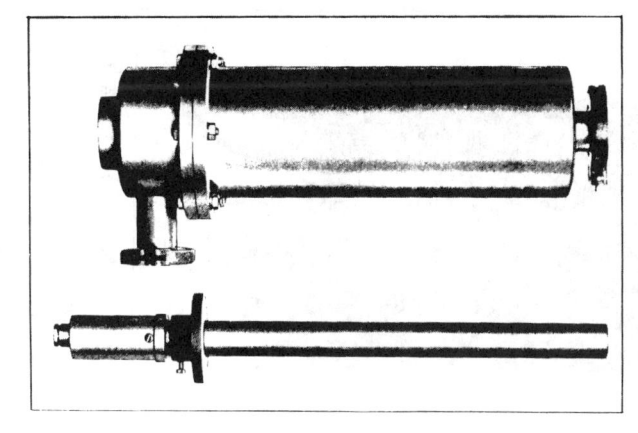

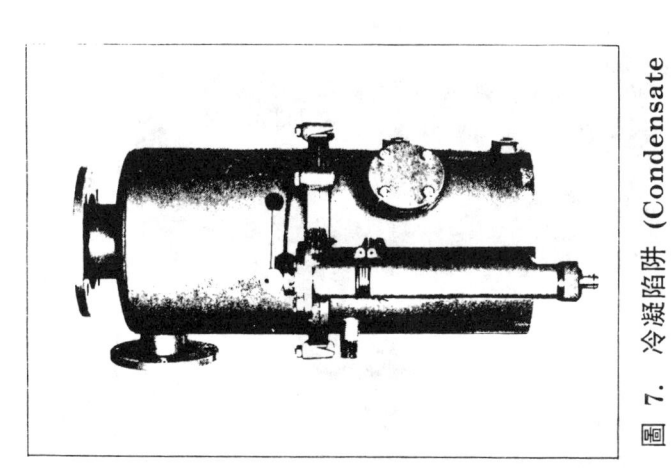

圖 9. 前段吸附陷阱 (Foreline Sorption Trap)
廻轉眞空幫浦的附件。

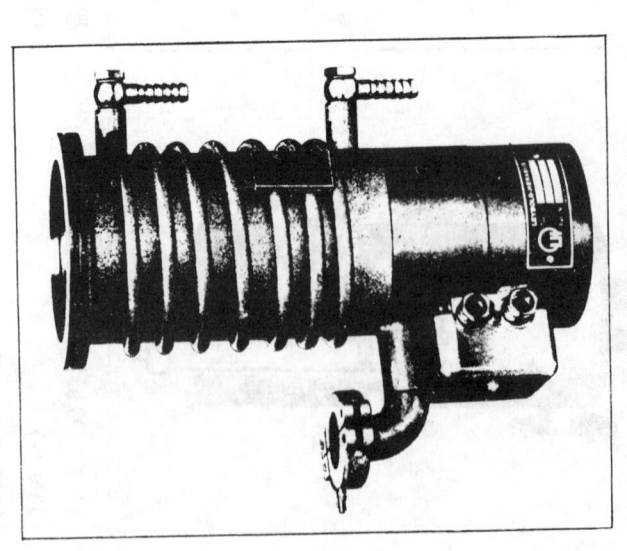

圖 10. 擴散幫浦 (Diffusion Pump)
此為水冷式油擴散幫浦，可達到高真空及超高真空，抽氣速率 30～1000 l/sec，最終壓力 $< 10^{-5}$ Pa。

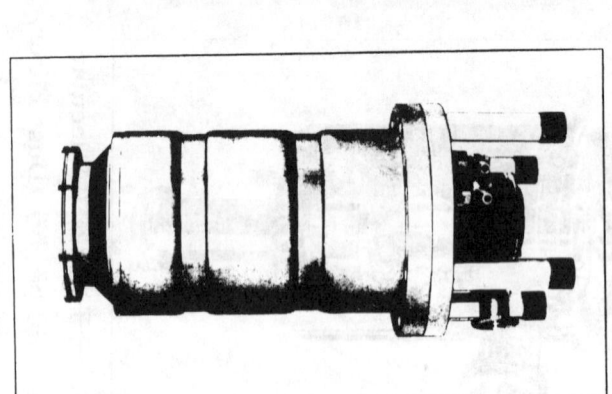

圖 11. 渦輪分子幫浦 (Turbomolecular Pump)
抽氣速率 220 l/sec～3500 l/sec，最終壓力 $< 10^{-6}$ Pa，廻轉速率 14000～36000 r.p.m.

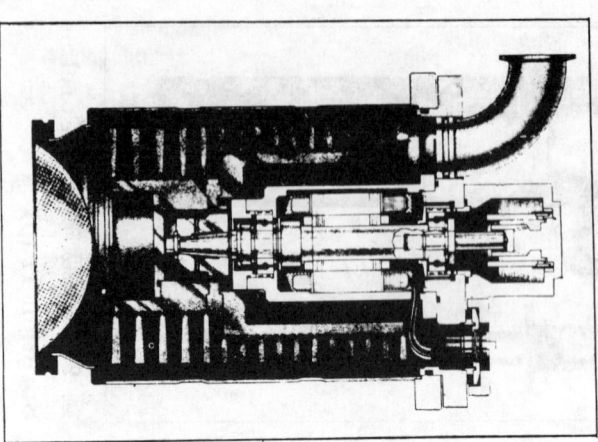

圖 12. 渦輪分子幫浦截面圖 (Sectional Drawing)
此種幫浦易清潔，可耐低迴轉速率且軸承壽命長。

附錄二　真空系統與零件圖　287

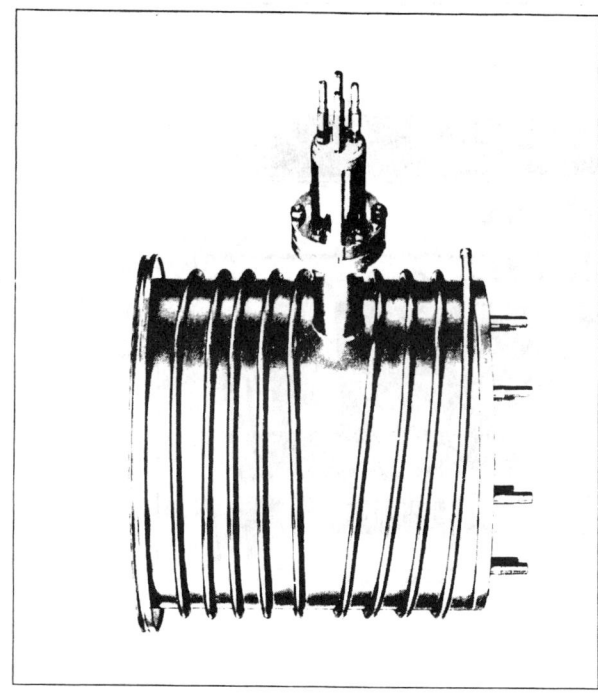

圖 14. 渦輪分子幫浦的加強幫浦（Booster）
空氣抽氣速率 2500 l/sec，氫氣抽氣速率 400 l/sec，最終壓力 $\leq 1\times 10^{-6}$ Pa。

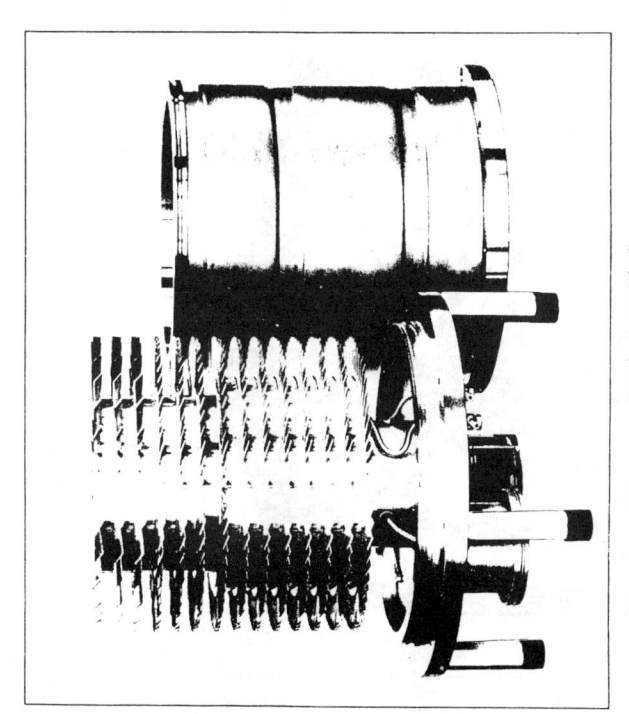

圖 13. 渦輪分子幫浦
左為轉子（rotor），右為外殼（housing）且靜子被拿開。

288　真空技術

圖 15. 高真空幫浦系統 (High Vacuum Pump System) 渦輪分子幫浦系統。

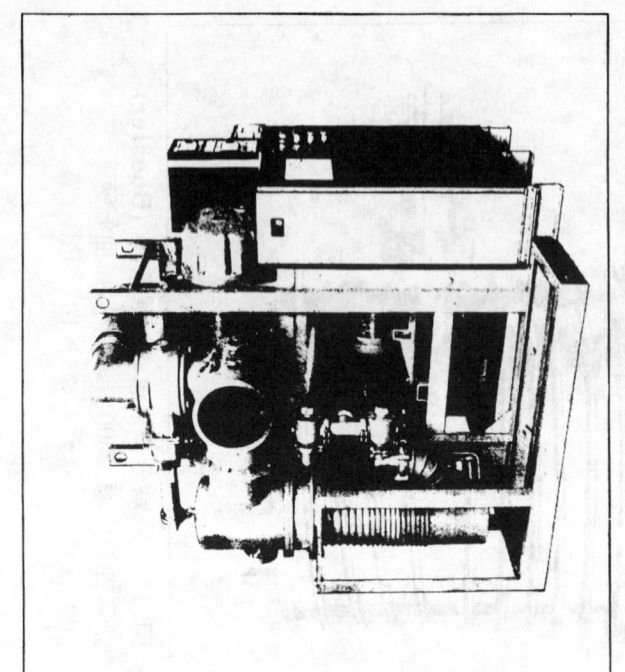

圖 16. 高真空幫浦系統 特殊的幫浦系統。

附錄二　真空系統與零件圖　289

圖 19. 撞濺離子幫浦 (Sputtering Ion Pump)

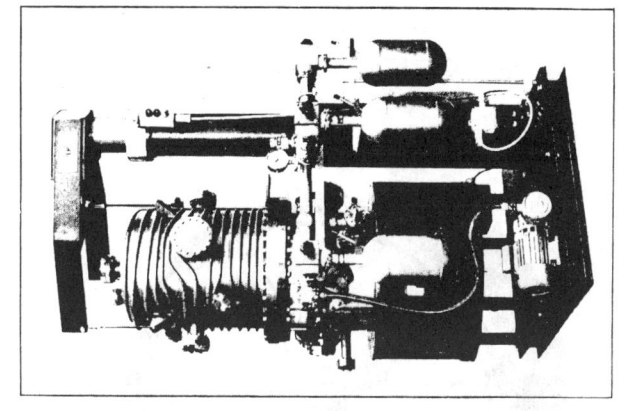

圖 18. 超高真空系統

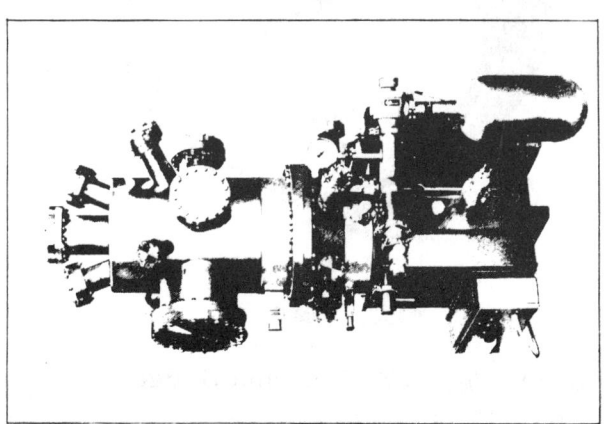

圖 17. 超高真空系統 (UHV-System)

圖 20. 冷凍幫浦 (Cryo Pump)

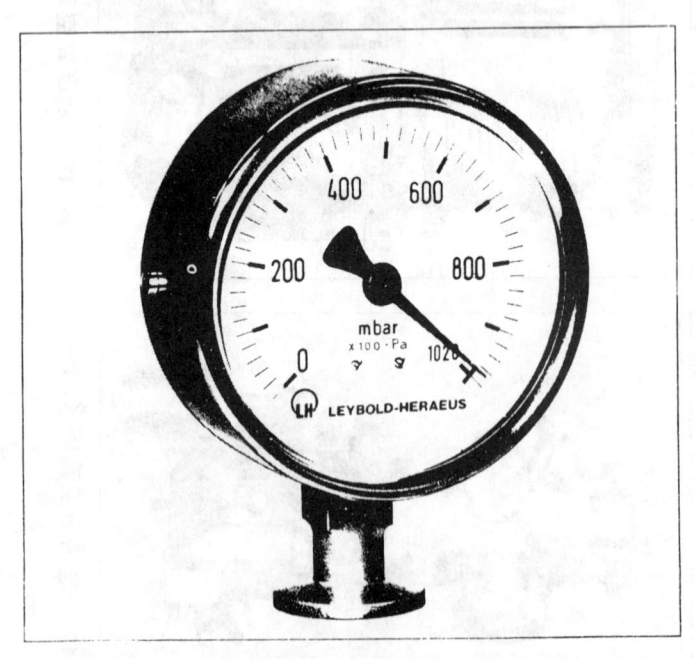

圖 21. 鮑爾登計 (Bourdon Gauge)
測量範圍 0 Pa～1.02×10^7 Pa。

附錄二 真空系統與零件圖 291

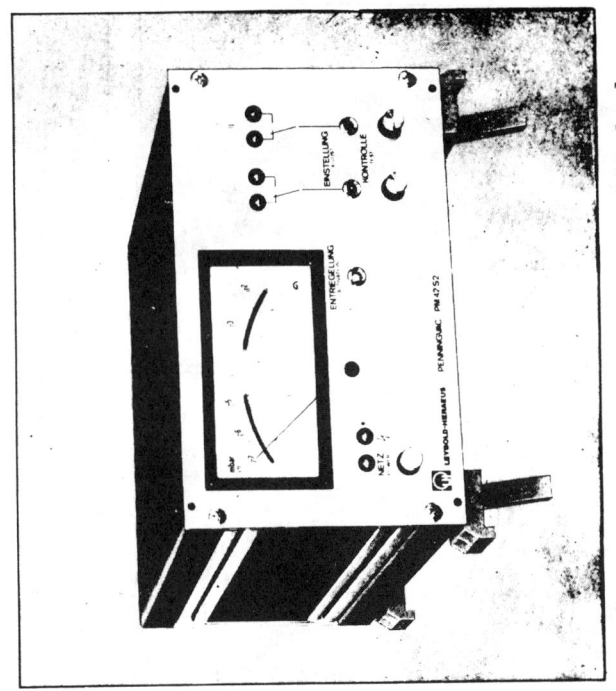

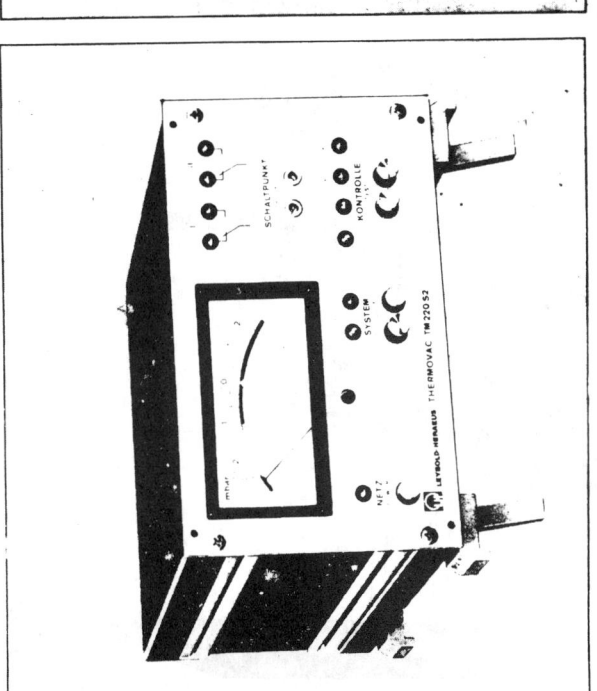

圖 23. 冷陰極離子化真空計 (Cold Cathode Ionization Gauge)
此為高真空計，測量範圍 10^{-5} Pa～10^2 Pa。

圖 22. 熱傳導真空計 (Thermal Conductivity Vacuum Gauge)
此為中度高真空計，測量範圍 10 Pa～10^7 Pa 反應時間 (response time) < 20 ms。

圖 24. 自動測漏機 (Automatic Leak Detector)

圖 25. 閉彈簧精緊密的直角活門 (Bellows-Sealed Right-Angle Valve)

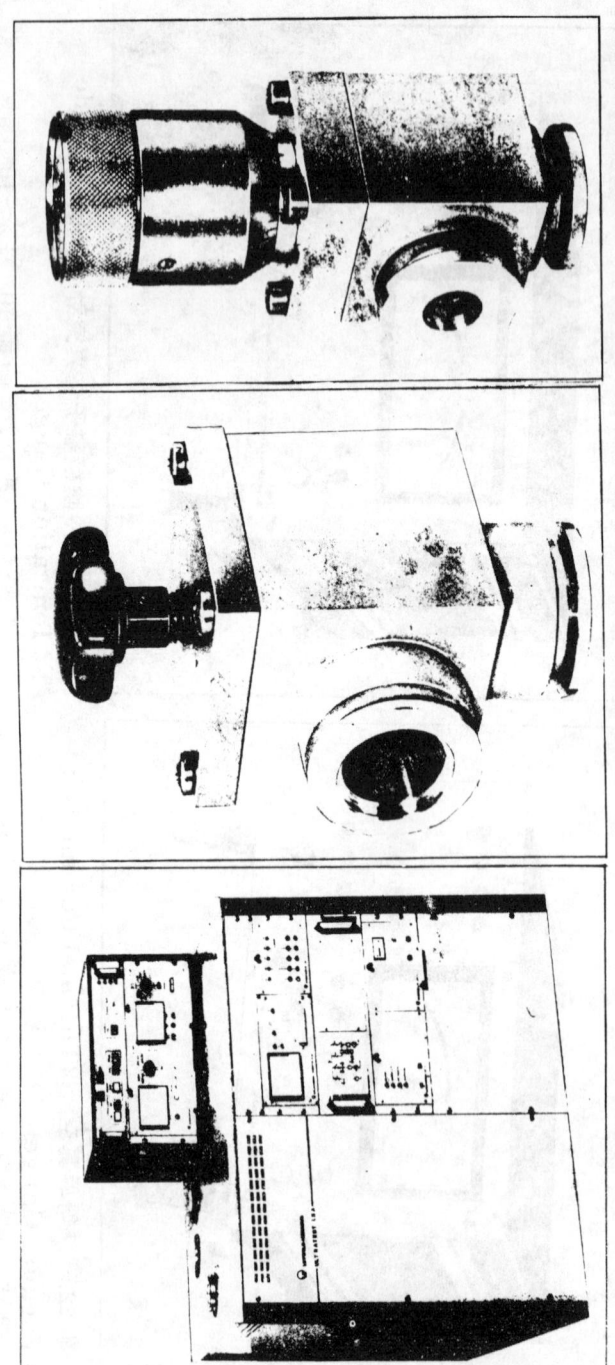

圖 26. 可調的漏氣活門 (Variable Leak Valve)

附錄二 真空系統與零件圖 293

圖 27. 法郎盤配合接頭 (Flange Fittings)

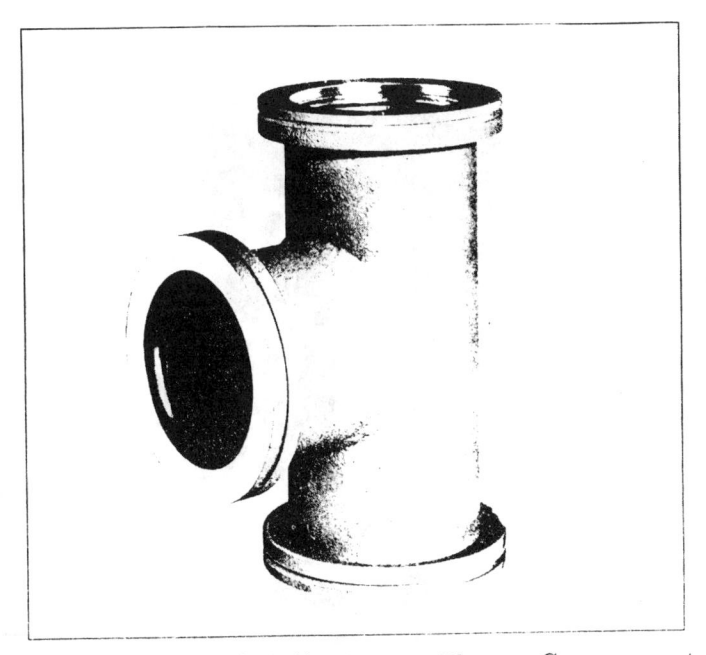

圖 28. 箝夾式法郎盤組件 (Clamp Flange Components)

294　真空技術

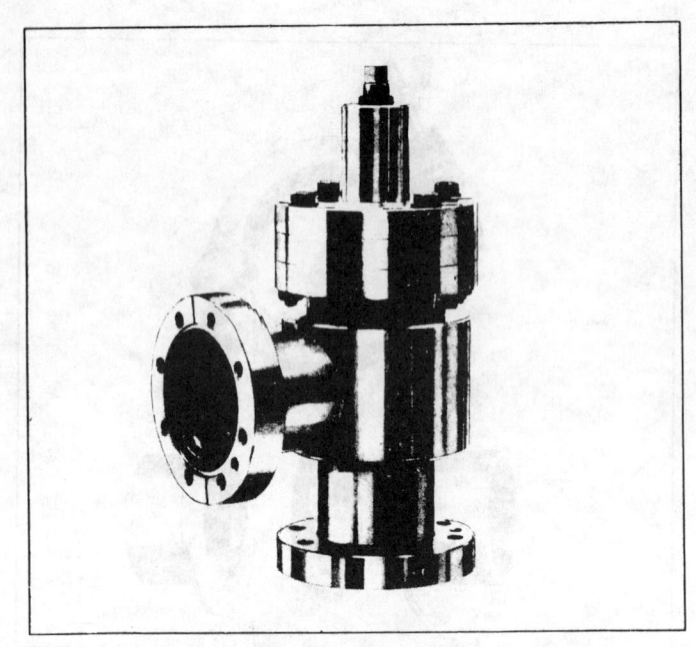

圖 29.　超高真空活門 (UHV Valve)
全部金屬製成的直角活門。

圖 30.　超高真空可調的漏氣活門 (UHV Variable Leak Valve)

圖 31. 電流導引 (Current Leadthroughs)

圖 32. 超高真空法郎盤，組件，導引 (Leakthroughs) 以及通口 (Ports)

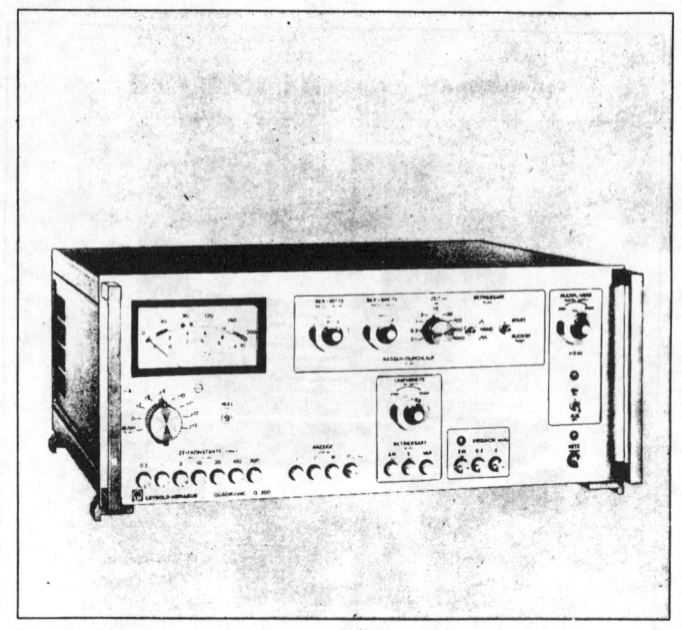

圖 33. 空氣分壓分析儀 (PPA, Partial Pressure Analyzer)
此為一個測量質量數 1～200 的質譜儀。

圖 34. 冷凍乾燥設備 (Freeze Drying)

漢英名詞索引

【一畫】

一氧化矽　siliconmonoxide　265
O 形圈（O 形環）O-ring　151,160,188
O 形圈槽式　O-ring groove type　160
U 形氣壓計　U-tube manometer　94
V 形對接　bevelled buttjoint　209

【二畫】

二極式（二極整流器）diode　81,265
二氧化矽　SiO_2　265
二氯甲烷　methylene chloride　254
丁烷　butane　248
丁烯　butene　248
丁基橡皮　butyl rubber　152
人造沸石　artificial zeolite　62
人工合成沸石　synthetic zeolite　63
PVC 塑膠　polyvinyl chloride　154
刀口凸緣密封　knife-edge seal　166
X 光光電子分析儀 XPS 或　X-ray photo-electron spectroscope　270

【三畫】

大氣　atmosphere　2
大氣壓　atm　192
大氣壓・立方厘米　atm・c.c.　13
大氣壓-立方厘米/秒　atm-cc/sec 或 std-cc/sec　247
千分托爾　millitorr 或簡稱 mtorr　3,101
千分托爾-公升/秒　μ-l/sec　247

三極式　triode　82
三氯甲烷　trichlorethane　244
三氯乙烯　trichlorethylene　214,234,244
三極離子化真空計　triode ionization gauge　104
三元的矽-氧-鋁單一離子立體結構　Si-O-Al three-dimensional anionic network　63
工作氣壓　working pressure　35
山形襯墊　chevron seal　181
上釉的陶瓷（俗稱瓷碴子）glazy ceramics　186
凡得瓦爾引力　Vander Waals force　280

【四畫】

巴　bar　3
互鎖　interlock　61
反位　inverted　108
太空　space　271
太空梭　space shuttle　120
太空實驗室　space lab　120
太空模擬設備　space simulation equipments　271
太空模擬實驗　space simulation experiments　47
孔洞　aperture　16
分段　section　170
分噴式　fractionating section　50
分子篩　molecular sieves　63
分子氣導　molecular conductance　222
分子流率　rate of molecular flow　14

分子眞空計 molecular gauge	91
分子曳引幫浦 molecular drag pump	43
分析儀器 analytical instruments	270
化學純淨 CP	240
化學吸附 chemical adsorption	33
化學附著 (吸附) chemisorption	62,72
化學吸附幫浦 chemical adsorption pump	33,72
化學結合力 chemical bond force	62
化學動力學 chemical kinetics	270
火炬 torch	211
火花間隙 spark gap	117
介電常數 dielectric constant	144
介電損失 dielectric loss	145
介電強度 dielectric strength	146
不分噴式 nonfractionating	50
中子 neutron	188
中度眞空 medium vacuum	5
中度高眞空 medium-high vacuum	6
中子吸收斷面 neutron absorption cross section	193
中紅外線 mid infrared	194
水泥 cement	155
水晶 (石英) quartz	142,191
水位差 h_1-h_2	18
水通量 M	18
水墊幫浦 water-sealed pump	87
水漬射幫浦 water jet pump (aspirator)	86
水銀活塞幫浦 mercury piston pump (toepler pump)	87
天然橡皮 natural rubber	152
切 (隔) 斷閥 isolation	64,170

【五畫】

比容 specific volume	16
v 比容 specific volume	16
出口 port	198
丙烷 propane	248
功函數 work function	106
正接焊 square butt weld	209
卡洛爾 Carlor	248
可見光 visible light	188
可塑體 plastics	142,153
可能率 probability	63
可轉動式 rotatable type	159
可拆性接頭 demountable connector	158
可拆卸式 demountable type	188
可加工的陶瓷玻璃 machinable glass-ceramics (MGC)	146
可開閉系統 (動態系統) dynamic system	11
加熱柱 heated post	77
加熱帶 heating tape	235
加馬射線 gamma ray	188
加強幫浦 booster pump	40
平面法蘭盤 flat-faced flange	164
平均自由動徑 (λ) mean free path	5
永久密封式 permanently sealed type	190
仟伏 KV	260
仟高斯 kilo-gauss	112
仟電子伏 KeV	152,271
尼隆 nylon	152
尼羅克 Nilok	217
台階密封 step seal	167
主體上蓋 body cover	169
尼奧普林橡皮 neoprene rubber	152
半衰期 half life	93
半導體眞空計 semi-conductor gauge	102
半導體熱變電阻 thermistor	102
白雲母 muscovite	143
白色石墨 white graphite	145
印科涅耳合金 Inconel	148
四氯化碳 carbon tetrachloride	234
四徑交頻質量選擇儀 four paths RF mass filter	120

四極式及單極式氣體分析儀　quadrupole and monopole gas analyzers　120
引發式彭甯冷陰極真空計　triggered Penning coldcathode gauge　113

【六畫】

品脫　pint　235
回火　annealing　219,268
行程　range　192
宇宙線輻射　cosmic ray radiation　188
宇宙線　cosmic ray　232
收集極　collector　82
尖峯電壓　peak voltage　260
吊耳活門（吊耳閥）　flap valve　37,173 （第三章譯為吊耳活門，其使用在機械幫浦）
自身支撐　self-supporting　192
自由分子氣流範圍　free molecular flow region　9
全金屬閥　all metal valve　169
羽毛邊緣技術（密封）　feather edge technique (Housekeeper)　189
羽毛尖狀邊緣的可變形銅套管　deformable copper sleeve of feather-edge-seal　218
同位素　isotopes　54,269
同位素分離器　isotope separator　269
同步加速器　synchrotron　268
光纖　optical fiber　187
光導引　light feedthrough　187
光導管　light pipe　188
光電效應　photo-electric effect　107
光學阻擋　optical baffle　200
光學玻璃　optical glass　188
多孔性　porosity　62
多元酯　polyester　164
多級挖爪式幫浦　multi-stage claw pump　42
多級路持幫浦　multi-stage roots pump　42

多級吸附幫浦　multi-stage sorption pump　63
多層的雷射鏡片　multilayer laser mirror　266
色哇生　Celvacene　156
色略思耳　Cerroseal　215
托爾　torr　2,9
托爾・公升　torr・l　13
托爾-公升/秒　torr-liter/sec　246,247
托爾分之一　$torr^{-1}$　107
亥追辛　Hydrazine　216
亥泊隆　Hypalon　198
亥卡耳橡皮　hycar rubber　152
有限壓縮密塞　limited compression seal　160
有機礦油　organic mineral oil　53
有機黏合劑　organic binder　144

【七畫】

李　Lee　109
夾具　clamp　159
系統　system　158
汞齊　amalgam　53
串聯　in series　19
忒斯拉　Tesla　255
里查遜　Richardson　105
污染物　contaminants　231
吹玻璃　glass blowing　189
角焊接　corner weld joint　209
角隅密封　corner seal　168
門栓活門　gate valve　170
扭力矩扳手　torgue wrench　168
完全氣體定律　perfect gas law　7
克耳-F　Kel-F　152
克魯克暗區　Crooke's dark space　116
吸收　absorption　62
吸附　sorption　62
吸附能　absorption energy　62

吸附劑 absorbent	62
吸附幫浦 sorption pump	34,62
呆容積 dead volume	162
呆容積因子 dead volume factor	162
冷流 cold flow	146,184
冷焊 cold weld	165
冷焊 cold welding	227
冷媒 freon	59,149,244,254
冷凍乾燥 freeze drying	262
冷凍幫浦 cryo pump	34,65
冷凍劑導引 cryogenic feedthrough	187
冷凝阻擋 cooling baffle	53
冷凝陷阱 cold trap	278
冷凍吸附幫浦 cryogenic sorption pump	63
冷凍機式冷凍幫浦 refrigerator type cryopump	70
冷陰極離子化眞空計 cold cathode ionization gauge	93
杜華瓶 Dewar vessel	63
杜華瓶 Dewar flask	68
杜麥合金 Dumet metal	153
低眞空氣壓計 manometer	94
低能電子繞射儀 LEED 或 low energy electron diffraction system	270
低能離子散射分析儀 ISS 或 Low energy ion scattering spectrometer	271
低眞空氣壓計 manometer	94
貝他粒子 beta particle	189

【八畫】

亞硝酸鈉 sodium nitrite	213
靑銅 bronze	141
兩階 two-stage	37
坩鍋 crucible	143
昇華 sublimation	33,137
岩鹽 rochelle salt	236
吡啶 pyridine	237

油石 oil stone	209
沸石 zeslite	34
松香 rosin	241
並聯 in parallel	19
拉哇 Lava	145
門閥 (門栓活門) gate valves	170,198
門栓閥 sliding gatevalve	173
法郎盤 flange	151,158,188
非活性 non-reactive	227
非活性金屬 non-reactive metal	34
固定圈 retainer ring	1
泊依司 Poise (1 泊依司＝1 克/厘米、秒)	15
斯拉 Tesla	254
近紅外線 near infrared	194
表面硬化 hardening	268
易流二號 Easy-flo No.2	212
明焰放電 glow discharge	116
固體結拖 solid getter	72
帕羅瑪山 Mt. Palomar	264
亞硝酸鈉 sodium nitrite	213
定壓比熱與定容比熱之比 K	16
定負荷密塞 constant load seal	160
定變形密塞 constant deflection seal	160
邵式硬度 Shore hardness 簡稱 Hs	162
邵爾萊申水泥公司 Sauereisen Cement Co.	155
邵爾萊申附著水泥 Sauereisen adhesive coment	156
物理吸附 physical adsorption	33,62
物理吸附 physical sorption	34
空間電荷 space charge	115
空氣混抽裝置 air ballast device	39
沸點 boiling point	2
波義爾定律 Boyle's law	96
波茨曼常數 Boltsmann's constant	7,63,106

波茨曼常數 (＝1.38×10⁻¹⁶ 爾格/度)		7
阻抑劑　inhibitor		237
阻擋　baffle		158
抽氣機　vacuum pump		12,158
抽氣速率　pumping speed		24
抽眞空時間　pump-down time		26
矽　Si		272
矽油　silicone oil		47
矽脂　silicone grease		151,157
矽酸　silicic acid		157
矽橡皮　silicone rubber		152,164
矽酸鋁　alumino silicates		145
矽酸鎂　magnesium silicate		144
矽膠凝體　silica gel		157
直角活門 (直角閥)　right-angle valve		172
直線性　linearity		115
直線運動　linear motion		179
直線加速器　linear accelerator		268
放電　electrical discharge		77
放電管　discharge tube		73,79,94,116
放氣 (除氣)　outgassing		11,40,136,268
放氣閥　gas admittance (release valve)		170
放射性眞空計　radioactive gauge		93
金屬偶　couple		148
金屬蒸餾　metal distillation		263
金屬鈍氣焊　MIG 或 metal inert gas welding		267
阿爾伐計　Alphatron		93
阿爾特凱　Ultek		155
阿爾伐粒子　Alpha particle		93,188
阿匹松　Apiezon		181
阿匹松油脂　Apiezon grease		156
阿隆頓水泥　Alundem cement		156
附著物　absorbate		62
附著水泥　adhesive cement		155

【九畫】

封閉閥　seal-off (cut-off) valve		170
段　section		171
品脫　pint		235
柵極　grid		78,104
苯胺　aniline		237
氟化鎂　magnesium fluoride		265
氟化鈦　titanium hexafluoride		263
洗滌劑　detergent		234
柔和 X 光　soft X ray		107
閃燃結拖　flash getter		72
迴旋加速器　cyclotron		268
迴轉油墊幫浦　rotary oil-sealed pump		37
威爾遜襯墊　Wilson seal		181
茄洛克 8773 號　Garlock No. 8773		152
紅外線　infra red radiation		188
紅頭氏眞空計　Redhead ionization gauge		109
負溫度係數　negative temperature		277
負電阻溫度係數　negative temperature coefficient of resistance.		103
厘米水銀柱・公升　mm Hg・l		13
拜亞爾得-奧勃爾特離子化眞空計　Bayard-Alpert ionization gauge		108
俄歇電子　Auger electron		270
俄歇電子分析儀　AES 或 Auger electron spectrometer.		270
玻璃紙　cellophane		192
玻璃陶瓷　glass-ceramics		145
玻璃結合的雲母　glass-bonded mica		145
龍頭活門　stopcock		157,173
重疊式　overlapping steps		167
重鉻酸鉀　potassium dichromate		240
重疊接頭　lap joint		213
前向散射　forward scattered		271
前段管路　foreline		22
前段幫浦　fore pump (backing pump)		31

中文	English	頁碼
英科鎳	Inconel	148,183
飛行時式	time-of-flight mass spectrometer	119
背景計數	background counting	120
背景質譜	background mass spectrum	54
碳鋼	carbon steel	141
科哇	Kovar	147,148,183
科代耳	Kodial	153
派申	Picien	156
派藍尼	Pirani	101,276
派來克司	pyrex	153
屏極	plate	104
屏障	shield	112
活化能	activation energy	139
活性碳	active carbon	34,62
活性物質	reactive substance	33
活性金屬	reactive metal	264
活性礬土	activated alumina	62
厚薄規	thickness gauge	168
厚度密度	thickness density	192

【十畫】

中文	English	頁碼
座	seat	170
瓷	porcelain	144
瓷土	china clay	144
陷阱	trap	13,53,59,63,158
能階	energy levels	270
退火(回火)	annealing	218,268
氨氣	ammonia	254
純鐵	iron	141
狹縫	slit	110
凍石	steatite	144
泰宮	tygone	154
框架	mounting	188
針活門(針閥)	needle valve	177
針座	needle-shape seat	178
核轉變	nuclear transmutation	268
粉末冶金	powder metallurgy	264
推合座	push-fit	217
閃燃結拖	flash getter	72
差異電流計	differential electrometer	109
浩司基帕兒	Housekeeper	217
振動車葉式	oscillating vane type	91
飛行時式質譜儀	time-of-flight mass spectrometer	119
倒位磁控管真空計	inverted magnetron gauge	111
擺線式氣體分壓分析儀	cycloidal partial pressure analyzer	119
扇形磁場式剩餘氣體分析儀	sector magnet residual gas analyzer	118
流體阻抗	R	18
流體導引	fluid feedthrough	187
流體靜態壓力計	hydrostatic gauge	89
氦測漏儀	helium leak detector	251
氦電弧焊	heliarc welding	207
原子化室	atomizing chamber	264
原子核加速器	nuclear accelerator	47
迴旋加速器	cyclotron	268
迴轉吹送幫浦	rotary blower pump	39
迴轉油墊幫浦	rotary oil-sealed pump	37
國際標準組織	Interational Organization for Standard 簡稱 ISO	3
除氣	degassing	268
除氣	outgassing	11,40,136,268
除蠟	dewaxing	268
氧化鋁	aluminum oxide	144
氧化鋁	alumina	157,184
氧化鋁陶瓷	alumina ceramics	186
氧化鈹	beryllia	143,150
氧化鈹	beryllium oxide	144
氧化鈦	titanium oxide	144
氧化鋯	zirconium oxide	144
氧化鐵	FeO	194
氧化陰極	oxide cathode	73
高斯(磁場單位)	gauss	80

高溫金屬	refractory metal	263,267
高導無氧銅	oxygen-free high conductivity copper (OFHC)	141,183,184
高壓感應圈	Tesla coil	112
高頻率導波管	transmitting tube for high frequencies	47
高能電子繞射儀	HEED 或 high energy electron diffraction system	270
高真空	high vacuum	5
高真空矽脂	high vacuum silicone grease	190
高真空堵漏劑	vacuum leak sealer	155
高真空高速率幫浦	high vacuum high speed pump	32
氣導	L	14
氣導	conductance	13
氣焊	gas welding	206
氣壓	P	6
氣壓差	P_1-P_2	18
氣流通量	Q	13,21
氣流阻抗 (管路阻抗)	impedence	13,277
氣流通量	throughput	13
氣體常數	gas constant	139
氣體常數	R(＝62.37 托爾 公升/度/分)	14
氣體擴散	gas diffusion	269
氣體壓力計	manometer	89
氣體的密度	ρ	15
氣體膨脹法	gas expansion method	124
氣體分子數	n	14
氣體的分子量	M	14
氣體部分壓力分析儀	partial pressure analyzer (PPA)	118
氣體樣品離子源	gas sample ion source	118
真空,真空度	vacuum	1
真漏	true leak	245
真空室	vacuum chamber	12
真空表	meter	123
真空計	vacuum gauge	12,60,89,158
真空管	vacuum tube	34
真空閥 (亦稱真空活門)		169
真空爐	vacuum furnace	83
真空元件	vacuum element	158
真空包裝	vacuum packaging	272
真空油脂	vacuum grease	189
真空放電	electrical discharge	77
真空組件	vacuum components	158
真空焊接	vacuum welding	268
真空過濾	vacuum filtering	272
真空鐘罩	bell jar	164,278
真空系統	vacuum system	11
真空乾燥	vacuum drying	40,262,280
真空填充	vacuum impregnation	272
真空填劑	Vac-seal	155
真空導引	feedthrough (leadthrough)	178
真空蒸餾	vacuum distillation	261
真空濃縮	vacuum concentration	272
真空幫浦 (抽氣機)	vacuum pump	12,158
真空鍍膜	vacuum filming	264
真空氣壓計 (真空計)	vacuum pressure gauge	89
真空零組件	vacuum element and component	131,158
真空金屬冶煉	vacuum metallurgy	40,262
真空計靈敏度	gauge sensitivity	106
真空電弧再熔	vacuum arc remelting	264
真空氣體分析儀	vacuum gas analyzer (VGA)	118

【十一畫】

退火	annealing	218,268
釷	thorium	72
陰極	cathode	79
陶瓷	ceramics	143,183
陶瓷	ceramics and porcelain	142
陶瓷材料	ceramic material	184

中文	英文	頁碼
閉合系統(靜態系統)	close (static) system	11
陷阱	trap	13,53,59,63,158
黃銅	brass	141
焊藥	flux	207
閉槽	close groove	162
軟化點	softening point	216
軟玻璃	soft glass	185,188
乾燥劑	drying agent	157
乾式幫浦	dry pump	41
乾潤滑劑	dry lubricant	227
羚羊皮	chamois leather	241
視窗	viewing window	187
推合座	push-fit	219
剪應力	shearing stress	167
剪力密封	shear seal	167
張力強度	tensile strength	192
亞硝酸鈉	sodium nitrite	213
偵測效率	detecting efficiency	120
假漏	virtual leak	245,279
旋轉盤式	rotating surface type	91
旋轉運動	rotation	179
粒子	particles	188
粒子加速器	particle accelerator	268
莫涅耳合金	Monel	148
麥克利我得真空計	Mcleod vacuum gauge	96
敏感子	sensor	123
敏感度	sensitivity	115
軟焊	soft soldering	211
軟鋼	mild steel	238
軟化點	softening point	216
接頭	connector or flange	12,150,158,188
接觸過程	catalytic process	270
球活門(球閥)	ball valve	173
球狀活門(球狀閥)	globe valve	172
動態系統(可開閉系統)	dynamic system	11
動態法	dynamic method	128
第一級標準	primary standard	123
第二級標準	second standard	123
氫化鈦	titanium hydride	153
氫化鋯	zirconium hydride	153
氫氧化鈉	sodium hydroxide	213
密接的寬條	closely spaced striation	116
液態氦	liquid helium	34
液體氮陷阱	liquid nitrogen trap	21,64
液體氮冷凝陷阱	liquid nitrogen cold trap	158
康銅	constantan	148
康甯	Corning	146
鹵素	halide	254
鹵素火把	halide torch	254
鹵素二極管偵測器	halide diode detector	254
毫巴	millibar (簡稱 mbar)	3
毫伏特計	millivoltmeter	103
毫米水銀柱	mm Hg	2
粗糙度	roughness	271
粗略活門	roughing valve	22
粗略真空	rough vacuum	5
粗略管路	roughing line	22
粗略幫浦	rough pump	31
閉合系統	closs system	11

【十二畫】

中文	英文	頁碼
窗	window	158
鈦	titanium	72,191
鈦昇華幫浦	titanium sublimation pump	76
視窗	viewing window	188
單晶體(石英單晶)	single crystal	191,270
陽極	anode	79
喹啉	quinoline	237
喉閥	throttling valve	171
雲母	mica	143

漢英名詞索引

中文	英文	頁碼
進氣閥	gas-inlet valves	170
黑雲母	biotite	143
游離腔	ionization chamber	194
氮化硼	boron nitride	145
氯仿	chloform	254
氯甲烷	methyle chloride	254
氯化銨	ammonium chloride	214
氯化鋅	zinc chloride	214
氫電弧焊	argon arc welding	207
間隙式	steps with clearance	167
硫化鉬	molybdelum disulfide	168
硫酸銅	cupric sulfate	216
測壓管	gauge tube	122,123
硬焊劑	hard solder	153
硬硼玻璃	borosilicate glass	185
硬玻璃	hard glass	188
硝化纖維	nitrocellulose	153
乾潤滑劑	dry lubricant	229
區域精製	zone refining	272
最終壓力	ultimate pressure	35
絕對溫度	T	14
惠斯頓電橋	Wheastone bridge	101
超音波清潔法	ultrasonic cleaning	242,279
渦輪機	turbine	42
渦輪分子幫浦	turbo-molecular pump	45
剩餘氣體分析儀	residual gas analyzer (RGA)	118
紫外線光電子分析儀	UPS 或 ultra-violet photoelectron spectroscope	270
鈍性氣體	inert gas	72
鈍氣屏障鎢極電弧焊	inert-gas-shield tungsten arc welding (TIG)	207
鈍氣屏障鎢極電弧焊	TIG tungsten inert-gas	207
彭甯真空計	Penning gauge	84
彭甯冷陰極真空計	Penning cold cathode gauge	111
菲力浦	Philips	151
菲力浦司真空計	Philips gauge	111
超導體	super-conductor	264
超高真空	ultra-high vacuum	5
超高真空系統	ultra-high vacuum system	53
超音波清潔法	ultrasonic cleaning	279
溫度係數	temperature coefficient of resistance	101
溫度膨脹係數	temperature coefficient of expansion	185
溫度梯度	temperature gradient	90
溫德華氏引力	Von der Waals forces	62
單晶體 (石英單晶)	single crystal	191,270
單位壓力差	unit pressure difference	14
鈉玻璃	soda glass	142
鈉鈣玻璃	soda-lime glass	146
結拖	getter (音譯並有其意義)	33,72,267
結拖物質	getter	267
結拖幫浦	gettering pump	72
結拖負荷能力	getter capacity	73
結拖離子幫浦	gettering ion pump	77
晶體培養	crystal growing	83,272
晶體間隙	interstitial	63
晶體形成核心劑	crystal-forming nucleating agent	145,146
間隔圈	spacer	179
無毛頭	lint-free	235
無可見放電	no visible discharge	116
無限壓縮密塞	unlimited compression seal	160
無氧高導性銅	oxygen-free high conductivity copper (OFHC)	141,183,184,218
無機非金屬化合物	inorganic nonmetallic compound	143

【十三畫】

鈮 niobium		72
鉬 molybdenum		72,144,183
鉭 tantalum		34,72,192
鈹 Be		193
裝置 device		158
滑石 talc (soapstone)		144
暗電流 dark current		108
鉛玻璃 lead glass		142
硼玻璃（硬硼玻璃） borosilicate glass		142,185
雷得赫（即紅頭） Raedhead		109
費立科 Fernico		217
鈷基合金 cobaltbase alloys		264
隔斷活門（封閉閥） isolation or cut-off valve		170
塞子活門（塞柱閥） plug valve		173
過渡範圍 transition region		8
塗附結拖 coating getter		73
奧莎里紙 Ozalid paper		254
奧米茄加速器式氣體分析儀 Omegatron gas analyzer		119
福斯特萊 Forsterite		145
飽和蒸氣壓 saturated vapor pressure		2
溜得松眞空計 Kunudson		90
感應電熱 induction heating		238
感應線圈 induction coil		255
路賽 lucite		195
路色克 lusec		247
路持幫浦 Roots pump		39,276
塑性 plastic		189
PVC塑膠 PVC		154
塑膠類（可塑體） plastics		142,153
微巴 microbar（簡稱 μb）		3,275
微通道 micro-size channels		160
微結構 microstructure		146
微安培計 microammeter		101
微分幫浦 differential pump		82
微微法拉 picofarad (pf)		260
微米水銀柱 μHg (μ)（等於千分之托爾）		2
電阻 electric resistance		21
電阻 R		19
電源 voltage supply		22
電(弧)焊 arc welding		206
電熱 electric heating		149
電漿 plasma		44
電子束 electron beam		264,267
電子槍 electron gun		232
電子管 electronic tube		40
電位差 $V_1 - V_2$		18
電晶體 transistor		265
電通導 electric passthrough		153
電導引 electric feedthrough (lead-through)		13,150,178
電解磨光 electrolytic polishing		237
電磁分離 electromagnetic separation		269
電離截面 ionization cross section		106
電場放射 field emission		111
電子顯微鏡 electron microscope		83
電解浸蝕法 electrolytic etching		218
電阻溫度係數 temperature coefficient of resistance		101

【十四畫】

遠紅外線 far infrared		194
閥（活門） valve		12,158
閥塊 valve block		172
閥本體 valve body		169
種子 seed		272
漫步 random walk		138
滲透 permeability		138
端板 end plate		112
蒸發 evaporation		137
蒸氣 vapor		1

中文	English	頁碼
蒸氣壓	vapor pressure	2
蒸氣回流	back streaming	53
蒸氣幫浦	vapour pump	32
蒸氣噴流幫浦	vapour stream pump	32,47
蒸氣離子幫浦	evaporion pump	77
緊結	seize	227
酸浸	pickling	235
銅焊	brazing	206
爾板	erg	7
鳩尾槽	dovetail groove	161
複合晶體	polycrystal	271
複合管路	compound pipeline	21
銦錫合金	indium-tin alloy	215
赫司廳司	Hastings	103
鉻酸	chromic acid	238
鉻貿	chromel	148
碳化	carburizing	268
碳化物	carbide	153
碳鋼	carbon steel	141
鉻鐵合金	chrome iron	145
對接	buttjoint	209
對接接頭	butt joint	213
漏氣率	leak rate	26,246
漏氣率	S_l	26
漏氣活門 (漏氣閥)	leak valve	128,170
銦	indium	165
熔固的石英	fused silica	139
熔融的石英	fused quartz	91
維通	viton	152,154,162,164,169
維利安公司	Varian Associates	166
聚乙烯	polyethylene	152
聚合分子	polymer	142
聚苯乙烯	polystyrene	152
聚烯塑膠	polythene	152
聚醯亞胺	polyimide	164
磁浮式渦輪分子幫浦	magnetic floating type turbo-molecular pump	46
磁力導引	magnetic feedthrough	179
磁控管真空計	magnetron gauge	115
管喉	throat	32
管路	duct (piping)	12
管路阻抗	impedance 13	
管路阻抗	W	15

【十五畫】

中文	English	頁碼
樣品更換室	sample lock	170
層流	laminar flow	15
緊結	seize	227
潮解	hydrolysis	62
調位極	modulator	109
醋酸纖維	cellulose acetate	152
齒輪幫浦	gear pump	39
氬電弧焊	argon arc welding	207
蝴蝶活門 (蝶閥)	butterfly valve	173
鋯	zirconium	72
鋯瓷	zircon porcelain ($ZrO_2 \cdot SiO_2$)	144
鋁貿	alumel	148
鋁矽合金	aluminium-silicon alloys	213
質子	proton	188
質譜	mass spectrum	118
質譜儀	mass spectrometer	47,54,118,269
質譜分解力	mass resolution	118
質量流率	rate of mass flow	14
質量流率	G	14
質量過濾器	mass filter	118
儀器電導引	instrument electric feedthrough	184
撞濺	sputter	79
撞濺率	sputtering rate	266
撞濺離子幫浦	sputtering ion pump	79
潛熱	latent heat	261
噴嘴	nozzle	15,32,47
噴射幫浦	steam ejector pump	32
噴喉活門 (喉閥)	throttling valve	171
熱平衡	thermal balance	271
熱處理	heat treatment	40,267,268

熱運動	thermal motion	138
熱電偶	thermocouple	148,277
熱電放射	thermionic emission	93
熱電冷卻	thermal-electric cooling	150
熱電子放射	thermionic emission	270
熱電偶真空計	thermocouple gauge	102
熱傳導真空計	thermal conductivity gauge	90
熱導引	head feedthrough	187
熱導渠 (熱沈)	heat sink	150,187
熱離子化真空計	thermionic ionization gauge	104
熱陰極離子化真空計	hot cathode ionization gauge	93

【十六畫】

潛熱	latent heat	261
錫焊	soldering	206
樹脂	resin	155,214,241
靜子	stator	37
磨砂面	ground surface	189
膨脹室	expansion chamber	50
融合技術	fusion technique	191
凝結幫浦	condensation pump	32
整體結拖	bulk getter	73
螢光放電	fluorescence	116
龍頭活門 (龍頭閥)	stopcock	157,173
盧柏利思	Lubriseal	156
鮑爾登計	Bourdon gauge	95
輻射	radiation	188
輻射損害	radiation damage	188
輻射真空計	radiometer gauge	92
導引	feedthrough	158
燒焊	braze	186
燒結	sintering	268
燒製	firing	143
彈性	elastic	189
彈簧箱	bellow	154,169,179,182
彈性體	elastomer	153,159,189
彈性散射	elastic scattering	271
緊密壓力	fightening force	159
樣品更換室	sample lock	171
積體電路	integrated circuitry	265
靜子	stator	37
靜態系統	close (static) system	11
靜電焦集系統	electrostatic lens system	115
機械導引	mechanical feedthrough	13,150,169,178
機械幫浦	mechanical pump	31,37
機械氣壓計	mechanical barometer	95
機械分子幫浦	mechanical molecular pump	43

【十七畫】

翼	vane	37
鍺	Ge	194,272
螺栓	bolt	160
點焊	spot welding	146
應力	stress	189
璐賽	lucite	152,194
壓縮	compression	189
壓縮比	compression ratio	162
壓縮密封技術	compression seal technique	191
賽璐珞	cellulose	131
黏填劑	bonding and sealing compound	155
黏滯性	viscosity	8
黏滯係數 η	viscosity	15
黏滯氣流	viscous flow (Poiseuille flow)	8
黏滯氣導	viscous conductance	222
黏滯範圍	viscous region	8
黏滯性拖曳	viscous drag	32
黏滯性真空計	viscosity gauge	90

中文	英文	頁碼
環氧樹脂	epoxy resin	155,183
環境測驗眞空室	environmental test chamber	83
聲響測漏儀	audible leak detector	249
鍍鋁邁拉兒	aluminized mylar	266
擴散	diffusion	138
擴散室	diffuser chamber	32
擴散幫浦	diffusion pump	32,47
擴散噴射幫浦	diffusion-ejector pump	33,51
幫浦(抽氣機)	pump	12
幫浦液	pump fluid	47
幫浦作用	pumping action	33
臨界溫度	critical temperature	73,277
邁哇蠟	Myvawax	156
邁哇思耳橡皮	Myvaseal rubber	152
薄膜	thin film	83
薄膜窗	thin film window	191
薄膜活門(薄膜閥)	diaphragm valve	177
薄膜結拖	film getter	73
薄膜幫浦	diaphragm pump	42
薄膜壓力計	diaphragm gauge	90

【十八畫】

中文	英文	頁碼
擾流	turbulent flow	15
轉子	rotor	37
雜波	noise	120
鎳鉻姆	nichrome	147,148
磷酸玻璃	phosphate glass	194
鎢	tungsten	72,183
鎢極鈍氣焊	TIG	207
繞射	diffraction	270
繞射分佈圖	diffraction pattern	271
雙焦集	double-focusing	119
擺線式部分壓力分析儀	cycloidal partial pressure analyzer	119

【十九畫】

中文	英文	頁碼
藍寶石	sapphire	132,143,150,191
邊界磁場	fringing field	85
斷面的周界長	circumference of cross section	17
離心機	centrifuge	269
離子化	ionize	77
離子源	ion source	119
離子撞濺	ion sputtering	33
離子幫浦	ion pump	77,83
離子測微儀	ion microprobe	270
離子化眞空計	ionization gauge	93
離子抽取眞空計	extractor gauge	110

【二十畫】

中文	英文	頁碼
繼電器	relay	259,280
釋放	release	138
鐘形罩	bell jar	164

【二十一畫】

中文	英文	頁碼
襯墊	gasket or seal	12,151,159
襯墊面	sealing surface	159
襯墊寬	seal width	159
鐵氟隆	teflon	132,137,152
蠟	wax	155,183

【二十三畫】

中文	英文	頁碼
變形	deformation	189
體積	V	14
彎管	elbow	221

【二十四畫】

中文	英文	頁碼
鹼水	lye	243
鹼土金屬	alkaline earth metals	74

【二十五畫】

中文	英文	頁碼
鹽酸	hydrochloric acid	214

英漢名詞索引

A

absorbate 附著物		62
absorbent 吸附劑		62
absorption 吸收		62
absorption energy 吸附能		62
active carbon 活性碳		34,62
activated alumina 活性礬土		62
activated charcol 活性炭		60
activation energy 活化能		139
adhesive cement 附著水泥		155
AES 或 auger electron spectrometer 俄歇電子分析儀		270
air ballast device 空氣混抽裝置		39
alkaline earth metals 鹼土金屬		74
all metal valve 全金屬閥		169
Alpha particle 阿爾伐粒子		93,188
Alphatron 阿爾伐計		93
alumel 鋁貿		148
alumina 氧化鋁		157,184
alumina ceramics 氧化鋁陶瓷		185
aluminized mylar 鍍鋁邁拉兒		266
alumino silicates 矽酸鋁		145
aluminium oxide 氧化鋁		144
aluminium-silicon alloys 鋁矽合金		213
Alundem cement 阿隆頓水泥		156
amalgam 汞齊		53
ammonia 氨氣		254
ammonium chloride 氯化銨		214
analytical instruments 分析儀器		270
aniline 苯胺		237
anode 陽極		79
annealing 回火 (退火)		218,268
Apiezon 阿匹松		181
Apiezon grease 阿匹松油脂		156
arc welding 電 (弧) 焊		206
argon arc welding 氬電弧焊		207
artificial zeolite 人造沸石		62
atm 大氣壓		192
atm・c.c. 大氣壓・立方厘米		13
atm-cc/sec 或 std-cc/sec 大氣壓－立方厘米/秒		247
atmosphere 大氣		2
atomizing chamber 原子化室		264
audible leak detector 聲響測漏儀		249
Auger electron 俄歇電子		270

B

background counting 背景計數		120
background mass spectrum 背景質譜		54
back streaming 蒸氣回流		53
baffle 阻擋		158
ball valve 球活門 (球閥)		173
bar 巴		3
Bayard-Alpert ionization gauge 拜亞爾得-奧勃爾特離子化眞空計		108
Be 鈹		193
bell jar 眞空鐘罩 (鐘形罩)		164,278
bellow 彈簧箱		154,169,179,182
beryllia 氧化鈹		143,150

— 311 —

beryllium oxide 氧化鈹		144
beta particle 貝他粒子		188
bevelled buttjoint V形對接		209
biotite 黑雲母		143
body cover 主體上蓋		169
boiling point 沸點		2
bolt 螺栓		157
Boltsmann's constant 波茨曼常數		7,63,106
bonding and sealing compound 黏填劑		155
booster pump 加強幫浦		40
boron nitride 氮化硼		145
borosilicate glass 硼玻璃 (硬硼玻璃)		142,185
Bourdon gauge 鮑爾登計		95
Boyle's law 波義爾定律		96
brass 黃銅		141
braze 燒焊		186
brazing 銅焊		206
bronze 青銅		141
bulk getter 整體結拖		73
butane 丁烷		248
butene 丁烯		248
butterfly valve 蝴蝶活門 (蝶閥)		173
buttjoint 對接		209
butt joint 對接接頭		213
butyl rubber 丁基橡皮		152

C

carbide 碳化物		153
carbon steel 碳鋼		141
carbon tetrachloride 四氯化碳		234
carburizing 碳化		268
Carlor 卡洛爾		248
catalytic process 接觸過程		270
cathode 陰極		79
cellophane 玻璃紙		192
cellulose 賽璐珞		131
cellulose acetate 醋酸纖維		152
Celvacene 色哇生		156
cement 水泥		155
centrifuge 離心機		269
ceramics 陶瓷		143,183
ceramics and porcelain 陶瓷		142
ceramic material 陶瓷材料		184
Cerroseal 色洛思耳		215
chamois leather 羚羊皮		240
chemical adsorption 化學吸附		33
chemical absorption pump 化學吸附幫浦		33,72
ochemical bond force 化學結合力		62
chemical kinetics 化學動力學		270
chemisorption 化學附著 (吸附)		62,72
chevron seal 山形襯墊		181
china clay 瓷土		144
chloform 氯仿		254
chrome iron 鉻鐵合金		145
chromel 鉻貿		148
chromic acid 鉻酸		238
circumference of cross section 斷面的周界長		17
clamp 夾具		159
close or static system 閉合 (靜態) 系統		11
close groove 閉槽		162
closely spaced striation 密接的寬條		116
coarse vacuum 粗略眞空		5
coating getter 塗附結拖		73
cobaltbase alloys 鈷基合金		264
cold cathode ionization gauge 冷陰極離子化眞空計		93
cold flow 冷流		146,184
cold trap 冷凝陷阱		278
cold weld 冷焊		165
cold welding 冷焊		227

collector 收集極		82
compound pipeline 複合管路		21
compression 壓縮		189
compression ratio 壓縮比		162
compression seal technique 壓縮密封技術		191
condensation pump 凝結幫浦		32
conductance 氣導		13
connector (flange) 接頭		12,150,158,188
constantan 康銅		148
constant deflection seal 定變形密塞		160
constant load seal 定負荷密塞		160
contaminants 污染物		231
cooling baffle 冷凝阻擋		53
corner seal 角隅密封		168
corner weld joint 角焊接		209
Corning 康甯		146
cosmic ray 宇宙線		232
cosmic ray radiation 宇宙線輻射		188
couple 金屬偶		148
CP 化學純淨		240
critical temperature 臨界溫度		73,277
Crook's dark space 克魯克暗區		116
crucible 坩鍋		143
crygenic feedthrough 冷凍劑導引		187
cryogenic sorption pump 冷凍吸附幫浦		63
cryo pump 冷凍幫浦		34,65
crystal-forming nucleating agent 晶體形成核心劑		145,146
crystal growing 晶體培養		83,272
cupric sulfate 硫酸銅		216
cut-off valve 封閉閥		170
cycloidal partial pressure analyzer 擺線式氣體分壓分析儀		119
cyclotron 迴旋加速器		268

D

dark current 暗電流		108
dead volume 呆容積		162
dead volume factor 呆容積因子		162
deformable copper sleeve of feather-edge-seal 羽毛尖狀邊緣的可變形銅套管		218
deformation 變形		189
degassing 除氣		268
demountable connector 可拆性接頭		158
device 裝置		158
demountable type 可拆卸式		188
detecting efficiency 偵測效率		120
detergent 洗滌劑		234
Dewar flask 杜華瓶		68
Dewar vessel 杜華瓶		63
dewaxing 除蠟		268
diaphragm gauge 薄膜壓力計		90
diaphragm pump 薄膜幫浦		42
diaphragm valve 薄膜活門 (薄膜閥)		177
dielectric constant 介電常數		144
dielectric loss 介電損失		145
dielectric strength 介電強度		146
differential electrometer 差異電流計		110
differential pump 微分幫浦		82
diffraction 繞射		270
diffraction pattern 繞射分佈圖		271
diffuser chamber 擴散室		32
diffusion 擴散		138
diffusion-ejector pump 擴散噴射幫浦		31,51
diffusion pump 擴散幫浦		32,47
diode 二極式 (二極整流器)		81,265
discharge tube 放電管		73,79,94,116
double-focusing 雙焦集		119
dovetail groove 鳩尾槽		158
dry pump 乾式幫浦		41
dry lubricant 乾潤滑劑		227

drying agent 乾燥劑	157	
duct or piping 管路	12	
Dumet metal 杜麥合金	153	
dynamic method 動態法	128	
dynamic system 可開閉系統 (動態系統)	11	

E

Easy-flo No. 2 易流二號	212
elastic 彈性	189
elastic scattering 彈性散射	271
elastomer 彈性體	153,159,189
elbow 彎管	221
electrical discharge 放電	77
electric feedthrough (leadthrough) 電導引	13,150,178
electric heating 電熱	149
electric passthrough 電通導	153
electric resistance 電阻	21
electrolytic etching 電解浸蝕法	218
electrolytic polishing 電解磨光	237
electromagnetic separation 電磁分離	269
electron beam 電子束	267
electron gun 電子槍	232
electronic tube 電子管	40
electron microscope 電子顯微鏡	83
electrostatic lens system 靜電焦集系統	115
end plate 端板	112
energy levels 能階	270
environmental test chamber 環境測驗真空室	83
epoxy resin 環氧樹脂	155,183
erg 爾格	7
eV 電子伏	270
evaporation 蒸發	137
evaporion pump 蒸發離子幫浦	77
expansion chamber 膨脹室	50
extractor gauge 離子抽取眞空計	110

F

far infrared 遠紅外線	194
feather edge technique (Housekeeper) 羽毛邊緣技術 (密封)	189
feed through 導引	158
FeO 氧化鐵	194
Fernico 費立科	217
field emission 電場放射	111
fightening force 緊密壓力	159
film getter 薄膜結拖	73
firing 燒製	143
flange 法郎盤	151,158,188
flap valve 吊耳活門 (吊耳閥)	37,173
flash getter 閃燃結拖	72
flat-faced flange 平面法蘭盤	164
fluid feedthrough 流體導引	187
fluorescence 螢光放電	116
flux 焊藥	207
fractionating 分噴式	50
foreline 前段管路	22
fore pump (backing pump) 前段幫浦	31
Forsterite 福斯特萊	145
forward scattered 前向散射	271
four paths RF mass filter 四徑交頻質量選擇儀	120
fractionating 分噴式	50
free molecular flow region 自由分子氣流範圍	9
freeze drying 冷凍乾燥	262
freon 冷煤	59,149,244,254
fringing field 邊界磁場	85
fused guartz 熔融的石英	91
fused silica 熔固的石英	139
fusion technique 融合技術	191

G

G 質量流率	14
gamma ray 加馬射線	188
Garlock No. 8773 茄洛克 8773 號	152
gas 氣體	1
gas admitance or release valve 放氣閥	170
gas constant 氣體常數	139
gas diffusion 氣體擴散	269
gas expansion method 氣體膨脹法	124
gas-inlet valves 進氣閥	170
gasket (seal) 襯墊	12,151,159
gas sample ion source 氣體樣品離子源	118
gas welding 氣焊	206
gate valve 門閥 (門栓活門)	170,198
gauge tube 測壓管	122,123
gauge sensitivity 真空計靈敏度	106
gauss 高斯 (磁場單位)	80
Ge 鍺	194,272
gear pump 齒輪幫浦	39
getter 結拖	33,72,267
getter 結拖物質	267
getter capacity 結拖負荷能力	73
gettering pump 結拖幫浦	72
gettering ion pump 結拖離子幫浦	77
glass blowing 吹玻璃	189
glass-bonded mica 玻璃結合的雲母	145
glass-ceramics 玻璃陶瓷	145
glazy ceramics 上釉的陶瓷	186
globe valve 球狀活門 (球狀閥)	172
glow discharge 明焰放電	116
grid 柵極	78,104
ground surface 磨砂面	189
guartz 石英	190

H

$h_1 - h_2$ 水位差	18
half life 半衰期	93
halide 鹵素	254
halide diode detector 鹵素二極管偵測器	254
halide torch 鹵素火把	254
hardening 表面硬化	268
hard glass 硬玻璃 (即硼玻璃類)	188
hard solder 硬焊劑	153
Hastings 赫司廳司	103
heat feedthrough 熱導引	187
heating tape 加熱帶	235
heat sink 熱導渠 (熱沉)	150,187
heat treatment 熱處理	40,267,268
heated post 加熱柱	77
HEED 或 high energy electron diffraction system 高能電子繞射儀	270
heliarc welding 氦電弧焊	207
helium leak detector 氦測漏儀	251
high vacuum 高真空	5
high vacuum high speed pump 高真空高速率幫浦	32
high vacuum silicone grease 高真空矽脂	190
Housekeeper 浩司基帕兒	218
hot cathode ionization gauge 熱陰極離子化真空計	93
hycar rubber 亥卡耳橡皮	152
hydrazine 亥追辛	216
hydrochloric acid 鹽酸	214
hydrolysis 潮解	62
hydrostatic gauge 流體靜態壓力計	89

I

impedance 氣流阻抗 (管路阻抗)	13
Inconel 印科涅耳合金	148,183

indium　銦　　　　　　　　　　　　　165
indium-tin alloy　銦錫合金　　　　　215
induction coil　感應線圈　　　　　　255
induction heating　感應電熱　　　　238
inert gas　鈍性氣體　　　　　　　　72
inert-gas-shield tungsten arc welding (TIG)　鈍氣屛障鎢極電弧焊　207
infra red radiation　紅外線　　　　188
inhibitor　阻抑劑　　　　　　　　　237
inorganic nonmetallic compound　無機非金屬化合物　　　　　　　143
in parallel　並聯　　　　　　　　　19
in series　串聯　　　　　　　　　　19
Instrument electric feedthrough　儀器電導引　　　　　　　　　　184
integrated circuitry　積體電路　　　265
interlock　互鎖　　　　　　　　　　61
intermediate vacuum　中度眞空　　　5
International Organization for Standard 簡稱 ISO　國際標準組織　　3
interstitial　晶體間隙　　　　　　　63
inverted　反位　　　　　　　　　　108
inverted magnetron gauge　倒位磁控管眞空計　　　　　　　　111
ionization chamber　游離腔　　　　194
ionization cross section　電離截面　106
ionization gauge　離子化眞空計　　93
ionize　離子化　　　　　　　　　　77
ion microprobe　離子測微儀　　　270
ion pump　離子幫浦　　　　　　77,83
ion source　離子源　　　　　　　119
ion sputtering　離子撞濺　　　　　33
iron　純鐵　　　　　　　　　　　141
isolation valves　切（隔）斷閥　64,170
isolation or cut-off valve　隔斷活門（封閉閥）　　　　　　　　　170
isotopes　同位素　　　　　　　54,269
isotope separator　同位素分離器　269

ISS (low energy ion scattering spectrometer)　低能離子散射分析儀　271

K

°K　絕對溫度　　　　　　　　　　106
K　波茨曼常數（$=1.38\times10^{-16}$ 爾格／度）　　　　　　　　　7
K　定壓比熱與定容比熱之比　　　　16
Kel-F　克耳-F　　　　　　　　　152
KeV　仟電子伏　　　　　　　152,271
kilo-gauss　仟高斯　　　　　　　112
knife-edge seal　刀口凸緣密封　　166
Knudson　溜得松眞空計　　　　　90
Kodial　科代耳　　　　　　　　　153
Kovar　科哇　　　　　　147,148,183
KV　仟伏　　　　　　　　　　　260

L

L　氣導　　　　　　　　　　　　13
laminar flow　層流　　　　　　　　15
lap joint　重疊接頭　　　　　　　213
latent heat　潛熱　　　　　　　　261
Lava　拉哇　　　　　　　　　　145
lead glass　鉛玻璃　　　　　　　142
leak rate　漏氣率　　　　　　26,246
leak valve　漏氣活門（漏氣閥）　128,170
Lee　李　　　　　　　　　　　　109
LEED 或 low energy electron diffraction system　低能電子繞射儀　270
light feedthrough　光導引　　　　187
light pipe　光導管　　　　　　　187
limited compression seal　有限壓縮密塞　　　　　　　　　　160
linear motion　直線運動　　　　　179
linear accelerator　直線加速器　　268
linearity　直線性　　　　　　　　115
lint-free　無毛頭　　　　　　　　235
liquid helium　液態氦　　　　　　34

liquid nitrogen trap 液體氮陷阱 20,61	MEK 或 methyl-ethyl-ketone 208
liquid nitrogen cold trap 液態氣冷凝陷阱 158	mercury piston pump 水銀活塞幫浦 87
Lubriseal 盧柏利思 156	metal distillation 金屬蒸餾 263
lucite 璐賽 152,194	meter 眞空表 123
lusec 路色克 247	methyle chloride 氯甲烷 254
lye 鹼水 243	methylene chloride 二氯甲烷 254
λ 平均自由動徑 5	mica 雲母 143
	mid and far infrared 中紅外線及遠紅外線 194
M	microammeter 微安培計 101
M 水通量 18	microbar 微巴 3,275
M 氣體的分子量 14	micro-size channels 微通道 160
machinable glass-ceramics (MGC) 可加工的陶瓷玻璃 146	microstructure 微結構 146
magnesium fluoride 氟化鎂 265	mid infrared 中紅外線 194
magnesium silicate 矽酸鎂 144	MIG 或 metal inert gas welding 金屬鈍氣焊 267
magnetic feedthrough 磁力導引 179	mild steel 軟鋼 238
magnetic floating type turbo-molecular pump 磁浮式渦輪分子幫浦 46	millibar 毫巴 3
magnetron gauge 磁控管眞空計 115	millitorr 千分托爾 3,101
manometer 低眞空氣壓計 94	millivoltmeter 毫伏特計 103
manometer 氣體壓力計 89	MEK 或 methyl ethyl ketone 丁酮 234
mass filter 質量過濾器 118	mm Hg 毫米水銀柱 2
mass resolution 質譜分解力 118	mm Hg・l 厘米水銀柱・公升 13
mass spectrometer 質譜儀 47,54,118,269	Mo 鉬 72,144,183
mass spectrum 質譜 118	modulator 調位極 109
mbar 毫巴 3	molecular conductance 分子氣導 222
Mcleod vacuum gauge 麥克利我得眞空計 96	molecular drag pump 分子曳引幫浦 43
mechanical barometer 機械氣壓計 95	molecular gauge 分子眞空計 91
mean free path (λ) 平均自由動徑 5	molecular sieves 分子篩 63
mechanical feedthrough 機械導引 13,150,169,178	molybdelum 鉬 72,144
mechanical molecular pump 機械分子幫浦 43	molybdelum disulfide 硫化鉬 168
mechanical pump 機械幫浦 31,37	Monel 莫涅耳合金 148
medium vacuum 中度眞空 5	mounting 框架 188
medium-high vacuum 中度高眞空 5	Mt. Palomar 帕羅瑪山 264
	mtorr 千分托爾 2
	multi-stage claw pump 多級挖爪式幫浦 42
	multi-stage roots pump 多級路持幫浦 42

multi-stage sorption pump 多級吸附幫浦 63
multilayer laser mirror 多層的雷射鏡片 266
muscovite 白雲母 143
myvaseal rubber 邁哇思耳橡皮 152
Myvawax 邁哇蠟 156

N

n 氣體分子數 14
η 黏滯係數 15
natural rubber 天然橡皮 152
near infrared 近紅外線 194
needle shape seat 針座 178
needle valve 針活門 (針閥) 177
negative temperature coefficient of resistance 負電阻溫度係數 103
negative temperature coefficient 負溫度係數 277
neoprene rubber 尼奧普林橡皮 152
neutron 中子 188
neutron absorption cross section 中子吸收斷面 193
nichrome 鎳鉻姆 147,148
Nilok 尼羅克 217
niobium 鈮 72
nitrocellulose 硝化纖維 153
noise 雜波 120
nonfractionating 不分噴式 50
non-reactive 非活性 227
non-reactive metal 非活性金屬 34
nozzle 噴嘴 15,32,47
nuclear accelerator 原子核加速器 47
nuclear transmutation 核轉變 268
nylon 尼隆 152

O

oil stone 油石 209

Omegatron gas analyzer 奧米茄加速器式氣體分析儀 119
optical baffle 光學阻擋 200
optical glass 光學玻璃 188
optical fiber 光纖 187
organic binder 有機黏合劑 144
organic mineral oil 有機礦油 53
O-ring O 形圈 (O 形環) 151,160,188
O-ring groove type O 形圈槽式 160
overlapping steps 重疊式 167
oscillating vane type 振動車葉式 91
outgassing 放氣, 除氣 11,40,136,268
oxide cathode 氧化陰極 73
oxygen-free high conductivity copper (OFHC) 無氧高導性銅 141,183,184,218
Ozalid paper 奧莎里紙 254

P

P 氣壓 7,15
P_1-P_2 氣壓差 18
partial pressure analyzer (PPA) 氣體部分壓力分析儀 118
particles 粒子 188
particle accelerator 粒子加速器 268
peak voltage 尖峯電壓 260
Penning cold-cathode gauge 彭甯冷陰極眞空計 111
Penning gauge 彭甯眞空計 84
perfect gas law 完全氣體定律 7
permanently sealed type 永久密封式 189
permeability 滲透 138
Philips 菲力浦 151
Philips gauge 菲力浦司眞空計 111
phosphate glass 磷酸玻璃 194
photo-electric effect 光電效應 107
physical adsorption 物理吸附 33,62
physical sorption 物理吸附 34
Picien 派申 156

pickling 酸浸	235	
picofarad 微微法拉	260	
pint 品脫	235	
piping (duct) 管路	12	
Pirani 派藍尼	101,276	
plasma 電漿	44	
plastic 塑性	189	
plastics 塑膠類 (可塑體)	142,153	
plate 屏極	104	
plug valve 塞子活門 (塞柱閥)	173	
Poise 泊依司 (1 泊依司＝1 克/厘米・秒)	15	
poiseuille flow 黏滯氣流	7	
polycrystal 複合晶體	271	
polyester 多元酯	164	
polyethylene 聚乙烯 (PE 塑膠)	152	
polyimide 聚醯亞胺	164	
polymer 聚合分子	142	
polystyrene 聚苯乙烯	152	
polythene 聚烯塑膠	152	
polyvinyl chloride PVC 塑膠	154	
porcelain 瓷	144	
porosity 多孔性	62	
port 出口	198	
potassium dichromate 重鉻酸鉀	240	
powder metallurgy 粉末冶金	264	
primary standard 第一級標準	123	
probability 可能率	63	
proton 質子	188	
propane 丙烷	248	
pump 幫浦 (抽氣機)	12	
pump-down time 抽真空時間	26	
pump fluid 幫浦液	47	
pumping action 幫浦作用	34	
pumping speed 抽氣速率	24	
push-fit 推合座	217	
PVC PVC 塑膠	154	
pyridine 吡啶	237	

Q

Q 氣流通量	13,21
ρ 氣體的密度	15
quadrupole and monopole gas analyzers 四極式及單極式氣體分析儀	120
quartz 水晶 (石英)	142,191
quinoline 喹啉	237

R

R 氣體常數 (＝62.37 托爾公升/度/分子)	14
R 電阻	19
R 流體阻抗	18
radiation 輻射	188
radiation damage 輻射損害	188
radioactive gauge 放射性真空計	93
radiometer gauge 輻射真空計	92
random walk 漫步	138
range 行程	192
rate of mass flow 質量流率	14
rate of molecular flow 分子流率	14
reactive metal 活性金屬	264
reactive substance 活性物質	33
Readhead 雷得赫	109
Redhead ionization gauge 紅頭氏真空計	109
refractory metal 高溫金屬	263,267
refrigerator type cryopump 冷凍機式冷凍幫浦	70
relay 繼電器	259,280
release 釋放	138
residual gas analyzer (RGA) 剩餘氣體分析儀	118
resin 樹脂	155,214,241
Richardson 里查遜	105
right-angle valve 直角活門 (直角閥)	172
rochelle salt 岩鹽	236

Roots pump 路持幫浦	39,276
rosin 松香	241
rotary blower pump 迴轉吹送幫浦	39
rotary oil-sealed pump 迴轉油墊幫浦	37
rotation 旋轉運動	179
rotatable type 可轉動式	159
rotating surface type 旋轉盤式	91
rotor 轉子	37
roughing line 粗略管路	22
roughing valve 粗略活門	22
roughness 粗糙度	271
rough pump 粗略幫浦	31
rough vacuum 粗略眞空	5

S

sample lock 樣品更換室	170
sapphire 藍寶石	132,143,150,191
saturated vapor pressure 飽和蒸氣壓	2
Sauereisen adhesive coment 邵爾萊申附著水泥	156
Sauereisen Cement Co. 邵爾萊申水泥公司	155
S_l 漏氣率	26
seal-off valve (cut-off) valve 封閉閥	170
sealing surface 襯墊面	157
seal width 襯墊寬	157
seat 座	167
second standard 第二級標準	123
section 段	17
sector magnet residual gas analyzer 扇形磁場式剩餘氣體分析儀	118
seed 種子	272
seize 緊結	227
self-supporting 自身支撐	192
semi-conductor gauge 半導體眞空計	102
sensitivity 敏感度	115
sensor 敏感子	123
shear seal 剪力密封	167

shearing stress 剪應力	167
shield 屏障	112
Shore hardness (簡稱 Hs) 邵氏硬度	162
shore 邵氏	180
Si 矽	272
silica gel 矽膠凝體	157
silicic acid 矽酸	157
silicone grease 矽脂	151,157
silicone oil 矽油	47
silicone rubber 矽橡皮	152,164
siliconmonoxide 一氧化矽	265
single crystal 單晶體 (石英單晶)	191,270
sintering 燒結	268
SiO_2 二氧化矽	265
Si-O-Al three-dimensional anionic network 三元的矽-氧-鋁單一離子立體結構	63
sliding gate valve 門栓閥	173
slit 狹縫	110
soda glass 鈉玻璃	142
soda-lime glass 鈉鈣玻璃	146
sodium hydroxide 氫氧化鈉	213
sodium nitrite 亞硝酸鈉	213
softening point 軟化點	216
soft glass 軟玻璃 (即鈉玻璃類)	85,188
soft soldering 軟焊	211
soft X ray 柔和 X 光	107
soldering 錫焊	206
solid getter 固體結拖	72
sorption 吸附	62
sorptin and cryo pumps 吸附及冷凍幫浦	59
sorption pump 吸附幫浦	34,62
space 太空	271
spacer 間隔圈	179
space charge 空間電荷	115
space lab. 太空實驗室	120

space shuttle 太空梭	120	Tesla 忒斯拉	255
space simulation equipments 太空模擬設備	271	Tesla coil 高壓感應圈	112
space simulation experiments 太空模擬實驗	47	thermal balance 熱平衡	271
spark gap 火花間隙	117	thermal conductivity gauge 熱傳導眞空計	90
specific volume 比容	16	thermal-electric cooling 熱電冷却	150
spot welding 點焊	146	thermal motion 熱運動	138
sputter 撞濺	79	thermionic emission 熱電(子)放射	93,270
sputtering ion pump 撞濺離子幫浦	79	thermionic ionization gauge 熱離子化眞空計	104
sputtering rate 撞濺率	266	thermistor 半導體熱變電阻	102
square butt weld 正接焊	209	thermocouple 熱電偶	148,277
statitic system 靜態系統	11	thermocouple gauge 熱電偶眞空計	102
stator 靜子	37	thickness density 厚度密度	192
steam ejector pump 噴射幫浦	32	thickness gauage 厚薄規	168
steatite 凍石	144	thin film 薄膜	83
step seal 台階密封	167	thin film window 薄膜窗	191
steps with clearance 間隙式	167	thorium 釷	72
stopcock 龍頭活門(龍頭閥)	157,173	throat 管喉	32
stress 應力	189	throttling valve 噴喉活門(喉閥)	171
sublime 昇華	33,137	throughput 氣流通量	13
super-conductor 超導體	264	TIG tungsten-inert-gas welding 鎢極鈍氣焊	207
synchrotron 同步加速器	268	time-of-flight mass spectrometer 飛行時式質譜議	119
synthetic zeolite 人工合成沸石	63	titanium 鈦	72,191
system 系統	158	titanium hexafluoride 氟化鈦	263

T

T 絕對溫度	14	titanium hydride 氫化鈦	153
Ta 鉭	31,192	titanium oxide 氧化鈦	144
talc 或 soapstone 滑石	144	titanium sublimation pump 鈦昇華幫浦	76
tantalum 鉭	34,72,192	Toepler pump 水銀活塞幫浦	83
teflon 鐵氟隆	132,137,152	torch 火炬	211
temperature coefficient of expansion 溫度膨脹係數	185	torgue wrench 扭力矩扳手	168
temperature coefficient of resistance 電阻溫度係數	101	torr 托爾	2,9
temperature gradient 溫度梯度	90	torr·l 托爾·公升	13
tensile strength 張力強度	192	torr·liter/sec 托爾－公升/秒	246,247

transistor 電晶體	265	V 體積	14
transition region 過渡範圍	8	v 比容 (specific volume)	16
transmitting tube for high frequencies 高頻率導波管	47	V_1-V_2 電位差	18
		vac-seal 眞空填劑	155
trap 陷阱	13,53,59,63,158	vacuum 眞空，眞空度	1
trichlorethane 三氯甲烷	244	vacuum arc remelting 眞空電弧再熔	264
trichlorethylene 三氯乙烯	214,234,244	vacuum chamber 眞空室	12
triggered penning cold-cathode gauge 引發式彭甯冷陰極眞空計	113	vacuum components 眞空組件	158
		vacuum concentration 眞空濃縮	272
triode 三極式	82	vacuum distillation 眞空蒸餾	261
triode ionization gauge 三極離子化眞空計	104	vacuum drying 眞空乾燥	40,262,280
		vacuum elements 眞空元件	158
true leak 眞漏	245	vacuum element component 眞空零組件	131,158
tungsten 鎢	72		
turbine 渦輪機	42	vacuum filming 眞空鍍膜	264
turbo-molecular pump 滑輪分子幫浦	45	vacuum filtering 眞空過濾	272
turbulent flow 擾流	15	vacuum furnace 眞空爐	83
two-stage 兩階	37	vacuum gas analyzer (VGA) 眞空氣體分析儀	118
tygone 泰宮	154		
		vacuum gauge 眞空氣壓計 (眞空計)	12,60,89,158
U			
μb 微巴	3	vacuum grease 眞空油脂	189
μHg 或 μ 微米水銀柱 (等於千分之托爾)	2	vacuum impregnation 眞空填充	272
μ-l/sec 千分托爾-公升/秒	247	vacuum leak sealer 高眞空堵漏劑	155
Ultek 阿爾特凱	155	vacuum metallurgy 眞空 (金屬) 冶煉	40,262
ultimate pressure 最終壓力	35		
ultra-high vacuum 超高眞空	5	vacuum packaging 眞空包裝	272
ultra-high vacuum system 超高眞空系統	53	vacuum pressure gauge 眞空氣壓計	89
		vacuum pump 眞空幫浦 (抽氣機)	12,158
ultrasonic cleaning 超音波清潔法	242,279	vacuum system 眞空系統	11
		vacuum tube 眞空管	34
unit pressure difference 單位壓力差	14	vacuum valve 眞空閥	169
unlimited compression seal 無限壓縮密塞	160	vacuum vassel (chamber) 眞空室	12
		valve 活門 (閥)	12,158
UPS 或 ultra-violet photoelectron spec-troscope 紫外線光電子分析儀	270	valve block 閥塊	172
		valve body 閥本體	169
U-tube manometer U 形氣壓計	94	vacuum welding 眞空焊接	267

V

Vander Waals force 凡得瓦爾引力	280
vane 翼	37
vapor 蒸氣	1
vapor pressure 蒸氣壓	2
vapour pump 蒸氣幫浦	32
vapour stream pump 蒸氣噴流幫浦	32,47
Varian Associates 維利安公司	166
viewing window 視窗	187
virtual leak 假漏	245,279
viscosity 黏滯性(黏滯係數)	8
viscosity gauge 黏滯性真空計	90
viscous conductance 黏滯氣導	222
viscous drag 黏滯性拖曳	32
viscous flow (Poiseuille flow) 黏滯氣流	8
viscous region 黏滯範圍	8
visible light 可見光	188
viton 維通	152,154,156,164,169
voltage supply 電源	22
Von der Waals forces 溫德華氏引力	62

W

W 管路阻抗	15
W 鎢	183
water jet pump (aspirator) 水濆射幫浦	86
water-sealed pump 水墊幫浦	87
wax 蠟	155,183
Wheastone bridge 惠斯頓電橋	101
white graphite 白色石墨	145
Wilson seal 威爾遜襯墊	181
window 窗	158
work function 功函數	106
working pressure 工作氣壓	35

X

XPS 或 X-ray photoelectron spectroscope X 光光電子分析儀	270

Z

zeolite 沸石	34
zinc chloride 氯化鋅	214
zirconium 鋯	72
zirconium hydride 氫化鋯	153
zirconium oxide 氧化鋯	144
zircon porcelain ($ZrO_2 \cdot SiO_2$) 鋯瓷	144
zone refining 區域精製	272